珍藏本·增订本
纪念版

汉译世界学术名著丛书

西方科学的起源

公元1450年之前宗教、哲学、体制背景下的欧洲科学传统

（第二版）

〔美〕戴维·林德伯格 著

张卜天 译

商务印书馆
SINCE1897
The Commercial Press

David C. Lindberg

THE BEGINNINGS OF WESTERN SCIENCE:

The European Scientific Tradition in Philosophical,

Religious, and Institutional Context, Prehistory to A. D. 1450

Licensed by The University of Chicago Press, Chicago, Illinois, U. S. A.

根据芝加哥大学出版社 1992 年版、2007 年版译出

汉译世界学术名著丛书
(120 年纪念版·珍藏本)
增订本出版说明

2017 年 10 月,为纪念商务印书馆创立 120 周年,本馆推出"汉译世界学术名著丛书"(120 年纪念版·珍藏本),计七百种。近五六年来,仰赖学界同人倾力支持,订正旧译,增补新译,拓展新著,积累日多。为满足读者需要,本馆在七百种的基础上,继续推出"汉译世界学术名著丛书"(120 年纪念版·珍藏本·增订本)三百种。至此,"汉译世界学术名著丛书"累计出版已达千种。

今后,本馆将继续推进丛书的翻译出版工作,在积累单本名著的基础上陆续分辑刊行,汇印出版。为促进中外文明互鉴、推动我国学术发展,使"汉译世界学术名著丛书"这项对我国学术文化有基本建设意义的重大工程发挥更大作用,诚望海内外学术界、翻译界继续给予支持,帮助我们把这套丛书出得更好。

商务印书馆编辑部

2024 年 2 月

汉译世界学术名著丛书
（120年纪念版·珍藏本）
出 版 说 明

2017年2月11日，商务印书馆迎来120岁的生日。120年前，商务印书馆前贤怀揣文化救国的理想，抱持“昌明教育，开启民智”的使命，立足本土，放眼寰宇，以出版为津梁，沟通中西，为中国、为世界提供最富智慧的思想文化成果。无论世事白云苍狗，潮流左右激荡，甚至战火硝烟弥漫，始终践行学术报国之志，无改初心。

逐译世界各国学术名著，即其一端。早在20世纪初年便出版《原富》《天演论》等影响至今的代表性著作，1950年代后更致力于外国哲学和社会科学经典的译介，及至1980年代，辑为“汉译世界学术名著丛书”，汇涓为流，蔚为大观。丛书自1981年开始出版，历时三十余年，迄今已推出七百种，是我国现代出版史上规模最大、最为重要的学术翻译工程。

丛书所选之书，立场观点不囿于一派，学科领域不限于一门，皆为文明开启以来，各时代、各国家、各民族的思想与文化精粹，代表着人类已经到达过的精神境界。丛书系统译介世界学术经典，引领时代思想，为本土原创学术的发展提供丰富的文化滋养，为推动中国现代学术和现代化进程做出了突出的贡献。

为纪念商务印书馆成立120周年，我们整体推出“汉译世界学术名著丛书”120年纪念版的珍藏本，寄望既利于文化积累，又便于研读查考，同时向长期支持丛书出版的译者、编者和读者致以敬意。

两甲子后的今天，商务印书馆又站在了一个新的历史时间节点上。我们不仅要铭记先辈的身影和足迹，更须让我们的步伐充满新的时代精神。这是商务人代代相传的事业，更是与国家和民族的命运始终紧密相连的事业。我们责无旁贷，必须做好我们这代人的传承与创造，让我们的努力和成果不仅凝聚成民族文化的记忆，还能成为后来人可以接续的事业。唯此，才能不负前贤，无愧来者。

商务印书馆编辑部

2017年10月

目　录

插 图 目 录

序　　言

本书第一版是我基于为大学本科生讲授古代和中世纪科学史 xv
的 20 年经验写成的。现在我又有了 20 年授课经验，我非常荣幸能利用新近出版的学术著作对其作一修订。在许多方面这仍然是同一本书：相同的章节标题，大致相同的插图，基本上同样的故事，但也有大大小小许多改进。无论在实质上还是表述上，伊斯兰科学一章都完全重写，以揭示中世纪伊斯兰科学成就的重要性和复杂性。最后一章也完全重写，它评价的是中世纪对 16、17 世纪科学发展的贡献。拜占庭科学一节则有所扩充。在过去几十年里，我愈发清晰地认识到美索不达米亚天文学贡献的重要性，因此我补充了相应的材料。中世纪的炼金术和占星术虽然一般被公众视为伪科学，但我对其作了更多讨论。约翰·诺斯（John North）和威廉·纽曼（William Newman）富有启发性的研究揭示了中世纪的占星术和炼金术与更广义的科学事业之间有某种令人意想不到的关系。

这些变动只是许多改进中的很少一部分。可以说，本书每一页几乎都有修改。我很高兴能够编辑自己的稿件，力争让乏味的句子生动起来，在某些情况下收回主张，弱化判断，澄清解释，纠正错误。我希望并期待包括学生在内的广大读者会继续阅读本书第二版,意识到古代和中世纪有许多令人难忘的科学成就,它们为16、17世纪及以后的科学发展奠定了坚实的基础。

虽然本书是为一般读者所写,但我会不失时机地尝试解决一
xvi 些当代学术争论。每当我讲解做历史的正确方法并针对各种危险作出警告时,读者们很容易看出,这源于长期的授课经验。我希望本书能继续适合课堂使用,但我相信有教养的一般读者以及不专门研究古代和中世纪科学史的学者也会对它感兴趣。据我所知,还没有其他著作能在本书的时间跨度和阐述层次上涵盖范围如此之广的材料。和第一版一样,在这个修订版中,我也尝试比其他作者更坚决地把古代和中世纪科学置于哲学、宗教和体制(主要是教育)背景之下。我确信,目前还没有哪项研究能在考察这些材料时大大方方地对宗教背景予以如此严肃的关注,同时又不带有护教或论战的目的。

关于注释和参考文献有两点要指出:首先,我使用注释不仅是为了提供文献证据和出处,也是为了对参考文献进行解说,我在其中列出了对相关主题做了出色研究的文献。其次,我在第二版中扩充了参考文献,把最近的学术成果包括了进来,增加了大约200个条目。在注释和参考文献中,我(为了学生和一般读者)较注重英语文献。只有在缺乏可替代的英语文献时,我才会列出其他语种的文献。

最后,任何人处理这么宏大的主题都必定得益于很多帮助,我深深地感谢那些竭尽所能提供过指导的朋友和同事,他们在各自的专业领域帮我澄清了许多复杂的问题,使我摆脱了混乱和错误。我并不是一个百依百顺的学生,因此有人仍会在书中看到他们不

大喜欢的解释。本书第一版的序言中列出了一长串学者，对于他们的贡献我深表感谢。还要感谢埃米莉·塞维奇-史密斯（Emilie Savage-Smith）、马克·史密斯（A. Mark Smith），尤其是与我志同道合的同事迈克尔·尚克（Michael Shank）对这个修订版提出的部分建议。我的妻子格丽塔（Greta）以其一贯的爱心和耐心支持我，我希望完成这个修订版之后能把书房变得井井有条，并能帮她在庭院里做些活计。 xv

戴维·林德伯格

2007年10月

第一章　希腊人之前的科学

1 什么是科学

时至今日，仍然有人会教条性地认为，在本书所涵盖的 2000 年里没有科学。倘若这种断言是正确的，那么本书讨论的便是一个莫须有的主题——这虽然绝非易事，但并非我的目标。本书标题即已言明，它将论述西方科学在公元 1450 年之前大约 3000 年时间里的起源。在那些时代真有科学这样一种东西吗？即使答案是肯定的，它是否值得用一本书来讨论？

在回答这些问题之前，我们需要对“科学”作出定义——事实证明，这种定义出奇地难下。当然字典上有定义，它说，“科学”是关于物质世界的有组织的系统知识。但这种说法过于笼统，无甚帮助。例如，手艺传统和技术算科学吗？抑或科学和技术是有区别的——科学致力于理论知识，而技术致力于科学的应用？即使真的只有理论知识算真正的科学，我们也需要确定哪些理论（或哪种理论）是够格的。占星术和超心理学中都充斥着理论，它们算科学吗？

由于察觉到“理论知识”的标准正在走向死胡同，一些人认为，真正的科学可以根据其方法来辨别，尤其是实验方法。它主张，一种理论如果是真正科学的，就必须建立在观察和实验结果的基础上并接受它们的检验。(许多持这种看法的人认为,必须采取一系列严格规定的步骤。)能够通过这种检验的理论常被认为具有卓越的知识论地位或保证,从而代表一种优越的认识方式。最后,在许多人——无论是科学家还是广大公众——看来,真正的科学纯粹 2
是通过其内容来定义的,即物理学、化学、生物学、地质学、人类学、心理学等目前所讲授的东西。

关于词语含义的这一简短讨论应当提醒我们注意,许多词(尤其是最有趣的词)有多重含义,因使用语境或特定语言共同体的实践而异。“科学”一词的上述每一种含义都是相当多的人所接受的一种约定,不经历一番斗争,他们不大可能放弃自己所偏爱的用法。因此我们只能认为各种含义都是合法的,并试图从使用语境中确定“科学”一词在某一特定场合的含义。

那么我们该怎么做?在本书所涵盖的2000年里,欧洲或近东是否有某种东西值得被称为“科学”?毫无疑问!我们现在所谓的科学中肯定有许多内容在当时是存在的。我指的是描述自然的语言,探索或研究自然的方法(包括做实验),由这些研究作出的事实断言和理论断言(尽可能作数学表述),以及用什么标准来判别这些断言正确或有效。不仅如此,古代和中世纪由此获得的某些知识与现在公认的真正科学就其实际目的而言完全相同。行星天文学、几何光学、博物学和某些医学分支便是很好的例子。

这并不是要否认它们在动机、仪器、体制支持、方法偏好、理论成果的传播机制以及社会功能等方面存在着显著差异。尽管如此,我认为仍然可以在古代和中世纪的背景下安心地使用“科学”或“自然科学”这一表述。我们由此宣布这些古代和中世纪活动是现代科学学科的前身，因而是其历史不可或缺的一部分。这就像我与我祖父的关系。我们之间的差异可能大于相似之处，但我是他的后代，在一定程度上带有他的遗传印记和文化特质。我可以光明正大地要求与他冠以同一个家庭姓氏。

我们必须避免一种危险。如果科学史家仅仅按照与现代科学的相似性来研究过去的做法和信念，将会导致严重歪曲。那样一来，我们就不是对过去的实际情况作出反应，而是透过一个现代框
3 架来考察它。要想公正地对待历史，就必须如实地对待过去。这意味着我们必须抵制诱惑，避免到历史中搜寻现代科学的例子或前身。我们必须尊重前人研究自然的方式，承认它虽然可能不同于现代方式，但仍然是有趣的，因为它是我们思想来源的一部分。这是了解我们如何变成现在这样的唯一恰当的方式。于是，历史学家需要一种非常宽泛的“科学”定义，它将允许我们研究其背后的各种做法和信念，并且有助于理解现代科学事业。我们需要广泛和包容，而不是狭隘和排他；可以预见，我们往回追溯得越远，就越需要开阔的视野。①

我将尽可能采取一种宽泛的“科学”定义，使之符合我们试图理解的历史人物的思想倾向。当然，这并不意味着抹去一切差别。我将对科学的技艺方面和理论方面加以区分（许多古代和中世纪学者也坚持这一区分），并且集中在理论方面。② 从叙事中排除技

① David Pingree，“Hellenophilia versus the History of Science”很好地指出了这一点。

② 关于古代和中世纪对待技术的态度，见 Elspeth Whitney，*Paradise Restored*。

术和技艺并不意味着我对它们的重要性作出了相应评价，而是承认在面对技术史及其地位时还存在许多问题，因为技术史作为一门清楚的历史专业自有其行家里手。我将关注科学理论的起源、表述科学理论的方法以及对科学理论的应用。事实证明，这是一项极大的挑战。

关于术语再说一句。到目前为止，我一直用“科学”一词来指我们历史研究的对象，然而现在应该引入替代性的术语“自然哲学”，它在本书中也将频繁出现。古代和中世纪学者在研究自然界时，如果关注的是物质的因果关系而不是数学分析，就会使用“自然哲学”这个术语，对于数学分析则可用“数学”一词。最后，用来指天文学、光学、气象学、冶金学、运动科学、重量科学、地理学、博物学（包括植物和动物）和医学等学科分支的一套词汇被发展出来。读者只要细心注意语境，就能明确每一种情况下术语的含义。

史前人类对待自然的态度

人类的生存从一开始就依赖于应对自然环境的能力。史前人类为了获得生活必需品，发展出了各种技术。他们学会了制造工具、生火、营造栖身之所、狩猎、捕鱼和采集果蔬。要想成功地狩猎 4
和采集食物（大约公元前七八千年之后产生了农业），需要了解有关动物行为和植物特性的大量知识。在更高水平上，史前人类学会了区分有毒的和有治疗作用的草药，还发展出了制陶、纺织和金属加工等各种技艺。公元前3500年左右，人类发明了轮子，知道了季节之分，察觉到季节与某些天象的联系。简而言之，人类对其环境已经知道很多。

“知道”一词虽然看似清晰而简单，其实几乎和“科学”一样难以处理。事实上，它使我们又回到了技术与理论科学的区分。知道如何做事情是一回事，知道事物为什么如此却是另一回事。例如，一个人即使对木料中的应力没有任何理论知识，也仍然可以完成复杂的木匠活儿。一个只具有最初等电学理论知识的电工就能成功地为房屋布线。即使没有掌握解释毒性或治疗性的生物化学知识，也可能区分有毒的和有治疗作用的草药。关键是，即使对经验背后的理论原则一无所知，也能有效运用实际的经验规则。即使没有理论知识，也能具备“技术知识”(know-how)。

因此应当承认，在实用方面或技术方面，史前人类的知识相当丰富而且在不断积累。但理论知识的情况如何呢？史前人类对于他们所处的世界的起源、本性和各种现象的原因“知道”或相信什么？他们是否意识到有一般的定律或原理在支配着特殊事件吗？他们是否会问这样的问题？在这方面，我们几乎找不到什么证据。史前文化当然是口头文化，而口头文化只要一直是完全口头的，就不会留下任何文字。不过，通过考察那些研究史前部落的19、20世纪人类学家的成果以及最早用文字记录下来的史前思想遗存，我们可以尝试作出一些概括。

要对史前社会的思想文化进行研究，关键在于理解交流过程。
5 由于没有文字，语词交流的唯一方式就是口头语言，而知识只能储藏在个别成员的记忆中。在这种文化中，思想和信念只能经由成员之间的“一长串交谈”面对面地传递。其中一部分交谈被认为至关重要，必须铭记在心而且代代相传，这构成了口头传统的基础。

这种口头传统是群体的经验以及一般信念、态度和价值观念的主要储藏库。①

口头传统有一个需要注意的重要特征，即流动性。口头传统通常会持续演化，因为它会吸收新的经验，适应群体内部新的状况和需求。这样一来，如果指望口头传统的功能是交流抽象的历史材料或科学数据，即充当历史档案或科学报告的口头对应物，那么口头传统的这种流动性就会变得极其令人沮丧。由于没有能力书写，口头文化当然不可能产生档案或报告。事实上，口头文化甚至连文字的观念也没有，当然也不可能有历史档案或科学报告的观念。② 口头传统的首要功能非常实际，即解释群体目前的状态和结构，从而证明其正当性，为群体提供一种不断演化的“社会章程”。例如，运用对过去事件的记述可以使当前的领导权、财产权以及对特权和义务的分配合法化。为了有效地服务于这一功能，口头传统必须能够很快适应社会结构的变化。③

但这里我们主要对口头传统的内容感兴趣，尤其是涉及宇宙本性的那部分内容，我们可以将其看成世界观或宇宙论的组成部

① 本节关于口头传统的讨论主要得益于 Jack Goody and Ian Watt，“The Consequences of Literacy”（前引短语见 p. 306）；Jack Goody，*The Domestication of the Savage Mind*；Jan Vansina，*Oral tradition as History*。另见 Bronislaw Malinowski，*Myth in Primitive Psychology*。

② 这对于史前文化当然是对的。当代的无文字社会可能由于接触了外界的有文字世界，已经看过或听说过书写，但除非他们自己学会了书写，否则说他们掌握了书写这一观念是可疑的。

③ Goody and Watt，“Consequences of Literacy，” pp. 307—311. 关于作为“章程”的口头传统，见 Malinowski，*Myth in Primitive Psychology*，pp. 42—44。

分。它们存在于每一种口头传统之中，但往往藏在表层之下，很少被清晰地阐述出来，几乎从未组织成一个连贯整体。因此，代表史前人类清晰地阐述其世界观使我们很为难，因为在这样做的过程中，我们必须提供连贯性和系统性，从而会歪曲我们试图描述的那些观念。但如果谨慎细致，我们仍然可以就史前社会口头传统中的世界观要素给出某些结论。

和置身于现代科学文化中的我们一样，史前人类显然也需要解释原则，从而给看似随机和混乱的事件之流带来秩序、统一性，
6 尤其是意义。但我们不应期望史前人类也会接受与我们类似的解释原则：由于缺乏任何“自然律”或决定论的因果机制观念，他们对因果关系的看法远远超出了现代科学所承认的那种机械的或物理的作用。在寻求意义的过程中，他们自然会在经验框架内行事，把人或生物的特性投射到在我们看来不仅缺乏人性，而且全无生命的物体或事件上去。于是，宇宙的开端通常是用出生来描述的，宇宙事件可能被解释为善恶两种相反力量斗争的结果。史前文化倾向于把原因人格化和个性化，认为事情所以发生是因为它们被期望如此。H. 弗兰克福特（H. Frankfort）和 H. A. 弗兰克福特（H. A. Frankfort）是这样描述这一倾向的：

> 我们对因果性的看法……之所以不能满足原始人的需要，是因为我们解释的非人格特征，此外还因为它的一般性。我们对现象的理解不是根据这一现象的独特性，而是根据现象所体现的一般定律。但一般定律不可能适当处理每一事件的个别特性，而事件的个别特性恰恰是原始人感受最强烈的

> 东西。我们可以解释说，某些生理过程造成了一个人的死亡。但原始人会问：为什么这个人在这一时刻这样死去？我们只能说，在这些条件下死亡总会发生。原始人想找到一个和有待解释的事件一样具体和个别的原因。原始人体验到了事件的复杂性和个别性，它们需要由同样个别的原因来解释。①

口头传统通常把宇宙描述为由天和地所组成，可能还包括阴间。一则非洲神话把地球描绘成一张铺开但翘起的席子，从而解释了物体在水中的逆流而上和顺流而下，这表明人们一般倾向于通过熟悉的事物和过程来描述宇宙。在口头传统中，神是世上无处不在的现实，虽然自然物、超自然物和人的世界之间一般并无明确划分。神并未超越宇宙，而是植根于其中，并且服从宇宙原则。口头传统的另一个普遍特征是相信存在着鬼魂、精灵和各种不可见的力量，人们可以通过巫术仪式对其加以控制。转世的信念（认 7
为人死之后，灵魂进入另一个人或动物体内）深入人心。空间观和时间观并不是（像现代物理学那样）抽象的和数学的，而是被赋予了来自群体经验的意义和价值。例如，倘若一群人的生存与一条河密切相关，则对他们而言，主要方向可能是“逆流而上”或“顺流而下”，而不是东西南北。某些口头文化只能设想不久前的过去，例如非洲的蒂奥（Tio）部落最多只能把人往前追溯两代。②

① H. Frankfort and H. A. Frankfort, “Myth and Reality,” pp. 24—25.

② Jan Vansina, *The Children of Woot*, pp. 30—31, 198; Vansina, *Oral Tradition*, pp. 117, 125—129.

口头传统有一种把原因等同于开端的强烈倾向，因此，解释某种东西就是确认其历史起源。在这样一种概念框架中，科学理解与历史理解的区分无法清晰作出，或许根本就不存在。于是，注重世界观或宇宙论的口头传统几乎总是包含着对起源的叙述——世界的开端，第一个人的出现，动植物和其他重要物体的起源，最后是人类的形成。与起源叙述相联系的往往是神、国王或人类历史上其他英雄人物的谱系，并会附上其英雄事迹。应当注意的是，在这些历史叙述中，历史并非顺次作用的因果链，而是使现有秩序得以出现的一系列决定性的孤立事件。①

这些倾向在古往今来的口头文化中都有例可循。根据 20 世纪赤道非洲库巴人(Kuba)的说法：

> 姆布姆(Mboom)即原初的水神有 9 个孩子，都叫乌特(Woot)，他们依次创造了世界。根据出现顺序，他们是：海洋乌特；挖掘者乌特，他挖掘河床和沟渠，堆起小山；流动者乌特，他使河水流动；创造树林和热带草原的乌特；创造树叶的乌特；创造石头的乌特；雕刻师乌特，他用木球制造出人类；发明鱼、荆棘和划桨等多刺之物的乌特；研磨者乌特，他最先使尖的东西有刃。后两个乌特发生了争吵，其中一个用锐利的尖状物体刺死了另一个，此时死亡降临了世界。②

---

① Vansina, *Oral Tradition*, pp. 130—133.

② Vansina, *Children of Woot*, pp. 30—31. 关于起源神话及其与世界观的关系，另见 Vansina, *Oral Tradition*, pp. 133—137。

请注意，这则传说既解释了人类的起源和库巴人世界的主要地形特征，又解释了库巴人显然认为至关重要的工具——尖状物 8
体——的发明。

类似主题在古埃及和古巴比伦的创世神话中大量存在。根据一则埃及神话的说法，起初太阳神阿图姆(Atum)吐出了空气之神苏(Shu)和雨水女神泰芙努特(Tefnut)。此后，

> 空气之神苏和雨水女神泰芙努特生下了地和天，即大地之神盖布(Geb)和天空女神奴特(Nut)。……然后，大地之神盖布和天空女神奴特交合，生下了两对配偶，即奥西里斯(Osiris)和他的配偶伊西斯(Isis)，以及赛特(Seth)和他的配偶奈芙蒂斯(Nephthys)。这些东西代表着这个世界的造物，无论是人、神还是宇宙。①

一则巴比伦神话把世界的起源归因于水神恩基(Enki)的性活动。恩基使大地女神或土壤女神宁荷莎(Ninhursag)受孕。水和大地的结合产生了草木，体现为植物女神宁莎(Ninsar)的诞生。随后恩基先与他的女儿交合，再与他的孙女交合，产生了各种具体的植物及其生成物。在宁荷莎给 8 种新植物命名之前，恩基吞食了它们，为此宁荷莎大为恼火，遂对恩基施以诅咒。由于畏惧恩基

---

① John A. Wilson, "The Nature of the Universe," p. 63. 最近对埃及宇宙论和创世神话的详细讨论，见 Marshall Clagett, *Ancient Egyptian Science*, vol. 1, pt. 1, pp. 263—372。关于埃及宗教，见 James H. Breasted, *Development of Religion and Thought in Ancient Egypt*。

的死会带来灾难（显然是水的干涸），其他神劝说宁荷莎收回诅咒，并治愈恩基因诅咒而患上的各种疾病。宁荷莎这样做了，于是产生了8位治疗神，分别与身体的一个部分相关联，这样便解释了治疗术的起源。①

为了说明口头文化的一些重要特征，我们不妨简要谈谈治疗术。在古代口头文化中，医疗活动无疑极为重要，因为在原始条件下，疾病与受伤司空见惯。② 伤口和组织损伤等小的医疗问题当然由家庭成员来处理。更严重的疾患，如大的伤口、骨折和意想不到的重病，则需要知识和技能更高的人来帮忙。这样便产生了某种程度的医疗专门化：部落或村庄的某些成员因为能够采集药草、熟练地接骨、疗伤或拥有丰富的接生经验而闻名。

这样描述的史前社会的原始医学听起来很像是现代医学的一个初级版本。进一步考察可以发现，口头文化中的治疗术与宗教和巫术不可分割，也无法区分。“巫婆”或“巫医”之所以被人看重，
9 不仅因其有配药和手术的技术，而且因为他们知道疾病的鬼神起因，了解治疗疾病的巫术或宗教仪式。如果是扎刺、创伤、常见的皮疹、消化不良或骨折之类，治疗师会以明白的方式处理，即拔出尖刺、包扎伤口、用某种东西消疹、规定饮食、接骨、给断肢上夹板等。但如有家庭成员患上了神秘的严重疾病，人们就会怀疑有魔

---

① 关于巴比伦的创世神话，见 Thorkild Jacobsen，“Mesopotamia：The Cosmos as State”；S. G. F. Brandon，*Creation Legends of the Ancient Near East*，chap. 3。

② 关于原始医学或民间医学，见 Henry E. Sigerist，*A History of Medicine*，vol. 1：*Primitive and Archaic Medicine*；John Scarborough，ed.，*Folklore and Folk Medicines*。

鬼作怪或有邪灵附体。在这些情况下需要有更加戏剧性的治疗手段，如驱鬼、占卜、斋戒、唱诵、念咒和其他一些仪式活动。

（古代和当代）口头文化中的信念还有最后一个特征值得我们注意，那就是同时接受在我们看来不相容的几种信念，却没有明显意识到这可能导致问题。这类例子不胜枚举，提一个就足够了：前面提到的9个乌特的故事只是在库巴人中流传的7个（或更多）创世神话之一，埃及人也有关于阿图姆、苏、泰芙努特及其后代故事的不同神话。似乎无人提到或意识到这些神话不可能都是真实的。考虑到上述许多信念的那种"幻想"性，我们必定会提出一个"原始思维"的问题：史前社会的人的思维是否是前逻辑的、神秘的或者多多少少与我们不同？如果的确如此，我们应当如何来描述和解释这种思维呢？[①]

这是一个极为复杂难解的问题，在20世纪的大部分时间里，人类学家和其他一些人就此进行了热烈讨论，我这里可能无法解决这一问题。但我至少能提出一种方法论上的建议：指望史前社会的人使用他们从未碰到的知识观念和标准是白费工夫（这种知识观念还需要好几个世纪才能被发明出来），这丝毫无助于认识理解力的起因。如果我们以为史前社会的人曾经试图实践我们的知识观和真理观但失败了，那么我们将不会有任何进展。只需略作反思就能认识到，他们是在一个极为不同的语言和概念世界里活

① "原始思维"的观念是 Lucien Lévy-Bruhl 在 *How Natives Think* 中提出的；对它的批判见 Goody, *Domestication of the Savage Mind*, chap. 1; G. E. R. Lloyd, *Demystifying Mentalities*, introduction。

动的，目标也与我们不同。我们必须根据这些对他们的成就进行判断。

口头传统中包含的故事旨在传递和强化群体的价值观和态
10 度，令人满意地解释群体所经验到的世界的主要特征，并使当前的社会结构合法化。这些故事之所以会进入口头传统（集体回忆），是因为它们能够有效地实现上述目的，而且只要它们继续发挥作用，就没有理由对它们进行质疑。在这样一种社会背景下，怀疑态度不被鼓励，挑战传统者也得不到支持。事实上，我们高度发达的真理观念以及真陈述必须满足的标准（例如内部一致性或符合外部实在）在口头文化中一般是不存在的。如果向一个生活在口头文化中的人解释它们，他是不会理解的。史前人类的行动原则受制于人们所认可的信念——这种认可来自群体共识。[①]

最后，要想理解科学在古代和中世纪的发展，就必须追问：上述原始信念模式如何让位于一种新的知识观和真理观（显见于亚里士多德的逻辑原理及其衍生的哲学传统）或者说被其补充。必要条件或最重要的条件是文字的发明，它经历了一系列步骤。首先是象形文字，书写的符号代表事物本身。公元前 3000 年左右出现了词符（或语标）系统，人们创造出符号来表示重要的词，在埃及的象形文字中即是如此。但在象形文字中，符号也能表示声音或音节，这就是音节文字的起源。公元前 1500 年左右，全音节系统（即在音节系统中抛弃了全部非音节符号）的发展使人们可以轻而

① 关于“真理”，特别是“历史真理”，见 Vansina，*Oral Tradition*，pp. 21—24，129—133。

易举地写下他们所说的一切。最后，公元前 800 年左右希腊出现了每一个符号对应一个声音（既有辅音又有元音）的全拼音文字，并于公元前 5、6 世纪在希腊文化中广为传播。[①]

文字尤其是拼音文字的一项重要贡献是为口头传统提供了一种记录方式，从而使口头文化中流动易变的东西得以固定，并把转瞬即逝的声音信号变成持久的可见对象。[②] 文字因此能够进行储存，取代记忆成为知识的主要储存库。其革命性影响在于使知识的断言能够得到检查、比较和批评。有了对事件的文字记述，我们就能把它与关于同一事件的其他（包括更早的）文字记述进行比较，其所能达到的程度在纯粹的口头文化中是无法想象的。这种比较鼓励了怀疑态度。在古代，它有助于把真理与神话或传说区分开
来，而这一区分又要求人们提出证实的标准。由这种提出适当标准 11
的努力产生出了推理规则，后者为严肃的哲学活动提供了基础。[③]

赋予口头语言以永久载体不仅鼓励了检查和批评，而且使在口头文化中不曾出现（或只有弱小的萌芽）的新思想活动成为可能。杰克·古迪（Jack Goody）曾经令人信服地指出，早期文字文化产生了大量书写的存货清单和其他种类的清单（大都是为了管理的目的），其详尽程度远远超过了口头文化所能产生的任何东西。这些清单也使新的检查成为可能，并要求提出新的思考过程或用新的方式来组织思想。例如，清单上的物品脱离了在口头传

① Goody and Watt, "Consequences of Literacy," pp. 311—319. 另见 Barry Powell 对希腊人发明字母书写的重建：*Homer and the Origin of the Greek Alphabet*。

② Paraphrasing Goody, *Domestication of the Savage Mind*, p. 76.

③ Ibid., chap. 3.

统中赋予其意义的语境，从这个意义上，它们成了抽象的东西。我们可以根据各种标准对这些抽象的东西进行分离、整理和归类，从而引出在口头文化中不大可能提出的大量问题。举一个简单的例子，早期巴比伦人精确的天象观测清单不可能以口头形式来收集和传播，而只能以文字的形式存在，这样才能得到细致的考察和比较，从而可能发现与数理天文学和占星术的起源有关的天体运动的复杂样式。①

由以上讨论可以得出两个结论。首先，文字的发明是古代世界能够发展出哲学和科学的先决条件。其次，哲学和科学在古代世界的繁荣程度在很大程度上取决于文字系统的有效性（拼音文字比所有其他文字更有优势）和传播范围。我们看到，埃及和美索不达米亚从公元前 3000 年左右开始使用词的符号或语标，因而最早受益。然而，语标文字难以掌握且效率低下，这不可避免地限制了它的传播，使之为少数学者精英所把持。而在公元前 5、6 世纪的希腊，拼音文字的广泛传播促进了哲学和科学的显著发展。我们绝不要以为读写能力本身便足以产生公元前 5、6 世纪的“希腊奇迹”，事实上，其他因素也起了促进作用，比如社会繁荣、社会和政治组织的新原则、与东方文化的接触以及把竞争风格引入希腊精神生活等。但一个基本要素肯定是，
12 希腊文化最先拥有了广泛运用的文字。②

① Paraphrasing Goody, *Domestication of the Savage Mind*, chap. 5.

② Goody and Watt, “Consequences of Literacy,” pp. 319—343; Lloyd, *Demystifying Mentalities*, chap. 1.

科学在埃及和美索不达米亚的起源

西方科学最早起源于古代的美索不达米亚（底格里斯河与幼发拉底河之间的地区，古巴比伦和亚述的所在地）和埃及（尼罗河及其周边）。为了揭示埃及和美索不达米亚宇宙起源论（涉及宇宙的起源）和宇宙论（涉及宇宙的结构）的关键特征，我在前一节讨论了许多关于创世神话的内容。这里我将讨论埃及和美索不达米亚对数学、天文学和医学的贡献，这些学科后来被包含在希腊和中世纪欧洲的科学中。这方面的证据虽然比希腊科学的材料少，但足以描绘出一般图景。

希腊人自认为数学起源于埃及和美索不达米亚。据希罗多德（Herodotus，公元前 5 世纪）说，毕达哥拉斯曾游历埃及，在那里，祭司们向他透露了埃及数学的秘密。根据古代传统，他在埃及成了俘虏，被带到巴比伦，又接触到了巴比伦的数学。最后，他回到家乡萨摩斯岛，把埃及和巴比伦的数学宝藏带给了希腊人。无论这个故事以及有关其他数学家的类似传说是否确有其事，都不如它们所传达的一个事实重要：希腊人是（而且知道自己是）埃及和巴比伦数学知识的受益者。

到了公元前 3000 年左右，埃及人发展出了十进制数制，用不同符号来表示 10 的不同次幂（1、10、100 等）。这些符号可以像罗马数字一样排列起来表示任何一个数。于是，如果 | 代表 1，∩ 代表 10，那么 34 就可以表示为 |||| ∩∩∩。到了公元前 1800 年左右，埃及人又为其他数设计出了更多符号，比如 7 可以用一个镰刀

形的符号(ↄ)而不是用 7 根竖道来表示。加和减是埃及算术中的简单运算，就像罗马数字的加减一样。但乘和除却相当笨拙。一般化的分数概念尚不为人所知，一般规则只允许单分数(即分子为
13 1 的分数)。下述类型的初等问题可以得到解答：一个量的 1/7 与这个量相加等于 16，这个量为多少？①

埃及人的几何学知识似乎以实用问题为导向，包括丈量者和建筑者面对的那些问题。埃及人能够计算出三角形、矩形等简单平面图形的面积以及金字塔等简单立体的体积。例如，为了计算三角形的面积，他们用三角形底边长度的一半乘以高度。为了计算金字塔的体积，他们用塔底面积的 1/3 乘以高度。为了计算圆的面积，埃及人制定的规则所对应的 π 值约为 3.17。最后，埃及人设计了一种正式的历法(应用数学的作用最明显的领域之一)，一年有 12 个月，每个月 30 天，年底再加上 5 天——与试图同时考虑太阳周期和月亮周期的同时代的巴比伦历法和早期希腊城邦历法相比要简单得多，因为它较为固定。②

美索不达米亚人在同时代的数学成就要比埃及人高一个量级。重见天日的大量泥板(图 1.1)表明，巴比伦人在公元前 2000 年左右已经有了一种成熟的数制，它既是十进制(基于 10 这个数)的，也是六十进制(基于 60 这个数)的。我们今天测量时间(1 小

---

① 答案是 14。关于埃及数学，见 Otto Neugebauer, *The Exact Sciences in Antiquity*, chap. 4; B. L. van der Waerden, *Science Awakening: Egyptian, Babylonian, and Greek Mathematics*, chap. 1; G. J. Toomer, "Mathematics and Astronomy"; R. J. Gillings, "The Mathematics of Ancient Egypt"; Carl B. Boyer, *A History of Mathematics*, chap. 2。

② Richard Parker, "Egyptian Astronomy, Astrology, and Calendrical Reckoning."

时有 60 分钟)和角度(1 度有 60 分,1 周有 360 度)的系统便保留了六十进制。巴比伦人有分别表示 1(▼)和 10(▲)的符号,它们可以像罗马数字一样结合成小于等于 59 的数。例如,32 可以用 3 个表示 10 的符号加上 2 个表示 1 的符号来表示,如表 1.1 所示。 14

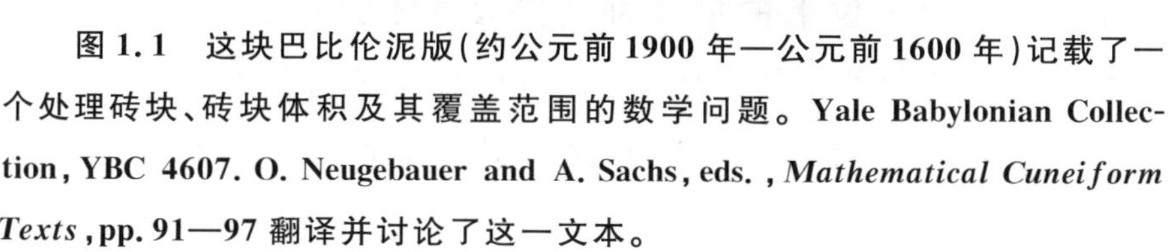

图 1.1　这块巴比伦泥版(约公元前 1900 年—公元前 1600 年)记载了一个处理砖块、砖块体积及其覆盖范围的数学问题。Yale Babylonian Collection, YBC 4607. O. Neugebauer and A. Sachs, eds., *Mathematical Cuneiform Texts*, pp. 91—97 翻译并讨论了这一文本。

表 1.1　五个巴比伦六十进制数字及其现代印度-阿拉伯对应数字

	60^3	60^2	60	1	1/60	$1/60^2$	现代印度-阿拉伯对应数字
(1)				◀◀◀▼▼			32
(2)			▼▼	◀▼▼▼▼▼▼			2×60＋16＝136
(3)		▼	◀▼▼	◀◀▼▼▼			1×3600＋12×60＋23＝4343
(4)	▼▼	◀◀▼▼					2×216000＋22×3600＝511200
(5)					◀◀	◀▼▼	2×1/60＋12×1/3600＝1/30＋1/300＝11/300

但超过 59 的数表示起来就相当不同。巴比伦人在表示 60 时不是把 6 个表示 10 的符号排成一行，而是采用了与我们现在的位值制(place system)类似的方式。例如，在 234 这个数中，4 位于个位，表示 4；3 位于十位，表示 30；2 位于百位，表示 200。于是，234 就是 200＋30＋4。巴比伦人的位值制与此类似，只不过相继的位代表 60 的各次幂，而不是 10 的各次幂。于是在表 1.1 的第二例中，60 位上的两个单位符号代表的不是 2，而是 2×60＝120；在第三例中，60^2 位上的单位符号代表的不是 1，而是 $1\times60^2=3600$。在巴比伦的位值制中，没有与小数点等价的符号来给个位定位，这一信息只能根据上下文来推断。为了方便计算，巴比伦人使用了乘法表、倒数表、乘方表和开方表。六十进制的一大优点在

于，用分数进行计算相当简单。①

当我们转向更困难的问题时（这些问题我们会用代数方法来 15
解决），巴比伦数学优于埃及数学之处就很明显了。数学史家有时把这些问题称为“代数”（就巴比伦数学的这个方面而言，它也许是一个有用的缩写，但如果认为它意味着巴比伦人在运用真正的代数，那会产生误导），即认为他们有一套一般化的代数符号，或懂得我们所理解的代数规则。我们可以有把握地说，巴比伦数学家会用算术运算来解我们用二次方程来解的问题。例如，我们发现有许多巴比伦泥板，包括教学用的泥板，都在演示如何求解这类问题：已知两个数的积以及和或差，求这两个数。②

自人类诞生以来，天空就是其观察和思辨的对象。但是对恒星和行星进行认真而系统的观测和编目，最早证据可见于4000多年前的巴比伦人。其他古代文化（希腊、印度和埃及）中的天文学活动不仅出现较晚，而且似乎受到了巴比伦人的影响。③ 有理由猜测，随着巴比伦数学的丰硕成果被应用于天象，巴比伦天文学自然地从中产生了。但现实往往违反我们的合理期待。巴比伦人固

① 关于巴比伦数学，见 Neugebauer，*Exact Sciences in Antiquity*，chaps. 2—3；van der Waerden，Science Awakening：*Egyptian，Babylonian，and Greek Mathematics*，chaps. 2—3；van der Waerden，“Mathematics and Astronomy in Mesopotamia”；Boyer，*History of Mathematics*，chap. 2。

② 对古代“代数”问题的分析，见 Sabetai Unguru，“History of Ancient Mathematics：Some Reflections on the State of the Art”；Unguru，“On the Need to Rewrite the History of Greek Mathematics”。

③ 这里我采用了 Francesca Rochberg，*The Heavenly Writing：Divination，Horoscopy，and Astronomy in Mesopotamian Culture*，chap. 2 的看法。另见 Pingree，“Hellenophilia versus the History of Science，” p. 556。

然最终发展出了一种预测性的数理天文学，但这需要有数个世纪的占卜天象（认为天象预言了未来事件）为其做准备。

因此故事要从巴比伦人的占卜讲起。古代近东文化的人们普遍认为，大量自然现象（包括与天相关联的现象）包含着来自神灵的讯息（征象或预兆），可由内行进行破译和诠释。学者文士致力于此，是为了学习诸神的语言、征象的意义，以建议其委托人如何采取适当措施来避开被预言的事件、减轻其影响或为之做准备，这些事件包括战败、洪水、婴儿死产、和平时期、财富和长寿的承诺以及其他一些或有利或不利的个人或公众事件。诸神被认为不仅通过各种地界物体或事件来言说，比如动物内脏、梦、畸胎、“朝人身
16 上小便的狗的颜色”，等等，而且也（对我们的目的很重要）通过天象来言说。天文现象可能引起了特别关注，因为它们明显具有规律性：位于天界，且行星被等同于诸神。无论如何，公元前500年左右已经出现了包含非数学的日志、历书和数值行星表（星历表）的泥板。它们提供了计算各种行星现象和月球现象发生的时间地点所需的资料，这些现象包括食、相合（两颗或更多的行星在运转时相会）以及行星在夜空中的初见和初隐。这便是计算天文学的开始。①

---

① Rochberg, *Heavenly Writing*. 所引短语是一块巴比伦泥版中的实际内容，见 p. 55。关于巴比伦天文学，另见 Neugebauer, *Exact Sciences in Antiquity*, chap. 5（锯齿形函数见 pp. 104—108）；van der Waerden and Huber, *Science Awakening II*：*The Birth of Astronomy*, chaps. 2—8；van der Waerden, “Mathematics and Astronomy in Mesopotamia”；Asger Aaboe, “On Babylonian Planetary Theories”；以及 Neugebauer, *Astronomy and History* 中收录的文章。非常技术性的说明见 Neugebauer, *A History of Ancient Mathematical Astronomy*, 1：347—555。通俗的论述见 Stephen Toulmin and June Goodfield, *The Fabric of the Heavens*：*The Development of Astronomy and Dynamics*, chap. 1。关于狗的小便作为一种预兆，见 Rochberg, *Heavenly Writing*, pp. 51, 55。

到了公元前5世纪末，巴比伦的天象占卜也把占星术包括在内，后者用出生时刻(对于像月食这样的特殊现象，用临近出生日期)的行星位置来预测个人命运。这种新的占卜与预先存在的巴比伦计算天文学的确切关系是模糊不清的，专家们对此有不同看法。① 不过清楚的是，巴比伦占星术至少与巴比伦计算天文学密切相关，并且采纳了后者的目标和方法。当这种占星术随后于公元前2、3世纪传到希腊化时期的希腊人那里时，占星术/天文学(两者密不可分)便有了计算目标和数值方法。至关重要的是，希腊化时期的希腊天文学——其计算目标和定量方法——从这份巴比伦遗产中成形了。② 天文学从这里开始启程，数千年后将因哥白尼、开普勒等人的成就而达到顶峰。

锯齿形函数：巴比伦计算天文学中的一个问题

公元前133～132年的一块保留至今的巴比伦泥版描述了如何计算月亮在接连几个月的月初将处于黄道十二宫的哪个位置。其目的是预测新月的初现(对于历法很重要，因为新月标志着一个新的月份的开始)。它之所以在数学上很难计算，是因为月亮通过黄道十二宫的速度是变化的，在一年中交替增大和减小。由于无法用数学处理连续变化的变量，泥版 17
作者用由三个不连续的算术级数所组成的一个算术级数来逼

① Rochberg, *Heavenly Writing*, chap. 5很好地总结了不同观点。

② Alexander Jones, "The Adaptation of Babylonian Methods in Greek Numerical Astronomy"令人信服地说明了这一点。另见本书第五章。

近月亮速度的变化，以预测月亮在接连几个月的月初的大致位置。在这块泥板上（见下），为月亮运动指定的速度（用每个月走过黄道十二宫的度数来度量）被认为在前3个月内每月减小一个固定量，在接下来6个月内每月增加一个固定量，在剩下的3个月内每月减小一个固定量。如果画出来（这是我们能做到的，但他们不能），如图1.2，月亮在一年内的速度便显示为一个“锯齿形函数”。①

公元前133/32年的月份	月亮在某个月月末所走的距离（度、分、秒、毫秒）②	位于黄道十二宫的位置
Ⅰ	28,37,57,58	20,46,16,14 金牛宫
Ⅱ	28,19,57,58	19,6,14,12 双子宫
Ⅲ	28,19,21,22	17,25,35,34 巨蟹宫
Ⅳ	28,37,21,22	16,2,56,56 狮子宫
Ⅴ	28,55,21,22	14,58,18,18 室女宫
Ⅵ	29,13,21,22	14,11,39,40 天平宫
Ⅶ	29,31,21,22	13,43,1,2 天蝎宫
Ⅷ	29,49,21,22	13,32,22,24 人马宫
Ⅸ	29,56,36,38	13,28,59,2 摩羯宫
Ⅹ	29,38,36,38	13,7,35,40 宝瓶宫
Ⅺ	29,20,36,38	12,28,12,18 双鱼宫
Ⅻ	29,2,36,38	11,30,48,56 白羊宫

① 这些数据来自 Neugebauer, *Exact Sciences in Antiquity*, pp. 105—109；另见 Toulmin and Goodfield, *The Fabric of the Heavens*, pp. 48—50。

② 在巴比伦的六十进制中，圆有360度，1度有60分，1分有60秒，1秒有60毫秒。这块泥版中前后两个月的速度（以度衡量）增加或减小精确到毫秒量级。

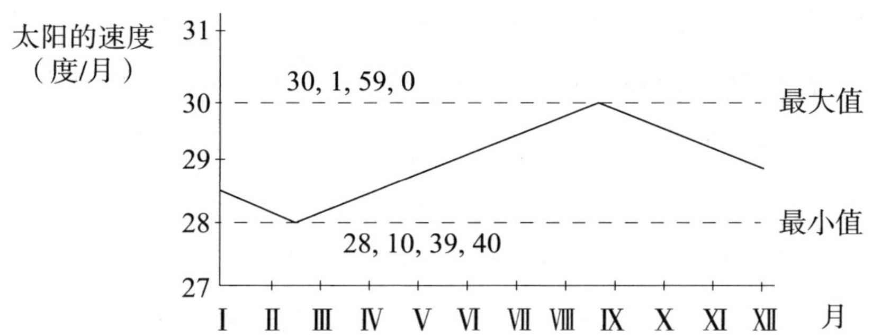

图 1.2　一个表示算术级数的巴比伦锯齿形函数。摘自 Stephen Toulmin and June Goodfield, *The Fabric of the Heavens*, p. 50。

埃及和美索不达米亚的成就中最后一个值得重视的领域是医 18
学。若干埃及医学纸草书（写于公元前 2500 年—公元前 1200 年）幸存了下来，粗略地描述了古埃及治疗术。由几部纸草书可以清楚地看出，当时人们认为疾病的主要原因是邪恶的力量或魔鬼侵入了人体。人们设计仪式来安抚或吓唬魔鬼，比如驱鬼、念咒、涤罪或佩戴合适的护身符等，以减轻病人的痛苦。也可以求神保佑：莱登纸草书（Leyden papyrus）中有一段对古埃及神何露斯（Horus）的祷文："向您致意，何露斯。……我求助于您，赞美您的美，求您除掉我肢体中的恶魔。"①有些神渐渐特别与治疗功能和治疗仪式联系在一起，如透特（Thoth）、何露斯、伊希斯和依姆霍特普（Imhotep）。人们似乎普遍认为，每一个身体器官都由一个具体

① Sigerist, *History of Medicine*, 1:276. 关于埃及医学，除了 Sigerist 的著作，见 Paul Ghalioungui, *The House of Life, Per Ankh: Magic and Medical Science in Ancient Egypt*; Ghalioungui, *The Physicians of Pharaonic Egypt*; John R. Harris, "Medicine"。关于外科，见 Guido Majno, *The Healing Hand*, chap. 3。

的神所掌管，可以乞求这个神来治愈那个器官。当然，所有这些仪式都需要有内行的协助，这个内行必须被公认为纯洁，知道应该念什么咒语，有能力保证仪式正确进行，这个人就是祭司-治疗师(priest-healer)。

古埃及的治疗术并不限于祈祷、念咒和仪式。由动植物或矿物制成的药物也相当普遍，尽管人们相信其药效有赖于在恰当的仪式下进行制备和服用。埃伯斯纸草书(Ebers papyrus，写于公元前1600年左右，但其中一些材料源于古老得多的文本)中有一些治疗皮肤、眼、口、手足、消化系统、生殖系统和其他内脏疾病的药方，以及处理伤口、烧伤、脓疮、溃疡、肿瘤、头痛、腺体肿胀和口臭的药方。[①]

埃德温·史密斯纸草书(Edwin Smith papyrus，大约与埃伯斯纸草书写于同一时期)讨论了外科手术，其中包含了一部外科手册，系统描述了对伤口、骨折和脱臼的治疗(图1.3)。[②] 埃伯斯纸草书和埃德温·史密斯纸莎草书的一个显著特征是，它们都对病例研究做了精心安排，先是描述问题，继而进行诊断，然后作出决定(即确定该疾病是否可以医治)和治疗。

美索不达米亚医学表现出了与埃及治疗术相同的许多特征。巴比伦泥板和埃及纸草书一样包含有分门别类系统组织的病例研究，其中许多都显示出对于症状的细致观察和聪敏预后。美索不达米亚的治疗师在外科手术和药物配制方面也表现出了同样技能。

① B. Ebbell, *The Papyrus Ebers*.

② James H. Breasted, *The Edwin Smith Surgical Papyrus*.

19

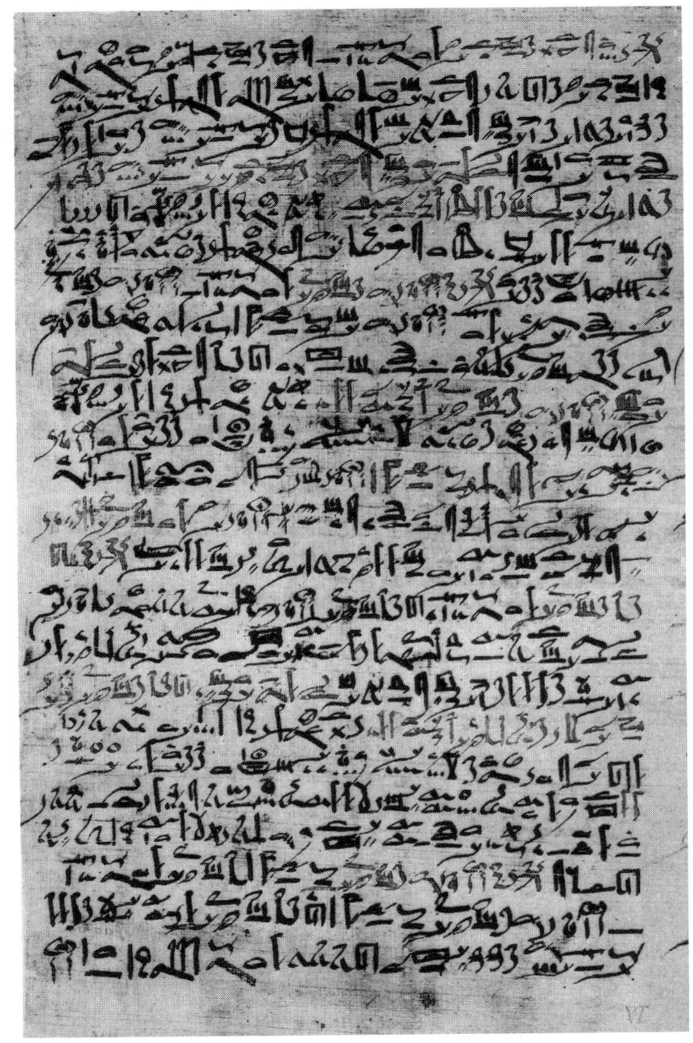

图 1.3　埃德温·史密斯外科纸草书(约公元前 1600 年)中的一列,藏于纽约医学科学院。

和在埃及一样,医学出现了某种程度的专门化,不同类别的治疗师 20
开始有了不尽相同的专长和职能。我们再次看到,治疗与宗教以及所谓的巫术密切融合在一起。疾病被视为恶魔(由于命运、疏

忽、罪孽或巫术)侵入身体的结果。治疗是通过占卜(包括解释占星预兆)、祭祀、祈祷和巫术仪式来消除侵入身体的魔鬼。①

以上对埃及和美索不达米亚的数学、天文学和治疗术的概述为西方科学传统的起源提供了匆匆一瞥,也为我们考察希腊成就提供了背景。毫无疑问,希腊人肯定了解埃及和美索不达米亚先驱者的工作,并从中受益。在接下来几章中,我们将会看到埃及和美索不达米亚的这些成就如何进入和影响了希腊自然哲学。

① 关于美索不达米亚的医学,见 Sigerist, *History of Medicine*, 1, pt. 4; Robert Biggs, "Medicine in Ancient Mesopotamia"; Majno, *Healing Hand*, chap. 2。

第二章　希腊人和宇宙

荷马和赫希俄德的世界 21

请为我叙说，缪斯啊，那位机敏的英雄，
在摧毁特洛伊的神圣城堡后又到处漂泊，
见识过不少种族的城邦和他们的思想；
他在广阔的大海上身受无数的苦难，
为了保全自己的性命，使同伴们返回家园。
但他费尽了辛劳，终未能救得同伴，
只因为他们亵渎神明，为自己招灾祸：
一群愚蠢的人，拿高照的赫利奥斯的牛群饱餐，
神明剥夺了他们归返的时光。
女神，宙斯的女儿，请尽情为我们述说。

这时其他躲过了凶险的死亡的人们
都已离开战争和大海，抵返家乡，
唯有他一人深深怀念着归程和妻子，
被高贵的神女卡吕普索，神女中的女神，
阻留在深邃的洞穴，一心要他做丈夫。

但岁月不断流逝，时限已经来临，
神明们终于决定让他返回家乡，
回到伊萨卡，只是他仍然难逃争斗，
当他回到亲人们中间。神明们怜悯他，
唯独波塞冬除外，他仍然怨怒着，
神样的奥德修斯，直到他抵达故土。①

这是荷马（Homer）《奥德赛》（*Odyssey*）的开篇，讲述的是奥
22 德修斯（Odysseus）在特洛伊战争结束时回到伊萨卡（Ithaca）——有时得到诸神的帮助，有时又遭到诸神的阻挠。②《奥德赛》据说写于公元前 7 世纪，叙述了面对神的干预和干涉所行的英雄事迹。它和荷马的《伊利亚特》（*Iliad*）在我们所拥有的记载中最接近公元前 6 世纪之前的希腊史。当然，这两部史诗并非我们现代人所写的那种历史，但它们的确叙述了过去的历史事件和英雄事迹，是我们了解古希腊思想遗产——语言、学问和文化——的最好窗口。

但荷马并非我们了解希腊神话思想的唯一来源。与荷马大约同时代的赫希俄德（Hesiod）在其《神谱》（*Theogony*）中讲述了这样一部创世神话：

最先产生的是卡俄斯（Chasm，混沌），其次产生了盖亚（Gaia）——宽胸的大地，一切以冰雪覆盖的奥林匹斯山峰为

① Homer, *The Odyssey*, trans. Robert Fagles, pp. 77—78.

② 关于《奥德赛》的作者身份、年代和史实性，见 Bernard Knox 的导读。

> 家的神灵的永远牢靠的根基。……从混沌中还产生出厄瑞波斯(Erebos)和黑夜纽克斯(Nyx);由黑夜产生出光明太空之神埃忒耳(Aether)和白昼之神赫莫拉(Hemera),纽克斯和厄瑞波斯相爱怀孕生出了他俩。大地盖亚首先生出了与她大小一样的布满星辰的天空乌拉诺斯。……大地还生出了绵延起伏的山脉,居于山林水泽的女神纽墨菲(Nymphs)常常在此出没;大地还生出了波涛汹涌、永不枯竭的海神庞托斯(Pontos)。①

盖亚(地母;图 2.1)又与其后代乌拉诺斯(Ouranos,天父)交合,生出了俄刻阿诺斯(Oceanus,环绕世界的河,是所有其他河流

图 2.1　德尔菲的大地女神盖亚神庙(约公元前 4 世纪)

① Hesiod, *Theogony and Works and Days*, trans. M. L. West, pp. 6—7.

之父)、十二提坦(Titans)和一大群怪物。最终,提坦之一克洛诺斯(Kronos)阉割并推翻了他的父亲乌拉诺斯;继而,克洛诺斯又被他的儿子宙斯(Zeus,图 2.2)所废黜。宙斯从独眼巨人(Cyclopes)那里获得了雷电,用它打败了提坦,确立了自己在奥林匹斯山的统治。[①]

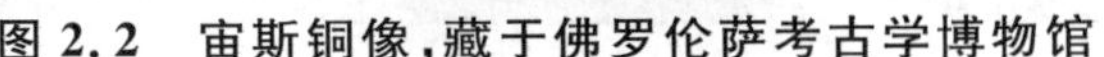

图 2.2　宙斯铜像,藏于佛罗伦萨考古学博物馆

① *The Poems of Hesiod*, trans. R. M. Frazer, p. 32. 另见 Robert Graves, *The Greek Myths*, vol. 1; Friedrich Solmsen, *Hesiod and Aeschylus*。

我们还有其他一些早期神话残篇和希腊化时期（公元前 335 年
以后）的许多神话集。这个神话文学世界给人的印象是，神在其中
无所不在。神和人有着共同的历史。在这个世界中，拟人化的神干
预着人的事务，把人作为实现其阴谋诡计的筹码——出于怨恨、愤
怒、爱、欲望、仁慈、快乐或单纯的任性而行事。神也与自然现象有牵
连。太阳和月亮被视为神，是忒伊亚（Theia）和许珀里翁（Hyperion）的
后代。风暴、闪电和地震并不是非人格化的自然力量不可避免的结
果，而是被视为神所意愿的壮举。这必然是一个反复无常的世界，其
中没有任何东西可以可靠地预言，因为神的干预具有无限的可能性。 23

我们应当如何理解这一点呢？古希腊人真的认为构成我们所
谓“希腊神话”的那些故事是真实的吗？他们果真相信居住在奥林
匹斯山或其他某个神秘地方的诸神会彼此引诱并虐待偶遇他们的
人吗？难道没有人对风暴和地震产生于神的任性表示怀疑？在前
一章讨论史前思想时，我们已经看到这些问题是多么难以回答。① 24
不过可以肯定，任何用科学真理的现代标准来衡量这些信念的尝
试都必然会导致误解。但是通过把荷马史诗中的神话与科学领域
之外的现代信念相比较，我们可以了解一些东西。当一位职业运
动员为胜利而感谢上帝时，他真的相信胜利是通过超自然的干预
而取得的吗？还是说，这只是运动员的一种习惯性的说话方式？ 25
在某种程度上，大多数运动员或许会期待其说法能被认真对待。
但他们可能从未想到要用哲学或科学的标准来评判这些说法。他
们并不想提出什么可辩护的哲学或科学真理，而是通过表达在其
文化中被无意识吸收的习惯性信念来庆祝胜利。同样，虽然荷马

① 见 Paul Veyne，*Did the Greeks Believe in Their Myths*？对这个问题的有趣分析。

和赫希俄德的著作似乎也提出了因果问题，但我们必须明白，这些著作并不是想充当科学或哲学论著——这种想法还尚未存在。荷马和赫希俄德——以及后来的史诗作者和吟游诗人——用传统方式记录英雄事迹是为了寓教于乐；如果把他们看成失败的哲学家或科学家，我们就不可避免会误解其成就。

但我们不能轻易忽视这些古代文献。毕竟，荷马和赫希俄德的著作是我们所拥有的极少数反映古希腊思想的材料之一；即使它们不能代表原始的希腊哲学，但数个世纪以来，它们一直是希腊教育和文化的核心，不可能不对希腊思想产生影响。人们所使用的语言和意象显然影响了他们所感知到的实在。虽然荷马和赫希俄德的史诗内容不像现代物理学或化学的内容那样被我们“相信”，但奥林匹斯山诸神的神话以及地方神祇是早期希腊文化的一个核心特征，影响着希腊人思考、言说和行为的方式。

最早的希腊哲学家

然而，一股清新之风即将从另一个方向吹来。公元前 6 世纪初，希腊文化中突然出现了一种全新的话语——这种思辨前所未有地理性（*nous*），关注证据，承认可以就主张进行辩论并且需要对其进行辩护。① 思辨的主题非常广泛，包括宇宙及其起源，地球及

---

① 关于早期希腊哲学，特别参见 G. E. R. Lloyd：*Early Greek Science*：*Thales to Aristotle*，chap. 1；*Magic*，*Reason*，*and Experience*；*The Revolutions of Wisdom*；*Methods and Problems in Greek Science*；and (with Nathan Sivin)，*The Way and the Word*。另见 G. S. Kirk and J. E. Raven，*The Presocratic Philosophers*；Jonathan Barnes，*Early Greek Philosophy*。

其居民，天体、地震、打雷、闪电等引人注目的现象，疾病和死亡，人类知识的本性，等等。

制造这一波思想活动的讲希腊语的人在地理分布上远远超出了现代希腊的边界。殖民、征服和吞并入侵部落使得他们的领土 26
向北延伸至马其顿，向东延伸至小亚细亚（现在的土耳其），特别是沿着爱琴海海岸线的爱奥尼亚（Ionia）地区；向西横跨亚得里亚海到达南意大利和西西里岛。民族和文化在这些地区的融合也许有助于解释哲学和宇宙论思想在公元前5、6世纪的出现。①

那么，这些被我们称为“哲学”的新思维模式是什么呢？公元前6世纪，少数思想家开始对他们所处世界的本性进行一种严肃的、批判性的探究——这种探究一直延续到今天。他们追问世界的成分、组成、运作和形状；研究世界是由一种还是多种事物构成的；试图理解事物为何会产生或改变性质；沉思地震、日月食等异常自然现象，寻求不仅适用于某一次地震或食，而且适用于所有地震或食的普遍解释。他们开始反思论证和证明的规则。

这些早期哲学家不仅提出了新问题，而且也寻求新的解答。他们并没有把自然人格化，诸神从他们对自然现象的解释中消失 27
了。赫希俄德把地和天看成神的后代，而哲学家留基伯（Leucippus，活跃于公元前435年）和德谟克利特（Democritus，活跃于公元前410年）却认为，世界及其各个部分产生于无生命原子在原始漩涡中的机械整合。诚然，这些哲学发展并非标志着希腊神话的

① 关于早期希腊人，见 Thomas Cahill，*Sailing the Wine-Dark Sea*: *Why the Greeks Matter*，pp. 9—14。

终结。迟至公元前 5 世纪，历史学家希罗多德还保留了许多古老神话，其《历史》(*Histories*)中不乏关于神的干预的传说。根据他的记述，波塞冬用汹涌的潮水淹没了波斯人正在穿越的一片沼泽地。希罗多德还把波斯军队动身前往希腊时出现的一次日食视为一种超自然的预兆。但哲学家却提出了另一种(从其后来发展来看)强大的新解释，不包含任何超自然干预的迹象。阿那克西曼德(Anaximander，活跃于公元前 555 年)认为食源于天火火环中的孔隙被阻挡。根据赫拉克利特(Heraclitus，活跃于公元前 500 年)的说法，天体是盛满火的碗，当碗的开口一面背对我们时，就会产生食。阿那克西曼德和赫拉克利特的这些理论似乎并不特别缜密(在赫拉克利特之后又过了 50 年，哲学家恩培多克勒[Empedocles]和阿那克萨哥拉[Anaxagoras]认识到，食仅仅是巨大的阴影)，但至关重要的是，他们把神排除在外。这些解释完全是自然主义的；食并不反映人的突发奇想或诸神的任意喜好，而仅仅反映了火环或天碗及其包含的火的本性。

简而言之，哲学家的世界是一个有序的、可预言的世界，事物依其本性在其中运作。用来指称这个有序世界的希腊词是 *kosmos*(和谐有序宇宙)，我们的“宇宙论”(cosmology)一词便来自于它。受神干预的那个反复无常的世界被置于一旁，为有序和规则性留出了机会；混沌(*chaos*)让位于和谐有序宇宙。自然与超自然的清晰区分正在出现；人们普遍认为，应当仅从事物的本性中寻找原因(如果从哲学上考察原因的话)。由于他们关注的是自然或本性(*physis*)，所以亚里士多德(Aristotle)把引入这些新思维方式的哲学家称为自然哲学家(*physikoi* 或 *physiologoi*)。

米利都学派与基本实在的问题

上述哲学发展似乎最先出现在爱奥尼亚。希腊殖民者已经在那里建立了以弗所(Ephesus)、米利都(Miletus)、帕加马(Perga-
mum)等繁荣的城市,其繁荣乃是基于贸易和对当地自然资源的 28
开发。和许多边疆社会一样,爱奥尼亚或许鼓励了辛勤劳动和自给自足,带来了繁荣和机遇。它还使希腊人得以接触近东的艺术、宗教和学问,因为爱奥尼亚与近东有着文化、贸易、外交和军事上的联系。加之文化的融合、统治阶级读写能力的发展以及不为我们所知的其他因素,抒情诗和哲学领域的创造力涌现出来。

后来的一些作者,包括亚里士多德,都把米利都的泰勒斯(Thales,活跃于公元前 585 年)视为最早的爱奥尼亚哲学家。存留至今的残篇(并不包含泰勒斯本人写的任何原始著作)把他描述成一位几何学家、天文学家和工程师。据说他曾经成功预言了公元前 585 年的一次日食,从而声名大振,但凭借泰勒斯时代的希腊天文学知识是不大可能作出这样一种预言的。另一些残篇说他提出了一种理论,即大地是从水中现出来的,之后它像圆木一样浮在水上,这种想法也许更准确地代表了泰勒斯天文学和宇宙论的缜
密程度。但在目前的语境下,对我们来说更有趣的是,他说(亚里 27
士多德在两个半世纪后将这种说法归之于他)宇宙中必定存在着某种基本质料(他认为是水),万物皆由之构成,它在显现出来的变化中保持不变。亚里士多德说,大多数早期哲学家都认为,作为万物本原的基本原料是物质性的:

> 万物始所从来与其终所从入者，其性质变化不已而实体常如，他们称之为万物的本原。……这一哲学学派的创始者泰勒斯说"水是万物的本原"，因此他宣称大地浮在水上。[①]

阿那克西曼德(Anaximander，活跃于公元前 550 年)和阿那克西美尼(Anaximenes，活跃于公元前 535 年)这两位更年轻的米利都学派成员发展了这一基本质料或原料的主题。阿那克西曼德认为宇宙的起源或基本原料是无定(*apeiron*)，这种东西在空间上没有限制和规定(因此不同于任何已知的东西)，物质宇宙便源出于它。[②] 而据亚里士多德和特奥弗拉斯特(Theophrastus)所说，阿那克西美尼主张基本质料是气，它可以被稀释或浓缩，从而产生已知世界中的各种东西。这种气"因疏密而在本性上有所不同。

29 如果稀薄就会变成火，如果浓厚就会变成风，然后变成云，(如果更加浓厚就会)变成水、土、石头；其他东西皆由此产生"。[③] (牛顿在 17 世纪对同一想法做了探索。)显然，米利都哲学家都是唯物论者和一元论者，后者把基本实在看成单一的。

所有这些也许看起来很原始。如果以 21 世纪的标准来判断，确实如此。但是，把过去与现在相比肯定会对过去的成就造成歪曲。当我们把米利都学派与其前人相比时，他们的重要性便显示出来了。首先，我们的三位米利都哲学家都提出了一种新问题，据

---

① *Metaphysics*，Ⅰ.3，983a 6—20。关于米利都学派，见 Lloyd，*Early Greek Science*，chap. 2。

② Kirk and Raven，*Presocratic Philosophers*，pp. 108—109.

③ 辛普里丘引用特奥弗拉斯特，ibid.，p. 144。

我们所知，此前希腊文化或中东文化从未问过这种问题：事物的物质起源是什么？或者说，能以各种形式产生出我们感知到的各种事物的那种简单的基本实在是什么？这是在探求多样性背后的统一性和混沌背后的秩序。其次，米利都学派给出的回答中并无自然的人格化或神化，他们的世界观与荷马和赫西俄德的神话世界之间存在着概念上的鸿沟。米利都学派没有给诸神留下位置。在大多数情况下，我们并不知道他们对奥林匹斯山诸神有什么想法；他们并不援引诸神来解释事物的起源、本性或原因。第三，米利都学派似乎已经意识到，不仅要表述其理论，而且还要反驳这些理论的批评者和竞争者。这便是一直持续至今的批判性评价传统的开端。[①]

米利都学派对基本原料的思辨开创了一直持续至今的探索。在古代，米利都学派以后出现了各种思想流派。50 年后，以弗所（一个离米利都不远的爱奥尼亚城市，图 2.3）的赫拉克利特（Heraclitus，活跃于公元前 500 年）主张世界没有开端，也没有结束，而是最终由火构成。这是一团“永恒的活火”，在其“点燃”的形式（我们称之为“火”或“火焰”）与它的另外两种形式——水（液化的火）和土（固化的火）——之间连续转变。根据赫拉克利特的说法，这三种形式之间的动态平衡保证了一个永恒的、稳定的宇宙。[②] 于是，赫拉克利特假设了一个既变化又稳定的世界。根据柏拉图的

---

① G. E. R. Lloyd, *Demystifying Mentalities*, esp. chap. 1; Lloyd, *Early Greek Science*, pp. 10—15.

② Kirk and Raven, *Presocratic Philosophers*, pp. 1—9; Gregory Vlastos, *Plato's Universe*, pp. 5—10.

图 2.3　古代以弗所遗址

说法，正是赫拉克利特把这个世界与河流相比，并创作了那句著名的格言：人不能两次踏入同一条河流。①

到了公元前 5 世纪下半叶，原子论者米利都的留基伯(Leucippus，活跃于公元前 440 年)和阿布德拉(Abdera)的德谟克利特(Democritus，活跃于公元前 410 年)拓展了公元前 6 世纪的唯物论。留基伯和德谟克利特主张，世界是由在无限虚空中随机
30 运动的无穷多个微小原子构成的。这些原子是小得看不见的坚固微粒，有无穷多种形状；通过这些原子的运动、碰撞和暂时排列，他

① Plato, *Cratylus*, 402a; Kirk and Raven, *Presocratic Philosophers*, p. 97.

们解释了我们经验到的各种事物和复杂现象。在宇宙层次，原子沿着巨大的涡旋或漩涡运动，诸世界（包括我们的世界）由此产生，并复归于原子。①

原子论者也对其他许多自然现象提出了天才的解释，但我们不要偏离要点。关于原子论者，重要的是他们把宇宙看成了一部无生命的机器，其中发生的一切都是惰性的物质原子依其本性运动的必然结果。没有心智或神闯入这个世界。生命本身被还原为惰性微粒的运动。目的或自由没有位置，统治世界的只有铁的必然性。这种机械论世界观在柏拉图和亚里士多德及其追随者那里将会失宠。到了中世纪，原子论主要是作为被诋毁的对象而幸存下来，偶尔也有人对它感兴趣。② 它在17世纪大为复兴（带着一些新的变化），自那以后一直是科学讨论中一种强大的力量。

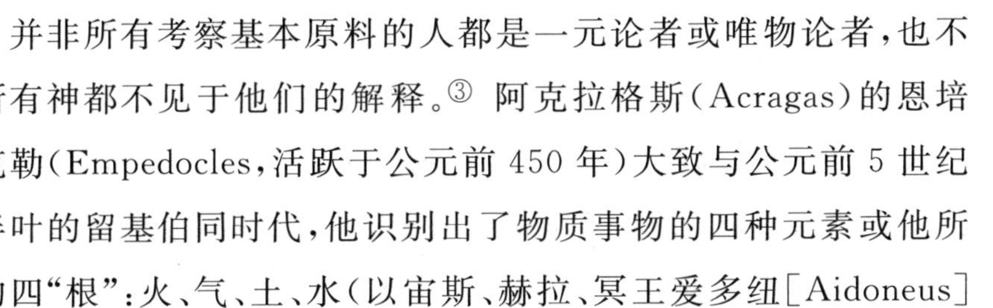

并非所有考察基本原料的人都是一元论者或唯物论者，也不是所有神都不见于他们的解释。③ 阿克拉格斯（Acragas）的恩培多克勒（Empedocles，活跃于公元前450年）大致与公元前5世纪下半叶的留基伯同时代，他识别出了物质事物的四种元素或他所谓的四“根”：火、气、土、水（以宙斯、赫拉、冥王爱多纽[Aidoneus]和冥后奈斯蒂[Nestis]的神话形式被引入）。恩培多克勒写道，由

① 关于原子论者，见 David Furley, *The Greek Cosmologists*, chaps. 9—11; Kirk and Raven, *Presocratic Philosophers*, chap. 17; Jonathan Barnes, *The Presocratic Philosophers*, 2:40—75; Cyril Bailey, *The Greek Atomists and Epicurus*。

② Christoph Lüthy, John E. Murdoch, and William Newman, eds., *Late Medieval and Early Modern Corpuscular Matter Theories*, esp. Newman's article, pp. 291—329.

③ 关于泰勒斯论诸神，见 Lloyd and Sivin, *The Way and the Word*, p. 145。

四根“产生出一切过去、现在和将来的存在，包括树木、男人和女人、走兽、飞禽和游鱼，还有受众生膜拜的长生的神灵。它们(四根)却仍是自身，彼此浸透，变成多种不同的形体”。[①] 但是，只凭物质性的成分无法解释运动和变化。因此，恩培多克勒引入了另外两种非物质的本原：爱与争斗，它们造成了四根的聚合和分离。

恩培多克勒并不是唯一把非物质本原纳入基本实在的古代哲学家。公元前5、6世纪的毕达哥拉斯学派(主要集中在南意大利的希腊殖民地，他们不是以个人而是以一个思想“学派”而为我们所知)似乎主张(如果照字面去解释)，最终的实在是数而不是物质。亚里士多德说，在研究数学的过程中，毕达哥拉斯学派震惊于数能够解释音阶等现象。根据亚里士多德的说法，“由于……所有其他事物的整个本性似乎都仿效数，数似乎是整个自然中最早的东西，所以他们[毕达哥拉斯学派]就推想数元素是万物的元素，整个天就是一个音阶和一个数”。[②] 这是一段令人费解的文字，我们之所以没有把握，也是因为亚里士多德可能并没有充分理解毕达哥拉斯学派的学说或者完全公正地对待它。毕达哥拉斯学派真的相信物质性的东西是由数构造出来的吗？抑或他们仅仅是声称，

① Kirk and Raven, *Presocratic Philosophers*, pp. 328—329; Furley, *Greek Cosmologists*, chap. 7.

② Aristotle, *Metaphysics*, Ⅰ. 5. 985b33—986a2, in Aristotle, *Complete Works*, 2:1559. 关于毕达哥拉斯学派，另见 Kirk and Raven, *Presocratic Philosophers*, chap. 9; Furley, *Greek Cosmologists*, chap. 5; Barnes, *Presocratic Philosophers*, 2: 76—94; Lloyd, *Early Greek Science*, chap. 3。

物质性的东西的本性由基本的数的属性来决定？对此，我们永远也无法确定地知道答案。对于毕达哥拉斯学派的立场，一种合理的看法是：在某种意义上数先出现，其他一切都是数的产物；在这种意义上数就是基本实在，物质性的东西由数获得其属性甚或存在。如果更谨慎一些，我们至少可以断言：毕达哥拉斯学派把数看成实在的一个基本方面，数学是研究这种实在的一种基本工具。

变化问题 32

如果说公元前 6 世纪最突出的哲学问题是关于世界的起源和基本成分，那么一个相关的问题渐渐主导了公元前 5 世纪的哲学。变化是可能的吗？如果是，那么如何可能？对于 21 世纪的读者来说，这似乎是一个荒谬的问题，但我们稍加努力便可理解它对于公元前 5 世纪哲学家的重要性。首先，我们要知道这个问题不是对外行讲的，也不是在劳动者、工匠、商人等日常活动的语境下讲的，而是一个逻辑难题，是对哲学家的一项挑战：如果物质世界的成分是绝对不变的完全被动的东西，那么物质世界中可能存在我们经验到的变化、运动和活动吗？如果宇宙的基本组分只是被动地处于它们的位置，那么（作为一个逻辑问题或形而上学问题）运动和其他形式的变化如何可能呢？

赫拉克利特采取了这种形而上学进路（探究实在最深层次的本性和结构），正如前一节所说，他明确肯定了变化——对立面的斗争——在一种整体上平衡或稳定状态下的实在性（事实上是普遍性)。[1] 赫拉克利特所肯定的东西正是其同时代人巴门尼德(Parmenides,活跃于公元前 480 年,来自南意大利的希腊城邦爱利亚[Elea])所要否定的。巴门尼德写了一部长篇哲理诗(哲学尚未把散文确定为其偏爱的论说形式),其大部分内容保存了下来。在这部长诗中,巴门尼德激进地认为,变化——所有变化——在逻辑上是不可能的。他先是基于各种逻辑理由来否认一个事物能够由不存在变成存在:例如,要使一个事物产生,为什么是在这一时刻而非另一时刻?它是通过什么方式产生的?不仅如此,这将使某种东西从无中产生,而这在逻辑上是不可能的。基于类似的理由,一个事物不可能发生变化。如果 A 变成 B,则要么 A 已经是 B(即 A 具有某种 B 性),要么 A 尚未是 B。如果 A 已经是 B,那么没有变化发生;如果 A 尚未是 B,那么变化将要求从某种并不拥有 B 性的东西中获得 B 性,这使我们又回到了不可能无中生有的命题。因此无论是哪种情况,都没有变化发生。[2]

巴门尼德的学生芝诺(Zeno,活跃于公元前 450 年)用一套证明拓展和捍卫了巴门尼德的这种学说,他反驳了一种变化——运
33 动或位置变化——的可能性,但据信也适用于其他形式的变化。其中一个证明是“体育场悖论”。芝诺论证说,穿越一个体育场是不可能的,因为在跑完全程之前,必须先跑完全程的一半;而在跑

① Kirk and Raven, *Presocratic Philosophers*, chap. 6; Vlastos, *Plato's Universe*, pp. 6—10.

② 关于巴门尼德,见 Kirk and Raven, *Presocratic Philosophers*, chap. 10; Furley, *Greek Cosmologists*, pp. 36—42; Lloyd, *Early Greek Science*, pp. 37—39; Barnes, *Presocratic Philosophers*, 1: chaps. 10—11。

完这一半之前，必须先跑完四分之一；在跑完四分之一之前，又必须先跑完八分之一；依此类推以至无穷。因此，穿越一个体育场就是穿越一个由一半组成的无穷序列，而在有限的时间内是不可能穿越或者“接触”（这是亚里士多德在讨论这个悖论时所使用的表述）无穷多个间隔的。同样的论证可被应用于任何空间间隔，因此所有运动都是不可能的。①

我们不知道巴门尼德和芝诺是否会（以及会如何）尝试把这些逻辑结论运用到实际世界。毫无疑问，巴门尼德和芝诺早上起床，美美享用一顿早餐，然后前往公共广场开始一天艰辛的哲学思考。他们到达广场之后，难道会用一天中剩余的时间来论证自己仍然躺在家中的床上吗？我怀疑这一点。他们很清楚自己在哪里，到达这里用了多长时间；然而一戴上逻辑学家的帽子，他们便开始思索涉及变化可能性的逻辑前提的逻辑推论和适用范围。

巴门尼德对变化可能性的否认产生了巨大影响，它向一代代哲学家提出了难以回避的挑战。恩培多克勒用他的四“根”或四元素加上爱与争斗的理论作了回答。元素既不会产生也不会消亡，这样便满足了巴门尼德的基本要求。但它们的确会聚合、分离和以不同比例相混合，因此变化也是真实的。原子论者留基伯和德

① Kirk and Raven, *Presocratic Philosophers*, chap. 11; Barnes, *Presocratic Philosophers*, 1: chaps. 12—13. 亚里士多德的评论见 *Physics*, Ⅵ. 2. 233a22—23。在第二个悖论中，芝诺描述了以快跑著称的阿基里斯追龟：如果乌龟领先一段距离，无论多小，那么阿基里斯永远也不可能追上乌龟，因为等阿基里斯到达乌龟的起点时，乌龟已经到了一个新的位置；而当阿基里斯到达这个新位置时，乌龟又往前移动了一段距离；如此等等，以至无穷。

谟克利特承认，单个原子是绝对不变的，所以在原子层次上没有任何种类的生灭变化。然而，这些不变的原子在永恒地运动、碰撞和聚合；通过原子的各种运动和排列产生了感觉经验世界中的无限多样性。因此，根据原子论者的说法，感官层次的变化背后是基本实在（原子）的不变性；变化和原子都是真实的。①

知识问题

除了这些关于基本实在、变与不变问题的讨论，早期希腊哲学
34 家还提出了第三个基本问题——知识问题（更专业的名称是认识论）。它隐含在对感官所揭示的各种事物背后的基本实在的探求中：如果感官并未揭示出理智所证实的东西（比如基本的不变性），我们就必须不再把感官作为真理的向导。巴门尼德在变化问题上的激进立场有明确的认识论含意：如果感官揭示了变化，那么这似乎表明感官是不可靠的，只有运用理性才能获得真理。原子论者也有理由贬低感觉经验。毕竟，感官揭示的是"第二"性质，如颜色、味道、气味和触觉性质，而理性却教导我们，只有原子和虚空才真实存在。在幸存下来的一个残篇中，德谟克利特提出有"两种知识，一种是真正的知识，另一种是模糊不清的知识。色、声、香、味、触都属于模糊不清的知识"。② 这一思想还未写完，残篇就中断

---

① Lloyd, *Early Greek Science*, chap. 4; Kirk and Raven, *Presocratic Philosophers*, chaps. 14, 17.

② Kirk and Raven, *Presocratic Philosophers*, p. 422. 另见 Lloyd, *Early Greek Science*, chap. 4。

了，但我们可以推想，在德谟克利特看来，真正的知识是理性知识。

如果说早期哲学家倾向于重理性轻感觉，那么这种倾向既不是普遍的，也不是毫无限制的。面对着巴门尼德的攻击，恩培多克勒为感官作了辩护。他指出，感官可能并不完美，但如果敏锐地运用，却是有用的向导。他写道："来吧，尽你所能去思索每一样事物是如何显现的。既不要认为看到的比听到的更值得信任，也不要宣称听到的比你舌头上的清晰证据更高，也不要拒不信任你的四肢，理解之路无处不在。"克拉佐门奈（Clazomenae，爱奥尼亚的另一沿海城市）的阿那克萨哥拉（Anaxagoras，活跃于公元前 450 年）在一份简短的残篇中指出，感官提供了"对含混事物的一瞥"。①

希腊人的认识论关切（特别是希腊理性主义）所带来的一个收益是，他们把注意力转向了推理规则、论证和理论评价。形式逻辑要等亚里士多德来创造，但他在公元前 5、6 世纪的前辈们已经愈发意识到，需要对论证的可靠性作出检验，对理论的依据进行评价。巴门尼德和芝诺论证的严密性——例如他们对推论规则和证明标准的敏感——表明，希腊哲学在一个半世纪里有了多么大的进展。

柏拉图的理式世界

苏格拉底（Socrates）死于公元前 399 年，正好在世纪之交（当

① Kirk and Raven, *Presocratic Philosophers*, p. 325, p. 394.

然是按照我们的而不是他们的日历），他的死成为希腊哲学史上一
35 个方便的分界点。于是，苏格拉底在公元前5、6世纪的前辈们（本章前面讨论的那些哲学家）一般被称为“前苏格拉底哲学家”。但苏格拉底具有突出地位并非只是时间上的偶然，因为苏格拉底代表着希腊哲学的重点转移，从公元前5、6世纪的宇宙论关切转向了政治伦理议题。尽管如此，这种转移并未剧烈到使前苏格拉底的那些重要问题不再受到关注。在苏格拉底的年轻朋友和学生柏拉图（图2.4）的著作中，我们可以发现新旧两种问题。

图2.4　柏拉图（公元1世纪的复制品），藏于梵蒂冈博物馆

柏拉图（前427—前347）生于雅典的一个名门望族。他积极参与城邦事务，无疑亲眼看见了导致苏格拉底被处死的那些政治事件。苏格拉底死后，柏拉图离开雅典，访问了意大利和西西里，

在那里似乎接触到了毕达哥拉斯学派的哲学家。公元前388年，柏拉图回到雅典创建了他自己的学校——学园(Academy)，年轻人可以在那里从事高等研究(图4.1)。柏拉图的作品几乎全是对话录，其中大部分保留了下来。我们将会看到，对柏拉图哲学的考察必须有高度的选择性，我们先从他对基本实在的探究开始。[①]

柏拉图在他的对话录《理想国》(*Republic*)中反思了木匠实际
制造的桌子与他心灵中关于桌子的理式(idea)或定义之间的关 36
系。木匠在其制作的每一张桌子中都尽可能精确地复制心灵中的理式，但这种复制总是不完美的。任何两张桌子都不可能在最小的细节上一模一样，材料限制(比如节疤，翘曲的木板)使任何一张桌子都不可能完全符合理想的情况。

柏拉图指出，有一位神匠，他与宇宙的关系就如同木匠与桌子的关系。这位神匠——巨匠造物主(Demiurge)——根据一种理式或方案构建了宇宙，因此宇宙万物都是永恒理式或形式的复制品——但是由于神匠所获得材料的内在局限性，它们总是不完美的复制品。简而言之，存在着两个世界：一个是形式或理式的世界，包含着一切事物的完美形式；另一个则是物质的世界，这些形式或理式在其中得到了不完美的复制。

许多人可能会觉得柏拉图关于两个迥异世界的观念很奇怪，因此我们必须强调几点。形式是无形的、不可触的、不可感的；它

---

① 关于柏拉图的学术研究浩如烟海。我深深地得益于 Vlastos, *Plato's Universe* 以及 Francis M. Cornford 对各种柏拉图对话的翻译加评注。新近的简要介绍见 R. M. Hare, *Plato*; David J. Melling, *Understanding Plato*。

们总是存在着，与巨匠造物主都具有永恒性；它们是绝对不变的。“形式”包括世间万物的形式或完美理式。我们无法谈及它们的位置，因为它们是无形的，因此不在空间之中。虽然无形和不可感，但它们客观存在着；事实上，真正的实在（完全的实在）只存在于形式世界中。相反，可感的有形世界是不完美的和短暂的。物体是形式的复制品，因此其存在依赖于理式，在这个意义上物体具有更少的实在性。形式的存在是首要的，其有形复制品的存在则是派生的。

柏拉图在《理想国》第七卷著名的“洞喻说”中阐明了这种实在观。一些人被囚禁在一个深深的洞穴中，受锁链所缚，无法转动头部。他们身后有一面墙，墙后面有一团火。有人在墙后走来走去，把各种东西举过墙头，包括人和动物的雕像；这些东西在囚徒们可见的墙壁上投下影子；囚徒们只能看到这些东西的投影，而且他们从小就生活在洞穴中，记不起任何其他东西。他们不会想到这些影子仅仅是他们看不到的物体的不完美影像，因此误把影子当成了真实的东西。

柏拉图说，我们所有人也是这样。我们是囚禁在肉体之中的灵魂。洞喻中的影子代表感觉经验世界。从其牢笼向外凝视的灵魂只能感知到这些闪烁不定的影子，无知者却宣称这些影子就是实在。然而，确实存在着雕像和其他物体，这些影子只是其微弱的
37 表现；也确实存在着人和动物，那些雕像乃是其不完美的复制品。为了把握这些更高的实在，我们必须摆脱感觉经验的束缚，爬出这个洞穴，直到最终能够看到永恒的实在，从而进入真知的世界。[①]

① Plato, *Republic*, bk. VII, 514a—521b.

这些看法对于前苏格拉底哲学家的关切有何含意呢？首先，柏拉图将他所说的形式等同于基本实在，从而将可感的有形世界指为派生的或第二性的存在。其次，通过给变与不变分别指定不同的实在性层次，柏拉图给变与不变都留下了空间：有形世界展现的是不完美和变化，而形式世界则以永恒不变的完美性为特征。因此，变与不变都是真实的，都是事物的特征；但不变属于形式世界，从而有更大的实在性。

第三，正如我们所看到的，柏拉图提出了认识论问题，把观察与真知（或理解）对立了起来。感官远没有导向知识或理解，而是限制我们的锁链；通过哲学反思才能获得知识。这种观点显见于《斐多篇》（*Phaedo*）中，柏拉图在其中强调感官对于获得真理没有用处，并指出灵魂在试图运用感官时不可避免会受骗。

对柏拉图认识论的简短说明常常在这里结束；但有一些重要的限定，如果遗漏将是一个严重的错误。事实上，柏拉图并不像巴门尼德所做的和《斐多篇》中可能暗示的那样完全摒弃感官。在柏拉图看来，感觉经验有各种有用的功能。首先，感觉经验可以提供有益健康的消遣。其次，对某些可感物体（尤其是那些具有几何属性的物体）的观察可以将灵魂引向形式世界中更高贵的对象；柏拉图用这个论证来为天文学研究辩护。第三，柏拉图（在其回忆说中）主张，感觉经验可以实际唤起回忆，使灵魂回想起它在之前存在时认识的形式，从而激起一种回忆过程，导向对形式的真正认识。

最后，虽然柏拉图坚信关于永恒形式的知识（最高的也许是唯一真实的知识）只有通过运用理性才能获得，但可变的物质世界也

是一种可接受的研究对象。这些研究是为了提供理性在宇宙中运
作的范例。如果这是使我们感兴趣的东西（正如它有时使柏拉图
38 感兴趣那样），那么研究它的最好方法肯定是观察。《理想国》显然
蕴含着感觉经验的正当性和用处，柏拉图在其中承认，从洞穴中走出来的囚徒先是用视觉来把握生物、星辰，最后理解最高贵的（物质性的）可见物——太阳，但如果渴望理解“本质性的实在”，他就必须“凭借不受任何感官帮助的理性”。因此，理性和感觉都是值得拥有的工具，在特定场合运用哪一种工具将取决于研究对象。①

表达所有这些还有另一种方式，也许有助于说明柏拉图的成就。当柏拉图为形式指定实在性时，他实际上是把实在性等同于一类事物所共有的属性。真正实在性的承载者既不是（例如）这只左耳下垂的狗，也不是那只狂吠的狗，而是每只个别的狗（当然是不完美地）所共有的一只狗的理想化形式——正是凭借那些特征，我们才能把它们全都称为狗。因此，要想获得真正的知识，我们必须抛开个体事物所特有的特征，而去寻求使它们成为一类的那些共有的特征。以这种温和的方式来表述，柏拉图的观点便有了明显的现代意味：理想化是许多现代科学的一个突出特征；我们发展出了注重本质而忽略偶性的模型或定律。然而，柏拉图比这走得更远，他不仅认为真正的实在可见于一类事物的共同属性中，而且强调这些共同属性（理式或形式）有客观、独立和在先的存在性。

① Lloyd, *Early Greek Science*, pp. 68—72; Plato, *Phaedo*, 65b; Plato, *Republic*, bk. VII, 532, trans. Francis M. Cornford, p. 252.

柏拉图的宇宙论

我们正在考察的学说——柏拉图对前苏格拉底哲学家的回应，见于《理想国》、《斐多篇》和其他各种对话录——仅仅代表了他整个哲学的一小部分。柏拉图还写了一篇对话录《蒂迈欧篇》(*Timaeus*)，显示了他对于自然界的兴趣。这里我们看到了柏拉图对于天文学、宇宙论、光与颜色、元素以及人体生理学的看法。由于《蒂迈欧篇》是整个中世纪流传的唯一一篇完整的柏拉图对话，所以它是柏拉图持续影响的一个主要渠道。它为中世纪早期(12 世纪之前)提供了非常连贯的自然哲学，所以对我们很重要。

柏拉图说《蒂迈欧篇》中的内容是一个“可能的故事”，这使一些读者误以为它是一个神话，其中不包含柏拉图本人的思想。事 39
实上，柏拉图明确说过，这是一切可能记述中最好的，任何比可能记述更好的东西都被主题排除了。只有当我们解释了永恒不变的形式时，才能获得确定性；而当我们描述物质世界中不完美的可变事物时，我们的描述不可避免会带有对象的不完美性和可变性，因此只是“可能的”描述。

我们在《蒂迈欧篇》中看到了什么？它最引人注目的一个特征是，柏拉图强烈反对前苏格拉底哲学思想中的某些特征。自然哲学家已经剥夺了世界的神性；在此过程中，他们也剥夺了世界的计划和目的。根据这些哲学家的说法，事物按照其内在本性运作，这解释了宇宙的秩序和规律性。于是秩序是内在的，而不是外在的；它不是被一个外部动因强加的，而是来自内部。

柏拉图认为这种观点不仅愚蠢，而且危险。他无意恢复那些干预宇宙日常运作的奥林匹斯山诸神，但他确信，必须把宇宙的秩序和合理性解释为由一个外在心灵所强加。如果说自然哲学家从自然（本性）中找到了秩序的来源，那么柏拉图则将它定位于心灵中。①

柏拉图把宇宙描述成一位神匠即巨匠造物主的作品。根据柏拉图的说法，巨匠造物主是一位仁慈的工匠、一个理性的神（事实上是理性的化身），他力图克服材料内在的局限性，从而尽可能造就一个尽善尽美和理智上令人满意的宇宙。巨匠造物主面对一片充满着未成形材料的原始混沌，从中构造出宇宙，并按照一个理性计划为其赋予了秩序。这不像犹太教-基督教的创世记述那样是从无中创造宇宙，因为原始材料已经存在，并且包含着巨匠造物主无法控制的属性；巨匠造物主也不是全能的，因为他要受到材料的约束和限制。然而，柏拉图显然想把造物主描述成一个超自然的存在，迥异于并且外在于他所构建的宇宙。至于柏拉图是否想让读者照字面来理解巨匠造物主是另一个问题，它引发了很多争论，也许永远得不到解决。但无可争议的是，柏拉图希望宣称宇宙是理性和计划的产物，宇宙中的秩序是理性的秩序，这种秩序被从外部强加给了顽固的材料。

这个造物主不仅是理性的工匠，而且也是数学家，因为他按照

① Vlastos, *Plato's Universe*, chap. 2. 关于柏拉图的宇宙论，另见 *Plato's Cosmology: The "Timaeus" of Plato*, trans. and commentary by Francis M. Cornford; Richard D. Mohr, *The Platonic Cosmology*。

几何原理建造了宇宙。柏拉图的记述借用了恩培多克勒的四根或 40
四元素：土、水、气、火，但（也许是受毕达哥拉斯学派的影响）把它们还原成了数学成分或组分。在柏拉图时代人们已经知道，有且只有五种正几何多面体（由完全相同的平面组成的对称立体）：正四面体（4 个等边三角形）、正立方体（6 个正方形）、正八面体（8 个等边三角形）、正十二面体（12 个等边五边形）和正二十面体（20 个等边三角形）（图 2.5）。柏拉图使这些正多面体成为一种“几何原子论”的基础——将每种元素与一种正多面体联系起来。火是正四面体（最小、最尖锐和最易移动的正多面体），气是正八面体，水是正二十面体，土是立方体（最稳定的正多面体）。最后，柏拉图把正十二面体（最接近球形的正多面体）等同于整个宇宙。这并不是柏拉图几何分析的结束，因为他把代表元素的每一个三维几何形体都还原成了它的二维组分，我们将在下面看到。[①]

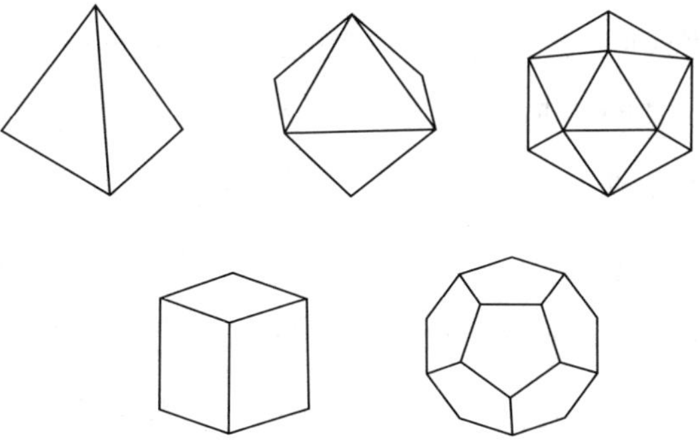

图 2.5　五种柏拉图正多面体：正四面体、正八面体、正二十面体、立方体和正十二面体

① Vlastos, *Plato's Universe*, chap. 3.

这一体系有三个特征值得讨论。首先,它用与恩培多克勒的理论相同的方式解释了变化和多样性:元素能以各种比例混合,产生出物质世界中的各种事物。其次,它使得由等边三角形构成的三种元素(四面体、八面体和二十面体)可以相互转化,从而进一步解释了变化。例如,一个水微粒(二十面体)可以分解为组成它的
41 20个等边三角形,这些三角形又可以重新组合成两个气微粒(八面体)和一个火微粒(四面体)。只有土,由于是由正方形构成的(而正方形沿对角线分开并不能产生等边三角形),所以被排除在这种转化过程之外。第三,柏拉图的几何微粒代表着迈向自然的数学化的重要一步。对我们来说,看看这一步迈得有多大具有重要意义。柏拉图的元素并不是具有正方形、四面体等形状的物质实体;在这样的体系中,物质仍会被视为基本原料。对柏拉图来说,存在的只有形状(几何形体);几何原子仅仅是正多面体,正多面体又可以被完全还原为平面几何图形。水、气和火并不是三角形的物体,它们(归根结底)仅仅是恰当排列的三角形。毕达哥拉斯学派将一切事物还原为数学第一原理的纲领已经实现。

柏拉图接着描述了宇宙的许多特征,让我们看看其中几项。柏拉图展示了对于宇宙论和天文学的精深造诣。他提出大地是球形的,被球形的天包围着。他在天球上定义了各种圆,标出了太阳、月亮和其他行星的路径。他认识到太阳沿着一个相对于天赤道倾斜的圆(我们称之为黄道)每年绕天球运行一周(图2.6)。他知道月亮沿大致相同的路径每月绕行一周,水星、金星、火星、木星和土星也是如此,它们分别有各自的速度,偶尔会逆行,水星和金星从未远离太阳。他甚至知道这些行星的整体运动(如果我们把

它们沿黄道的缓慢运动与天球的周日旋转结合起来)是螺旋形的。也许最重要的是,柏拉图似乎已经认识到,行星运动的不规则性可以通过匀速圆周运动的组合来解释。①

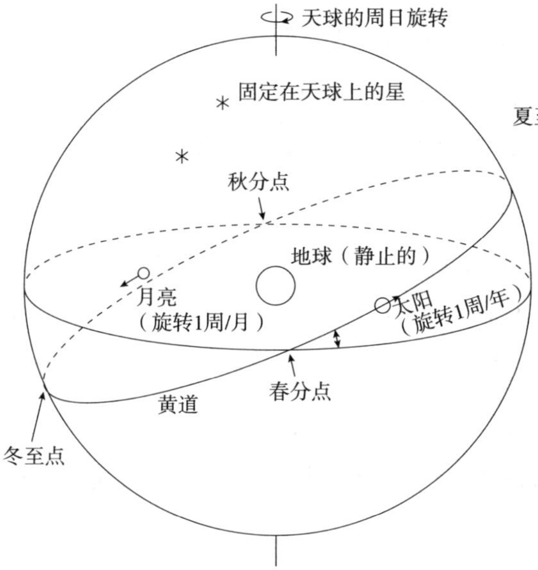

图 2.6　柏拉图描绘的天球

当柏拉图把目光从宇宙降至人体时,他解释了呼吸、消化、感情和感觉。比如他有一种视觉理论,主张从眼中发出的视觉的火与外界的光相互作用,产生一条视觉路径,能将可见物体的运动传递给观察者的灵魂。《蒂迈欧篇》甚至提出了一种疾病理论,概述了一种确保健康的养生法。

柏拉图描绘的是一个美妙的宇宙。它最突出的特征是什么

① Vlastos, *Plato's Universe*, chap. 2

呢？巨匠造物主用三角形和正多面体构造了一个具有至高合理性和美的最终产物；而宇宙如果是理性的，就必定是有生命的。我们
42 在《蒂迈欧篇》中读到，巨匠造物主“希望使世界变得尽可能接近那个最好的、在各个方面都圆满的、可理解的东西，于是就把它制造成一个可见的有生命的东西”。但一个有生命的东西必定拥有灵魂；因此在宇宙的中心，巨匠造物主“安置了一个灵魂，使之延展到整个宇宙，并用灵魂将整个宇宙从外面包裹起来；于是他只建造了一个世界，它是圆的并且围绕一个圆圈旋转，虽然孤单，但因其卓越而能以己为伴，无需其他任何相识者或朋友而是自足的”。这个世界灵魂最终要为宇宙中的所有运动负责，一如人的灵魂要为人体的运动负责。这里我们看到了带有强烈泛灵论色彩的起源，它一直是柏拉图主义传统的一个重要特征。出于对原子论世界那种无生命的必然性的反感，柏拉图描述了一个有灵魂的宇宙，它渗透着理性，充满了目的和设计。①

柏拉图的宇宙论中并非没有神的存在。首先，巨匠造物主是存在的；除此之外，柏拉图还给世界灵魂赋予了神性，并把行星和
43 恒星视为一群天神。然而，与传统希腊宗教的神不同，柏拉图的神从不干扰自然进程。恰恰相反，在柏拉图看来，正是神的稳定性保证了自然的规律性；太阳、月亮和其他行星必定以匀速圆周运动的某种组合而运动，这种运动恰恰因为最完美和最理性，所以是神唯一可以设想的运动。因此，柏拉图重新引入神并不表示回归了荷马世界的不可预测性。恰恰相反，对柏拉图来说，神的功能是支持

① 引自 *Plato's Cosmology*，30d，p. 40 和 34b，p. 58。

和解释宇宙的秩序与合理性。柏拉图恢复神乃是为了解释在早期自然哲学家看来要求放逐神的那样一些宇宙特征。[1]

早期希腊哲学的成就

如果用现代科学的眼光来考察早期希腊哲学,那么我们对它的某些部分会感到很熟悉。前苏格拉底哲学家对宇宙的形状、安排、起源及其基本成分的研究使我们想起了现代天体物理学、宇宙学和粒子物理学仍在研究的问题。然而,早期哲学的其他部分却显得相当陌生。今天的科学家并不研究变化在逻辑上是否可能,或者到哪里可以找到真正的实在。如果有谁能找到某位物理学家或化学家仍在经常操心如何平衡关于理性和观察的主张,那将是大功一件。科学家再也不谈论这些问题了。但这是否意味着,研究这些问题是浪费时间,早期哲学家穷其一生研究这些问题是误入歧途或者有思想缺陷呢?

这个问题需要谨慎处理。早期自然哲学家固然关注我们不再感兴趣的某些问题,但绝不能用这一事实来指控他们的事业;在任何思想探索的过程中,总有一些问题得到了解决,另一些问题变得过时。但反驳还可以更进一步:是否有些问题本来就不适当或不正当,以至于它们从一开始就是徒劳的呢?柏拉图和自然哲学家是否在这些问题上白费了时间和精力?我们也许可以这样来回答。诸如终极实在为何物、自然与超自然的区分、宇宙秩序的来源、变化的

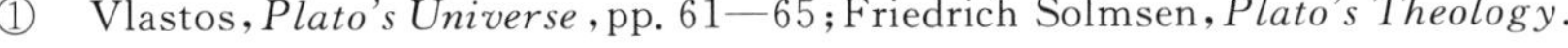

① Vlastos, *Plato's Universe*, pp. 61—65; Friedrich Solmsen, *Plato's Theology*.

本性、知识的基础等主题截然不同于现在大多数科学家所关注的对不可思议的实验材料（比如一项化学反应、一个心理过程或一个气
44 象事件）的解释；但不同并不等于无用或不重要。至少直到牛顿为止，这些大问题与今天大学科学课程中的各种问题一样，要求自然研究者予以足够关注。这些问题之所以有趣和重要，恰恰是因为它们是为研究世界而创造出基本概念和词汇的努力的一部分。基本问题的命运往往就是被后来那些把基础视为理所当然的人看成没有意义。例如，我们今天可能会觉得自然与超自然的区分显而易见；但在认真作出这种区分之前，对自然的研究根本不可能开始。

因此，早期哲学家是从唯一可能的地方——开端——开始研究的。他们创造了一种自然观，数个世纪以来，它一直是科学信念和研究的基础——这种自然观或多或少也为现代科学所预设。与此同时，他们提出的很多问题已经解决——往往只是草草解决，而没有获得决定性的回答，但这已经足以使其不再成为科学关注的前沿。随着它们淡出我们的视野，一些更为细致的研究取而代之。要想理解科学事业的丰富性和复杂性，就必须看到它的两个部分——基础和上层结构——是互补互惠的。现代的实验室研究是在一个宽泛的观念框架内发生的，如果没有（由前辈们创造的）对自然或基本实在的预期，它甚至无法开始；反过来，实验室研究的结论又使我们对这些最基本的观念进行反思，迫使我们对其进行精炼和（偶尔是）修正。历史学家的任务便是理解这一事业的方方面面。如果说自然哲学家的花园位于通往现代科学之路的开端，那么科学史家在启程之前先在其阴凉角落作一番流连或许不无裨益。

第三章　亚里士多德的自然哲学

生平和著作 45

公元前 384 年，亚里士多德（图 3.1）出生在希腊北部斯塔吉拉（Stagira）镇的一个特权家族。他的父亲是马其顿国王阿敏塔斯二世（Amyntas II，亚历山大大帝的祖父）的御医。亚里士多德有机会得到特殊教育：17 岁时，他被送往雅典师从柏拉图。作为柏拉图学园的成员，他在雅典待了 20 年，直到公元前 347 年左右柏拉图逝世。此后数年，亚里士多德四处游历和研究，穿过爱琴海来到小亚细亚及其沿岸诸岛。在此期间，他开展了生物学研究，并遇到了后来成为其学生和终生同事的（来自莱斯博斯[Lesbos]岛的）特奥弗拉斯特。公元前 342 年，亚里士多德回到马其顿，成为年轻的亚历山大（后来的“亚历山大大帝”）的私人教师。公元前 335 年，雅典陷于马其顿统治，亚里士多德回到雅典，开始在吕克昂（Lyceum）——老师们经常光顾的一个公共花园——教学。直到公元前 322 年逝世前不久，亚里士多德一直生活在那里，并且建立了一个非正式的学派。①

① 关于吕克昂的更多内容，见本书第四章。关于亚里士多德与亚历山大大帝的关系，见 Peter Green，*Alexander of Macedon*，pp. 53—62。

图 3.1　亚里士多德，藏于罗马国家博物馆

在长期的学习和教学生涯中，亚里士多德系统而全面地提出了他那个时代重要的哲学问题。据说他写了 150 多部论著，其中大约有 30 部流传至今。留存下来的著作似乎主要是一些讲课笔记或未打算广为流传的未完成论著；无论确切来源如何，这些著作显然是面向包括高级学生在内的其他哲学家的。其现代译本可以摆满一层书架，代表着一个极为广泛和强大的哲学体系。这里我们不可能考察亚里士多德的全部哲学，而只能考察其自然哲学的基本原理——从他对前苏格拉底哲学家和柏拉图立场的反应开始。①

---

① 关于亚里士多德有大量出色的介绍性文献，特别参见 G. E. R. Lloyd, *Aristotle: The Growth and Structure of His Thought*; Jonathan Barnes, *Aristotle*; Abraham Edel, *Aristotle and His Philosophy*。

形而上学和认识论 46

与柏拉图长期交往的亚里士多德当然非常精通柏拉图的形式理论。柏拉图强烈贬低(但没有完全拒斥)感官所觉察到的物质世界的实在性。柏拉图主张，完满的实在只见于不依赖其他任何东西而存在的永恒形式。而构成可感世界的物体则由形式获得了它们的特征甚至是存在本身;因此，可感物体的存在仅仅是派生的或从属的。

亚里士多德拒绝接受柏拉图为可感物体指定的这种从属地位。可感物体必定可以独立存在，因为在亚里士多德看来，它们就是构成实际世界的东西。此外，亚里士多德指出，使个体物体具有自身特点的那些特性并非在形式世界有在先的分离存在，而是属于物体本身。例如，并没有狗的完美形式独立存在于形式世界，并且被不完美地复制于个体的狗从而赋予其属性。对亚里士多德来说，存在的仅仅是个体的狗。这些狗肯定有一些共性，否则我们便无权称之为“狗”，但这些属性存在于个体的狗之中并属于个体的狗。

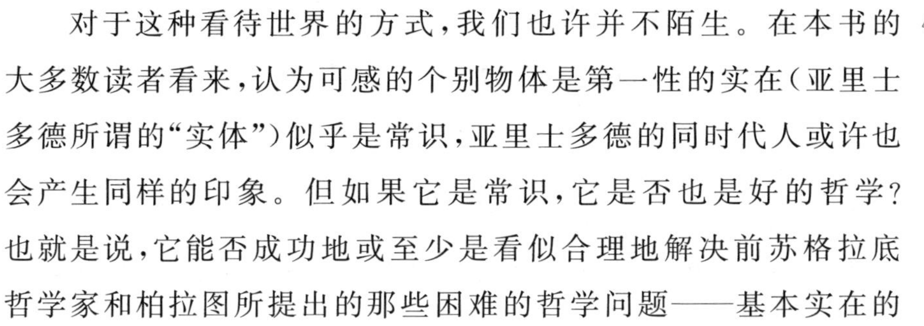

对于这种看待世界的方式，我们也许并不陌生。在本书的 47
大多数读者看来，认为可感的个别物体是第一性的实在(亚里士多德所谓的“实体”)似乎是常识，亚里士多德的同时代人或许也会产生同样的印象。但如果它是常识，它是否也是好的哲学?也就是说，它能否成功地或至少是看似合理地解决前苏格拉底哲学家和柏拉图所提出的那些困难的哲学问题——基本实在的

本性、认识论关切以及变与不变的问题？让我们逐一讨论这些问题。①

决定把实在定位于可感的有形物体，并没有就实在说出很多东西——它仅仅告诉我们应当在可感世界中寻找实在。在亚里士多德的时代，哲学家已经要求知道得更多：哲学家会要求知道，日常经验中的有形物质（木头、水、气、石头、金属、肉等）本身是事物不可还原的基本组分，还是由更基本的东西复合而成。亚里士多德通过区分属性及其基体（subject）而解决了这个问题。他（就像我们大多数人会做的那样）坚持认为，属性必定是某种东西的属性；我们把那种东西称为属性的“基体”。身为一种属性就要属于一个基体；属性不能独立存在。

于是，个体的有形物体既有属性（颜色、重量、质地等），也有某种东西来充当属性的基体。这两种角色分别由“形式”和“质料”来承担。有形物体是形式与质料的“复合物”——形式是由使物体是其所是的那些属性构成的，而质料则充当着形式的基体或基底。例如，一块白色的岩石因其形式而是白的、硬的、重的等；但质料也必须存在，以充当形式的基体，而且在与形式的结合中，质料并未带入自身的属性。②（我们将在第十二章联系中世纪学者的澄清和拓展工作对亚里士多德学说作进一步讨论。）

在现实中，我们永远也无法把形式与质料分离，它们只能呈现

---

① Barnes, *Aristotle*, pp. 32—51; Edel, *Aristotle*, chaps. 3—4; Lloyd, *Aristotle*, chap. 3.

② 亚里士多德这一学说的专业名称是“形质说”（hylomorphism）——来自“质料”（*hyle*）和“形式”（*morphe*）。

为一个统一的复合体。倘若可以分离，我们就可以把属性（不再是某种东西的属性）放在一堆，而把（完全没有属性的）质料放在另一堆——这显然是不可能的。但如果形式与质料永远不可分离，那么说它们是事物的实际组成部分不就毫无意义了吗？这难道不是存在于我们心灵之中而非外部世界之中的一种纯逻辑区分吗？对亚里士多德来说肯定并非如此，对我们来说可能也不是；在否认冷或红的实际存在性之前，我们大多数人会三思而行，尽管我们永远也收集不到一桶冷或红。简而言之，亚里士多德根据常识观念构 48
建了一幢哲学大厦，其说服力着实令我们惊讶。

亚里士多德断言第一性的实在是具体的个别事物，这肯定有认识论的意涵，因为真正的知识一定是关于真实存在的事物的知识。根据这种标准，柏拉图的注意力自然转向了永恒的形式，它们可以通过理性或哲学反思而被认识。而亚里士多德关于具体个体的形而上学则把他的知识探求引向了个体、自然和变化的物质世界——一个由感官感知的世界。

亚里士多德的认识论复杂而缜密。这里只需指出，获得知识的过程始于感觉经验。由重复的感觉经验产生了记忆；通过一种“直觉”或洞察过程，有经验的研究者可以由记忆识别出事物的普遍特征。例如，通过对狗的反复观察，有经验的养狗人逐渐认识到狗到底是什么，即他逐渐理解了狗的形式或定义，也就是使一个动物成其为狗的那些关键特性。请注意，亚里士多德和柏拉图一样决心把握事物的普遍特性或属性；但与柏拉图不同，亚里士多德认为必须从个体的物质事物开始。一旦我们把握了普遍的属性或定义，我们就可以把它用作演绎证明的前提。①

因此，获得知识的过程始于经验（在某些语境下，这个词宽泛到足以包括常识或传闻）。在这种意义上，知识是经验的，离开这些经验我们什么也无法知道。但我们通过这一“归纳”过程所了解到的东西只有以演绎形式表达出来，才能成为真正的知识；最终结果是以普遍定义为前提进行的演绎证明（它在欧几里得几何学的证明中得到了很好的展示）。亚里士多德虽然讨论了知识获取过程中的归纳阶段和演绎阶段（后者远多于前者），但尤其在对归纳的分析方面还远远不及后来的方法论家。

抽象地说，这就是亚里士多德所概述的知识理论。它是否也是亚里士多德本人在科学研究中实际运用的方法呢？可能不是——不过也许会有例外。和现代科学家一样，亚里士多德并未遵循一部方法论的指导手册行事，而是依照粗糙的现成方法，完成那些业已被实践证明的常用程序。有人曾把科学定义为“尽你所
49 能，百无禁忌”；当亚里士多德进行（比如说）广泛的生物学研究时，他无疑正是这样做的。在思考知识的本性和基础时，亚里士多德提出了一种与自己的科学实践并不完全一致的理论体系（一种认识论），这并不让人意外，也肯定不是性格缺陷所致。②

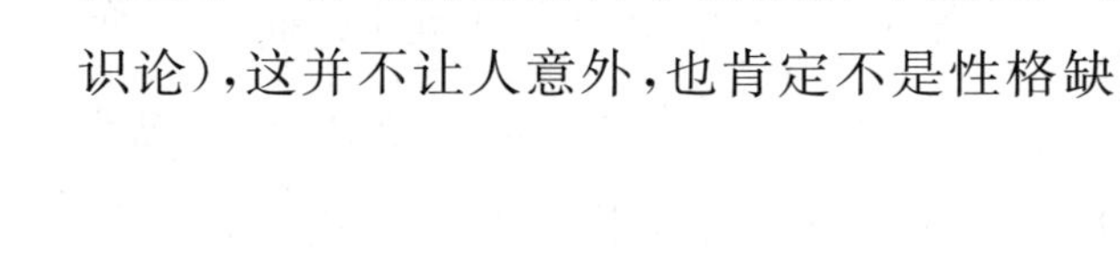

① 关于亚里士多德的认识论，见 Edel，*Aristotle*，chaps. 12—15；Lloyd，*Aristotle*，chap. 6；Jonathan Lear，*Aristotle：The Desire to Understand*，chap. 4；Marjorie Grene，*A Portrait of Aristotle*，chap. 3。

② 关于这一主题，见 Jonathan Barnes，“Aristotle's Theory of Demonstration”；G. E. R. Lloyd，*Magic，Reason，and Experience*，pp. 200—220。

本性与变化

公元前5世纪，变化问题（在一个很小的哲学家共同体中）已成为一个著名的哲学问题。公元前4世纪，柏拉图把变化局限于不变的形式世界在物质层面的不完美摹本，从而解决了变化问题。而对于亚里士多德这位在哲学上恪守可感个体之完全实在性的著名自然哲学家来说，变化问题是一个极为紧迫的问题。①

亚里士多德的出发点是一个常识假定：变化是真实的。但这本身并没有使我们走多远；变化的观念能否经受住哲学的详细检查仍然有待证明，也需要表明变化如何能得到解释。亚里士多德的储备库中有各种武器来达到这些目的。首先是他的形式与质料学说。如果任何物体都是由形式与质料组成的，亚里士多德就能给变与不变都留出空间：当物体发生变化时，它的形式改变了（通过新形式取代旧形式的过程）而质料未变。亚里士多德进而指出，形式的变化发生在两个对立面之间，一个是将要获得的形式，另一个则是它的缺乏或缺失。干变湿，冷变热，就是从缺乏（干或冷）到预期形式（湿或热）的变化，因此对亚里士多德而言，变化从来不是随随便便的，而是局限于连接两种对立性质的狭窄过程；因此，即使在变化过程中也能辨别出秩序。

一个坚定的巴门尼德主义者也许会抗议说，这种分析仍然无

① 关于变化，见 Edel, *Aristotle*, pp. 54—60; Sarah Waterlow, *Nature, Change, and Agency in Aristotle's "Physics,"* chaps. 1, 3。

法逃脱巴门尼德对所有变化的反驳，因为它不可避免会要求从无中产生某种东西。亚里士多德的回答可见于他关于潜能与现实的学说。亚里士多德无疑已经承认，倘若仅有的两种可能性就是存在与不存在，即事物要么存在，要么不存在，那么从不热到热的转变的确会涉及从不存在到存在的过程（从热的不存在到热的存在），从而容易遭到巴门尼德的反驳。但亚里士多德认为，通过假
50 定有三个而不是两个与存在有关的范畴，就能成功地避开这种反驳，这三个范畴是：①不存在，②潜在存在，③现实存在。如果这就是事物的状态，那么变化就可以在潜在存在与现实存在之间发生，而无须涉及不存在。亚里士多德的想法也许用生物学领域的例子最容易说明。一颗橡子是一棵潜在的橡树而不是实际的橡树。在长成橡树的过程中，它实际变成了起初只是潜在存在的东西。因此，变化涉及从潜能到现实的过渡——不是从不存在过渡到存在，而是从一种存在或某种程度的存在过渡到另一种存在。或者举几个非生物学领域的例子：从地上举起的重物之所以下落是为了实现它的潜能（和其他重物一起位于宇宙中心）；雕刻家能用锤子和凿子把大理石内部潜在存在的形状实现出来。

尽管这些论证能使我们逃脱与变化观念相关的逻辑困境，从而相信变化是可能的，它们仍未谈及变化的原因。为什么一颗橡子会从潜在的橡树长成现实的橡树，或者一个物体会由黑变白，而不是保持其原有状态？亚里士多德用一种复杂而微妙的、并不总是一致的关于本性和因果的理论作了回答。鉴于这些困难，我们不再详尽解释而只作简短陈述。

亚里士多德指出，我们所居住的世界是一个有序的世界，世间

万物一般以可预测的方式运作，因为任何自然物都有一种“本性”，只要没有不可克服的障碍造成干扰，这种本性（主要与形式有关）将使物体按照惯常方式运作。或如一位现代评注者所说，本性“指事物内部的一种东西，它从根本上决定事物自身如何运作”。在卓越的动物学家亚里士多德看来，生物有机体的成长和发展很容易用这样一种内在驱动力的活动来解释。一颗橡子之所以会变成一棵橡树，是因为它的本性便是如此。但这一理论不仅适用于生物的成长，其适用范围甚至完全超出了生物学领域。狗吠、石头下落、大理石受雕刻家的雕凿，这些都是因其各自的本性。亚里士多德最终认为，宇宙中的所有变化和运动都可以追溯到事物的本性。对于自然哲学家（顾名思义，他们对变化和可变之物感兴趣）来说，这些本性是核心研究对象。①

对于亚里士多德“本性”理论的这个一般表述需要作一限
定——人工制品是特例，因为这些制品除了其各个组分的本性之 51
外并不拥有自身的本性。如果车子是由木头和铁组成的，那么木头的本性和铁的本性并不会产生出一种复合的“车子的本性”。而在有机世界中，构成有机体的各个器官和组织的本性产生出整个有机体的本性。人体的本性并不是其各个组织和器官的本性之和，而是作为一个有机整体的活人所特有的本性。

明白了这种本性理论，我们就能理解亚里士多德科学实践中

---

① 关于亚里士多德的“自然”观念，见 Sarah Waterlow, *Nature, Change, and Agency*, chaps. 1—2; Edel, *Aristotle*, chap. 5（引文出自 p. 71）; James A. Weisheipl, “The Concept of Nature”。

一个曾使现代评注者和批评家迷惑和苦恼的特征，即他的著作中缺乏任何类似受控实验那样的东西。不幸的是，这种批评忽视了亚里士多德的目的，该目的极大地限制了其方法选择。如果像亚里士多德所认为的那样，应当从处于自然无羁绊状态下的事物行为中发现其本性，那么人为限制将只会造成干扰和破坏。[①] 倘若存在干扰时事物仍以惯常方式运作，那么我们现代的研究就是白费力气。如果我们设置的条件阻碍了物体的本性揭示自身，那么我们知道的仅仅是，物体的本性将在干扰之下隐藏自己。实验设计破坏而不是揭示了事物的本性。因此，不能把亚里士多德的科学实践解释成源于愚钝和缺陷，即未能察觉到一种对程序的明显改进，而应理解为一种方法，这种方法与他所感受的世界相一致并且适用于他所感兴趣的问题。实验科学的产生并不是因为终于出现了某个聪明人觉察到人工条件有助于探索自然，而是要等到各种条件得到满足——比如，这种程序许诺能够解答的那些问题必须先已出现。[②]

在对亚里士多德的变化理论进行分析的最后，我们必须简要谈谈亚里士多德著名的四因说。理解一个变化或一件人工制品的产生就是去认识它的原因（也许最好译为“解释性的条件和因

① 亚里士多德在其《政治学》(*Politics*)中明确指出了这一点：“我们必须在保持本性的事物中、而不是在毁灭的事物中寻找自然的意图。”*Politics*，Ⅰ.4，1254a35—37，trans. B. Jowett，in Aristotle，*Complete Works*，2：1990。

② 特别参见 Peter Harrison，*The Fall of Man and the Foundations of Science*；以及 Waterlow，*Nature，Change，and Agency*，pp. 33—34；Ernan McMullin，“Medieval and Modern Science：Continuity or Discontinuity?” pp. 103—129，esp. 118—119。

素”)。原因有四种:事物的形式;形式所基于的质料,它在变化中
保持不变;引起变化的动因;变化所要达到的目的。它们分别被称
为形式因、质料因、动力因和目的因。举一个极为简单的例子——
制造一尊雕像,其形式因是赋予大理石的形状,质料因是获得这种
形状的大理石,动力因是雕刻家,目的因是制造这尊雕像的目的
(比如美化雅典人,或者纪念一位雅典英雄)。有时很难确定这些 52
原因中的某一种,有时则有不止一个原因出现,但亚里士多德确
信,他的四因说提供了一个普遍适用的分析框架。

为了澄清“形式”因和“质料”因的意思,我们已经详细讨论过形式与质料的区分;动力因则非常接近于现代的原因概念,这里无需作进一步评论;但“目的”因还需要作一些解释。首先,“目的因”(final cause)这一英文表述源于拉丁词 *finis*,意思是“目标”、“目的”或“终点”,它与它在亚里士多德的四因中经常最后出现毫无关系。亚里士多德非常正确地指出,如果对目的或功能缺乏认识,许多事物就无法理解。例如,要想解释口中牙齿的排列,我们就必须理解它们的功能(前面的尖牙用于撕扯,后面的臼齿用于研磨)。或者举一个无机界的例子,倘若不了解锯子所要承担的功能,就无法理解锯子为什么被制成那个样子。亚里士多德甚至认为目的因比质料因更高,他指出锯子的目的决定了必须使用的材料(铁),而我们拥有一块铁这一事实绝不能决定我们要把它制成锯子。①

关于目的因,也许最重要的一点是,它清楚地表明了目的(更专业的术语是“目的论”)在亚里士多德宇宙中的作用。亚里士多

① Edel, *Aristotle*, chap. 5.

德的世界并非原子论者那个惰性的、机械的世界，在原子论者的世界中，个体原子自行运动而完全不考虑其他原子。亚里士多德的世界不是一个偶然和巧合的世界，而是一个有序的、有组织的世界，一个目的世界，事物在其中朝着由其本性所决定的目标发展。用亚里士多德在何种程度上预示了现代科学(就好像他的目标是回答我们的问题，而不是回答他自己的问题似的)来评价其成就既不公正，也没有意义；但值得注意的是，事实证明，亚里士多德目的论所导向的对功能解释的强调将对所有学科都具有深刻的意义，直到今天仍然是生物科学中一种占主导地位的解释模式。

宇宙论

亚里士多德不仅设计了研究和理解世界的方法和原则：形式与质料、本性、潜能与现实、四因，而且在此过程中还发展出了一些
53 详细而有影响的关于大量自然现象的理论，上至天空，下至大地及其居住者。①

让我们从起源问题开始。亚里士多德坚决否认开端的可能性，坚称宇宙是永恒的。他认为另一种看法是不可思议的，即宇宙在某个时间点产生，比如这违反了巴门尼德对无中生有的限制。事实证明，亚里士多德对这个问题的看法将使中世纪的基督教评注者们感到非常棘手。

---

① 特别参见 Friedrich Solmsen, *Aristotle's System of the Physical World*; Lloyd, *Aristotle*, chaps. 7—8。

亚里士多德认为这个永恒的宇宙是一个大球，月球所处的球壳将其分成上下两个区域。月亮以上是天界，以下是地界；在空间上居间的月球也具有居间的本性。地界或月下区的特征是生、死和各种短暂变化，而天界或月上区则是永恒不变的循环区域。这种图示似乎显然源于观察；在《论天》(*On the Heavens*)中，亚里士多德指出："在整个历史上，就我们的记录所及，无论是整个最外层天还是它的任何一个固有部分都没有发生过任何变化。"①他又说，如果我们观察到天上有永恒不变的圆周运动，我们就能推断出，天不是由地界元素构成的，(观察表明)地界元素的本性是短暂地直线上升和下降。天必定是由不朽的第五元素(地界元素有四种)或以太构成的。天界完全被这种第五元素所充满(没有虚空)，且被分成携带行星的若干同心球壳，就像我们后面将要看到的那样。在亚里士多德看来，天具有一种更高的、类似于神的地位。②

月下区则是生灭无常的舞台。和前人一样，亚里士多德也在探究构成月下区众多实体的基本元素。他接受了最初由恩培多克勒提出、后被柏拉图采纳的四元素：土、水、火、气。他和柏拉图一样认为这些元素实际上可以被还原成某种更为基本的东西，但他没有柏拉图那种数学倾向，因此拒绝接受柏拉图的正多面体及其三角形组分。相反，他选择可感性质作为最终的建筑材料，从而表明自己相信感觉世界的实在性。有两对性质是至关重要的：热-冷

---

① *On the Heavens*, Ⅰ. 4. 270b13—16, quoted from Aristotle, *Complete Works*, ed. Barnes, 1:451.

② Lloyd, *Aristotle*, chap. 7.

和干-湿。它们可以结合成四对，每一对都产生出一种元素（图3.2）。请注意，亚里士多德又一次使用了对立面。没有任何东西
54 能够阻止这四种性质中的任何一种因外界影响而被其对立面所取代。如果水被加热，即水的冷屈服于热，则水就变成了气。这一过程很容易解释物态变化（从固体到液体到气体，以及反之），以及从一种东西到另一种东西的更一般转变。炼金术士很容易以这样一种理论为基础。①

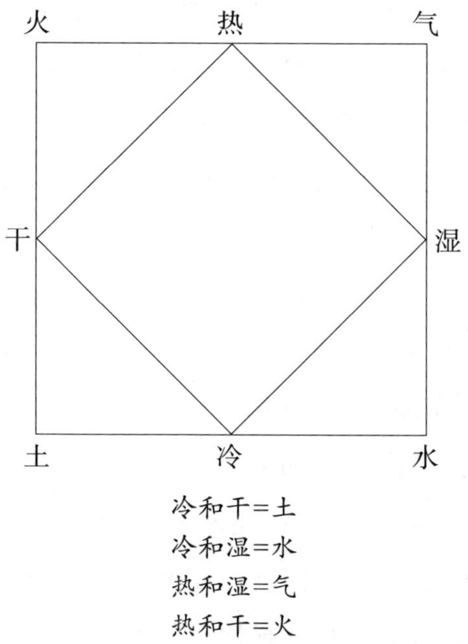

图 3.2　亚里士多德关于元素与性质对立面的正方形示意图。这幅图的一个中世纪（公元 9 世纪）版本见 Johh E. Murdoch, *Album of Science: Antiquity and Middle Ages*, p. 352。

① Lloyd, *Aristotle*, chap. 8. 关于炼金术，见本书第十二章。

宇宙万物完全充满了宇宙，没有留下任何空的空间。要想理解亚里士多德的观点，就必须抛开那种近乎无意识的原子论倾向；我们绝不能把物质性的东西设想成微粒的聚集，而应想象成连续的整体。如果说组成面包的显然是由细小空间隔开的面包屑，那么就没有理由不推测这些空间被某种更精细的东西如气和水所充满。肯定没有简单的证明方式，事实上也没有任何显然的理由使我们相信水和气绝不是连续的。亚里士多德将类似推理应用于整个宇宙，得出结论说：宇宙是充满的，是一种实满（*plenum*），不包含任何虚空。这种断言将会遭到中世纪学者的抨击。

亚里士多德用各种论证来捍卫这一结论，比如下面这个论证：落体速度依赖于它所通过介质的密度——介质密度越小，落体的运动就越快。因此在虚空中（密度为零），没有任何东西可以减慢物体的下落，由此我们不得不得出结论，物体将以无限大的速度下落——这是荒谬的，因为它意味着物体可以在同一时间处于两个位置。批评者常常指出，这一论证既可以证明虚空不存在，也可以证明无阻力并不必然带来无穷大的速度。这当然是有道理的。但 55
我们要知道，亚里士多德对虚空的否认并不依赖于这条推理。事实上，这只是与原子论者所作的长期斗争的一小部分，在这场斗争中，亚里士多德用各种论证反驳了虚空（或空的空间）概念，说服力各有不同。①

除了热冷、湿干，每一种元素还是轻的或重的。土和水重，但土又比水更重。气和火轻，但火比气更轻。亚里士多德把轻归于

① 关于亚里士多德对虚空的论述，见 Solmsen，*Aristotle's System of the Physical World*，pp. 135—143；David Furley，*Cosmic Problems*，pp. 77—90。

火和气时，并不只是说它们不够重，而是说它们在一种绝对意义上是轻的；轻并非较弱的重，而是重的对立面。因为土和水重，所以向宇宙中心下落是其本性；气和火轻，所以向外围(即地界的外围，包含月球的球壳)上升是其本性。因此，如果没有阻碍，土和水将在宇宙中心聚集；土由于更重，将会到达更低的位置，在宇宙中心形成一个球体；水则聚集成土球外部的同心球壳。气和火自然上升，但火因为更轻，将会占据最外层区域，气则聚集成火内部的同心球壳。理想情况下(元素没有混合，也没有任何东西阻碍四种元素的本性实现自己)，这些元素将形成一组同心球：火在最外面，然后是气和水，土则位于中心(图 3.3)。但在现实中，世界主要由混合物组成，元素之间相互干扰，理想状况从未实现。不过，理想排列决定了每一种元素的自然位置；土的自然位置在宇宙中心，火的自然位置恰在月亮天球之内，等等。[①]

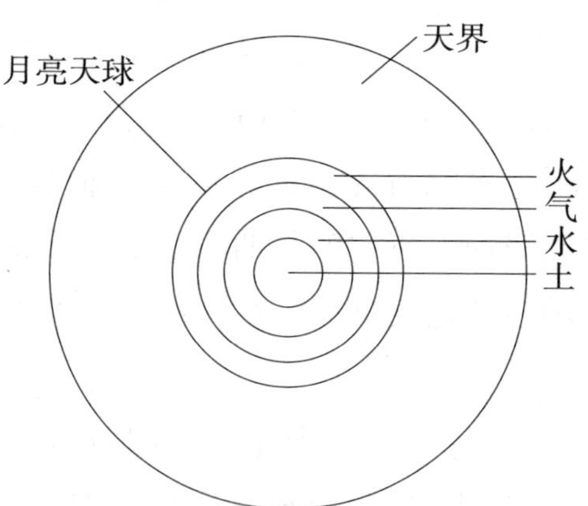

图 3.3　亚里士多德的宇宙

① Furley, *Cosmic Problems*, chaps. 12—13.

必须强调的是，元素的排列是球形的。土聚集在中心形成地
球，地球也是球形的。亚里士多德用各种论证来捍卫这种信念。
他根据其自然哲学指出，既然土的自然倾向是移向宇宙的中心，那
么它必定会围绕宇宙中心对称排列。他还注意到观察证据，比如
月食期间地球所投的圆形阴影，以及观察者在大地表面南北运动
会改变星体的视位置。亚里士多德甚至记述了数学家们估计的地
球周长（400000 斯塔德[stades]＝大约 45000 英里，约为现代值的 56
1.8 倍）。亚里士多德为大地球形的主张所作的辩护从未被遗忘，
也从未遭到严重质疑。那个广为流传的神话，即中世纪的人认为
地球是平的，是现代人杜撰的。①

最后，我们必须注意这种宇宙论的一个意涵，即空间并非事件发生的一个中性的、同质的背景（类似于我们现代的几何空间概念），而是具有属性。或者更确切地说，我们的世界是一个空间世界，而亚里士多德的世界则是一个位置世界。重物之所以会移向它在宇宙中心的位置，不是因为它倾向于与位于那里的其他重物相结合，而仅仅是因为寻求那个中心位置是其本性；即使由于某种奇迹，那个中心碰巧未被占用（在亚里士多德的宇宙中这在物理上是不可能的，而仅仅是一种有趣的想象事态），它仍将是每一个重物的目的地。②

① 亚里士多德在《论天》II. 13 中讨论了地球的形状。另见 D. R. Dicks, *Early Greek Astronomy to Aristotle*, pp. 196—198。本书第七章中讨论了那个神话，即认为古代和中世纪的人相信地球是平的。

② Waterlow, *Nature, Change, and Agency*, pp. 103—104.

天界运动和地界运动

理解亚里士多德运动理论的最好方式是把握它的两个基本原
57 理。第一个基本原理是:运动从来不是自发的,没有推动者就没有运动;第二个基本原理是两种运动的区分:运动物体朝向自然位置的运动是“自然”运动,朝着任何其他方向的运动只有在外力强制下才会发生,因而是一种“受迫”运动。

在自然运动中,推动者是物体的本性,它使物体倾向于朝着元素的理想球形分布所规定的自然位置运动。混合物倾向于朝哪个方向运动取决于构成混合物的各种元素的比例。当一个做自然运动的物体到达其自然位置时,运动便停止了。在受迫运动中,推动者是一个外界的力,它迫使物体违反其自然倾向,不再朝着其自然位置做直线运动。当外界的力撤去时,该运动便停止了。[①]

到目前为止,这听起来似乎很合理。但一个明显的困难是如何解释这一现象:一个被水平抛出从而做受迫运动的抛射体,在与其推动者脱离接触之后为什么不立即停止运动?亚里士多德的回答是介质继续充当了推动者。我们抛出一个物体时,也对周围介质(例如空气)产生了作用,使之有了推动物体的能力;这种能力从介质的一部分传向另一部分,抛射体总能接触一部分介质,正是这些介质使之持续运动。如果这似乎令人难以置信,那么(在亚里士

---

① 对细节的详细分析见 James A. Weisheipl,“The Principle *Omne quod movetur ab alio movetur* in Medieval Physics”。

多德看来）与之竞争的观点更难以置信，即天然倾向于朝着宇宙中心运动的抛射体能够水平运动或向上运动，尽管不再有任何东西使它这样运动。

推动力并非运动的唯一决定因素，在所有实际的地界运动中还存在着阻力。对亚里士多德来说，运动的快慢似乎显然取决于两个决定性因素：推动力和阻力。于是问题就产生了：推动力、阻力和速度之间的关系是什么？虽然亚里士多德可能没有想到有一个普遍适用的定量定律，但他对此问题并非不感兴趣，他也曾几次涉足定量领域。在《论天》和《物理学》中论及自然运动时，亚里士多德声称，两个不同重量的物体下落时，走过给定距离所需的时间与重量成反比（一个两倍重的物体只需一半时间）。在《物理学》的同一章中，亚里士多德把阻力引入了对自然运动的分析，他认为，

如果相同重量的物体通过不同密度的介质，则它们走过给定距离 58
所需的时间将与介质的密度成正比；阻力越大，物体的运动就越慢。最后，亚里士多德还在《物理学》中讨论了受迫运动，声称如果给定的力推动给定的重物（违反其本性）在给定时间内走过给定距离，那么同样的力在相同时间内将可以推动两倍重的物体走过一半距离（或用一半时间走过同样距离）；或者，一半的力将推动一半重的物体在相同时间内走过同样距离。①

经过不懈的努力，亚里士多德的一些后继者由这些陈述总结

① 关于自然运动，见 Aristotle's *On the Heavens*, 1. 6, and *Physics*, IV. 8。关于受迫运动，见 *Physics*, Ⅷ. 5。讨论见 Marshall Clagett, *The Science of Mechanics in the Middle Ages*, pp. 421—433; Clagett, *Greek Science in Antiquity*, pp. 64—68。

出了一个一般定律。该定律通常被表述为：

$$V \propto F/R$$

即速度(V)与推动力(F)成正比，而与阻力(R)成反比。对于重物的自然下落这一特殊情形，推动力就是物体的重量(W)，于是这个关系变为：

$$V \propto W/R$$

对大多数运动而言，这些关系也许并不十分违背亚里士多德的意图；但像这样为其赋予数学形式，却暗示它们对于 V、F 和 R 的任何取值都成立——亚里士多德肯定会否认这种说法。例如他曾明确说过，阻力与推动力相等时，运动将完全停止，但上述公式并不能给出这样的结果。而且，速度在这些关系中的出现严重歪曲了亚里十多德的概念框架，因为其概念框架并不包含作为一种可量化的运动量度的速度概念，他仅仅通过距离和时间来描述运动。把速度当作一个可被赋予数值的专业科学术语乃是中世纪的贡献。

亚里士多德因这一运动理论而受到了严厉批评，批评者们认为，任何一个明眼人都能看出它的致命缺陷。但这种批评正当吗？首先，我们的目标是结合当时的文化背景来理解历史人物的行为、信念和成就，而不是根据他们在多大程度上与我们相似而加以称赞或责备。其次，对亚里士多德运动理论的一些批评只适用于由追随者或批评者强加给亚里士多德的理论，而不适用于他自己的理论。第三，真正的(且被恰当语境化的)亚里士多德理论在今天是非常合理的，在公元前 4 世纪也肯定非常合理。比如各种考察
59 已经表明，受过现代大学教育的人大都乐于赞同亚里士多德运动

理论中的许多基本原理。第四，我们可以把亚里士多德理论中相对较少的定量内容解释成源于其更一般的自然哲学。亚里士多德的主要目标是理解事物的本性，而不是探讨诸如运动物体的空间-时间（或位置-时间）坐标这样的偶然因素之间的定量关系；即使对后者进行彻底考察，也不能给我们任何有关前者的有用信息。你尽可以批评亚里士多德漠视了现代科学家感兴趣的某些内容，但由此并不能了解对亚里士多德重要的任何东西。

天界的运动则是完全不同的现象。天由不朽的第五元素构成，没有对立面，因而不能发生性质的变化。这样一个区域似乎应当绝对无运动，但即使是对天的不经意观察也足以击败这一假说。因此，亚里士多德为天赋予了最完美的运动——连续的匀速圆周运动。除了是最完美的运动，匀速圆周运动似乎还能解释观察到的天体旋转。

到了亚里士多德时代，这些旋转成为希腊人的研究对象已有数百年，成为之前文明的研究对象已有上千年。人们认识到，“恒”星的运动是完全均匀的，就好像被固定在一个匀速旋转的、周期约为 1 天的天球上。但有 7 颗星，即漫游的星或行星，却呈现出一种更为复杂的运动，当恒星天球周日旋转时，行星似乎在恒星天球上缓慢行进；这 7 颗星是太阳、月亮、水星、金星、火星、木星和土星。太阳沿着所谓的黄道自西向东缓慢经过恒星天球（大约每天 1°），速度变化很小，黄道经过了黄道带的中心（图 2.6）。月球大致沿着相同路径运动，但速度更快（大约每天 12°）。其他行星也以不同速度沿着黄道运动，偶然会改变运动方向。

这些复杂的运动与天界匀速圆周运动的要求相容吗？比亚里

士多德早一代的欧多克斯(Eudoxus)已经表明它们是相容的。我将在第五章回到这个话题;这里只需指出,欧多克斯把每一种复杂
60 的行星运动都视为一系列简单的匀速圆周运动的组合。他给每颗行星指定了一套同心球,又给每一个球分配了复杂行星运动的一个组分。亚里士多德接受了这个体系,但作了改动。最终,他构造了一部复杂的天界机器,由55个行星天球外加恒星天球所组成。

天的运动原因是什么呢?亚里士多德的自然哲学必然会引出这个问题。当然,天球是由第五元素构成的,其永恒运动必定是自然的而非受迫的。这种永恒运动的原因本身必定是不动的,因为如果不假定一个不动的推动者,我们很快就会发现自己陷入了无穷倒退:一个运动的推动者一定是从另一个运动的推动者那里获得了运动,如此等等。亚里士多德把诸行星天球的不动的推动者确定为"原动者"(Prime Mover),一个代表着至善的有生命的神,他已经完全现实化,完全沉浸于自我沉思,没有空间性,与其所推动的天球相分离,完全不同于传统的拟人化的希腊诸神。那么,原动者或不动的推动者如何引起了天的运动?不是作为动力因,而是作为目的因,因为动力因要求推动者与被推动者有接触。也就是说,原动者是天球所渴求的对象,天球通过做永恒的匀速圆周运动来努力仿效其不变的完美性。任何读到这些讨论的读者都有理由认为,整个宇宙只有一个不动的推动者;因此,当亚里士多德宣布实际上每一个天球都有自己不动的推动者作为其爱慕对象和运动的目的因时,就让人感到有些惊奇了。①

① Lloyd, *Aristotle*, pp. 139—158.

作为生物学家的亚里士多德

我们无法确定亚里士多德何时以及如何对生物科学产生了兴趣。他父亲是个医生，这当然是我们要考虑的一个因素。亚里士多德的生物学研究无疑经历了很长时间，而他在莱斯博斯岛（在小亚细亚海岸边）度过的几年为他观察海洋生物提供了绝好机会。在收集生物数据方面，他可能得到了学生们的帮助，也肯定利用了医生、渔夫和农民等其他观察者的叙述。这种研究工作的成果是一系列长篇的动物学论著以及关于人类生理学和心理学的短篇著作，它们的现代译本篇幅达 400 多页。这些著作为系统动物学奠定了基础，并且在 2000 年里深刻影响了人类的生物学思想。[①] 61

在亚里士多德时代，人体解剖学和生理学因其医学意义而长期引起人们的注意，研究它们也许并不需要别的理由，但亚里士多德感到也有责任为动物学研究作辩护。在《论动物的部分》（*On the Parts of Animals*）中，他承认与天相比动物是卑贱的，而且动物学研究令许多人反感。但他认为这种反感是幼稚的，并且指出，在动物学研究中可资利用的材料的数量和丰富性弥补了研究对象

---

① 最近学术界对亚里士多德生物学的兴趣大增。特别参见 G. E. R. Lloyd：*Aristotelian Explorations*；*Aristotle*，chap. 4；*Early Greek Science*，pp. 115—124。另见 Anthony Preus，*Science and Philosophy in Aristotle's Biological Works*；Martha Craven Nussbaum，*Aristotle's "De motu animalium"*；Pierre Pellegrin，*Aristotle's Classification of Animals*；Allan Gotthelf and James G. Lennox，eds.，*Philosophical Issues in Aristotle's Biology*。

的卑下。他还认为，由于兽性与人性极为相似，所以动物学研究有助于认识人的身体结构；他记录了在动物界发现现象的原因所带来的愉悦，并且指出，秩序和目的在动物王国显得尤为清晰，这就给了我们一个反驳原子论者的绝佳机会，原子论者认为，“自然作品”完全是偶然的产物。①

亚里士多德认识到，生物学既有描述的一面也有解释的一面。他把对生物学现象的解释看成最终目标，但也承认收集生物学材料是工作的第一步。他为满足这一需要而撰写的《动物志》(*History of Animals*)是生物学信息的宝库。亚里士多德从人体开始，把它作为标准来比较其他动物。他把人体进一步分为头、颈、胸、臂和腿，继而讨论了内部特征和外部特征，包括大脑、消化系统、性器官、肺、心脏和血管。

然而，亚里士多德贡献最大的并不是人体解剖学领域，而是描述性的动物学领域。他在《动物志》中提到了500多种动物，许多动物的结构和行为被描述得相当细致，这往往以娴熟的解剖为基础。虽然亚里士多德非常关注理论性的分类问题，但实际上，他采用了以多属性(multiple attributes)为基础的“自然”分类或流行分类。他把动物分成两大类——“有血的”(即有红色血液的)和“无血的”。前一类又可分为胎生四足动物(能产活幼仔的四足哺乳动物)、卵生(或产卵的)四足动物、海洋哺乳动物、鸟和鱼；后一类则可分为软体动物(如章鱼和墨鱼)、甲壳类动物(包括螃蟹和螯虾)、贝壳类动物(包括蜗牛和牡蛎)和昆虫。亚里士多德按照他所判断

① Aristotle, *On the Parts of Animals*, 1.5. 另见 Lloyd, *Aristotle*, pp. 69—73。

的生命热度(degree of vital heat)而将这几大类排列在一个关于存在的等级体系中。①

虽然亚里士多德涉及了整个动物界,但他最熟悉的无疑是海 62
洋生物,在这方面他展示了精湛的一手知识。例如人们常常提到,他用直到19世纪才得以确证的方式描述了狗鲨的胎盘。但亚里士多德在动物界的其他领域也显示出了精深的造诣。他对鸟卵孵化的描述便是其细致观察的一个极好例子:

> 鸟的卵生均以相同方式进行,但从受孕到出生的时长却有所不同。……对于普通母鸡来说,经过三天三夜,就有了胚胎的最初迹象。……与此同时蛋黄开始形成,朝尖的一端上升,这里是卵的原初成分之所在,也是孵出卵的地方;心脏出现了,宛如蛋白中的一块血斑。这个斑点不停跳动,好像被赋予了生命,……两条充血的血管在心脏中盘绕延伸……一层带有血纤维的膜现在从血管开始包裹着蛋白延展。没过多久,身体分化出来,起初很小很白。头清晰可辨,头上的眼睛高高鼓起……②

列举和描述世间生命的博物学无疑是一项吸引人的活动,一些人或许会把它当成目的本身。但对于亚里士多德而言,博物学

① Lloyd, *Aristotle*, pp. 76—81, 86—90; Lloyd, *Early Greek Science*, pp. 116—118; Pellegrin, *Aristotle's Classification of Animals*.

② *History of Animals*, Ⅵ. 3. 561a3—19, in *Complete Works*, 1:883.

只是实现更高目标的一种手段——它是事实材料的来源，将会导向生理学认识和因果解释。对他来说，真正的知识永远是因果知识。

亚里士多德的生理学所基于的原理与在其他自然哲学领域起作用的原理相同。（至于它们是先在生物学领域被提出来然后应用于形而上学、物理学和宇宙论，还是反之，学者们尚有争论。）[1]于是，形式与质料、潜能与现实、四因，特别是与目的因相联系的功能或目的要素是其生物学的核心。亚里士多德在其《论动物的生成》(*On the Generation of Animals*)中总结了恰当的生物学解释的组成部分："一切生成之物或被制造之物必定①由某种东西生成，②通过某种东西的作用而生成，③会变成某种东西。"[2]当然，有机体所由以生成的东西是它的质料因；使它生成的作用是其形

63 式因或动力因（在亚里士多德的生物学中这两种原因经常合而为一）；它所变成的东西或完全发展的目标是其目的因。

于是，任何有机体都是由质料和形式组成的：质料是构成身体的各个器官；形式则是将这些器官塑造成一个统一有机整体的组织原则。亚里士多德将形式确认为有机体的灵魂，并且让形式来负责有机体的生命特性——营养、繁殖、生长、感觉、运动等。事实上，亚里士多德根据生命体对若干种形式或灵魂的拥有程度而将生命体排列在一个等级体系中，这些灵魂各自执行某些特定的功能。植物拥有营养灵魂，这种灵魂使它们能够吸收营养、生长和繁

---

① Lloyd, *Aristotle*, pp. 90—93; D. M. Balme, "The Place of Biology in Aristotle's Philosophy."

② Aristotle, *De generatione animalium*, Ⅱ. 1. 733b25—27, in *Complete Works*, 1:1138.

殖。除了营养灵魂，动物还拥有感觉灵魂，它解释了感觉并（间接）解释了运动。最后，除了这两种较低的灵魂，人还拥有理性灵魂，它提供了更高的理性能力。如果像亚里士多德所坚持的那样，灵魂仅仅是有机体的形式，那么灵魂（包括人的灵魂）显然并非不朽；有机体死后就分解了，其形式也化为乌有。当亚里士多德的著作进入中世纪的基督教文化时，这种学说将会成为争论的焦点。[①]

亚里士多德关于形式、质料和四因的形而上学如何来解释生殖呢？这是亚里士多德生物学的核心问题之一。首先，亚里士多德指出，雌雄两性的存在反映了形式因或动力因（这里被当成同一种东西）与这种原因所作用的质料之间的区分。在人和高等动物中，雌性提供了质料——经血。雄性的精液承载着形式，将其印在经血上以生成新的有机体。拥有大量生命热的高等动物的幼仔作为该物种充分发育的个体被活着生下来；对于生命热较为缺乏的动物来说，其子代是在体内孵化的卵；随着完善性等级的下降，就到了体外产卵的动物，卵的完善性依赖于具体的的热度；该等级的底部是产生蛆虫的无血动物：

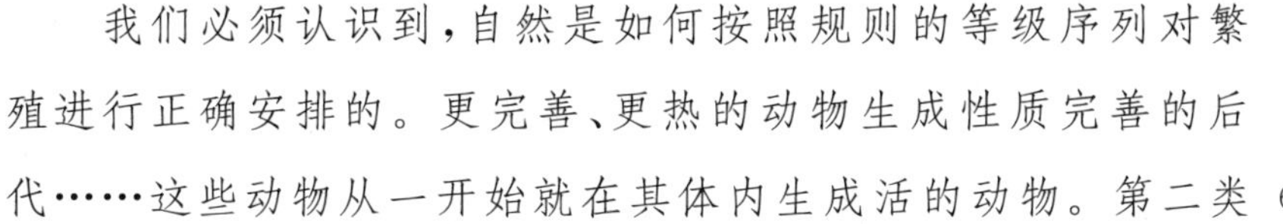

我们必须认识到，自然是如何按照规则的等级序列对繁殖进行正确安排的。更完善、更热的动物生成性质完善的后代……这些动物从一开始就在其体内生成活的动物。第二类 64

① 亚里士多德关于灵魂及其官能的学说见 Lloyd, *Aristotle*, chap. 9; Ross, *Aristotle*, chap. 5; J. L. Ackrill, *Aristotle the Philosopher*, pp. 68—78。中世纪的回应见本书第十章。

> 动物并非从一开始就在体内生成完善的动物(因为它们先在体内产卵后才进行胎生)。……第三类动物并不产生完善的动物,而是产下完善的卵。本性更冷的动物产下不完善的卵,其卵在体外获得了完善。……第五类也是最冷的一类动物甚至不从自身产卵;但只要后代获得了形成卵的条件,它就在母体外成卵。……昆虫先是产下蛆,蛆生长后变成卵状物……①

在亚里士多德的繁殖理论中异常突出的完善性观念把我们带到了亚里士多德生物学解释的第三个也是最后一个因素——目的因,或者说处于生成过程中的生物有机体之本质。在亚里士多德看来,生物学家总是需要认识有机体完全的、成熟的形式或本性。只有这种知识才能使他理解有机体的结构及其各个部分的存在和相互关系。例如,亚里士多德通过谈及整个有机体的需要而解释了陆地动物中肺的存在。他认为,有血动物因其温热而需要一种外界的冷却动因。对于鱼来说,这个动因是水,因此鱼有鳃而不是肺。而会呼吸的动物则由空气来冷却,因而配备了肺。② 对成熟形式的认识也是解释有机体生长的一个环节,因为随着有机体努力实现其内部的潜能,有机世界中存在着一种向上的运动。例如,

① Aristotle, *De generatione animalium*, Ⅱ. 1. 733a34—733b14, in *Complete Works*, ed. Barnes, 1:1138. 关于生物学上的生殖,另见 Ross, *Aristotle*, pp. 117—122; Preus, *Science and Philosophy in Aristotle's Biological Works*, pp. 48—107。

② Aristotle, *On the Parts of Animals*, Ⅲ. 6. 668b33—669a7. 关于亚里士多德生物学中的目的论,另见 Ross, *Aristotle*, pp. 122—127; Nussbaum, *Aristotle's "De motu animalium*," pp. 59—106。

倘若我们不明白橡树是橡子的最终目的，我们就无法理解橡子中发生的变化。最后，目的与功能进入亚里士多德的生物学不仅是为了解释个体或物种的形式或生长，也是为了在宇宙层次上解释自然秩序中各个物种的相互依赖和关系。

当然，亚里士多德的生物学体系还有很多内容。他解释了营养、生长、移动和感觉，考察了大脑、心脏、肺、肝脏和生殖器等主要器官的功能。需要注意的是，他认为心脏是身体的核心器官，不仅是生命热之所在，也是情感和感觉之所在。他提出了生物领域中的等级概念：他认为形式高于质料，生命高于非生命，雄性高于雌性，有血高于无血，成熟高于不成熟。事实上，他把生命排列在一个关于存在的等级体系中，始于顶端的原动者，经人下降到胎生、卵生和产蛆动物，最后到植物。

在讨论的最后，我们简要分析一下亚里士多德生物学著作中 65
的方法。如果说有某个科学分支要求观察，那么必定是生物学（特别是博物学）。无法设想亚里士多德会试图将他关于动物结构和习性的描述建立在任何别的基础之上。他往往亲自作这种观察，我们发现他的著作中包含有大量运用经验方法的情况，包括解剖。然而，没有哪位独自工作的博物学家能够收集到亚里士多德生物学著作中包含的那么多资料。显然，他依靠了旅行者、农民和渔民的叙述，助手们的帮助以及前人的著作。亚里士多德一般会对其资料持批判态度，甚至对他自己的观察也显示出一种健康的怀疑精神。然而，他的怀疑并不总是足够，其生物学著作中有许多错误描述的例子。至于生物学理论，亚里士多德（和任何理论家一样）不得不根据观察资料作出推论；他的推论即使与我们的并不总是

一致，也依然能够显示出历史上最卓越的生物学家之一所拥有的洞察力。当然，它们也显示出亚里士多德更大的哲学体系的强大影响，该体系持续影响着他所提出的问题、关注的细节和对这些问题的理论解释。①

亚里士多德的成就

我常就做历史的正确方法发表一番训导，这也许看起来是在对牛弹琴，但良知要求我继续下去，直到我可以确定这头牛已经开窍。衡量一个哲学体系或科学理论的恰当标准不是看它在多大程度上预示了现代思想，而是看它在处理当时的哲学和科学问题方面取得了多大成功。如果必须要作比较，那一定是在亚里士多德与他的前人之间，而不是亚里士多德与现代人之间。用这种标准来判断，亚里士多德的哲学成就令人叹为观止。在自然哲学中，他对前苏格拉底哲学家和柏拉图提出的重要问题作了微妙而复杂的讨论：基本原料的本性、认识它的正确方式、变化和因果性问题、宇宙的基本结构、神的本性及其与物质事物的关系，等等。

在分析具体自然现象方面，亚里士多德也远远超出了所有前人。可以毫不夸张地说，他几乎单枪匹马地创建了多个全新的学
66 科。他的《物理学》中包含着对地界动力学的详细讨论。《气象学》

① 关于亚里士多德生物学中的方法，见 Lloyd, *Aristotle*, pp. 76—81; Lloyd, *Magic, Reason, and Experience*, pp. 211—220; Nussbaum, *Aristotle's "De motu animalium,"* pp. 107—142。

(*Meteorology*)对彗星、流星、雨、虹和雷、闪电等高空现象作了精彩讨论。《论天》则将某些前人的工作发展成一种对行星天文学影响深远的论述。他还涉足地质领域,研究过地震和矿物学。他详细分析了感觉和感觉器官,特别是视觉和眼睛,提出了一种直到17世纪都有影响的关于光和视觉的理论。他关注物质的结合,对我们来说这些就是基本的化学过程。他还写了一本讨论灵魂及其官能的书。正如我们看到的,他对生物科学的发展作出了里程碑式的贡献。

在接下来几章,我们将讨论亚里士多德的影响。我这里只是总结说,亚里士多德之所以在古代晚期有强大影响,在13世纪到文艺复兴时期占据统治地位,并非因为那个时期的学者在理智上很软弱或者教会进行了干涉,而是源于亚里士多德哲学和科学体系无法抗拒的解释力。亚里士多德的获胜凭借的是说服力而不是强迫。

第四章　希腊化时期的自然哲学

67 亚里士多德于公元前322年逝世，这几乎恰好就是亚历山大大帝（前334—前323年）东征结束之时。亚历山大大帝建立了一个庞大的希腊帝国，由此敲响了希腊自治城邦的丧钟。他大大扩张了希腊版图，把希腊语和希腊文化向东带到了兴都库什山脉（Hindu Kush，现在阿富汗东北部），跨过印度河进入印度，向南带到了埃及。然而，亚历山大及其后继者也借鉴了被征服民族的成果，对希腊文化与外来要素进行了综合，我们称之为“希腊化”（意为“希腊式的”）。虽然希腊要素占绝对主导，但创造这个术语的历史学家们希望把希腊化时期与他们认为未经掺杂的古“希腊”文化区分开来。于是，“希腊化时期的自然哲学”指的是整个希腊帝国的学者和有识之士关于自然的思想。短期来看，重心仍在传统的希腊本土；不过最终，其领导地位被南边的埃及亚历山大城和西边的罗马所取代。

学校与教育

在考察希腊化自然哲学的内容之前，我们需要考察它的社会基础——培育和传播哲学特别是自然哲学知识的社会体制机制。

当然，知识可以在私人之间传播，家长传给孩子，朋友传给朋友，师傅传给徒弟，等等。但随着知识变得越来越复杂，可能越来越需要发展出一种更为正式的集体教育制度。这种情况发生在古希腊吗？如果是，那么由此产生的教育制度是什么性质的？①

任何古代社会都不要求正规教育，但在早期希腊的统治阶层 68
中，若干年初等水平的教育渐渐成为一种理想。由于针对的是青春期前的儿童（*paides*），所以这种教育被称为 *paideia*。它通常由两部分组成：锻炼身体的体操（*gymnastike*）和陶冶心灵或精神的缪斯技艺（*mousike*）。体操包括体育（physcial culture）和运动（athletics）。缪斯技艺则涵盖了缪斯掌管的所有艺术，特别是音乐和诗歌。然而，社会需要最终淘汰了这种由两部分组成的体系，公元前 5 世纪初出现了培养读写能力的学校。

体操教育大都在运动场或角斗学校进行，也可能在公共体育馆。缪斯技艺和文学教育几乎在任何地方都可以开展，包括公共建筑或老师家中。必须注意，这种教育与现代大众义务教育毫无相似之处。老师们以私人身份自发从事教育活动，贵族们则根据个人需要和倾向来利用老师的服务。

公元前 5 世纪，随着被称为“智术师”（sophists）的巡游教师的 69
出现，这种教育模式发生了重大变化。当时的教育已经是严格的初等教育，主要以体育运动和艺术为导向。大约在公元前 5 世纪

① 关于古代教育的经典文献（用时需要小心）是 H. I. Marrou, *A History of Education in Antiquity*; Werner Jaeger 三卷本的 *Paideia: The Ideals of Greek Culture*。更近的学术成果见 John Patrick Lynch, *Aristotle's School*; Robin Barrow, *Greek and Roman Education*。

中叶，智术师的出现为雅典提供了某种新的东西。首先，他们提供的教育水平更高。其次，他们的目标是培养公民和政治家，这就要求教育内容转向理智事务特别是政治事务。智术师会提供我们所谓的集体辅导(group tutorials)，它没有固定课程或普遍模式，肯定也没有共同的哲学体系，指导时间由各方商定。(历史学家常说时间为 3 到 4 年，但最近有人指出，在某些情况下，指导时间可能“仅为 1 周或 1 小时”。①)为了招揽生意，智术师需要引起注意，因此，他们常常在公共场所授课，比如广场(公共市场)或大型公共体育馆(当时雅典有 3 个)。如果揽不到生意或者不再受欢迎，他们就前往另一个地方。

在这一背景下，我们就可以开始理解苏格拉底和柏拉图的教学活动了。苏格拉底和柏拉图无疑在很多方面都与智术师不同——他们并不巡游，而是一直待在雅典，而且教学方法也不同于智术师——但这些区别可能对当时的雅典人并不重要，他们必定把这两个人当成了智术师运动的典型代表。公元前 388 年，柏拉图结束意大利之行回到雅典，在学园创建了一所学校。学园就位于城墙外，是一个大型公共体育馆，长期以来一直用于教育。如果说这一事业有何不同寻常的话，那就是柏拉图的学校非常持久，他去世后还持续了很长时间。②

柏拉图的学校是一个哲学共同体，其学者的年龄和成就各不

① Lynch, *Aristotle's School*, pp. 65—66. 关于一般的智术师教育，见 pp. 38—54。

② 关于柏拉图的学园，见 Lynch, *Aristotle's School*, pp. 54—63; Harold Cherniss, *The Riddle of the Early Academy*。

相同，但都能平等相待。柏拉图无疑是主导力量，他为人师表，通过批评帮助后学。但别人也可以批评他，从而（和现代研究生讨论班上的老师一样）教学相长。[①] 此事业背后无疑有一股宗教潜流；学园致力于为缪斯服务，可能有一些我们所谓的宗教仪式。但它肯定不要求教义上的正统，学园（至少原则上）向持有任何信仰的学者开放。学者们无须缴纳费用便可以参加学园的各种活动，直 70
至感到厌倦或生活无着为止。后来，柏拉图在学园附近购置了一块土地，用于开展某些活动。学园的自有产业，以及柏拉图为遴选继承人而作的规定，无疑有助于学园的长期存在。

亚里士多德在柏拉图的学校待了 20 年，直到公元前 348～前 347 年柏拉图逝世。公元前 335 年，亚里士多德在雅典被马其顿占领之后回到那里，此时他本可以继续待在学园，但他没有那样做，而是在雅典的另一个体育馆吕克昂创建了另一所学校。和学园一样，吕克昂长期以来一直在从事教育活动。亚里士多德及其追随者习惯于在吕克昂边漫步边教学（*peripatos*），从而获得（或使用）了“逍遥学派”（Peripatetic）的称号，此后他们便以此著称于世。亚里士多德的吕克昂和柏拉图的学园在许多方面都很相似，但方法和侧重点并不相同。在方法上，亚里士多德开创了合作研究，这表现于他的博物学研究和对早期哲学文献的系统收集。在侧重点上，亚里士多德的生物学兴趣与柏拉图的数学兴趣形成了强烈对比，两人的形而上学也有明显分歧。[②]

---

① Cherniss, *Riddle of the Early Academy*, p. 65.

② 关于吕克昂，见 Lynch, *Aristotle's School*, chaps. 1, 3; Felix Grayeff, *Aristotle and His School*。

此时的雅典已在希腊世界取得了教育的领导地位，其他教师很快便来到这里以伺良机。基提翁的芝诺（Zeno of Citium）于公元前 312 年左右来到雅典，开始在雅典广场一角的饰有彩绘的柱廊（*stoa poikile*）从事教学，从而创建了一所讲授“斯多亚派”（stoic）哲学的学校。伊壁鸠鲁（Epicurus）是一个生于萨摩斯岛的雅典公民，公元前 307 年左右回到雅典，购置了一所房子和一座花园，在那里创建了“伊壁鸠鲁派”哲学的学校，一直持续到基督教时代。

学园、吕克昂、斯多亚和伊壁鸠鲁花园——雅典最杰出的四所学校（图 4.1）——都渐渐机构化，得以在创始人死后幸存下来。

图 4.1　希腊化时期雅典的学校

学园和吕克昂似乎一直存留到公元前 1 世纪初(可能直至公元前 86 年雅典遭罗马将军苏拉[Sulla]洗劫)。常有人称,学园一直存留到公元 529 年被查士丁尼皇帝(Emperor Justinian)关闭。而实际情况似乎是,新柏拉图主义者(之所以这样称呼,是因为他们远离或重新解释了柏拉图的各种学说)在公元 5 世纪重建了学园,并设法将它维持到公元 560 年左右或更晚;然而,它与柏拉图的学园并无机构上的连续性。斯多亚派的学校存留至公元 2 世纪,伊壁 71
鸠鲁的学校则存留至公元 3 世纪。①

图 4.2　雅典卫城的帕台农神庙(供奉雅典娜的神庙),建于公元前 5 世纪

在此期间,雅典模式被输出到希腊世界的其他地方,特别是(埃及的)亚历山大城。亚历山大大帝逝世后,他的将军们瓜分了帝国,埃及和巴勒斯坦落入托勒密一世之手。亚历山大城成为托

① Lynch, *Aristotle's School*, chap. 6.

勒密王朝的首都，由于托勒密一世及其继承者的赞助，亚历山大城
72 规模日益宏伟，很快便获得了教育上的优势地位。公元前 307 年，雅典的独裁者、曾是亚里士多德吕克昂成员的法勒隆的德米特里厄斯（Demetrius Phaleron）被推翻，托勒密请他来到亚历山大城。也许正是在他的影响下，托勒密决定建立缪塞昂（Museum）——这并不是一座展示人工制品的建筑物，而是一座缪斯神庙，因而既是宗教圣所又是学问之所。缪塞昂与吕克昂之间的联系可见于这样一个事实：吕克昂的第三任领导人斯特拉托（Strato）曾在托勒密宫廷中辅导王室后代。缪塞昂似乎包含了某些皇家建筑，并由一位祭司来主持（因为它是一座庙宇）。根据古时的估计，缪塞昂的图书馆受托勒密王朝国王们的慷慨资助，其藏书近 50 万卷。[①] 随着雅典学校的最终衰落，缪塞昂成为希腊化时期的主要研究机构，是连接早期希腊与罗马和中世纪时期思想的一个主要纽带。[②]

缪塞昂在亚历山大城的建立之所以重要，不仅是因为在那里作出了重要的研究，而且因为它是通过公共或皇家赞助来支持高级学问的首例。公元 140 年到 180 年，罗马皇帝安东尼·庇护（Antoninus Pius）和马可·奥勒留（Marcus Aurelius，218—222 年在位）拓展了这种模式，他们在雅典等地捐资设立了修辞学和哲学教师的皇家席位。奥勒留在雅典为每一种重要哲学传统——柏拉

① 最近亚历山大港的水下考古研究发现了疑似古代皇宫区域，缪塞昂和图书馆可能就位于那里。我对 50 万卷藏书持怀疑态度。

② 关于亚历山大的缪塞昂和图书馆及其社会背景，最好的文献是 P. M. Fraser, *Ptolemaic Alexandria*, esp. 1：305—335。另见 Lynch, *Aristotle's School*, pp. 121—123，194。

图主义、亚里士多德主义、斯多亚主义和伊壁鸠鲁主义——都设立了席位，这种模式很快传遍了希腊世界，最终对罗马和基督教时代的教育活动产生了重大影响。

亚里士多德之后的吕克昂 73

亚里士多德游历小亚细亚期间，可能在公元前340年左右逗留莱斯博斯岛时结识了生于岛上的特奥弗拉斯特（约前371—约前286）。他们成了亲密的伙伴，亚里士多德公元前335年回到雅典时，特奥弗拉斯特随他一起去了那里，并且在此后的30年里参与了吕克昂的活动。亚里士多德逝世后，特奥弗拉斯特长期担任吕克昂的领导者。

特奥弗拉斯特似乎大体赞同亚里士多德的哲学观点、研究方法和兴趣范围。他继续从事教学，推进亚里士多德生前便已开始的博物学和哲学史的合作研究计划。他将前苏格拉底哲学家的见解编纂成书，形成了我们现在所谓的“意见汇编”（doxographic）传统——收集和保存关于各种主题的哲学意见的一系列手册。特奥弗拉斯特的著作大都已经佚失，但幸存下来的论著中有两部植物学著作和一部矿物学著作表明他高水平地实施了亚里士多德的研究计划。和亚里士多德的动物学著作一样，这些植物学著作包含着特奥弗拉斯特对植物生命细致入微的描述（提到了500多种植物）、深思熟虑的分类尝试和睿智的生理学理论研究。他接受了亚里士多德的许多解释原则（例如将生命与生命热联系在一起），强调必须采用严格的经验方法。在《论石》（*On Stones*）中，他效仿亚里士多德把矿物分为金属(水元素占主导地位)和“稀土”(earths,土元素占主导地位),进而系统描述了各种岩石和矿物。

在实施亚里士多德的研究计划时,特奥弗拉斯特也乐于对亚里士多德自然哲学的某些方面提出质疑和不同意见。可以用三个例子来说明这一点。特奥弗拉斯特表达了对亚里士多德目的论的保留意见,他指出,并不是宇宙的所有特征都有明确目的,世界还展现出大量随机行为。他重新考察了亚里士多德的四元素理论,并且对火的元素地位提出了质疑。他也不同意亚里士多德关于光和视觉的看法,质疑亚里士多德关于光是介质透明性之实现的看法,认为动物的眼睛包含一种火,其发射解释了夜间视觉。①

特奥弗拉斯特的另一项成就属于另一个方面,即为吕克昂购
74 置了地产。他虽然不是雅典公民,但被特许在体育馆附近购买一块土地;学校的图书馆和工作场地可能就在那里的几幢建筑中。特奥弗拉斯特在遗嘱中将这些不动产传给了与他共事的学者:“我把花园、长廊以及花园沿线的所有房子都赠予我那些朋友,即希望在这里继续从事教学和哲学研究的人……我的条件是,任何人都不能转让这些财产或将其挪作私用,所有人都应当把它当作圣所而共享它。”②

逍遥学派学校图书馆的命运更为复杂。特奥弗拉斯特在遗嘱

---

① 关于作为自然哲学家的特奥弗拉斯特,见 G. E. R. Lloyd, *Greek Science after Aristotle*, chap. 2; J. B. McDiarmid, “Theophrastus”。关于亚里士多德视觉理论的更多内容,见 David Lindberg, *Theories of Vision from al-Kindi to Kepler*, pp. 6—9。

② 关于特奥弗拉斯特和吕克昂,见 Lynch, *Aristotle's School*, pp. 97—108。引文出自 p. 101。

中将(藏有他自己著作和亚里士多德著作的)图书馆赠予了奈留斯(Neleus),可能有意让其继承自己。但这个共同体的元老们选择了斯特拉托,于是奈留斯把这些书(至少是其中许多)带走了,从而使吕克昂失去了重要资料。这个图书馆基本完好地保存到公元前1世纪初,(根据历史学家斯特拉波[Strabo]的说法)有人将这些书从奈留斯后人那里购回,归还给了雅典的逍遥学派学校。此后不久,雅典遭到罗马将军苏拉洗劫,苏拉将书装船运至罗马。在那里,这些书落入罗得岛的安得罗尼柯(Andronicus of Rhodes)之手,他对其作了编辑整理,使之得到更广泛的传播。①

在此期间,(来自小亚细亚的兰萨库斯[Lampsacus]的)斯特拉托成为吕克昂的领导者,在任长达18年(前286—前268)。斯特拉托的兴趣似乎与亚里士多德和特奥弗拉斯特同样广泛,但其著作没有一篇完好地保存下来,我们只能根据散见于后世作品中的引文和释义重建起其哲学和科学活动的不完整图像。斯特拉托似乎想在许多主题上努力纠正和拓展亚里士多德和特奥弗拉斯特的工作。只要理由充分,他就会毫不犹豫地质疑其观点,或者借鉴其他哲学传统。

就我们目前所知,斯特拉托最著名的贡献与运动和物理世界的基本结构有关。斯特拉托对亚里士多德的运动理论作了根本修正,他否认重物和轻物的区分,认为所有物体都具有不同程度的重量。于是,气和火上升并非因为它们绝对轻,而是因为不够重,从而被较重的物体置换了位置。斯特拉托还反对亚里士多德关于位 75

① Ibid.,pp. 101—103,193.

置与空间的理论。他用经验证据表明，重物是加速下落的(亚里士多德并未讨论落体的这个特征)。斯特拉托指出一个事实：从高处下落的水流在顶端是连续的，而接近底部时却成了不连续的——这个事实可以用不断增加的速度来解释。为了支持这个结论，他提到，落体所造成的冲击不仅与其重量有关，而且与下落高度有关。①

虽然斯特拉托对物质世界基本结构的看法本质上无疑仍然是亚里士多德式的，但同样明显的是，他把微粒观念引入了亚里士多德的自然哲学——这可能是经由伊壁鸠鲁的影响，伊壁鸠鲁曾在斯特拉托的家乡兰萨库斯教了一段时间书，而且两人都生活在雅典。微粒观念显见于斯特拉托的这样一种信念：光是一种物质流射，且物体不是连续的，而是包含着微粒间的虚空。斯特拉托用虚空概念解释了物质的浓缩、稀释和弹性等属性。他虽然承认存在着散布于物质中的微小虚空，但否认连续的虚空在自然中存在。我们必须小心，不要把斯特拉托看成一个严格意义上的原子论者，因为他似乎仍然相信物体无限可分，从而拒斥了任何原子论哲学都必然具有的一个本质特征：相信存在着不可还原的原子。

有关斯特拉托之后直到公元前2世纪末的吕克昂领导者们，我们只知道其中一些人的名字。毫无疑问，这所学校经常会举办

① 关于斯特拉托，见 Lloyd, *Greek Science after Aristotle*, pp. 15—20; Marshall Clagett, *Greek Science in Antiquity*, pp. 68—71; H. B. Gottschalk, "Strato of Lampsacus"; David Furley, *Cosmic Problems*, pp. 149—160。关于他与吕克昂的关系，见 Lynch, *Aristotle's School*, passim。

阐述逍遥学派哲学的讲演，而且不断有人努力澄清亚里士多德的哲学，整理他所留下的材料。然而，直到吕克昂停止运转，我们再也看不到什么记录表明他们对自然哲学有什么新的贡献，或是对传统的逍遥学派哲学提出了什么特别尖锐有力的批判。尽管如此，亚里士多德的著作仍然为人所知并且有人评注，特别是在安得罗尼柯重新编辑了亚里士多德的文本之后。我们发现了西顿的波埃修（Boethius of Sidon，安得罗尼柯的学生）和大马士革的尼古拉（Nicholas of Damascus，希律王宫廷的历史学家）在公元前 1 世纪中叶所作的评注。公元 200 年左右，阿弗罗狄西亚的亚历山大（Alexander of Aphrodisias）在雅典讲授逍遥学派的哲学，并为亚里士多德的多种著作撰写了重要而有影响的评注。最后，辛普里丘（Simplicius）和约翰·菲洛波诺斯（John Philoponus）（均为新柏拉图主义者）对亚里士多德著作的评注表明亚里士多德传统一直持续到公元 6 世纪。伊斯兰教和中世纪基督教世界对这一传统的重新关注将使亚里士多德的哲学再次回到领导地位。①

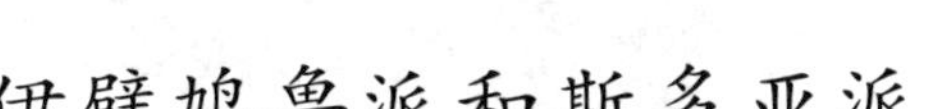

伊壁鸠鲁派和斯多亚派

在希腊化时期，柏拉图和亚里士多德的追随者们继续讨论、澄清和修正柏拉图和亚里士多德的哲学。与此同时，也有其他哲学体系发展起来，其中两种成了不容忽视的竞争对手。两者都对传

① 关于古代亚里士多德的评注家，见 Richard Sorabji, ed., *Aristotle Transformed*。

统有所继承,但又都有所创新,因为它们都突出了伦理问题。的确,这两种哲学最引人注目之处就是,它们决定让哲学的所有其他方面都从属于伦理关切。

根据伊壁鸠鲁(前 341—前 270;图 4.3)的说法,哲学的目标是确保快乐。伊壁鸠鲁在给美诺伊修斯(Menoeceus)的信中写道:“说研究哲学还太早或已经太迟,就如同说现在还不需要幸福或者幸福已不再有一样荒谬。”伊壁鸠鲁认为,实现快乐的途径是消除对未知事物与超自然事物的恐惧,自然哲学是实现此目的最
77 合适的手段。据说伊壁鸠鲁有一则格言:“倘若我们从未因为天界和大气现象的警告而震撼,从未因为死亡给我们造成的疑虑而困扰,也不为痛苦和欲望的无边无际所困扰,我们就没有必要研究自然哲学。”如果我们在这一点上严肃对待伊壁鸠鲁的观点,那么自

图 4.3　伊壁鸠鲁,藏于梵蒂冈博物馆

然哲学的唯一目的就是实现快乐。[①]

伊壁鸠鲁的自然哲学借鉴了古代原子论的许多内容。它认为宇宙是永恒的，由无限的虚空所构成，虚空中有无数个原子在永不停歇地运动，“仿佛在永久的战斗中”被四处投掷，宛如一束明亮光线中的微尘。我们这个世界（以及无数其他世界）中的所有事物和现象都可以还原为原子和虚空；诸神必定也由原子构成。味道、颜色、冷暖等可感性质（我们现在称之为“第二性质”）并不存在于原子中，原子唯一真实的属性是形状、大小和重量。这是一个由被动的原子构成的机械论世界，服从机械因果性（下面要提到一个例外）；没有统治性的心灵，没有神的意志，没有天命，没有来世，也没有目的因：正如卢克莱修（Lucretius，卒于约公元前 55 年）在论述伊壁鸠鲁哲学时所说，“［身体的］四肢……在使用之前便已存在；它们不可能为了使用而长出来”。[②]

但伊壁鸠鲁及其追随者并非只是传播了古代原子论者的哲学体系。他们还不得不对原子论哲学进行修改，以服务于伦理功能。他们修改了其内容以解决困难，反驳批评，从总体上提高其解释

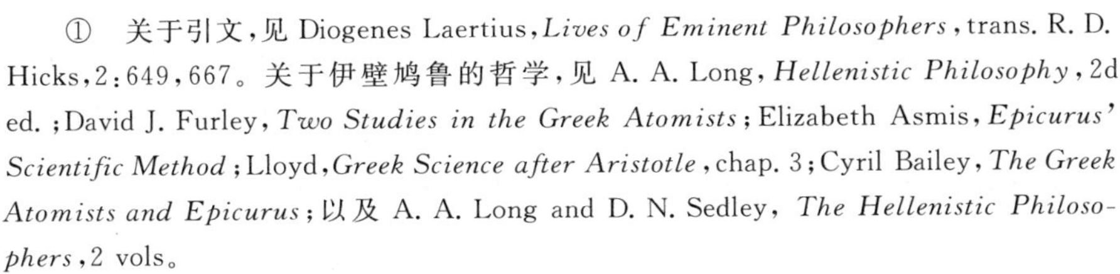

① 关于引文，见 Diogenes Laertius，*Lives of Eminent Philosophers*，trans. R. D. Hicks，2：649，667。关于伊壁鸠鲁的哲学，见 A. A. Long，*Hellenistic Philosophy*，2d ed.；David J. Furley，*Two Studies in the Greek Atomists*；Elizabeth Asmis，*Epicurus' Scientific Method*；Lloyd，*Greek Science after Aristotle*，chap. 3；Cyril Bailey，*The Greek Atomists and Epicurus*；以及 A. A. Long and D. N. Sedley，*The Hellenistic Philosophers*，2 vols。

② 引文（源自 Lucretius's *De rerum natura*，Ⅱ. 15 and Ⅳ. 840）出自 Long and Sedley，*Hellenistic Philosophers*，1：47；以及 Lucretius，*De rerum natura*，trans. W. H. D. Rouse and M. F. Smith，rev. 2d ed.，p. 343。

力。例如，伊壁鸠鲁反对德谟克利特的理性主义，认为所有感觉从根本上都是可信赖的。[1] 由此似乎可以推断，可感性质或第二性质真实存在于宏观层次，即使（如德谟克利特所说）它们在原子中并不存在。

伊壁鸠鲁的“偏离”(swerve)学说是对原子论自然哲学内容更为重要的修改，这样做不仅是为了把原子论者的宇宙论从致命的反驳中拯救出来，也是为了消除伊壁鸠鲁伦理学中决定论的威胁。根据伊壁鸠鲁的说法，原子不仅有形状和大小（如留基伯和德谟克利特所认为的），而且有重量。重量使原子落入了无限的虚空，产生了一场太初的宇宙雨。由于原子没有遇到阻力，所以它们都以相同速度下落，彼此不会超过。这种宇宙论完全不能令人满意，因为它似乎排除了使原子论具有解释力的那些碰撞。为了解决这个
78 困难，伊壁鸠鲁假定有一个极小的偏离：一个原子以可能设想的最小量偏离了下落路线，从而引发了一连串碰撞反应。这个理论最棘手的特征在于，这种原始偏离必定是一个无原因事件，因为在伊壁鸠鲁的世界中，原子的碰撞是唯一存在的原因，而原初的偏离并不是由这种碰撞造成的。太初的宇宙雨中没有这种碰撞，这恰恰是伊壁鸠鲁所不愿看到的。[2]

如果我们禁不住因为伊壁鸠鲁发明了无原因的事件（这仍然是一种哲学上的尴尬，即使它们的确出现在对现代量子力学的某些诠释中）而苛责他，我们就需要注意，这种偏离不仅解释了原子

① Asmis, *Epicurus' Scientific Method*, chap. 8.

② Lloyd, *Greek Science after Aristotle*, pp. 23—24.

漩涡的起源，继而又解释了我们生活的世界，而且还打破了决定论的链条，而决定论链条将会免除人的责任，破坏伊壁鸠鲁的伦理学体系。如果世界服从严格的机械因果性，那么人的活动就是原子运动和碰撞的偶然结果，从而不可能是自由的；人如果不能自由选择，就不必负责任。但偏离把非决定论因素引入了宇宙；即使这没有解释自由选择到底是如何实现的（我们仍然不知道这个问题的答案），但通过揭示出严格的因果必然性链条的断裂，便为人的自由意志的可能性留出了余地。毫无疑问，这并不是一种完全令人满意的解决方案，但能在一个机械的宇宙中意识到自由意志问题（伊壁鸠鲁是这样做的第一人），这本身就是一项重要成就。

斯多亚派哲学的创始人是来自塞浦路斯岛基提翁的芝诺（约前 333—前 262）。请不要把这个芝诺与巴门尼德的弟子芝诺相混淆。基提翁的芝诺来到雅典，用了大约 10 年在包括柏拉图学园在内的雅典的各个学校学习，然后于公元前 300 年左右在柱廊创建了自己的学校。阿索斯的克里安提斯（Cleanthes of Assos，前 331—前 232）和索利的克吕西普（Chrysippus of Soli，约前 280—前 207）后来接替了芝诺，这两个人本身就是出色的思想家，在把斯多亚主义发展成一种系统性的哲学方面，他们的贡献堪比基提翁的芝诺。作为一种活跃的学术传统，斯多亚哲学一直延续到公元 2 世纪，但其影响却持续到了 17 世纪。①

① 关于一般的斯多亚派哲学，见 Lloyd，*Greek Science after Aristotle*，chap. 3；F. H. Sandbach，*The Stoics*；Long，*Hellenistic Philosophy*；Marcia L. Colish，*The Stoic Tradition from Antiquity to the Early Middle Ages*；Ronald H. Epp，ed.，*Recovering the Stoics*；Long and Sedley，*The Hellenistic Philosophers*，2 vols。

斯多亚派和伊壁鸠鲁派在大多数议题上完全对立，但在少数事情上意见一致。首先，他们都认为自然哲学从属于伦理学；这两个哲学派别都把追求快乐视为人生存的目标。斯多亚派认为，只有通过与自然和自然法则达成和谐才能获得快乐，而与自然达成和谐就需要一种自然哲学知识。其次，这两个哲学派别的成员都
79 是坚定的唯物论者，他们都极力论证，除了物质性的东西什么都不存在。

这种共同的唯物论是重要的共同基础，它意味着在反对任何非唯物论哲学（比如柏拉图及其追随者的哲学）的战斗中，斯多亚派和伊壁鸠鲁派是同盟。然而，一旦超出这个基本观点，我们就会发现斯多亚派和伊壁鸠鲁派有着根本不同的宇宙观。伊壁鸠鲁派认为物质是不连续的和被动的——由分立的、不可打破的无生命原子所构成，原子在无限的虚空中漫无目的地运动。他们的宇宙是一个机械论宇宙。而斯多亚派则创造了一个有机论宇宙模型，其典型特征是连续性和主动性。这些对立（连续性与非连续性，主动性与被动性）将成为我们考察斯多亚派自然哲学有用的切入点。①

斯多亚派认为，物质自身并不以原子形式表现出来，而是一种无限可分的连续体，它并不包含自然断裂和虚空。因此，大小和形状并不是物质的永恒属性，因为我们可以在心灵中按照我们喜欢的任何大小和形状将其切割成小块。虽然不允许宇宙中存在虚空，但斯多亚派承认宇宙之外的虚空，他们把宇宙看成一个包围在

---

① 关于斯多亚派的自然哲学，除了上述文献，另见 David E. Hahm, *The Origins of Stoic Cosmology*; S. Sambursky, *Physics of the Stoics*。

无限虚空之中的由连续物质组成的孤岛。

和伊壁鸠鲁派一样，斯多亚派也承认物质有被动的一面，但确信这并不完备。伊壁鸠鲁派的观点易受以下攻击：如果一个物体的所有属性都源于无生命小块物质的偶然排列，那么就无法对整体的许多属性给出令人信服的解释。伊壁鸠鲁派的原子唯一拥有的属性就是大小、形状和重量，那么，他们如何解释像内聚性（岩石始终保持为岩石，而不会分解成其构成微粒）这样一种简单而基本的属性呢？既然冰块的构成成分并不包含冷这样一种属性，那么冰块的冷来自何处？颜色、味道和质地又如何解释？或者看一种困难得多的情况：生物的特性——植物的生命周期、昆虫的繁殖行为或者人的个性——来自何处？如果这只家犬仅仅是惰性物质的偶然排列，那么我们如何解释它执意追逐邮递员这一行为？看来，除了被动的物质，必定还存在着所谓的“主动本原”（active principles），它们能将被动的物质组织成一个有机的统一体，并解释其 80
特征行为。必定有某种东西是被作用的，但也必定有某种东西在施加作用，而在一个唯物论的世界中，这种东西必定是物质性的。

斯多亚派将这种主动本原等同于呼吸或普纽玛（pneuma），它是最精细的东西，完全渗透于万物之中，将被动的物质接受者结合成统一的物体，并赋予这些物体以典型特性。但需要注意的是：普纽玛不仅是一种精细的、渗透一切的东西，而且是一种主动的、理性的东西，是宇宙中活力和理性的来源。事实上，斯多亚派把普纽玛等同于神的理性和神本身。从现代观点来看，普纽玛＝理性＝神这个等式似乎很怪异，从犹太教-基督教观点来看肯定是错误的，但它却是斯多亚派宇宙论的基础。斯多亚派将神从天上带下来并且物质化，用它来解释宇宙中的活动和秩序。

让我们更仔细地考察这种普纽玛，探究其结构（如果有的话）、组织能力的来源及其与被动物质的关系。斯多亚派承认存在着亚里士多德的四元素，但根据活动性将其分成了两组。他们认为可触物体的主要成分土和水是被动元素，气和火是主动元素。气和火以各种比例混合（斯多亚派设想的是一种彻底的同质混合）产生各种普纽玛。于是气和火是作用者，水和土是被作用者。

普纽玛有各种等级。最低层次的普纽玛被称为“倾向”（*hexis*），它解释了我们所说的无生命物体（比如岩石和矿物）的内聚。动植物的普纽玛是“本性”（*physis*），它赋予动植物以生命特征。最高等级的普纽玛是精神（*psyche*），它为人所拥有，解释了人的理性。斯多亚派把一个物体的普纽玛等同于灵魂（soul），因此任何个体事物都渗透着灵魂，这种灵魂充当着它的组织原则。甚至必定存在着一种宇宙普纽玛，一种世界灵魂，因为宇宙也是一个有机统一体，其特性需要用主动本原来解释。斯多亚派自然哲学深刻的活力论特征可见一斑。

普纽玛存在于一种张力或弹性状态之中。这种张力解释了所有物体最基本的属性——内聚性。在更高层次，不同的张力解释了世界上观察到的各种属性和个性。最后我们不妨重申，普纽玛与其宿主的关系是完全混合或相互渗透，两种东西占据着同一空间。

81 和柏拉图和亚里士多德一样，斯多亚派的宇宙论也是以地球为中心的。然而，斯多亚派追随原子论者断然叛离了亚里士多德，拒绝在天界与地界之间作出任何截然区分；在谈到诸如自然的构成和定律这类基本主题时，斯多亚派认为宇宙是同质的。斯多亚派同意亚里士多德的看法，认为宇宙是永恒的，但是受前苏格拉底思想的启发，他们用一种循环理论取代了亚里士多德所认为的宇宙稳定性。根据一些斯多亚派思想家的说法，存在着一个膨胀与收缩、大火与再生的永恒宇宙循环。在膨胀阶段，世界消解为火，在收缩阶段，火再次产生其他元素，我们所知的世界被再生出来。这个循环永远重复下去，产生了一个相同世界的无穷序列。①

最后必须指出，斯多亚派的宇宙被设想成既是目的论的，又是决定论的。事实上，渗透着心灵和神性的斯多亚派宇宙不可避免充满了目的、理性和神意。与此同时，它的进程是被严格决定的。斯多亚派哲学坚持认为，存在着不可违反的因果链(其本身是神的理性的产物)，它完全决定了事件的序列。正如西塞罗(Cicero)在《论占卜》(*On Divination*)中所说："不准备存在的事物不会发生，同样，自然并不包含其产生原因的事物也不会发生。于是我们可以理解：命运不是迷信的'命运'，而是物理学的'命运'。"②

我们已经看到，斯多亚派和伊壁鸠鲁派的自然哲学在很多方面都是对立的。伊壁鸠鲁哲学的一个主要目的是与柏拉图和亚里士多德的目的论做斗争，而斯多亚派哲学则旨在发现目的和为目的论辩护。伊壁鸠鲁描绘了一个机械论的宇宙，而斯多亚派则发现了一个有机论的宇宙。伊壁鸠鲁力图将非决定论要素引入他那否则便是机械论的宇宙，而斯多亚派则满足于一个受严格决定性

---

① A. A. Long, "The Stoics on World-Conflagration and Everlasting Recurrence"; Hahm, *Origins of Stoic Cosmology*, chap. 6.

② Cicero, *On Divination*, 1. 125—126, quoted by Long and Sedley, *Hellenistic Philosophers*, 1:337.

主宰的有机论宇宙。从短期来看，斯多亚派的宇宙观似乎是两者中更合理的，它将在古代晚期成为重要的哲学选择。而从长期来看，斯多亚派和伊壁鸠鲁派的哲学都将在近代早期得到复兴，成为不同于柏拉图主义和亚里士多德主义世界图景的其他选择；两者都对 17 世纪新哲学的形成起了重要作用。

第五章　古代数学科学

数学在自然中的应用

在西方科学传统中，关于数学能否应用于自然一直存在着争论。问题在于，世界本质上是数学的，从而数学分析提供了一条达到更深理解的可靠途径？还是说，数学仅仅适用于事物的那些表面的、量的方面，而丝毫没有触及基本实在？毫无疑问，自然科学家似乎越来越倾向于用数学方法来解决问题。但其他观点也有自己的拥护者，争论依然存在。

古代毕达哥拉斯派似乎主张，自然完全是数学的。如果亚里士多德的说法可以信任，那么毕达哥拉斯派曾经极端地宣称，终极实在是数（详细讨论参见第二章）。柏拉图在其物质理论中进一步发展了毕达哥拉斯的纲领，认为四元素可以还原为几种正多面体，而后者又可以还原为三角形。因此对柏拉图而言，组成可见世界的基本构件不是物质的，而是几何的；柏拉图还主张，将万物结合成统一宇宙的并不是一种物理的或机械的力，而纯粹是几何比例。①

---

① 关于这个问题，见 Friedrich Solmsen, *Aristotle's System of the Physical World*, pp. 46—48, 259—262; David C. Lindberg, "On the Applicability of Mathematics to Nature"; James A. Weisheipl, *The Development of Physical Theory in the Middle Ages*, pp. 13—17, 48—62。

亚里士多德在数学方面无疑拥有丰富的学识，他将知识理论
建立在数学证明的基础之上，将几何学应用于彩虹理论（如果将此
理论归于他是正确的话），并用比例论来分析运动。但亚里士多德
确信，数学与自然哲学或物理学之间存在着差异。根据他的定义，
83 物理学把所有自然物都看成可感、可变的物体。而数学家则去除
物体的所有可感性质，专注于剩余的数学部分。因此，数学家只关
注物体的几何性质，而这些几何性质根本没有穷尽实在。将现实
世界中存在的重量、硬度、冷热、颜色等性质重新引入，我们便走出
数学王国而回到了物理学的主题。最后，天文学（混合科学的一
种）等一些学科将数学与物理学结合在一起。① 因此，关于数学是
否可应用于自然这个问题，亚里士多德走了一条中间道路。他确
信数学和物理学都有用，但它们显然不是同一种东西；数学家和物
理学家或许可以研究同一对象，但却专注于该对象的不同方面。
最后，从事“中间”（middle）科学或“混合”（mixed）科学的人既关注
事物的物理方面，也关注事物的数学方面。

于是，关于数学与自然的关系，柏拉图和亚里士多德提供了两种理论，从古至今的自然科学家都在这两极之间摇摆。然而，我们感兴趣的不只是关于数学在自然中应用的理论本身，而且还有如何将这些理论付诸实践。为了查明希腊人究竟是如何将数学应用于自然的，我们将考察以下学科或主题：天文学、光学、平衡或杠杆。为此，有必要先看一下希腊人在纯粹数学方面所取得的成就。

---

① 见 Aristotle's *Metaphysics*, Ⅺ. 3. 1061a30—35 以及 *Physics*, Ⅱ. 2. 193b22—31。

希腊数学

关于希腊数学的起源，我们知之甚少。早期希腊数学家无疑接触过埃及人和巴比伦人（尤其是后者）的数学成就（第一章）。但从一开始，希腊数学就显示出了不同，这主要表现在，希腊数学往往偏爱几何学，这种几何学的目标是抽象的几何知识以及形式化的推理证明方法。希腊人之所以重视几何学，一个原因也许是他们发现，无论测量单位取得多么小，正方形的边和对角线也不可能都是整数。因此，我们称正方形的边和对角线是不可公度的。（图5.1，其中对角线长度为无理数$\sqrt{2}$。）或许正是这种无理性使希腊数学家相信，数（在希腊人看来指正整数）不适合刻画实在，从而

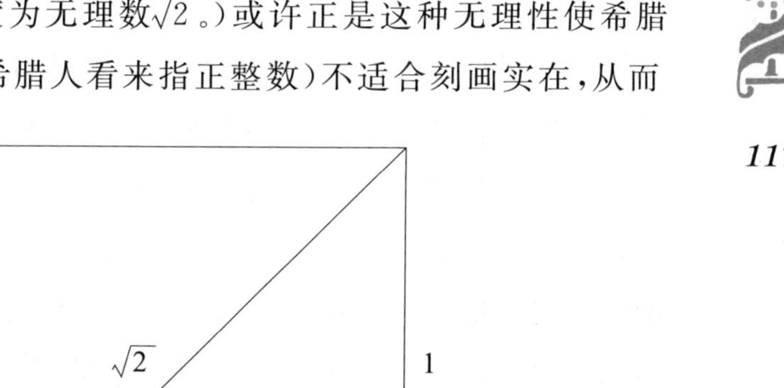

图 5.1　正方形边和对角线的不可公度性

促进了几何学的发展。[1]

84 关于欧几里得(Euclid,活跃于约公元前 300 年)之前的具体数学发展,我们仅有零星的证据,但人们普遍认为,这些发展被欧几里得编入了他的数学教科书《几何原本》(*Elements*)。[2] 这里我们可以看到,数学已经发展成为一个公理化的演绎系统。《几何原本》从一组定义开始:点(“没有部分的东西”)、线(“没有宽度的长度”)、直线、面、平面、平面角、直角、锐角、钝角、各种平面图形、平行线,等等。定义之后是五条公设:过两点可作一直线,直线可向两端无限延伸,以任一点为中心和任一长度为半径可作一圆,所有直角皆相等,并陈述了直线相交的条件。公设之后是五条公理,即一般的正确思维尤其是数学所需的自明真理。这些公理包括:等于同量的量彼此相等,等量加等量其和仍相等,整体大于部分,等等。这些预备性的断言为接下来 13 卷中的命题奠定了基础。命题通常以一段说明开始,接着是一个例子,对命题作进一步规定或详述,然后是构造,最后是证明和结论。需要注意的是,一个严格的欧几里得证明的结论可以由定义、公设、公理和之前已被证明的命题必然得出。欧几里得对这种方法的运用是如此有效,以至于通过他的影响(以及亚里士多德的影响,他的方法在一些关键方面

---

① 这是一个美妙的故事,但我怀疑它是否接近了实情。关于希腊数学,见 B. L. van der Waerden, *Science Awakening: Egyptian, Babylonian, and Greek Mathematics*, chaps. 4—8;Carl B. Boyer, *A History of Mathematics*, chaps. 4—11;Thomas Heath, *A History of Greek Mathematics*。对最近研究的考察见 L. Berggren,“History of Greek Mathematics: A Survey of Recent Research”。

② Wilbur Knorr, *The Evolution of the Euclidean Elements*.

与欧几里得的方法类似），这种方法直到 17 世纪末一直是科学证明的标准。

我们不必在欧几里得《几何原本》的内容上停留太久，因为它与现代中学讲授的几何学很相似。第一至六卷阐述了平面几何的 85
基础；第十卷对不可公度量作了分类；第十一至十三卷讨论了立体几何。在第七至九卷中，欧几里得讨论了算术主题，包括数论和数的比例理论。在《几何原本》的众多成就中，有一项成就我们必须提到，因为它对未来非常重要，那就是“穷竭法”——它可能是欧几里得从之前的欧多克斯那里借鉴来的，并且注定会影响阿基米德（Archimedes）等后来者。欧几里得表明了（Ⅶ，2）如何用一个内接多边形来无限逼近圆的面积；如果使多边形的边数不断加倍，我们最终可以使多边形的面积（已知）与圆面积（未知）之差小于我们选定的任意量（图 5.2）。这种方法可以把圆面积计算到任意精确度；如果进一步发展，还可以用这种方法来计算其他曲线之内（或之下）的面积。《几何原本》的另一项重要成就是，它研究了五种正多面体的性质（这五种正多面体有时被称为“柏拉图立体”），并且证明（Ⅷ，18）正多面体只可能有这五种。①

欧几里得之后的希腊化时期出现了一系列卓越的数学家，其中最伟大的无疑是阿基米德（约前 287—前 212 年）。他对理论数学和应用数学都有贡献，但特别为人称道的是其优雅的数学证明。

① 关于欧几里得，见 Heath, *Greek Mathematics*, chap. 11; Boyer, *History of Mathematics*, chap. 7；以及 Thomas Heath 对欧几里得《几何原本》的翻译和长篇详细评注。

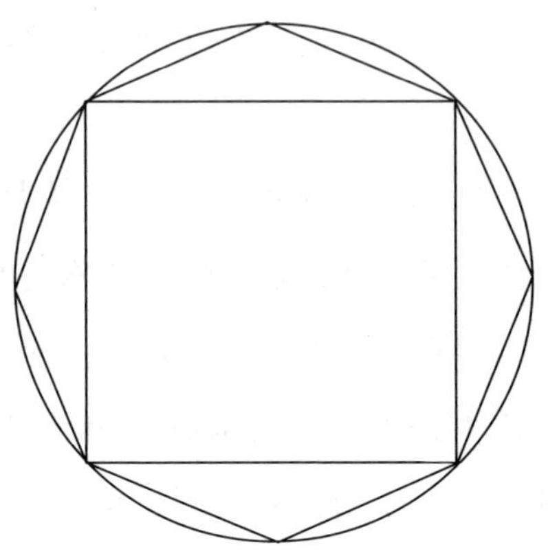

图 5.2　利用“穷竭”法确定圆面积

在一些最重要的著作中，阿基米德发展了穷竭法，并用它来计算面积和体积，包括抛物线弓形的面积、某些螺旋线所围的面积、球的表面积和体积。他改进了 π（圆的周长与直径之比）的计算值，表明它必定介于 $3\frac{10}{71}$ 和 $3\frac{1}{7}$ 之间。阿基米德对后来数学和数学物理
86 学的发展产生了深远影响，特别是其著作在文艺复兴时期被重新发现和印行之后。①

最后一项必须提到的希腊数学成就是佩尔加的阿波罗尼奥斯（Apollonius of Perga，活跃于公元前 210 年）讨论圆锥截面的工作。阿波罗尼奥斯研究了椭圆、抛物线和双曲线，即用不同角度的平面切割圆锥所形成的平面图形，并且为这些曲线给出了新的定义和生成方法。和阿基米德的著作一样，阿波罗尼奥斯关于圆锥

---

① E. J. Dijksterhuis, *Archimedes*; T. L. Heath, ed., *The Works of Archimedes*. 关于阿基米德在中世纪的影响，见 Archimedes, *Archimedes in the Middle Ages*, ed. And trans. Marshall Clagett, 5 vols。

截面的著作注定要对近代早期产生重要影响。①

早期希腊天文学

早期希腊天文学似乎主要关注观测星辰、绘制星图、编订历法以及为此而绘制日月运行图。历法的主要困难源于这样一个事实：太阳年并非太阴月的整数倍。也就是说，在太阳绕黄道一周所需的时间里，月亮会绕地球 12 圈还多。于是，如果一种历法建立在一年 12 个月、每个月 30 天的基础上，那么每年要少大约 5 天，历法和季节将不能同步。人们提出了各种方案来插入额外的一个月，以使历法和季节步调一致。改进历法的这些努力以默冬（Meton，活跃于公元前 425 年）提出默冬周期为顶峰，其基础是 19 年包含 235 个月，这已经非常接近准确值。因此，在 19 年的周期里，12 个月的年将有 12 个，13 个月的年将有 7 个。默冬似乎打算把它当作天文历而非民用历；默冬周期曾在数个世纪中被用于天文学。②

在柏拉图（前 427—前 347）和与他同时代的欧多克斯（约前 390—约前 337）那里，希腊天文学于公元前 4 世纪发生了决定性

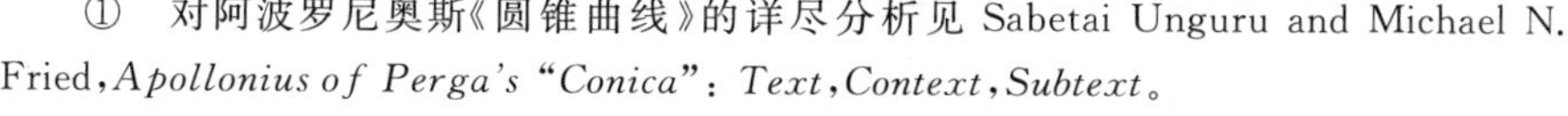

① 对阿波罗尼奥斯《圆锥曲线》的详尽分析见 Sabetai Unguru and Michael N. Fried, *Apollonius of Perga's "Conica": Text, Context, Subtext*。

② 关于早期希腊天文学，特别参见 Bernard R. Goldstein and Alan C. Bowen, "A New View of Early Greek Astronomy"; D. R. Dicks, *Early Greek Astronomy to Aristotle*; Lloyd, *Early Greek Science*, chap. 7; Thomas Heath, *Aristarchus of Samos, The Ancient Copernicus*。高度技术化的论述见 Otto Neugebauer, *A History of Ancient Mathematical Astronomy*, 2: 571—776。中等技术性的易读论述见 James Evans, *The History and Practice of Ancient Astronomy*。

的转变。他们①从关注恒星转向关注行星，②提出了“两球模型”来表示恒星和行星现象，③确立了旨在解释行星观测的几何理论所必须服从的标准。让我们详细看看这些成就。

柏拉图和欧多克斯设计的两球模型把天和地设想成一对同心
87 球。恒星固定在天球上，太阳、月亮和其余五颗行星沿天球表面运动。天球的周日旋转解释了所有天体每天的升落。两个球上相应的圆周将两球分成各个区，标示出行星的运动。图 5.3 大致体现了柏拉图和欧多克斯的想法。地球固定在中心，天球则绕垂直的轴每日旋转。地球赤道投射到天球上就是天赤道。太阳围绕天球所走的周年路径就是“黄道”，这是一个与赤道大约成 23°倾角的圆，是黄道带的中心。黄道与天赤道交于二分点（春分点和秋分点）；太阳每年沿黄道运行一周，运行到秋分点（9 月 21 日左右）时，

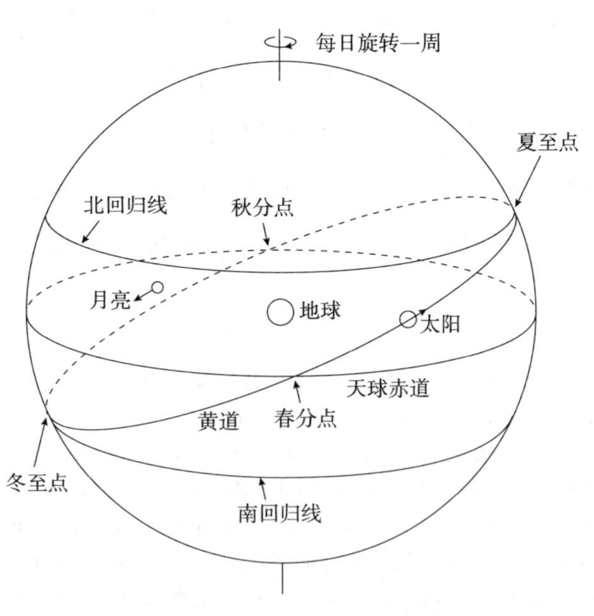

图 5.3　宇宙的两球模型

秋天开始；运行到春分点时，春天开始。黄道上距离赤道最远的点是二至点（夏至点和冬至点）；太阳运行到夏至点（6 月 21 日左右）时，夏天开始。经过夏至点和冬至点且与赤道平行的圆分别是北回归线和南回归线。①

到了公元前 4 世纪，太阳、月亮和其余行星的运动已经得到认 88
真观察和出色绘制。在柏拉图和欧多克斯的模型中，太阳每年沿黄道运转一周，月亮则是一个月运转一周，它们都是自西向东以近乎均匀的速度运动。其他行星——水星、火星、金星、木星和土星——也沿黄道（仅仅偏离它几度）运动，方向与太阳和月亮相同，但速度变化很大。例如，火星大约 22 个月（687 天）沿黄道运行一周；每隔大约 26 个月会缓缓停止，倒转方向（此时为自东向西运动）运行一段时间再停下来，然后继续像通常那样自西向东运动。这种方向倒转被称为“逆行”，除了太阳和月亮，所有其他行星均有逆行。图 5.4 显示了观察到的火星逆行。

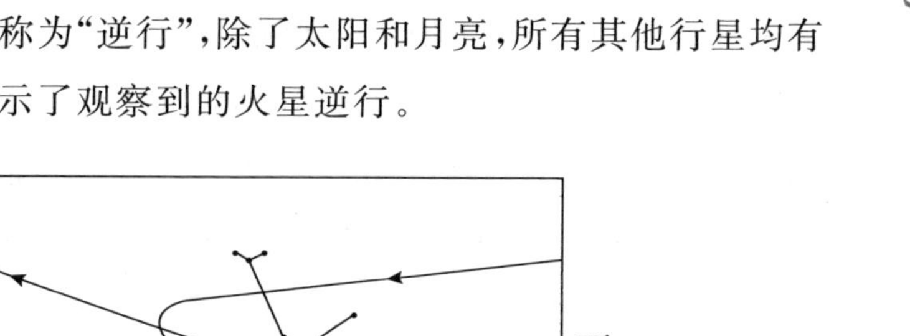

图 5.4　观察到的火星在人马座附近的逆行，1986 年

① 对基本行星现象和两球模型的有用讨论见 Thomas S. Kuhn, *The Copernican Revolution*, chap. 1；以及 Michael J. Crowe, *Theories of the World from Antiquity to the Copernican Revolution*, chap. 1。

柏拉图和欧多克斯已经知道行星运动还有另一个引人注目的特征，即水星和金星从不远离太阳（水星的最大距角是23°，金星的最大距角是44°）。它们就像用皮带拴住的狗，可以在太阳周围跑前跑后，但从来不能超过皮带所允许的固定长度。最后，要想理解两球模型的成就，我们必须明白，所有行星运动（包括太阳和月亮的运动）都是在天球表面发生的，而天球每日绕地球旋转。从固定不动的地球上看，最终的运动将是行星沿黄道的不规则运动与天球每日均匀旋转的结合；它给行星视运动那种（否则便）令人困惑的复杂性带来了几何意义。因此，两球模型是一种设想和谈论行星现象的几何方式。

为谈论行星运动而创造一种几何语言，并用它来粗略描述行
89 星沿黄道的运动，这是一项重要成就。但古代天文学家或许还渴望更多的东西：如果想给天上那种“令人迷惑的复杂性”带来高度的秩序和可理解性，最好的方式莫过于把每颗行星复杂多变的运动还原为匀速运动的某种组合。也就是说，必须假定复杂性背后隐藏着简单性，不规则性背后是规则性，而且这种背后的秩序或规则性是可以发现的。据说（或许不可靠）柏拉图把这种假定确立为一种研究纲领，要求天文学家或数学家用匀速圆周运动的组合来解释行星不规则的视运动。①

无论最先提出这个问题的是否真是柏拉图，最先回答它的肯定是欧多克斯。欧多克斯的想法很巧妙，但本质上很简单。为了达到那个目标，即认为每一种不规则的行星运动都由一系列简单

① 关于柏拉图的天文学知识，见 Dicks, *Early Greek Astronomy*, chap. 5。

的匀速圆周运动组合而成，欧多克斯给每颗行星指定了一组嵌套的同心天球，并且给每个天球指定了复杂的行星运动的一个组成部分（图 5.5）。于是，以火星为例，其最外层的天球每天均匀旋转一周，解释了火星每天的升落；第二个天球也绕轴（与最外层天球的轴有一倾角）均匀自转，但以相反的方向，每 687 天旋转一周，从而解释了火星沿黄道自西向东的缓慢运动；最内层的两个天球解释了火星速度和纬度的变化以及逆行。火星就位于最内层天球的赤道上，不仅参与那个天球固有的运动，还要参与从上面三个天球传下来的运动。类似的系统对水星、金星、木星和土星也管用。太阳和月亮没有显示出逆行，所以各自只需三个天球。

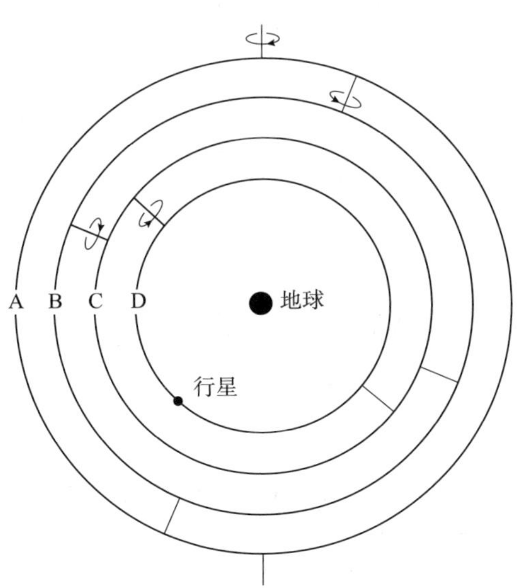

图 5.5　某颗行星的欧多克斯天球

欧多克斯的内层天球和逆行

为简单起见，如果把相互作用的天球 C 和天球 D(5.5)从其余系统中孤立出来讨论，我们就会发现，让这两个天球绕彼此倾斜的轴作等速的反向旋转，将使行星(在天球 D 的赤道上)沿马蹄形或 8 字形路径运动。于是，我们可以用一个固定在天球 B 赤道上的马蹄形代替天球 C 和天球 D(5.6)，从而形象地表示四个欧多克斯天球所产生的运动。天球 A 带着天球 B 的轴每天均匀旋转一周；与此同时，在给定行星的恒星周期(行星绕恒星天球一周所需的时间)内，天球 B 带着沿黄道运行的马蹄形
91 绕自己的轴均匀旋转；行星则始终沿箭头所指的方向围绕马蹄形运动。① 需要注意的是，由于将三维运动还原为二维图形所涉及的困难，这两张图的有利观察位置是不一样的。

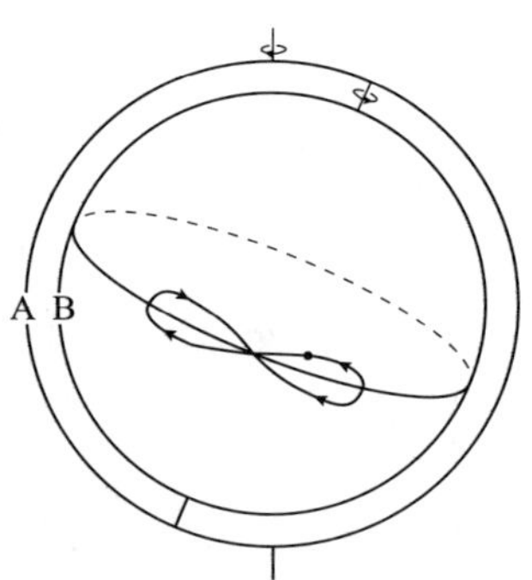

图 5.6　欧多克斯天球和马蹄形

① 关于欧多克斯和马蹄形运动，见 ibid.，chap. 6；Otto Neugebauer，“On the ‘Hippopede’ of Eudoxus”；David Hargreave，“Reconstructing the Planetary Motions of the Eudoxean System”。

就这样，欧多克斯创造了第一个严肃的行星运动几何模型。此时自然产生了三个问题。首先，欧多克斯是否为这个模型赋予了物理实在性？也就是说，他是否把这些天球设想成物理对象？答案似乎是否定的。有充分的理由认为，欧多克斯意在把那些同心球当成纯粹的数学模型，从未说它们表示了物理实在。据我们所知，欧多克斯从未设想宇宙是由彼此机械相连的不同球体组成的，而是力图通过一种几何模型来确认和利用行星复杂运动背后的匀速运动组分。他寻求的并非物理结构，而是数学秩序。

第二，欧多克斯是否把各个行星模型（每颗行星都需要有一组天球）结合成了一个统一的、综合的宇宙论体系？历史记录从未表明他这样做过。事实上，我们应当认为欧多克斯的成就是分属每颗行星的模型，它们存在于欧多克斯（以及懂得天文学的同行）的心灵中——或许也是在纸草上独立绘制的草图，一次画一组行星天球。

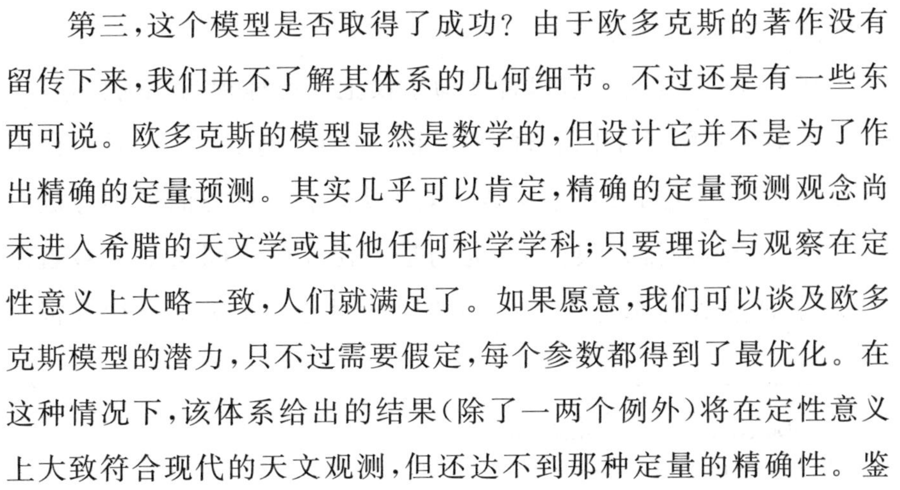

第三，这个模型是否取得了成功？由于欧多克斯的著作没有 92
留传下来，我们并不了解其体系的几何细节。不过还是有一些东西可说。欧多克斯的模型显然是数学的，但设计它并不是为了作出精确的定量预测。其实几乎可以肯定，精确的定量预测观念尚未进入希腊的天文学或其他任何科学学科；只要理论与观察在定性意义上大略一致，人们就满足了。如果愿意，我们可以谈及欧多克斯模型的潜力，只不过需要假定，每个参数都得到了最优化。在这种情况下，该体系给出的结果（除了一两个例外）将在定性意义上大致符合现代的天文观测，但还达不到那种定量的精确性。鉴

于公元前 4 世纪的天文学知识极为有限，天文学理论的目标还很朴素，这仍是一项相当大的成就。

欧多克斯之后一代的卡里普斯(Callippus of Cyzicus，约生于公元前 370 年)改进了欧多克斯的体系，给太阳和月亮分别增加了第四个天球，给水星、金星和火星分别增加了第五个天球。给太阳和月亮增加的那个天球的作用是把它们沿黄道运动时的速度变化考虑进去——比如，太阳从夏至点运行到秋分点的时间与从秋分点运行到冬至点的时间(见图 5.3)也许会相差几天。[①]

亚里士多德(前 384—前 322)在其《形而上学》(*Metaphysica*)的一段几百字的话中进一步发展了同心球体系。[②] 这段话之所以重要，与其说在于其精巧设计或原创性，不如说是因为对后世产生了巨大影响。亚里士多德接受了卡里普斯改进的欧多克斯模型，但有两个重要差异：首先，他把欧多克斯/卡里普斯的天球(每颗行星一组)放在一起，将曾经的单个模型合并成一个宏大的天文学模型，最外面是恒星天球，然后是每颗行星所需的若干天球，球形地球则位于所有这一切的中心。

其次，欧多克斯和卡里普斯似乎仅把同心球视为几何构造，而亚里士多德则赋予了同心球以物理实在性。他认为，天界是由不可毁灭的以太或第五元素构成的，因天文学的目的而被细分成各个天球。天球的排列很紧密，为的是不在天球之间留下未被占用的空间，所有天球都与位于中心的地球同心。亚里士多德为恒星

① Dicks, *Early Greek Astronomy*, chap. 7.

② Aristotle, *Metaphysica*, Ⅻ. 8, 1073b17—1074a16.

和行星的运动指定了质料因(以太)。

然而,是什么原因导致各个天球以自己的速度和方向旋转呢? 93
亚里士多德没有提供太多细节,他所提供的材料中包含着矛盾,我们必须尽可能小心地重建他的思想。较为简要的回答是,每一个天球都要做双重运动。首先,天球要作由目的因推动的、以独特的速度绕轴进行的自然旋转。这里的目的因是对永恒不变的原动者之完美性的爱或欲求(第三章)①;其次,天球还要做轴的运动,这是紧邻它向外那个天球强加给它的。

还有一个较长的回答,寻求几何学或空间思维挑战的读者可
能会觉得有趣。如图 5.7,考虑最外层行星土星的四个天球。其 94
中最外层天球(S_1)自东向西每天均匀旋转一周,以解释行星的周日运动。紧随其内的是 S_2,它沿相反方向(自西向东)绕自身的轴非常缓慢地均匀旋转,以解释土星沿黄道的缓慢运动(它的“恒星运动”)。但在绕轴均匀旋转的同时,S_2 也接收了 S_1 的运动,就好像有杆(长圆柱体那种)将 S_2 连接到 S_1 上,把运动机械地向下传递。结果,S_2 获得的运动是一种摆动,这是它自身的自然运动与从 S_1 获得的运动的复合。随着 S_2 和 S_3 的运动向下传递,同样的情形又发生了两次,以至于最终,位于 S_4 赤道上的土星的运动是一种非常复杂的复合运动——这是其四个天球的运动的总和。如果正确安排,它至少可以大致解释土星在恒星背景下的视运动。

① 关于亚里士多德的“不动的推动者”,见 G. E. R. Lloyd,*Aristotle: The Growth and Structure of His Thought*, pp. 140—158。关于爱对于推动天球的作用,见 Aristotle,*Metaphysica*, Ⅻ. 7, 1072b3。

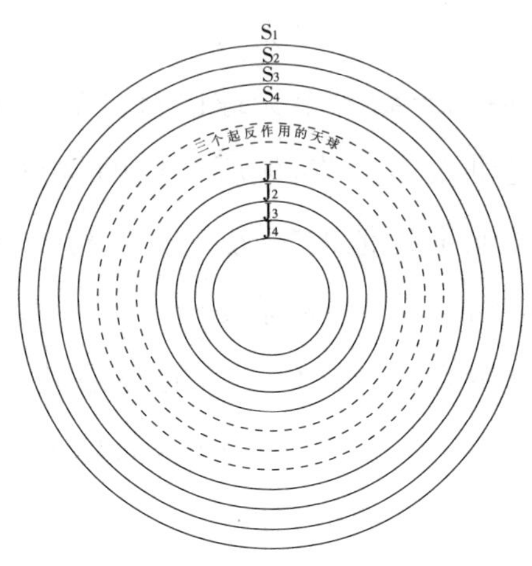

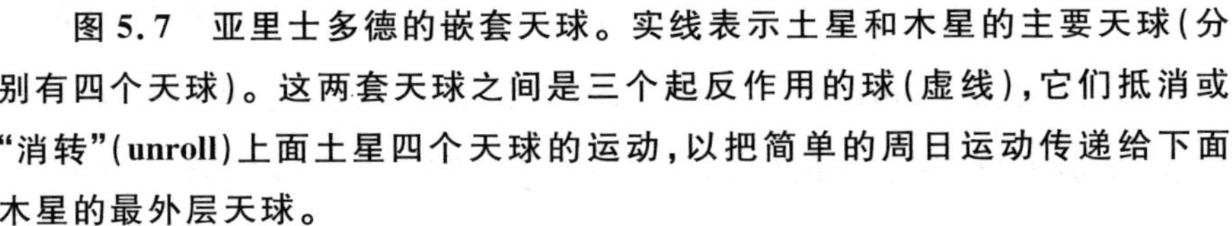
图 5.7　亚里士多德的嵌套天球。实线表示土星和木星的主要天球(分别有四个天球)。这两套天球之间是三个起反作用的球(虚线),它们抵消或“消转”(unroll)上面土星四个天球的运动,以把简单的周日运动传递给下面木星的最外层天球。

现在,位于其最内层天球赤道上的每颗行星也发生了同样的事情。如果妥善安排,每颗行星将做一种与该行星的观测数据一致的复合运动。但还有另一个问题,这是亚里士多德决定把欧多克斯的天球从几何概念变成物理对象所导致的结果。亚里士多德从未告诉我们运动究竟是如何从一个天球向下机械地传递到它下面那个天球的。这种原因无论是什么,都将在土星的最下方天球与接下来木星的最上方天球之间起作用。这就意味着,木星的最外层天球 J_1 不会像土星的最外层天球 S_1 那样从简单的每日绕轴自转开始,而是从一种复杂的运动开始,这种运动是其自身的周日旋转与土星所有四个天球的运动的复合。由于要涉及所有七颗行星,问题变得越来越复杂。为了以欧多克斯的方式用天球来解释天文观测,每颗行星的最外层天球都必须从一种简单而均匀的、绕其垂直轴的 24 小时旋转开始。如何才能做到这一点呢？

亚里士多德的解决方案是在 S_4 和 J_1 之间插入三个起反作用的天球或消转天球，从而抵消 S_2、S_3 和 S_4 所贡献的运动，使 J_1 能像 S_1 那样从每日自东向西的自然旋转开始（图 5.7）。为了实现这种消转，可以给三个起反作用的天球指定与 S_2、S_3 和 S_4 相同的速度和轴向，但旋转方向相反。亚里士多德在每一对行星之间都插入了类似的消转天球，从而解决了他的问题，但却给后人留下了一个 95
极其复杂的天球机器，包括总共 55 个行星天球和消转天球，再加上恒星天球。我引用亚里士多德的简要论述：

> 如果把所有天球结合起来以解释现象，那么每颗行星都必须有其他天球（在数目上比此前指定的少一个）反作用于已经提到的那些天球，并把［行星的］第一层天球（在每种情况下都位于所说［行星］下方）带回到同一位置；因为只有这样，所有力量的作用才能产生行星的运动。①

亚里士多德还留给后人一个重要的问题：在天文学中，数学和物理学之间的平衡在哪里？是如欧多克斯所设想的，天文学首先是一门数学技艺？还是像亚里士多德的天文学方案所暗示的，天文学家还必须关注宇宙的实际结构？在接下来两千多年里，天文学家一直在思索这个问题。②

---

①　关于亚里士多德的“不动的推动者”，见 G. E. R. Lloyd, *Aristotle: The Growth and Structure of His Thought*, pp. 140—158。关于爱对于推动天球的作用，见 Aristotle, *Metaphysica*, Ⅻ. 8, 1074a1—5。

②　对关于天文学目的的争论的进一步讨论，见本书第十一章和第十四章。

宇宙论的发展

在亚里士多德时代以及随后那个世纪出现了一些令天文学家感兴趣的宇宙论发展。其中之一是作为学园一员和柏拉图继承者的赫拉克利德(Heraclides of Pontus,约前 390—前 339 之后)所提出的建议:地球每 24 小时绕轴自转一周。这种后来广为人知(虽然很少有人承认它为真)的想法解释了所有天体的每日升落。也有人说,赫拉克利德断言水星和金星的运动以太阳为中心,但现代学术研究表明这种解释是没有根据的。①

比赫拉克利德晚一两代的阿里斯塔克(Aristarchus of Samos,约前 310—前 230)提出了一个日心体系,在这一体系中,太阳在宇宙的中心固定不动,地球则作为行星围绕太阳运转;人们通常以为,阿里斯塔克还给出了其他行星的日心轨道,但这是缺乏历史根据的。阿里斯塔克的观念很可能是毕达哥拉斯宇宙论的发展,后者已经把地球从宇宙中心移出,使之围绕"中心火"运动。②

---

① Heath, *Aristarchus of Samos*, pt. 1, chap. 18; Otto Neugebauer, "On the Allegedly Heliocentric Theory of Venus by Heraclides Ponticus"; G. J. Toomer, "Heraclides Ponticus." 关于水星和金星日心运动的后续观念史,见 Eastwood, "Kepler as Historian of Science: Precursors of Copernican Heliocentrism according to *De revolutionibus*, I, 10"。

② Heath, *Aristarchus of Samos*, pt. 2; G. E. R. Lloyd, *Greek Science after Aristotle*, pp. 53—61. 关于阿里斯塔克的生平细节,我们几乎一无所知。由于阿里斯塔克生前萨摩斯岛归托勒密王朝统治,他可能在亚历山大城从事天文学和宇宙论研究;见 P. M. Fraser, *Ptolemaic Alexandria*, 1:397; William H. Stahl, "Aristarchus of Samos"。

阿里斯塔克曾被誉为预示了哥白尼的成就，其后继者因为没有采
用他的提议而遭到责难。然而只需稍加反思便可意识到，按照 21 96
世纪的证据来评判阿里斯塔克的假说对于公元前 3 世纪的情形是不公平的。问题不在于我们是否有成为日心主义者的令人信服的理由，而在于他们是否有这样的理由；回答当然是：他们没有。让地球运动起来，把行星的地位赋予地球，这违反了古代的权威、常识、宗教信仰和亚里士多德的物理学；而且它还预言了当时不可能观测到的恒星视差（观察者接近、远离或以其他方式改变方位时，两颗恒星之间几何关系的变化）。此外，它所具有的观测优势（比如能解释行星亮度的变化），其他不违反传统宇宙论的体系也同样具有。

希腊化早期就有人尝试计算各种宇宙论常数。阿里斯塔克本人就曾比较过日地距离与地月距离，计算出前者约为后者的 20 倍（正确比值大约为 400∶1）。他的方法如图 5.8 所示。希帕克斯

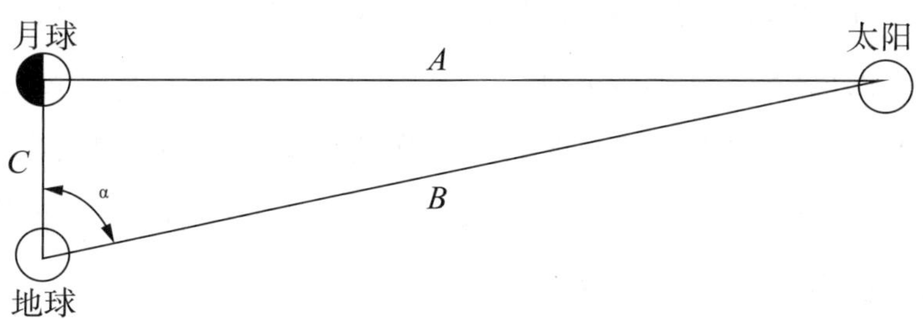

图 5.8　阿里斯塔克确定日地距离与地月距离之比的方法。当月亮处于上弦或下弦的位相时（即 *A* 与 *C* 垂直相交时），可以测出两条视线的夹角 *α*。由此可以算出 *B* 与 *C* 之比。但这种方法有几个缺陷。首先，无法精确确定月亮被照亮一半的准确时刻。第二，*α* 角（阿里斯塔克测得的角是 87°，而实际值是 89°52′）的微小误差就会导致 *B* 与 *C* 之比的很大误差。

(Hipparchus,卒于公元前 127 年以后)根据观察不到太阳视差这一事实[1]和日食观测数据计算出了日地距离和地月距离的绝对值。他假定太阳视差刚好低于可见性的阈值,从而估算出日地距离是地球半径的 490 倍。他又根据日月食的观测数据估算出地月距离介于地球半径的 59 倍与 67 倍之间。至于地球尺寸,掌管亚
97 历山大城图书馆的地理学家和数学家埃拉托色尼(Eratosthenes,活跃于公元前 235 年)在一个世纪前便已计算出地球的周长约为 252000 斯塔德(stades,以运动场长度为基础的度量单位),与现代值非常接近,这一结果广为人知,从未亡佚。[2] 埃拉托色尼的程序很简单。他选了两个埃及城市,一个在另一个的正北方:阿斯旺在南部,亚历山大城在北部。他根据经验得知,阿斯旺的垂直杆(日晷)在夏至日没有投下影子,而亚历山大城的日晷在同一天的投射角为 7.5°。他意识到,如果知道阿斯旺与亚历山大城的距离,就能创建一个方程给出地球周长。如图 5.9,画一条线将日晷延长至地心,由此形成的角 a_1 等于亚历山大城的日晷所投射的角 a_2。埃拉托色尼(根据古代文献)"测得"阿斯旺到亚历山大城的距离即地球周长的 *A* 段为 5250 斯塔德。这使他能够建立方程:*C*(地球周长)与地球表面的 *A* 段之比等同于 360°比 7.5°,由此方程可得,地球周长为 252000 斯塔德。

---

① Heath, *Aristarchus of Samos*, pt. 2, chap. 3; G. J. Toomer, "Hipparchus."

② D. R. Dicks, "Eratosthenes"; Albert Van Helden, *Measuring the Universe*, chap. 2.

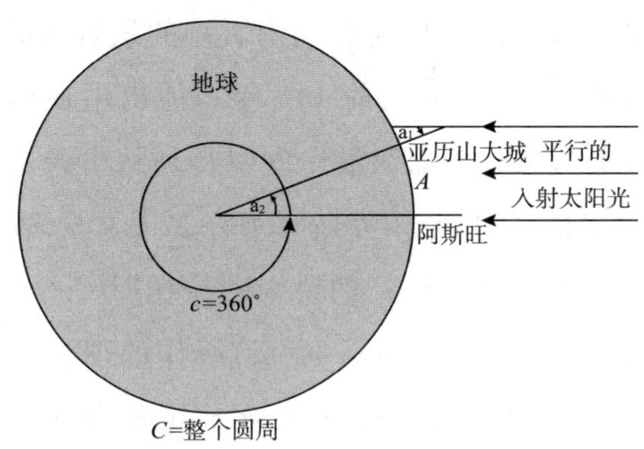

图 5.9　埃拉托色尼对地球周长的计算

$$\frac{C(\text{地球的周长})}{A(\text{阿斯旺到亚历山大城的距离})}=\frac{360^\circ}{7.5^\circ}$$

$$\frac{C(\text{地球的周长})}{5250\ \text{斯塔德}}=\frac{360^\circ}{7.5^\circ}$$

$$C=252000\ \text{斯塔德}$$

据估算，如果 1 斯塔德相当于约 600 罗马尺，1 罗马尺相当于 98
约 11.5 英寸，则 252000 斯塔德相当于约 24000 英里。

希腊化时期的行星天文学

公元前 2、3 世纪，希腊人获知了巴比伦的数值占星术和天文学，从而引发了希腊天文学理论的彻底转变。希腊天文学家第一次遇到了能够作出较为精确数值预测的模型这一观念。至于巴比伦天文学是如何传到希腊的，这仍然笼罩在历史迷雾之中，但由希腊天文学中随后出现了巴比伦的数值方案可以清楚地看出，正是巴比伦的影响引起了变化。从那时起直到现在，行星天文学一直既是几何的又是数值的。接受巴比伦影响的最著名的希腊人是天文学家希帕克斯(活跃于公元前140年),他出生在小亚细亚的尼西亚(Nicea),主要在小亚细亚沿岸的罗得岛从事天文学活动。我们根据后来的记载得知,希帕克斯写了许多天文学著作,但流传下来的只有他为公元前3世纪初的诗人阿拉托斯(Aratus)的一首非技术性的天文诗《现象》(*Phaenomena*)所作的评注。我们对其天文学成就的了解主要来自克劳狄乌斯·托勒密(Claudius Ptolemy),托勒密的天文学成就在很大程度上依赖于希帕克斯的工作。

希帕克斯的研究涉及所有天文学的所有方面——数学的、观测的、仪器的和理论的。[①] 他的数学成就包括:提出了平面三角学问题的一种一般解决方案,发明了一种"屈光仪"来测量太阳和月亮的视直径,还可能发明了星盘的关键要素——立体投影,甚至可能发明了星盘本身。在整个中世纪和文艺复兴时期,星盘被普遍用于天文观测和计算。在观测方面,他发现了二分点进动,确定了主要星座在给定地点的升落时间,确定了分至点的时间,观测星象并且编制了星表。他运用500多年前的观测数据计算的太阴月的平均长度与现代值相差不足1秒;他修改了太阳和月亮理论的数值参数,提出了预测给定地点的日月食的方法。虽然他批评现有的行星理论在经验上是失败的,但据我们所知,他并没有尝试创建

99

① 关于希帕克斯和巴比伦天文学,见 G. J. Toomer,"Hipparchus," pp. 207—224;Alexander Jones,"The Adaptation of Babylonian Methods in Greek Numerical Astronomy";James Evans,*The History and Practice of Ancient Astronomy*, pp. 213—216;Otto Neugebauer,*The Exact Sciences in Antiquity*, chap. 5。关于更一般的希腊化天文学,见 Neugebauer,*History of Ancient Mathematical Astronomy*, 2:779—1058。

不同的理论。他最大的成就是认真对待了巴比伦的数值天文学，把它的数值方法与此前主导希腊天文学思想的单纯的几何天文学统一在一起，从而使天文学彻底改变了方向。宇宙的几何模型要想幸存下来，再也不能只靠几何上的别出心裁、哲学关联、审美意趣或总体上的貌似合理；理论结果受到了认真对待，从此以后都要经过定量经验确证的检验。

要想看到这种转变的成果，我们转向希腊化时代晚期的天文学家托勒密（活跃于公元 150 年）的工作。托勒密与埃及亚历山大城的缪塞昂有密切关联，他后来成了希腊化时期天文学的象征。[①] 别忘了，托勒密生活在希帕克斯之后大约 300 年、欧多克斯之后大约 500 年，这也许有助于避免我们忽视时间的飞逝。这意味着，他不仅得益于几个世纪以来所取得的（尤其是希帕克斯的）理论进展，而且能够接触到这几个世纪的天文观测数据，包括希腊的和巴比伦的；这些时间跨度足够长的观测数据即使相对粗糙，也能产生非常精确的理论结果（比如希帕克斯对太阴月平均长度的计算）。

假如希腊化时期数学的复杂性在当时的数理天文学中没有反

① 托勒密天文学导论见 Lloyd, *Greek Science after Aristotle*, chap. 8; Crowe, *Theories of the World*, chaps. 3—4。更专业的讨论见 G. J. Toomer, "Ptolemy"; James Evans, *The History and Practice of Ancient Astronomy*, passim; Neugebauer, *History of Ancient Mathematical Astronomy*, 1: 21—343; Olaf Pedersen, *A Survey of the Almagest* 以及托勒密天文学文本的英译本：Ptolemy, *Almagest*, ed. and trans. G. J. Toomer。"托勒密"的名字容易引起混淆，这并非指他的祖先来自托勒密王朝。它可能表示亚历山大城的某个地理区域，被公民用作"部落"名。无论如何，它对我们的重要性在于，它表明克劳迪乌斯·托勒密并不是一个新近的移民，就像亚历山大城许多早期的有识之士一样，而是出身于亚历山大城的一个家族。

映，那将是令人惊讶的。托勒密在希腊化时代行将结束之时，使行星天文学达到了欧多克斯500年前无法想象的数学水平。托勒密的模型与欧多克斯的模型拥有共同的几何目标，那就是用匀速圆周运动的某种组合来解释行星的视运动（包括速度和方向的表观变化）。但带有希帕克斯及其巴比伦来源印记的托勒密模型，还需要对过去或未来的行星位置作出准确的定量预测。构成它们的几何部件非常不同。

托勒密保留了匀速圆周运动的要求，但并没有用球体实现它，而是遵循阿波罗尼奥斯（公元前3世纪）和希帕克斯，发展出了一
100 种圆的天文学。让我们看看如何用圆上的均匀运动以某种程度的定量精确性来预测行星显然非均匀的复杂运动。设圆ABD（图5.10）是行星轨道，行星P绕其均匀运动。如果P的运动是均匀的，则它将在相同时间内围绕中心C扫过相同的角度。如果均匀旋转

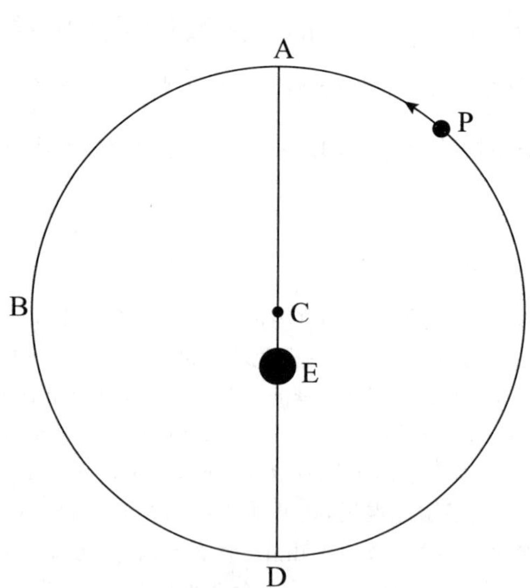

图5.10　托勒密的偏心圆模型

的中心C与观察点重合，即地球位于C，那么P的运动将不仅是均匀的，而且看起来也是均匀的。然而，如果均匀旋转的中心与观察点不重合，比如地球位于E，那么行星的运动看起来将是非均匀的，接近A时速度似乎变慢，接近D时速度似乎变快。这就是所谓的"偏心圆模型"。

偏心圆模型足以处理非均匀运动的一些简单情形，比如太阳沿黄道的非均匀运动以及由此导致的季节不等。对于更复杂的情形，托勒密发现有必要引入"均轮上的本轮"(epicycle-on-deferent)或"本轮-均轮"模型(图5.11)。设ABD是一个均轮(传送轮)，以均轮圆周上的一点A为圆心作一小圆(本轮)。行星P绕本轮逆时针均匀转动；与此同时，本轮的中心绕均轮逆时针均匀转动。位于地球E的观察者看到的是这两种匀速圆周运动的组合。

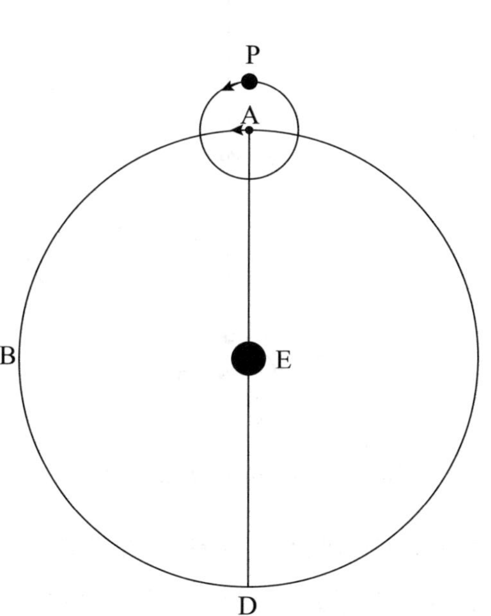

图5.11　托勒密的"本轮-均轮"模型，行星位于本轮外侧。

这种合成运动的精确特征将有赖于特定参数的选择——两个轮的相对尺寸、运动的速度和方向——但这个模型显然很有潜力。当
101 P 位于本轮外侧时，如图 5.11 所示，（从地球上看）行星的视运动将是行星围绕本轮的运动与本轮围绕均轮的运动之和，在这一点行星的视速度最大。当 P 位于本轮内侧时，如图 5.12 所示，（从地球上看）行星在本轮上的运动和本轮在均轮上的运动是相反的，行星的视运动由它们的差决定；如果 P 围绕本轮的运动速度在两者中较快，则行星看起来将倒转方向，出现一段时间的逆行。这种逆行如图 5.13 所示。

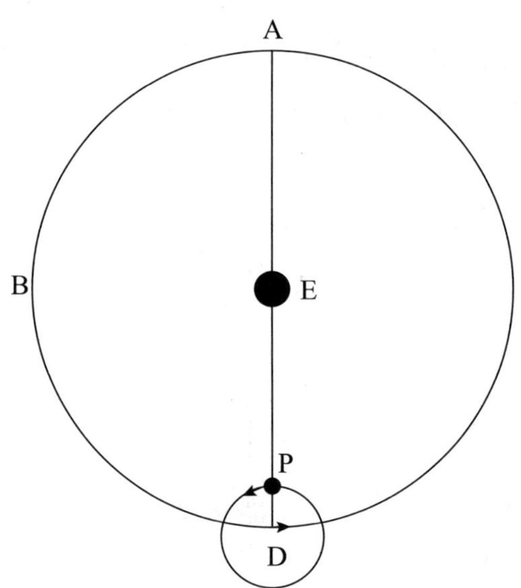

图 5.12　托勒密的“本轮-均轮”模型，行星位于本轮内侧。

这两个模型都牢牢建立在这样一种要求上：真实的行星运动——即视运动的组成部分——必须是均匀的和圆周的。希腊天文学家经常因其“教条式”地固守匀速圆周运动而受到批评，因为

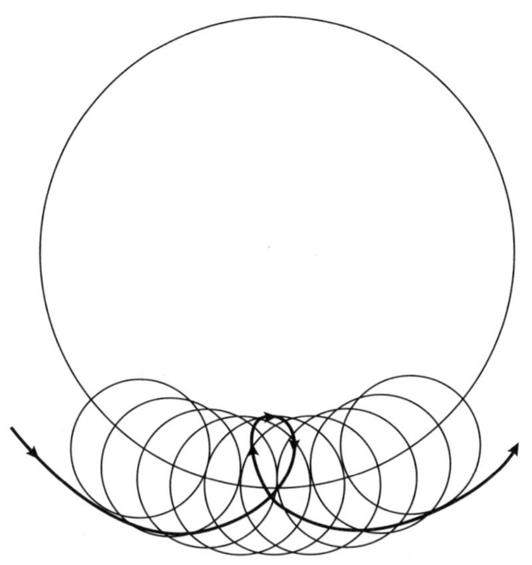

图 5.13　用“本轮-均轮”模型解释行星的逆行。当本轮在均轮上逆时针运动时，行星在本轮上逆时针运动。行星的实际运动轨迹由粗线表示。

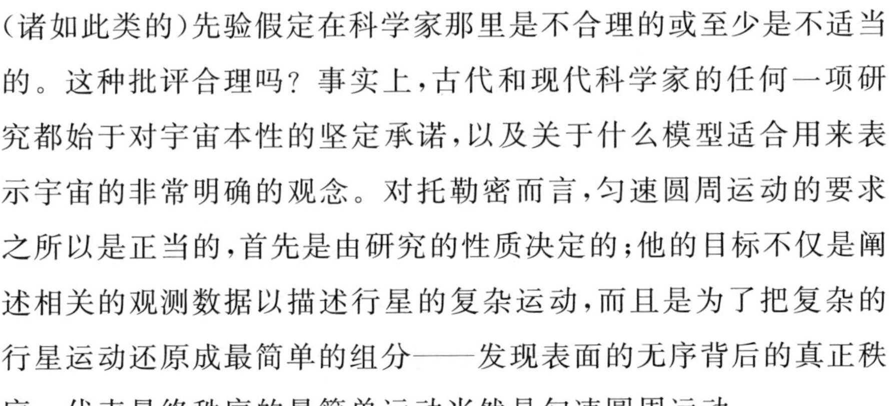

(诸如此类的)先验假定在科学家那里是不合理的或至少是不适当 102
的。这种批评合理吗？事实上，古代和现代科学家的任何一项研究都始于对宇宙本性的坚定承诺，以及关于什么模型适合用来表示宇宙的非常明确的观念。对托勒密而言，匀速圆周运动的要求之所以是正当的，首先是由研究的性质决定的；他的目标不仅是阐述相关的观测数据以描述行星的复杂运动，而且是为了把复杂的行星运动还原成最简单的组分——发现表面的无序背后的真正秩序。代表最终秩序的最简单运动当然是匀速圆周运动。

但之所以局限于这种以匀速圆周运动为基础的模型，还有其他许多方面的考虑，比如常识的力量和传统的认可，因为天象的循环往复总是暗示，天界运动本质上必定是均匀的和圆周的。不仅如此，如果没有匀速圆周运动，定量预测是不可能的，因为托勒密所能利用的“三角学”方法无法立即应用于其他任何一种运动。此外还有审美、哲学和宗教方面的考虑：天的特殊性要求天体具有最完美的形状和运动。最后，值得注意的是，哥白尼在1400年以后之所以摒弃托勒密，并不是因为他憎恶匀速圆周运动的承诺，而是（在很大程度上）因为，他认为托勒密没有严格遵守这个承诺。

无论如何，建立在匀速圆周运动基础上的偏心圆模型和本轮-均轮模型是极为强大的工具。但它们也有自己的局限性，由于无法解释某些行星的运动，需要给偏心圆模型和本轮-均轮模型添加另一种几何构造——偏心匀速点（equant）。如图5.14所示，AFB是一个圆，圆心为C，地球位于E。到目前为止还只是对偏心圆模型的复制。但区别在于：行星不是相对于圆心沿均轮均匀运动（在相等时间内扫过相等的角），而是相对于一个非中心点Q均匀运动（在相等时间内扫过相等的角）。例如，当行星通过弧AF时（图5.14），假定它在三年内扫过直角AQF，在接下来三年再扫过一个直角FQB。因此，如果根据相对于偏心匀速点Q所扫过的角来测量，行星是在均匀运动，但如果根据围绕均轮所走过的距离来测量（线速度），那么行星在第二个三年所走过的距离显然要大于在第一个三年所走过的距离。而且，从相对于中心处在偏心匀速点另
103 一侧的地球E来看，速度的表观变化就更大。于是显然，行星从A向B运行时逐渐加速，从B回到A时又逐渐减速。托勒密给他的天文学工具箱补充了一个新工具，以帮助预测行星A的速度变化，同时至少保留了虚构的匀速圆周运动——从偏心匀速点Q来看是均匀的。至于这个匀速运动的弱化版本是否正当，哥白尼在16世纪对此提出了质疑。正是这个弱化的版本促使哥白尼寻求另

一种行星体系，而托勒密则借助它发展出了成功的行星模型。在托勒密看来，预测的成功要比对更强的均匀性的任何要求更重要。

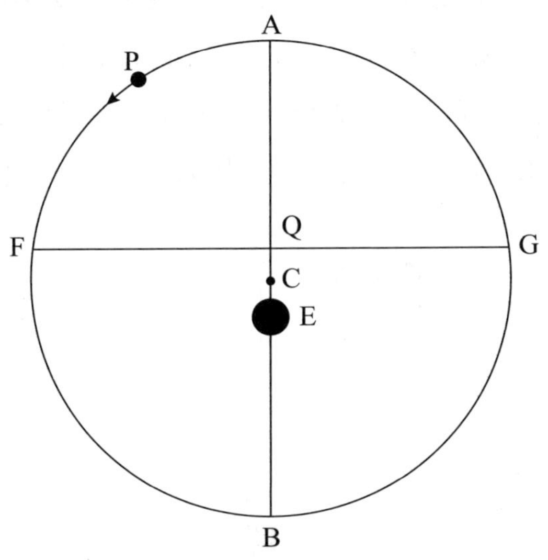

图 5.14　托勒密的偏心匀速点模型

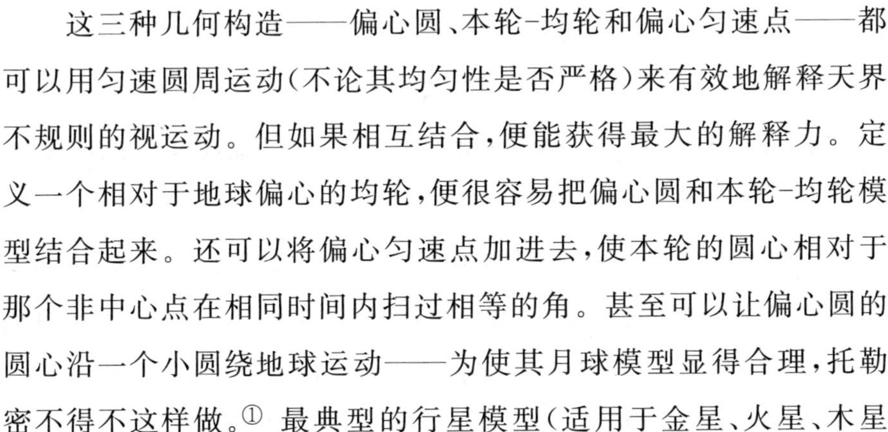

这三种几何构造——偏心圆、本轮-均轮和偏心匀速点——都可以用匀速圆周运动（不论其均匀性是否严格）来有效地解释天界不规则的视运动。但如果相互结合，便能获得最大的解释力。定义一个相对于地球偏心的均轮，便很容易把偏心圆和本轮-均轮模型结合起来。还可以将偏心匀速点加进去，使本轮的圆心相对于那个非中心点在相同时间内扫过相等的角。甚至可以让偏心圆的圆心沿一个小圆绕地球运动——为使其月球模型显得合理，托勒密不得不这样做。① 最典型的行星模型（适用于金星、火星、木星

① Toomer, "Ptolemy," pp. 192—194.

和土星)如图 5.15 所示,ABD 是一个偏心均轮,圆心为点 C;地球
104 在点 E,偏心匀速点在点 Q。行星绕本轮均匀运动;本轮圆心绕偏心匀速点 Q 均匀运动(用扫过的角度来测量);最终的运动是从地球 E 来看的。事实证明,如果在应用于其余各个行星前作适当修改,这样一种模型可以极为成功地预测行星的视位置。事实上,正是惊人的成功使其能够如此持久。如果它管用,就不必调整它。

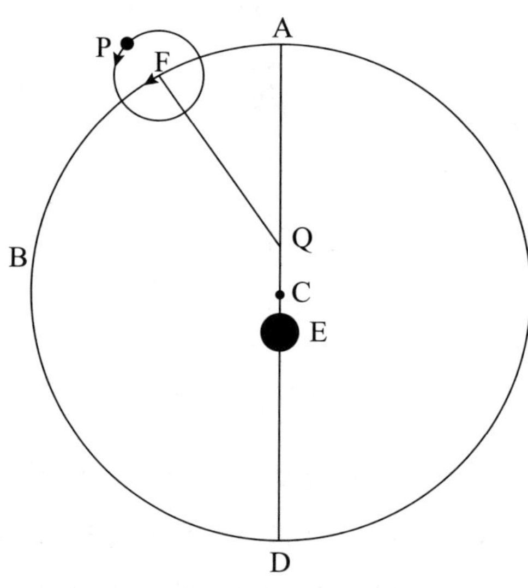

图 5.15 托勒密为外行星设计的模型。从偏心匀速点 Q 看来,线段 QF 在相同时间内扫过相等的角。

托勒密似乎在从事一种纯数学的练习。他给阐述这些数学模型的论著命名为《天文学大成》(*Mathematical Syntaxis*)(字面意思是"数学体系"),并且在这部论著的前言中宣称,关于天界运动神圣原因或事物物质本性的思辨只能导致"臆测";如果目标是获得确定性,那么数学是唯一途径。他在这部著作中数次指出,天文学模型应当根据数学上的简单性来选择,他似乎并不关心物理上

的合理性。

然而如果认真考察，我们会发现托勒密的分析中的确包含着非数学的考虑。托勒密为地球的中心性和不动性提出了物理论证——这对他来说不仅是一个数学假说，而且是一个重要的物理信念。他作出了关于天界本性的断言，指出天不会阻碍运动，这与地界的情况不同。在另一部论著《行星假说》（*Planetary Hypotheses*）中，托勒密试图在物质层面实现他的数学模型。[1] 因此，虽然托勒密决定采取数学进路，但其数学分析并没有排除物理关切，而是在传统自然哲学的框架下运作。

尽管对宇宙的物理学感兴趣，但托勒密的天文学工作侧重于
他从希帕克斯那里学到的数值/几何分析。正是作为一个致力于 105
用数学手段来“拯救现象”的研究天界的数学家，托勒密影响了中世纪和文艺复兴时期。事实上，亚里士多德和托勒密象征着天文学事业的两极——亚里士多德特别关注因果问题和宇宙的物理学，托勒密则是技艺精湛的数学模型建立者。

光　　学

至少从公元前5世纪起，光和视觉就成了研究和思辨的对象。人们普遍认为，正是通过视觉，我们才获得了关于世界的大部分知识，而光既是视觉的手段，又以太阳光的形式传送了生命与热。因

[1] Bernard R. Goldstein, *The Arabic Version of Ptolemy's "Planetary Hypotheses"*; G. E. R. Lloyd, "Saving the Appearances." 另见本书 chap. 11, pp. 269—270。

此，任何充分发展的自然哲学都必须讨论光学议题。早期学者处理的完全是光和视觉的物理方面。欧几里得引入了一种数学进路，它一直有影响，最终与物理进路结合在一起，由此实现了一种持续至今的有益分工。

原子论者将视觉解释为眼睛接受了从可见物体表面发出的一层原子薄膜（似相[*simulacrum*]）。这层薄膜带有其来源的形状和颜色，它与眼睛或心灵中的灵魂原子相互作用便产生了视觉。根据柏拉图的说法（在《蒂迈欧篇》中），火从观察者眼中发出，与太阳光结合形成一种从可见物体延伸到眼睛的介质，通过这种介质，源于可见物体的“运动”被传到眼睛，最终被传至灵魂。亚里士多德认为，潜在透明的介质被太阳等明亮物体照亮时，会被激发到一种现实的透明状态；光就是介质的这种被实现的状态。随后，有色物体与这种被实现的介质相接触会使其产生进一步变化，这些变化被传到观察者的眼睛，从而产生对这些物体的视觉。[①]

我们首先来看看亚里士多德之后那代人是如何尝试提出一种几何视觉理论的。欧几里得（活跃于公元前300年）写了一本《光学》（*Optica*），其中定义了视觉行为，并发展出一种视觉透视理论。他认为，从观察者眼中发出的直线视线形成一个圆锥，锥顶位于眼睛，锥底位于可见物体。视线落到物体上，物体就会被看见。定义视锥之后，欧几里得提出了一种几何的透视理论。《光学》的一个
106 公设断言，被观察物体的视尺寸是其视锥角的函数；另一个公设宣

① 关于古代视觉理论，见 David C. Lindberg, *Theories of Vision from al-Kindi to Kepler*, chap. 1。

称,被观察物体的知觉到的位置取决于观察物体的视线在视锥中的位置,观察物体的视线在视锥中的位置越高,在观察者看来物体就显得越高。书中的命题进而把物体的外观分析成它与观察者的空间关系的函数。例如,图 5.16 显示了一个更远的物体如何与视锥中一条更高的视线相截,从而显得更高。这则数学分析有趣而令人难忘,并将产生深远的影响。但我们不应仅对数学印象深刻,而且也应注意到,该理论忽略了观看过程的许多方面,即介质、物体与眼睛之间的物理关联以及知觉行为,而像亚里士多德那样的人认为这些方面非常重要。简而言之,如果你只对那些可在几何学意义上提出的光学问题感兴趣,那么欧几里得的理论就是一项卓越的成就;而如果你对视觉的某种非几何特征感兴趣,欧几里得的理论便没有什么用处。①

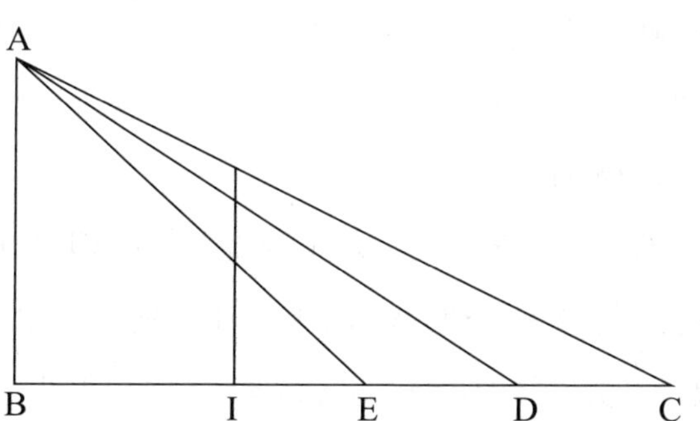

图 5.16　欧几里得论述的视觉几何学。A 点是观察者的眼睛,AEC 是从眼睛发出的视锥。C 点是最远的被观察点,由视线 AC 看到。在视锥内,视线 AC(注意它透过挡板 FI 的位置)比看到 D 点所凭借的视线 AD 位置更高。

① 关于对视觉的几何研究方法,见 A. Mark Smith,"Saving the Appearances of the Appearances";Albert Lejeune, *Euclide et Ptolémée*; Lindberg, *Theories of Vision*, pp. 11—17。

希腊化时期论述几何光学的最伟大著作是托勒密在欧几里得逝世450年以后写的。托勒密最为人所知的身份当然是天文学家，但他也写了牛顿之前最重要的一部光学著作。托勒密的《光学》(*Optica*)仅留下一个残本，但已足以显示托勒密的成就。[1] 对
107 于光学，托勒密并没有采用欧几里得那种狭窄的几何进路。他宁愿尝试创立一种全面的理论，把欧几里得的几何视觉理论与对视觉过程的物理和心理分析结合起来。他还做过一个著名的实验，给出了定量结果。托勒密接受了欧几里得的视锥理论(一种几何理论)，并把它用于双眼和单眼的视觉。但托勒密的视线具有物理实在性——这是一种从观察者的眼睛发出的视觉流，它携带着它所接触物体的颜色，把那种颜色连同与物体的形状、大小、位置有关的视觉信息传回到观察者的眼睛，并最终传到大脑中起主导作用的官能。托勒密理论的这些物理方面并没有减损其几何成就的价值；事实证明，其著作的几何学部分对于教人们如何用几何方式来思考光和视觉极为重要。[2]

托勒密的整个《光学》都致力于讨论视觉，但他所理解的视觉包括由镜面的反射线和透明界面的折射线所产生的视觉，反射和折射问题占据了《光学》中的大部分内容。欧几里得和希罗(Hero)

---

① 关于托勒密，见其《光学》的英译本和评注 A. Mark Smith，*Ptolemy's Theory of Visual Perception*；Smith's "Ptolemy's Search for a Law of Refraction"；Lindberg，*Theories of Vision*，pp. 15—17；Albert Lejeune，*Recherches sur la catoptrique grecque*；Lejeune，*Euclide et Ptolémée*。

② 对托勒密视觉理论令人大开眼界的清晰论述，见 Smith，*Ptolemy's Theory of Visual Perception*，pp. 21—35。

等人都曾写过关于镜子的著作，托勒密的理论建立在他们成就的基础之上。他对反射作出了全面解释，如图 5.17 所示。设 ABC 为反射平面，O 为观察点，E 为眼睛。托勒密的论证是：首先，入射线 EB（别忘了是从观察者的眼睛传到被观察点的视线）和反射线 BO 确定了一个与镜面垂直的平面；其次，入射角 i 等于反射角 r；第三，O 点的像将位于眼睛发出视线的延长线与从被观察点向反射面所引垂线的交点 I（实际上，观察者并不“知道”他的视线因镜面反射而发生了偏折，因此判断物体位于视线的延长线上）。托勒密把类似的规则应用于球面镜和柱面镜的反射，包括凹的和凸的。108
他提出了一大套定理，处理了反射像的位置、大小和形状。有趣且重要的是，他还设计了检验其理论的实验。

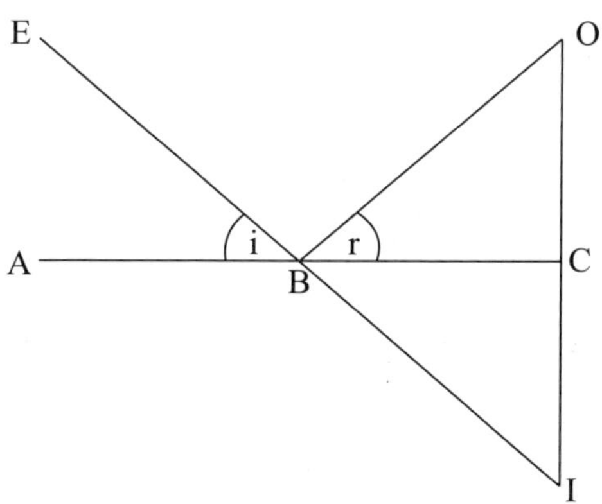

图 5.17 托勒密论述的反射线的像

如果说托勒密的反射理论以欧几里得和希罗的工作为基础，那么其折射理论则完全是他的独创。最基本的折射现象——比如浸入水中一半的棍子会产生“弯折”的幻觉——早已为人所知。但托勒密对折射现象作了彻底的数学分析和实验研究。如果光线从一种介质斜射入另一种具有不同光密度的介质，则光线在界面的偏折将使之更靠近光密介质的垂线。如图 5.18 所示，设 ABC 是一个透明的平面界面，上面是空气，下面是水，DBF 是垂直于界面的直线，E 是观察者的眼睛，O 是被观察点，入射角 EBD 总是大于折射角 OBF，则 O 点的像将是入射线 EB 的延长线与从被观察点向折射面所引垂线 OG 的交点 I。

入射角与折射角之间是否有固定的数学比率呢？托勒密认为一定有，并为此作了精巧的实验研究。他用一个周围刻上度数的铜盘测量了三对不同介质（空气和水、空气和玻璃、水和玻璃）的入
109 射角和相应的反射角（见图 5.19）。他没有发现可取的比率，当然也没有发现现代的正弦定律，但他在数据中的确发现了一种数学

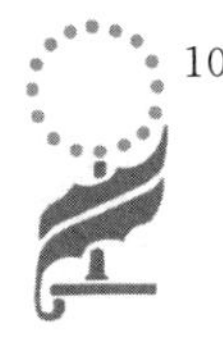

图 5.18　托勒密的折射理论

模式——或者是对数据作了选择或调整，使之符合合理的数学模式。① 他还给出了对基本折射原理的完整理解以及一个清晰而有说服力的定量实验研究范例。

重量科学

重量科学或平衡科学是希腊化时期可以用数学分析的第三门学科。事实上，与另外两门学科相比，它可以用数学作更完整的处

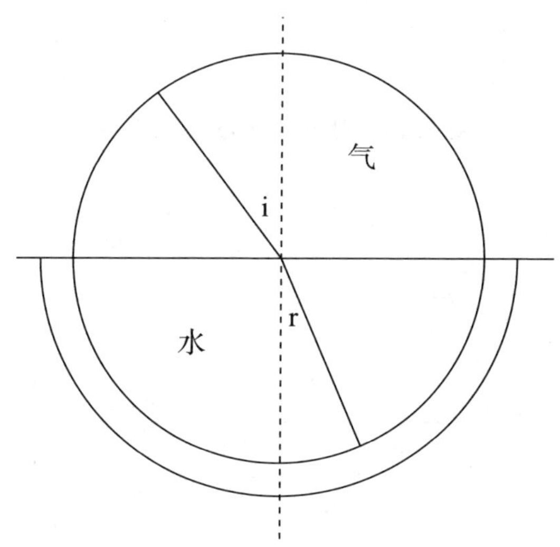

图 5.19　托勒密测量入射角和折射角的仪器

① 例如，托勒密列了下表，比较了从空气进入水中的光（或视线）的入射角和相应的折射角：

入射角 10° 20° 30° 40° 50° 60° 70° 80°

折射角 8° 15½° 22½° 29° 35° 40½° 45½° 50°

请注意，前后两个折射角之差构成了一个算术级数：7½，7，6½，6，5½，5，4½。对这些结果的分析见 Smith，*Ptolemy's Theory of Visual Perception*，pp. 152—166。

理。天文学和光学的数学化水平很高，但这两门学科中仍然有一些用数学无法回答的重要物理问题。而在平衡科学中，物理学的东西几乎可以完全还原为数学的东西。①

核心问题是如何解释天平或杠杆的行为——当杠杆两端悬挂的重量与它们到支点的距离（只算水平距离）成反比时，杠杆便处于平衡状态。因此，要使杠杆一端的重量 10（图 5.20）和杠杆另一端的重量 20 保持平衡，需使支点与前者的距离是与后者的两倍。

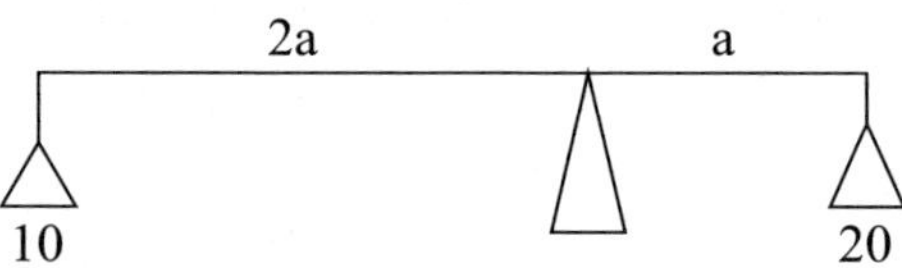

图 5.20　处于平衡状态的天平

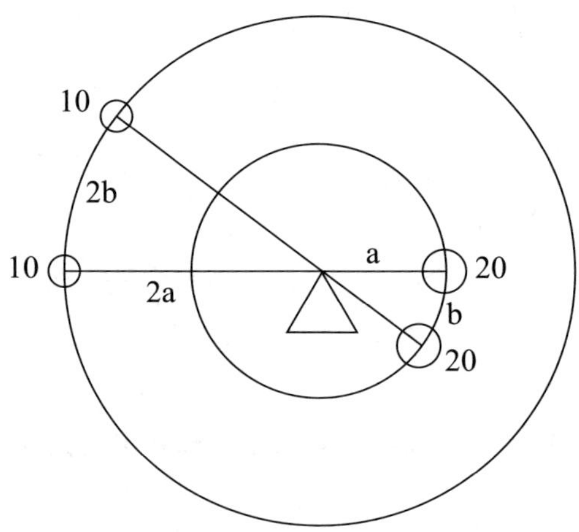

图 5.21　对天平的动力学解释

① Marshall Clagett, *Science of Mechanics in the Middle Ages*, chap. 1; Joseph E. Brown, "The Science of Weights"; Ernest A. Moody and Marshall Clagett, *The Medieval Science of Weights*.

流传下来的最早解释之一可见于《力学问题》(*Mechanical Problems*),该书被归于亚里士多德,但实际上是逍遥学派后来的著作。这里我们看到了对这一静态现象的“动态”解释:作者解释说,如果让杠杆运动起来,重物运动的速度将与其重量成反比。如图5.21,在重量 20 移动距离 b 的时间里,重物 10 将移动距离 2b。这里起 110
作用的解释性观念是,一个运动物体的更大速度恰恰弥补了另一个物体的更大重量。

一部被归于欧几里得的论著中出现了对杠杆定律的“静力学”证明,阿基米德在《论平面的平衡》(*On the Equilibrium of Planes*)中对它作了优雅得多的证明。阿基米德把这个问题成功地还原为几何学问题。除了声称重物具有重量外,任何物理考虑都没有出现。杠杆成了一根没有重量的线;摩擦被忽略不计;重量作用于杠杆上的一点,作用方向与杠杆垂直。不仅如此,基于这些假设的证明是欧几里得式的。证明基于两个前提:与支点等距(分别在支点两侧)的相等重量处于平衡;位于杆臂任何地方的两个相等重量可以用一个位于两点中点(即它们的重心)的两倍重量来代替。这两个前提都是凭借几何对称和直觉建立起来的。最简单的证明如图 5.22a,根据对称原理,它断言支撑这三个重量为 10 的重物的杠杆处于平衡。但我们已经同意,其中两个重物能用一个重量为 20 且位于它们中点的重物来代替,如图 5.22b。因此当重量 20 与支点的距离是重量 10 与支点的距离的一半时,两者将保持平衡;我们很容易将这一结果进行推广,得出杠杆定律。

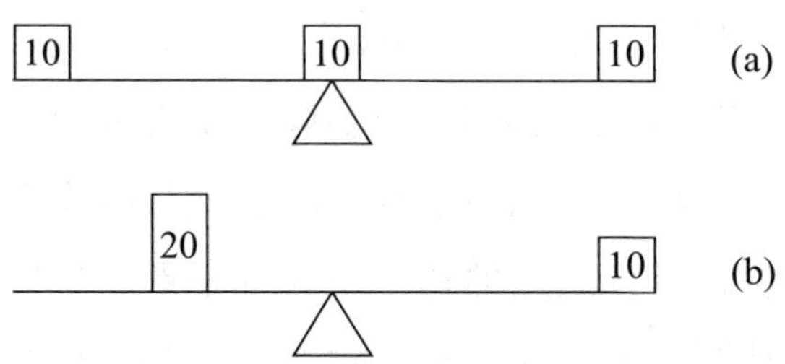

图 5.22　阿基米德对杠杆定律的静力学证明

阿基米德的《论平面的平衡》讨论的内容远不止这些，他的《论浮体》(*On Floating Bodies*)等著作也致力于解决力学问题。但是通过考察他对杠杆定律的证明，可以看出他将自然几何化的彻底性和非凡技艺。许多科学问题仍然不能用数学方法加以解决，但阿基米德始终是数学分析能力的一个象征，也是那些相信数学能取得更大胜利的人的灵感源泉。他的著作在中世纪影响有限，但在文艺复兴时期却成为一个强大的数学科学传统的基础。

第六章　希腊和罗马医学

早期希腊医学 111

希腊医学的史料质量参差不齐，而且希腊医疗活动有许多细节总是无法确定。我们只拥有公元前5世纪之前的文献资料以及时间范围非常有限的几部医学著作，它们记述了古典时期和希腊化时期医学理论和医疗活动的一些情况。显然，这些医学论著反映了有学识的医生的观点和看法，他们中有许多人对医学与哲学的关系等理论问题感兴趣，但也让我们领略了当时大多数人所持有的流行医学信念和从事的医疗活动。

青铜时代的希腊人（公元前3000—公元前1000年）与近东的邻邦显然有过接触，我们有具体证据表明埃及的医学信念和医疗活动对希腊人产生了影响。此时出现了形形色色的医疗活动，从基本的外科手术和内科学到宗教咒语和睡梦疗法，不一而足。各种资质的行医者必定利用了一切可能的医疗手段和技巧治疗形形色色的病人。①

---

① 关于“原始”希腊医学，见 Fridolf Kudlien，“Early Greek Primitive Medicine”。关于各种希腊行医者，见 Owsei Temkin，“Greek Medicine as Science and Craft”；Lloyd，*Magic*，*Reason*，*and Experience*，pp. 37—49。

从古希腊诗人荷马和赫希俄德的著作中，我们可以了解到这一时期行将结束时医疗活动的一些情况。在荷马的《伊利亚特》和《奥德赛》中，诸神被推定为瘟疫的原因，人们可以向诸神祈求治疗。赫希俄德也认为疾病起源于神。[①] 荷马曾经提到过医疗咒语和药物疗法，其中一些明显来源于埃及。他描述了各种伤口和对其中一些的处理方法。他清楚地表明，治疗师被认为在从事一种独特的手艺或职业——之所以是专业人士，是因为他们有特殊的技能，而且运用这种技能是他们的全职工作。

图 6.1 医神阿斯克勒庇俄斯浮雕，藏于雅典国家考古博物馆。

① Ludwig Edelstein, "The Distinctive Hellenism of Greek Medicine," reprinted in Edelstein, *Ancient Medicine*, pp. 367—97；关于荷马和赫西俄德的态度，见 pp. 376—378。另见 James Longrigg, "Presocratic Philosophy and Hippocratic Medicine"。关于希腊医学中的魔法与宗教，见 Ludwig Edelstein, "Greek Medicine and Its Relation to Religion and Magic"; G. E. R. Lloyd, *Magic, Reason, and Experience*, chap. 1; Lloyd, *The Revolutions of Wisdom*, chap. 1。

医疗的宗教方面最清楚地显示于对医神阿斯克勒庇俄斯 112
(Asclepius,图 6.1)的狂热崇拜。荷马把阿斯克勒庇俄斯说成是一位伟大的医师,他后来又被神化,于公元前 3、4 世纪成为一种流行的医疗崇拜的对象。纪念阿斯克勒庇俄斯的神庙众多——已有数百个这样的地方被确认——病人蜂拥而至来此治疗。治疗过程中最重要的环节是治疗异象或梦境,据说求治者在一个特殊房间
里入睡时就会出现。治疗可能出现在梦中,或者梦中获得的建议 113
会使疾病痊愈。此外,造访阿斯克勒庇俄斯神庙的人需要沐浴、祈祷、献祭、服用泻药、斋戒、锻炼和放松身心。当然,他们也必须用合适的供品来感谢神。埃皮达鲁斯(Epidaurus,图 6.2)是这种狂热崇拜的中心,那里发现了一些碑牌,记载的是据说在那儿治愈的疾病。根据其中一块碑牌的记载,一个名叫安提克拉底(Antikrates of Cnidos)的人被矛刺瞎了眼睛,来到埃皮达鲁斯寻求医治。

114

图 6.2 埃皮达鲁斯剧场(公元前 4 世纪),阿斯克勒庇俄斯医疗崇拜的中心。剧场大约可容纳 14000 人。

"他睡着后看到了一个异象，神仿佛把投射物拔了出来，又将所谓的瞳孔嵌入他的眼睑。天亮时他健康地走了出来。"①直到罗马时期，类似这样的宗教活动一直是古代医学中非常重要的一部分。

希波克拉底医学

公元前4、5世纪，一种更具世俗性和学术性的新医学传统随同传统医疗活动一起发展起来。这种新传统受到当时哲学发展的影响，并与希波克拉底(Hippocrates of Cos，约前460—约前370；图6.3)的名字联系在一起。我们不能肯定，现在所谓的"希波克拉底著作"或"希波克拉底文集"是否真为某个名叫"希波克拉底"的人所写。我们能够确定的仅仅是，这些作品是只有松散联系的一些医学论著，大部分写于公元前430年至公元前330年。之所以后来被收集和归于希波克拉底名下，是因为它们都具有当时认定的"希波克拉底"特征。那么，这些特征是什么呢？②

① Emma J. Edelstein and Ludwig Edelstein, *Asclepius: A Collection and Interpretation of the Testimonies*, 1:235.

② 关于希波克拉底医学有大量文献。新近的研究文献见 Wesley D. Smith, *The Hippocratic Tradition*; Owsei Temkin, *Hippocrates in a World of Pagans and Christians*; G. E. R. Lloyd 给他编的 *Hippocratic Writings* 所写的导言。另见 Lloyd, *Early Greek Science*, chap. 5; Lloyd, *Magic, Reason, and Experience*; Longrigg, "Presocratic Philosophy and Hippocratic Medicine"; 以及 Edelstein's *Ancient Medicine* 中的前三篇文章。

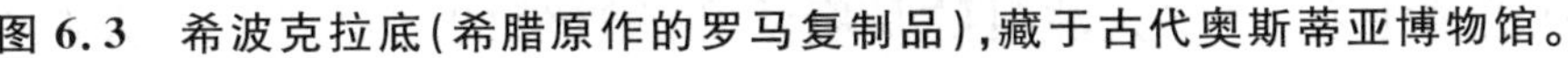

图 6.3　希波克拉底(希腊原作的罗马复制品),藏于古代奥斯蒂亚博物馆。

最突出的一个特征是,希波克拉底著作代表着学术医学。它们是“著作”这一事实就已经说明其作者是有文化的。这些著作是他们寻求理解的最终产物。希波克拉底著作的许多作者都在捍卫这样一些观点,它们涉及医学的本质是技艺还是科学,疾病的本质和原因,人体结构与整个宇宙的关系,治疗和治愈的原则,等等。我们必须把他们所做的事情宽泛地定义为自然哲学——他们要么是原创性的思想家或哲学家,致力于研究有关健康和疾病的基本原因,要么是遵循这一哲学传统的从业医生。他们处在医术与自然哲学的交点上。希波克拉底派的医师们也许并未对某个基本问题达成一致看法,但他们都决心以学术的方式来研究这些问题。115
甚至是那些不满于哲学侵入医学的希波克拉底派作者也未曾逃脱

它的影响。①

希波克拉底著作显示了对医学职业的什么看法呢？我们要记住，古代的医疗活动完全没有规范，各类行医者为了获得认可和威望而相互竞争，当然也是为了抢生意。人们并非在正规的医学院学习医学，而是一般要通过给一位从业医师当学徒来学习。希波克拉底著作关注的问题之一就是如何确立标准，驱除江湖郎中，创造出一种有利于学术医学的氛围。希波克拉底著作之所以注重成功的预后，不仅是为了使医师表现得像一个成功的治疗者，也是为了改善医师的形象，促进他的事业。最后，希波克拉底誓言是从医者自我规范的一种努力。

在一些希波克拉底著作中，关于健康和疾病的理论非常突出。从总体上看，最引人注目的是魔法和超自然的理论要素大大减少（但并不像有时人们所说的那样完全消失）。没有人否认诸神的存在，自然本身可能也被视为神圣的，但诸神的干预一般不再被视为疾病或健康的直接原因。我们在各种希波克拉底著作中都看到了这一点，比如在《论神圣疾病》(*On the Sacred Disease*)（这种病并不严格对应于任何一种现代疾病，但包括癫痫、可能还有中风和脑瘫等病的症状）中，作者表达了这样一种观点：

最初称这种病为"神圣"的那些人就是我们现在所谓的巫

① 关于医学与哲学的关系，见 Longrigg, "Presocratic Philosophy and Hippocratic Medicine"; Ludwig Edelstein, "The Relation of Ancient Philosophy to Medicine"; Lloyd, *Magic, Reason, and Experience*, pp. 86—98。

> 医、信仰治疗师、庸医和江湖郎中。他们会装作特别虔诚，特别有智慧。通过乞灵于神圣要素，他们得以掩盖自己无法作出恰当治疗的事实，并把这种病称为"神圣的"以掩盖对其本性的无知。①

作者进而给出了自己的自然主义解释，认为这种病起因于大脑的黏液阻塞了"血管"。这里重要的是，作者认为自然的运作是齐一的；其原因无论是什么，都不是反复无常的，而是齐一和普遍的。

希波克拉底著作经常把疾病与身体的某种失衡或对其自然状态的干扰联系在一起。在一些论文中，疾病是与体液相联系的。《论人的本性》(*On the Nature of Man*)便提出了这样一种理论，116
认为四种体液——血液、黏液、黄胆汁和黑胆汁——是人体的基本组分，体液的失衡便会引起疾病：

> 人体包含血液、黏液、黄胆汁和黑胆汁。正是这些东西构成了人体，并且给它带来了病痛或健康。如果这些成分彼此之间在强度和量上处于正确的比例，并且很好地混合在一起，就会达成健康状态。如果一种成分不足或过剩，或者分散于

① 引自 the translation of J. Chadwick and W. N. Mann, in Lloyd, ed., *Hippocratic Writings*, pp. 237—238。关于希波克拉底著作中的医学和超自然内容，特别参见 Temkin, *Hippocrates in a World of Pagans and Christians*; Lloyd, *Revolutions of Wisdom*, chap. 1; Lloyd, *Magic, Reason, and Experience*, chap. 1; Longrigg, "Presocratic Philosophy and Hippocratic Medicine"。

人体，未能与其他成分相混合，病痛便会产生。①

每一种体液都与热、冷、湿、干中的一对基本性质相联系。这种方案把疾病与暖和湿的过剩或不足联系在一起，并且得出结论说，在不同的季节占主导地位的往往是不同的体液。例如到了冬天，冷的黏液的量会增加；因此在冬天，黏液病特别常见。据说春天是血液占主导，夏天是黄胆汁占主导，秋天是黑胆汁占主导。当然，季节因素并非疾病的唯一原因，食物、水、空气和锻炼也会影响人的健康状况。

如果疾病与失衡有关，那么治疗必须直接致力于平衡的恢复。控制饮食和锻炼（它们共同构成了所谓“养生法”）是最常见的疗法。净化身体——通过放血、催吐剂、轻泻剂、利尿剂和灌肠剂——是矫正体液失衡的另一种方法。对季节和气候因素以及对病人自然性情的悉心体察也是成功治疗的一部分。医生自始至终都要记得，自然有其自身的治疗能力，医生最基本的任务就是辅助自然的治疗过程。医生相当一部分责任是预防疾病——其建议有关饮食、锻炼、沐浴、性活动以及影响病人健康的其他因素。

但有学识的医生并不只是提出建议，而且要从事我们所说的“临床”医学活动。各种希波克拉底著作都对检查程序、诊断和预后（预测疾病未来的可能进程）提供了指导。他们确认了所要寻找

① *The Nature of Man*, trans. J. Chadwick and W. N. Mann, in Lloyd, ed., *Hippocratic Writings*, p. 262. 四体液理论并未主导希波克拉底生理学，这不同于它对盖伦和后续生理学的主导。希波克拉底著作的一些作者只接受两种体液（通常是胆汁和黏液），许多作者根本不讨论体液理论。

的症状以及需要采用的解释；医生要检查病人的面部、眼睛、手掌、姿势、呼吸、睡眠、粪便、尿液、呕吐物和痰，留心病人的咳嗽、打喷嚏、打嗝、肠胃气胀、发热、痉挛、脓疱、肿块和损伤。他们还提供了 117
展现某种疾病典型过程的病历，其中许多病历非常精确和清晰。比如下面这段描述，想必针对的是流行性腮腺炎：

> 许多人饱受耳旁肿胀之苦，它有时只出现在耳朵的一侧，有时则是两侧都出现。病人通常不会发烧，也不必卧床，少数情况下会有低烧。在所有情况下，肿胀消退后不会留下损伤，也不会像其他疾病所引起的肿胀那样出现化脓。该肿胀大而柔软，铺得很开，不伴有发炎或疼痛，消失后也不会留下痕迹。男孩子和青壮年男子是主要患者，……从事摔跤和体操的人特别容易患这种病。①

基于观察到的症状，医生作出诊断和预后。如果病是可治的，便会提出治疗方案。正如我们所提到的，治疗常常是规定食物或者调节锻炼和睡眠，还可能包括沐浴和按摩。但有许多特定的疾病被认为最好用某些内服药或外用药来治；希波克拉底著作中提到了数百种药物（大多是草药）：轻泻剂、泻药、催吐剂、麻醉剂、祛痰剂（引发咳嗽）、油膏、膏药和粉剂。希波克拉底著作还讨论了对伤口、骨折和脱臼的治疗，其技术水平令现代医生钦佩。

---

① *Epidemics*, I. i, trans. J. Chadwick and W. N. Mann, in Lloyd, ed., *Hippocratic Writings*, pp. 87—88.

最后，我们必须说一下希波克拉底著作所体现的研究原则。它们的一致性仅仅体现在致力于批判性地研究治疗，并且决意使用自然主义的解释和治疗原则。一些论文展示出了强烈的哲学思辨倾向。例如，《论人的本性》的作者提出了一种关于人的本性以及健康与疾病的思辨理论，并由该理论导出了几条治疗原则。然而，希波克拉底著作中还有一些论文攻击了这种思辨进路。《论古代医学》(*On Ancient Medicine*)的作者就怀疑医学中能否使用假
118 说，特别是疾病源于四种性质的失衡这一假说。他指出，这种理论导出的疗法与其他医生开出的药方并无重要差别，仅仅是蒙上了一层“专业性的胡言乱语”的迷雾而已。[①] 像他这样有怀疑倾向的希波克拉底派作者希望医生能够根据积累的经验谨慎行事，仅在因果理论得到无法抗拒的证据支持时才接受这些理论。正如我们已经看到的，这种凭经验行事的告诫在希波克拉底著作的悉心诊断程序以及那些令人难忘的病历中产生了成效。有时我们甚至发现，作者会为证实一个理论结论而作出特定的观察——比如在《论神圣疾病》中，作者建议解剖一只有病的山羊，以表明疾病源自脑中黏液的积聚。[②]

在结束对希波克拉底医学的讨论之前，必须提醒大家两点。首先，当学术医学出现时，它并没有赶走其竞争对手。学术医学从来也不是唯一一种医学，甚至也不是最流行的医学，而是与传统医

① Trans. Chadwick and Mann, in Lloyd, ed., *Hippocratic Writings*, p. 79. 尽管持怀疑态度，但这篇论文的作者还是提出了自己的假说。

② Ibid., p. 247.

疗信念和活动共同起着作用。在整个古代希腊(从公元前5世纪开始),病人寻求治疗时可以求助于有学识的医生、阿斯克勒庇俄斯神庙中的祭司治疗师、接生婆、草药采集者和接骨师。此外,形形色色的治疗师之间的界线显然也很模糊,例如神庙治疗可能与学术医学密切相关。而且病人有时无疑会同时或先后接受好几种类型的治疗。

其次,如果传统医疗活动继续与学术医学并存,那么它们也在某种程度上融入了学术医学之中。也就是说,我们绝不能把学术医学夸张成早期版本的现代医学。希腊医学就是希腊医学,必须把它置于古希腊人的世界观和哲学观之中,而这就意味着它并没有把现代西方医生觉得非常古怪或讨厌的那些医学信念和医疗活动排除在外。因此在整个古代,梦疗法一直是包括希波克拉底派医学在内的医学的一部分。[①] 虽然神的干预被排除了,但宗教因 119 165
素并未完全消失。一个最简单的例子是,在希波克拉底誓言的开篇,医生向阿波罗和阿斯克勒庇俄斯起誓,并请求诸神见证其誓言。如果我们认为这个例子可能仅仅代表空洞的仪式(就像无神论者或不可知论者在法庭上凭《圣经》发誓那样),那么一个更有说服力的例子是,一位希波克拉底派作者除了建议养生法,还建议祈祷。[②] 还可以考虑神的在场的一个更微妙的例子,当《论神圣疾病》的作者否认疾病源于神的干预时,他只是主张,任何疾病都有

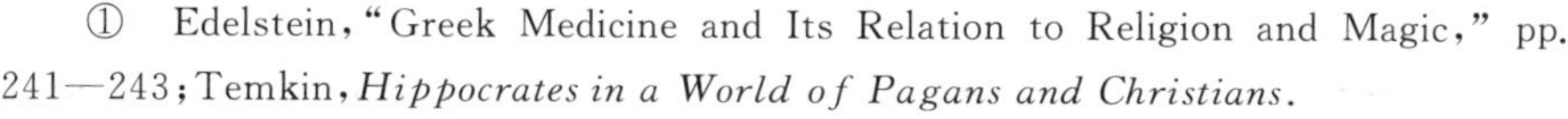

① Edelstein, "Greek Medicine and Its Relation to Religion and Magic," pp. 241—243; Temkin, *Hippocrates in a World of Pagans and Christians*.

② 见 *Hippocrates, with an English Translation*, 4:423, 437。

一种自然原因；他并不否认这种自然原因本身是神的作用的一个方面或表现。希波克拉底派医生大都继续认为，自然事物带有神性，疾病既是自然的也是神性的。

希腊化时期的解剖学和生理学

我们的希腊医学原始文献分为两支。我们有希波克拉底著作，反映的是早期希腊医学的情况；我们也有早期基督教时代的各种资料，很好地反映了罗马帝国治下的医学状况。但是对于这两者之间的四五百年时间，我们只有零星的医学文献。这并不是因为在此期间无人行医，或者不再有人撰写医学论著（尽管医学论著的产量无疑有所波动），而是因为这一时期的医学著作不知何故未能保存下来。因此，我们必须通过后来著作中的片段描述来重建这 500 年的医学发展。①

希波克拉底派医生对人体解剖学和生理学的认识似乎非常有限。在希波克拉底著作问世的时期及之前，几乎没有什么证据表明有过系统的人体解剖——这无疑是因为必须恰当埋葬死者这一传统禁忌，也可能是因为没有充分理由认为人体解剖能够带来有益的知识。当时的解剖学知识无疑是在外科手术或处理伤口的过程中获得的，或者是根据动物解剖（认识得很充分，这要归功于亚里士多德）类推出来的。

---

① 关于希波克拉底医学，除了以下所引的文献，见 John Scarborough, *Roman Medicine*; Ralph Jackson, *Doctors and Diseases in the Roman Empire*。

因此，当人体解剖于公元前3世纪开始出现在亚历山大城时，这便是一个有重大意义的事件。[①] 这一非同寻常的革新是如何产生的，我们并不确切知晓。它可能受到了托勒密王朝皇室的赞助，只要愿意，这个强大的王朝足以打破传统的埋葬禁忌；它也可能与医学发展提升了解剖学知识的重要性有关，或者与希腊医学被植入一种新的社会宗教环境有关；它似乎发生在一种哲学背景中，其中产生的新问题可能需要新的研究方法。无论是什么原因，古代 120
证据几乎一致认为，最先开展系统的人体解剖的是卡尔克顿的希罗菲洛斯（Herophilus of Chalceton）和科斯岛的埃拉西斯特拉托斯（Erasistratus of Ceos）；如果罗马百科全书家塞尔苏斯（Celsus）和教父德尔图良（Turtullian）说的不错，那么他们甚至对囚犯做过活体解剖。

人体解剖的这些先驱者们学到了什么呢？希罗菲洛斯（约卒于公元前255年）生于小亚细亚，在迁到亚历山大城之前曾师从科斯岛的普拉克萨哥拉斯（Praxagoras of Cos）学医。在亚历山大城，希罗菲洛斯的工作得到了托勒密王朝前两任统治者的支持。就我们所知，他的病理学理论和医疗活动似乎是希波克拉底性质的，他作为解剖学家开辟了新的领域。[②] 希罗菲洛斯研究了大脑和神经系统的解剖学，确认了两种脑膜（硬脑膜和软脑膜），并且追踪了神经、脊髓和大脑之间的联结。他对感觉神经和运动神经的

---

① James Longrigg，"Anatomy in Alexandria in the Third Century b. c."对这些发展作了出色的考察。

② 关于希罗菲洛斯，见 Heinrich von Staden，*Herophilus* 的权威著作；以及 Long-rigg，"Superlative Achievement，" pp. 164—177。

区分表明他了解神经系统的功能。他非常仔细地考察了眼睛，确认了眼睛的几种主要体液和膜，并且创造了一种流传至今的专业命名法；他把视神经从眼睛追溯到了大脑，认为其中充满了精细的普纽玛。

希罗菲洛斯还研究了腹腔中的器官，认真描述了肝脏、胰脏、肠、生殖器官和心脏。他根据血管壁的厚度区分了静脉和动脉，考察过心脏的瓣膜，研究过脉搏（尽管他并不理解脉搏是对心脏泵血活动的一种单纯的机械反应），并且用脉搏的节律变化来做诊断和预后。他描述过卵巢和输卵管，写过一部产科论著。即便是这一简单概述也能显示出希罗菲洛斯作为人体解剖学和生理学学者的惊人成就。

与他大致同时代的来自塞奥斯（Ceos）岛的埃拉西斯特拉托斯（生于约公元前 304 年）继承了他的工作，埃拉西斯特拉托斯曾在雅典的逍遥学派和科斯岛学习医学。[①] 他继承并发展了希罗菲洛斯关于大脑和心脏结构的研究。他出色地描述了二尖瓣和三尖瓣及其在确保血液单向流经心脏方面的功能（盖伦作了引述）；在埃拉西斯特拉托斯看来，心脏充当着一个风箱，扩张时吸入血液或普
121 纽玛，收缩时将血液排入静脉，将普纽玛压入动脉。埃拉西斯特拉托斯认为，心脏的扩张和收缩源于心脏的一种固有能力；他正确地认为，动脉搏动时的动脉扩张仅仅是对心脏扩张和收缩的一种被

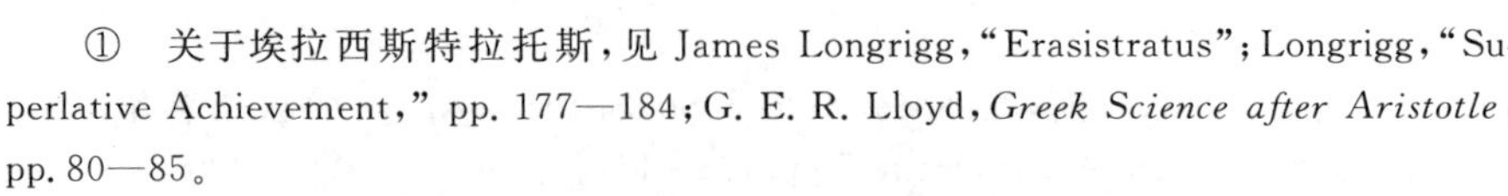

① 关于埃拉西斯特拉托斯，见 James Longrigg, "Erasistratus"; Longrigg, "Superlative Achievement," pp. 177—184; G. E. R. Lloyd, *Greek Science after Aristotle*, pp. 80—85。

动反应。

虽然希罗菲洛斯的理论对生理学作出了重要贡献(例如他的脉搏理论),但较之功能,他似乎对结构更有兴趣。而在埃拉西斯特拉托斯的工作中,生理学内容要多得多。埃拉西斯特拉托斯显然受到了逍遥学派特别是斯特拉托的影响,认为物质是由被微小的虚空分隔开来的微粒构成的;他将这种微粒论与普纽玛理论结合起来以解释各种生理过程。我们以他关于消化、呼吸和血管系统(因其后来影响了盖伦而尤为重要)的解释为例进行说明。

埃拉西斯特拉托斯认为,人体内的所有组织都含有静脉、动脉和神经,对人体功能有重要作用的各种物质就是通过这些脉管输送到各个器官的。食物进入胃,在那里被机械地分解为汁液,经由胃壁和肠壁上的微孔到达肝脏,在那里被转化成血液。然后血液经由静脉被输送到人体的各个部分,提供营养并促进人体生长。而动脉血管只包含普纽玛,它是在呼吸过程中从空气中吸入的,并通过"静脉状动脉"(vein-like artery,我们现在所谓的肺静脉)传送到心脏左侧;普纽玛从心脏经由动脉被传送到人体的各个部分,并赋予这些部分以生命力。最后,神经中含有一种更精细的普纽玛——"灵魂的"(psychic)普纽玛,它由动脉普纽玛在大脑中精炼而成,负责感觉和运动功能。为了解释这些物质在整个身体中的运动,埃拉西斯特拉托斯诉诸自然对真空的憎恶:心脏的泵血活动或器官中的物质消耗要求立即吸入血液或普纽玛,以占据新产生或新空出来的空间。

这一理论非常令人难忘,它的部分内容在西方生理学思想中保存了近 2000 年。然而,即使在埃拉西斯特拉托斯时代就有人提

出过一种严肃的（似乎是致命的）反对意见，即当动脉（把普纽玛运送到身体各个部分的通道）被割断时，血液会从中流出。埃拉西斯特拉托斯在应对这一挑战时指出，在通常情况下静脉和动脉是不连通的；而当一条动脉血管被割断时，逸出的普纽玛便创造或可能
122 创造一个真空；这一潜在的真空开启了静脉和动脉之间的细微通道（联结），允许血液暂时从静脉传到动脉，并随同逸出的普纽玛从伤口流出。

埃拉西斯特拉托斯有关营养和血液流动的理论很容易引出一种疾病理论。他认为疾病主要源于静脉过剩血液的充溢，这是饮食过剩所导致的。例如，如果静脉充入过多血液，静脉与动脉系统之间通常闭合的通道就会被迫开启；然后血液进入动脉，经由动脉系统被送到四肢，引起炎症和发热。由这样一种疾病理论可以得出，治疗时必须设法减少血液的量。这可以通过限制食物摄入或（在少数情况下）放血来实现。

希腊化时期的医学派别

希罗菲洛斯和埃拉西斯特拉托斯在医学界引起了极大关注，并把重要的医生和医学理论家吸引过来。这些学者无疑被这两个人的榜样及其教导所鼓舞，但似乎并不认为自己应当囿于某种正统学说。毕竟，连希罗菲洛斯和埃拉西斯特拉托斯本人对许多议题都有不同看法。希罗菲洛斯的学生科斯岛的菲利诺斯（Philinus of Cos）写了一本书来反对希罗菲洛斯和希罗菲洛斯派的某些教导，导致彼此之间口诛笔伐。在接下来几个世纪，希罗菲洛斯派及

其批评者（即所谓的“经验论者”[empiricists]）撰写了了大量论战文献。希腊化时期的医学开始分化成几个竞争的医学派别，每一个派别都有自己的医学理论和方法论纲领。

最终出现了几个群体。[①] 其中一个派系部分源于希罗菲洛斯派和埃拉西斯特拉托斯派，古代便已被归于“理性论者”（rationalists）或“教条论者”（dogmatists）（在希腊化时期的希腊，这些名称的意思与今天有所不同）。必须强调，尽管被称为“理性论者”或“教条论者”，他们并没有形成一场统一或协调的运动，而是在许多议题上各执己见；如果说有什么东西把他们统一在一起的话，那就是他们一般都致力于思辨性的理论医学，试图把我们在主要哲学学派那里看到的自然哲学方法应用于医学领域。一些“理性论者”继续为人体解剖辩护，说它是一种有价值的方法论工具，124
有助于提出关于疾病隐秘原因的假说；所有人都同意生理学理论对于医疗活动的价值。

他们的主要竞争对手和论敌是“经验论者”，后者持一种截然对立的观点，认为理论思辨，包括追求生理学知识和隐秘的病因，都是在浪费时间；特别是，人体解剖对于医学知识没有任何有益的贡献，应予以禁止。简而言之，“经验论者”主张，希罗菲洛斯和埃拉西斯特拉托斯及其理论追随者所发展出来的解剖学和生理学传

---

① 关于医学派别，见 Heinrich von Staden，“Hairesis and Heresy：The Case of the *haireseis iatrikai*”；Michael Frede，“The Method of the So-Called Methodical School of Medicine”；Ludwig Edelstein，“The Methodists”；Edelstein，“Empiricism and Skepticism in the Teaching of the Greek Empiricist School”；P. M. Fraser，*Ptolemaic Alexandria*，1：338—376。

123

图 6.4 希腊医生，墓室浮雕，公元前 480 年，藏于巴塞尔古代博物馆。

统是医学上的一个应当避免的死胡同。成功的医生应当集中于可见的症状和可见的原因，根据过去（他自己的和前人的）对各种疗法功效的经验来建议治疗方法。

公元 1 世纪，罗马出现了第三个医学派别，即所谓的“方法论者”（methodists）。他们声称，“理性论者”和“经验论者”已经使医学变得不必要地复杂——复杂的学术医学，包括解剖学、生理学和对（隐秘的和可见的）病因的探究，都可以舍弃。“方法论者”学说的核心是，疾病依赖于身体的紧张和松弛，治疗方法“从方法上”直接基于这一前提。事实证明，该学说在罗马贵族中非常流行，他们的支持使“方法主义”在罗马和整个希腊化世界成为一股强大的医学力量。第四个学术派别是“普纽玛论者”（pneumatists），他们基于斯多亚派原理创建了一种医学哲学。最后，我们必须提到一位有影响的罗马医生阿斯克勒庇阿德斯（Asclepiades of Bithynia，活跃于前 90—前 75），他拒斥体液理论而主张原子论学说。

盖伦与希腊化医学的顶峰

盖伦（Galen）16 岁决定学医时，进入的正是这样一个医学世界。公元 129 年，盖伦生于帕加马（小亚细亚乃至整个希腊化世界的重要思想中心之一）。转向医学之前，他研究过哲学和数学。[①]他的旅行（先是为了求学，后来则是为了寻求赞助）表明古代世界的学者具有高度的流动性。盖伦先是在帕加马和士麦那（Smyrna，两者均在小亚细亚）学医，然后在希腊本土的科林斯，最后在亚历 125
山大城学医。他从亚历山大城返回帕加马担任角斗士的医生，然后到罗马寻求赞助，再回到帕加马，又回到意大利，最终定居于罗马。在那里他结交朋友，为有权势的富人提供医疗服务，其中包括奥勒留、康茂德（Commodus）和塞普蒂默斯·塞维鲁（Septimius Severus）三位皇帝。他卒于公元 210 年以后。盖伦著述极多，流

---

① 关于盖伦的生平和时代，见 Vivian Nutton，“The Chronology of Galen's Early Career”；Nutton，“Galen in the Eyes of His Contemporaries”。

传下来的部分在19世纪的标准版中已有22卷之巨。这些著作总结了古代学术医学传统的知识，并且裁定了其中的主要争论，使盖伦成为古代最重要的医学权威（只有希波克拉底才能与之匹敌），直到近代都有无与伦比的影响。

盖伦是一个学养深厚的哲学家，通晓古代所有主要哲学争论，并致力于整合医学和哲学。对他产生深刻影响的有希波克拉底著作，柏拉图、亚里士多德和斯多亚派的思想，希罗菲洛斯和埃拉西斯特拉托斯的解剖学和生理学著作以及希腊化时期的医学争论。他被称为一个兼收并蓄的理性论者，[①]对疾病比对病人更有兴趣，把病人视为理解疾病的工具。其医学目标的核心是对疾病进行分类（发现殊相背后的共相），并寻找其背后的原因。他确信，解剖学和生理学知识对于这项事业的成功是必不可少的。

希波克拉底的影响对于盖伦医学哲学的形成至关重要（尽管他会随意进行有选择的借鉴，并且宽泛地解释借鉴来的思想），它为盖伦提供了对人体结构和医生职责的看法，使他强调临床观察和病历记录的重要性，关注诊断和预后，并使其形成了一般的治疗观念。盖伦从希波克拉底著作《论人的本性》中吸取了四体液说，

① Fraser, *Ptolemaic Alexandria*, 1: 339. 关于盖伦的思想，见 Owsei Temkin, *Galenism*; Luis García Ballester, "Galen as a Medical Practitioner: Problems in Diagnosis"; Smith, *Hippocratic Tradition*, chap. 2; John Scarborough, "Galen Redivivus: An Essay Review"; Phillip De Lacy, "Galen's Platonism"; the essays contained in Fridolf Kudlien and Richard J. Durling, eds., *Galen's Method of Healing*; Lloyd, *Greek Science after Aristotle*, chap. 9。另见 Galen's *On the Usefulness of the Parts of the Body*, ed. and trans. Margaret T. May 的导言；Peter Brain, *Galen on Bloodletting*。另见本书第十三章。

认为人体的基本组分是血液、黏液、黄胆汁和黑胆汁，这些东西又可还原为热、冷、湿、干四种基本性质。他提出，四体液共同形成了组织，组织结合成器官，器官合在一起组成了人体。

疾病或与体液及其组分性质之间的失衡有关，或与特殊器官的特定状态有关；在诊断术方面，盖伦的一个主要创新是通过鉴别特定的患病器官来为疾病定位。盖伦对发热的讨论显示了其疾病理论的两个方面。他认为，全身发热缘于化脓的体液热量充满了 126
全身；局部发热缘于特定器官内部有害或有毒的体液，这种体液会导致硬化或肿胀之类的病变，也会导致疼痛。为了诊断，盖伦尤其依赖于诊脉和尿液检查，但也意识到需要考察希波克拉底著作中强调的所有其他迹象。他在《论治疗术》(*On the Art of Healing*)中写道：

> 遇到病人时，既要研究最重要的症状，也不要忘记最琐细之处。因为最重要的症状告诉我们的东西要由其他东西加以确证。人们一般是从脉搏和尿液中获得发热的重要迹象。但正如希波克拉底所教导的，还必须把其他迹象补充进来，比如脸部出现的症状、病人卧床的姿势、呼吸、呕吐物和排泄物的性质，……是否头痛，……病人是精神疲惫还是精神良好，……[以及]身体的外观。①

① Galen, *On the Art of Healing*, 1.2，引自 García Ballester, “Galen as a Medical Practitioner”。

盖伦相信，认识个体器官的结构和功能是成功的医疗活动所必不可少的。他宣扬解剖学知识的重要性，但承认在他那个时代，人体解剖不再可能。他敦促读者留意偶然解剖观察的机会，比如坟墓坍塌或在路旁发现一具尸骨时；他建议有能力的人去亚历山大城，在那里还能对骨骸作一手考察。但他承认，大部分人体解剖学知识将不得不通过类比，由那些解剖构造类似于人的动物的解剖中推断出来。盖伦本人解剖了各种动物，包括一种被称为叟猴(猕猴)的小猴子。他作为解剖学家的技能显见于几部解剖学著作，包括一本解剖指南《论解剖步骤》(*On Anatomical Procedures*)。他出色地描述了骨骼、肌肉、大脑和神经系统、静脉和动脉以及心脏。当然，他从希罗菲洛斯和埃拉西斯特拉托斯的著作中借鉴了不少东西；但如果觉得他们有错，他会毫不犹豫地纠正这些前辈的错误。不幸的是，盖伦的动物解剖导致他误将某些仅能在动物那里看到的解剖学特征归于人；最声名狼藉的例子是细脉网(rete mirabile)的错误，我们后面还会谈及它。然而，流传下来
127 的是盖伦的解剖学著作，而不是希罗菲洛斯和埃拉西斯特拉托斯的著作；因此直到文艺复兴时期，盖伦为欧洲提供了有关人体解剖的唯一系统说明。

与解剖学知识相比，盖伦生理学系统的根源更为复杂。柏拉图曾经主张灵魂有三个部分，即灵魂由一个地位较高的("理性的")部分和两个地位较低的部分(与激情和欲望相联系)构成，前者位于大脑中，后两者位于胸部和腹腔。盖伦沿用了这个方案，并且将柏拉图确认的灵魂三种官能与埃拉西斯特拉托斯确定的三种基本生理功能关联起来，导出了生理学的三元组织框架。在这一

框架中，大脑（灵魂的理性官能的居所）被确定为神经的发源地。盖伦遵循埃拉西斯特拉托斯的说法，认为神经包含着负责感觉和运动功能的灵魂普纽玛。对盖伦而言，心脏（激情的居所）是动脉的发源地，动脉将赋予生命的动脉血（和生命普纽玛）输送到身体的各个部分。最后，肝脏（欲望的居所）是静脉的发源地，静脉血为身体提供营养。①

盖伦发展的这三个生理学系统并非完全独立，而是有相互关联。因此，我们不妨从头到尾把它们走一遍，从开始的食物摄入，到灵魂普纽玛经由神经最终传遍全身。食物到达胃，被化成乳糜——不仅仅通过机械作用，就像埃拉西斯特拉托斯所认为的那样，而是通过身体生命热的烹煮。乳糜经由胃壁和肠壁进入周围的肠系膜静脉，并被输送到肝脏。在肝脏中，乳糜经过进一步精炼和烹煮而产生对身体有营养作用的静脉血。这种静脉血经由静脉向外慢慢流到各个组织和器官，在那里被消耗掉。因此，静脉系统源于肝脏，肝脏将负责营养的静脉血输送到身体各个部分。②

静脉血经由腔静脉到达心脏右侧。一个大血管（盖伦的动脉状静脉，即我们所说的肺动脉）从这里将一部分静脉血输送到肺部。和所有其他器官一样，肺也需要营养。其余的静脉血经由将

① 我很想为盖伦的生理学体系作一图解，但我不得不说，要想做到这一点，必须把一些现代解剖学和生理学知识强加给盖伦。关于图解盖伦生理学的先前努力，见 Charles Singer，*A Short History of Anatomy and Physiology from the Greeks to Harvey*，p. 61；Karl E. Rothschuh，*History of Physiology*，p. 19。

② 盖伦（至少）有一处提到了静脉血中可能存在着"自然精气"或"自然普纽玛"；其追随者接受了这一提法，使之成为盖伦体系的正统内容；见 Owsei Temkin，"On Galen's Pneumatology"。

心脏左右心室分开的室间隔上的微孔慢慢渗漏。盖伦承认这些微孔小得肉眼不可见，但他认为，由于进来的腔静脉大于出去的动脉状静脉，所以一些静脉血必定去了别的地方；此外，其尺寸相差太大，无法用心脏（和其他任何器官一样）消耗了一定量的静脉血作
128 为营养来解释；最后，大自然不做任何徒劳之事这一原则保证了室间隔表面的小孔必定导向其他某个地方。因此，

> 血液的最稀薄部分从右心室进入左心室，这要归功于它们之间隔膜上的孔洞：这些[孔洞的]大部分[纵深]可以看到；它们就像张着大口的坑，变得越来越窄；然而不可能实际观察到它们的最末端，这既是因为它们太小，也是因为动物死后，所有器官都会变冷和收缩。①

静脉血到达心脏左侧时会发生什么？这里我们必须对盖伦的生命力理论和呼吸理论作一介绍。② 和柏拉图、亚里士多德以及《论心脏》（*On the Heart*，曾被视为希波克拉底著作，但其实可能是希腊化时期的著作）的佚名作者一样，盖伦也把生命等同于固有热，而且也认为这种维持生命的热的主要居所是心脏。当然，保持适度的生命热是至关重要的，实现这种功能的是肺和呼吸。一方面，肺包围着心脏，降低或调节它的热。另一方面，肺通过静脉状

---

① Galen，*On the Natural Faculties*，trans. A. J. Brock，Ⅲ. 15，p. 321（一些内容出自 Lloyd，*Greek Science after Aristotle*，p. 149）。

② 除了前引论述盖伦的著作，见 Galen，*On Respiration and the Arteries*，ed. and trans. David J. Furley and J. S. Wilkie。

动脉(我们所说的肺静脉)将空气输送到心脏以滋养心脏内的“火”。通过同样的机制,肺使心脏能够除去燃烧的废物。心脏舒张时,空气被从肺抽入左心室;心脏收缩时,烟尘和烟蒸汽按相反方向被输送并被呼入大气。在舒张阶段到达左心室的空气与已经通过室间隔的静脉血(这种静脉血已被心脏中的固有热所加热和赋予生气)相混合,产生一种更为精纯和温热的动脉血,现在这种动脉血已经有了生命精气或普纽玛,由动脉输送到全身。在为这种理论辩护时,与埃拉西斯特拉托斯相反,盖伦极力证明动脉确实含有血液。这样我们就有了盖伦第二个重要的生理学系统——动脉系统,它植根于心脏,经由动脉输送动脉血,为身体的各个组织和器官赋予生命。

和其他所有器官一样,大脑也接受动脉血。一部分动脉血进入了细脉网——这是一种精细动脉网络,可见于某些有蹄类动物
(在这里细脉网起冷却作用),但被盖伦误归于人。在流经细脉网 129
的动脉时,动脉血得到了精炼,成为最精细的精气或普纽玛——灵魂普纽玛。这种普纽玛经由神经被输送到身体的各个部分,解释了感觉和运动功能;这样我们就有了盖伦的第三个重要的生理学系统。

在结束对盖伦生理学的讨论之前,有必要再提一点。盖伦认为埃拉西斯特拉托斯将生理学机械化的努力不能令人信服。特别是,他不相信根据泵血活动或自然厌恶真空就足以解释流体在身体中的运动。他承认心脏起了风箱的作用,舒张时从肺抽入空气,收缩时把动脉血压入动脉,动脉本身就能主动运动使流体前移。但他还相信所有器官都有非机械的能力,可以根据需要去吸引、保留和排斥流体。于是，肝脏能够把它所需要的乳糜引向自身。同样，静脉血之所以能在身体中运动，并不是因为它被抽吸，而是因为身体器官能够根据营养需要来吸引、保留和排斥它。

事实证明，盖伦的医学体系极有说服力，它统治了整个中世纪和近代早期的医学思辨和教学。其令人信服的吸引力部分来自于它的全面性。盖伦讨论了当时所有重要的医学议题。他可以既是实践的（比如药理学），又是理论的（比如生理学）。他有丰富的哲学学识和精良的方法论。[①] 其工作体现了最好的希腊病理学和医疗理论，对人体解剖学作了令人难忘的阐述，也对希腊生理学思想作了卓越的综合。简而言之，盖伦提出了一套完整的医学哲学，出色地说明了健康、疾病和治疗等现象。

但盖伦获得如此之高的声望还有另一个原因。他将大量目的论引入了解剖学和生理学，这使他受到了伊斯兰教和基督教读者的喜爱。盖伦本人并不是基督徒，他的目的论进路并无基督教根源，而是受到了柏拉图的《蒂迈欧篇》和亚里士多德的《论动物的部分》以及斯多亚派思想的启发。和亚里士多德一样（事实上比亚里士多德更甚），盖伦在动物和人体结构中发现了智能设计的证据，他的《论人体各部分的用处》（*On the Usefulness of the Parts of*
130 *the Body*）是一首颂歌，赞美的是巨匠造物主（这个术语和概念显然是从柏拉图那里借来的）的智慧和远见。在这本书中，盖伦写道：

---

① 关于盖伦的方法论，除了前引著作，见 Galen，*Three Treatises on the Nature of Science*。

> 我正在进行一次神圣的讨论，这是一首献给他[巨匠造物主]的真正颂歌。我以为，虔诚不在于用大批公牛作牺牲给他献祭，……而在于首先自己领会他的智慧是如何之高，能力是如何之大，善是如何之宽广，然后再把这些传授给别人。因为希望尽其所能为应当增色的东西增光添彩，而不去忌妒它的闪光之处，我把这看做至善之征象；探寻一切可能使他美奂绝伦的东西，我把这看做非凡智慧之表现；履行他所颁布的一切事务，我把这看做不可战胜之伟力。①

盖伦主张，自然(或巨匠造物主)不做任何徒劳之事；人体结构完美地适合于人体的功能，甚至无法想象它能有任何改进。盖伦甚至开创了一种自然神学，即一种基于自然证据的关于神或诸神的理论。在《论人体各部分的用处》的结尾，他强调研究动物解剖可以获得关于世界灵魂的教益：

> 在淤泥和泥浆中，在沼泽里，在腐烂的植物和水果中，动物被产生出来，尚且能够神奇地暗示创造它们的智慧，此时，我们对上面的物体[比如说天体]又该作何感想呢？……因此，如果某个人以开放的思想看待事实，看到这种含有肉与汁液的泥浆中尚且有一种寓于其中的智慧，看到任何动物的结构也是如此(因为它们都为一个智慧的造物主提供了证据)，

① Galen, *On the Usefulness of the Parts of the Body*, Ⅲ. 10, 1: 189.

此时他就会理解上天的智慧是多么卓越。①

很容易想见，盖伦的目的论，以及他将人及其疾病都纳入一种完整而令人满意的（当然是古代的）世界观的渴望，并非总是得到现代学者的赞同。的确，有些愤怒的医学史家曾经痛斥盖伦不够现代。② 当然，盖伦仅仅是公元 2 世纪的一个希腊-罗马人；我们如果只从现代观点关注他的不足，就无法从他的生平和思想中了解希腊罗马文明衰落时做医生意味着什么。盖伦将几种古代思潮
131 融合在一起：他总结了 600 多年的希腊罗马医学，并把这种医学纳入了古代哲学和神学的框架。盖伦的工作中渗透着的目的论提醒我们，宇宙中的秩序和组织问题仍然是最重要的问题，每一位大思想家仍然感到有义务讨论它，而且这个问题至今未有定论。诸神被包括在盖伦的世界观甚至是医学体系中，这并不是一个令人遗憾的特征，而应被理解成古代医学和哲学的典型特征。在对诸神的看法方面，盖伦与希波克拉底著作的作者们以及他那些主要的哲学向导，并无本质上的不同。虽然他在医学领域中引入了神性，就像承认阿斯克勒庇俄斯的治病能力一样，③但这种信仰并未妨碍他提出一种仅限于自然原因的医学哲学。盖伦肯定相信在生物中发现的令人赞叹的设计背后有一个设计者，但这种信念对他的疾病分析以及诊断和治疗程序并无重大影响。

---

① Galen, *On the Usefulness of the Parts of the Body*, Ⅶ.1,2:729—731.

② 例如 George Sarton 的 *Galen of Pergamon*。

③ Temkin, *Galenism*, p. 24.

第七章　罗马科学和中世纪早期科学

希腊人与罗马人 132

前一章考察的盖伦的职业生涯表明了希腊与罗马两种思想生活的相互渗透。盖伦在小亚细亚的帕加马(位于罗马帝国境内,但仍是希腊文化的据点)出生和长大,后来到希腊大陆的科林斯和埃及的亚历山大城继续接受教育。他受的是一种希腊教育(用希腊语传授,并以希腊文学著作为基础),因而继承的是希腊思想传统,但谋职却在罗马,效力于罗马皇帝并且给罗马听众讲课。于是,盖伦的生平引出了本章开篇几节所要讨论的问题:希腊与罗马的政治、文化、思想尤其是科学之间有何关系?

随着亚历山大大帝的军事征服和希腊帝国的建立,希腊城邦的自治和充满活力的政治生活走到了尽头。不过,亚历山大的帝国被他的将军们瓜分之后,各继承国的思想生活得到了零星的赞助(有时还很慷慨),至少暂时还保持着活力。与此同时,罗马已经从公元前 7 世纪那个无足轻重的伊特鲁里亚(Etruscan)镇发展成公元前 4 世纪、前 5 世纪的一个繁荣的共和国。公元前 265 年,罗马控制了意大利半岛,而到了公元前 200 年,其对外政策和军事实力已经足以使它在第二次马其顿战争(前 200—前 197)期间干预希腊事务了。在随后的 150 年中，罗马的影响逐渐扩展到希腊大陆；公元前 44 年恺撒（Julius Caesar）去世时，罗马实际上已经控制了包括希腊、小亚细亚和北非在内的整个地中海盆地。

在各希腊行省，罗马人的管制并没有导致文化和学术的崩溃。恰恰相反，一如罗马作家贺拉斯（Horace，卒于公元前 8 年）的名言，罗马在军事和政治上征服了希腊，但艺术和思想上的征服却属
133 于希腊人。[①] 随着罗马的实力增强和日益繁荣，其有闲阶层开始欣赏希腊人在文学、哲学、政治和艺术等方面的成就。任何一个罗马人要想在这些方面获得陶冶，最好的方法是借鉴一种成就更高的文化，即去仿效希腊人。

我们也许以为，语言和地理上的隔阂会阻碍这种借鉴，但事实证明，这些隔阂在早期文化接触中并不是一个严重的问题。在意大利，人们普遍能读能讲希腊语，因为许多个世纪以前，意大利就有希腊殖民地：我们还记得来自意大利城市爱利亚的巴门尼德和芝诺，以及柏拉图走访过的南意大利的毕达哥拉斯学派。公元前 2 世纪，罗马城出现了一个希腊人社群，罗马上流社会（在某种水平上）习用两种语言。随着越来越多的希腊学者定居罗马（或是自愿，或是作为奴隶），愿意阐述希腊文学和哲学内容的希腊教师并不罕见。另一种做法是离开罗马到各希腊行省求学，对于一心向学的罗马青年来说，这几乎变得不可或缺。经由这些机制，罗马及
134 周边地区有了一个可观的希腊罗马学者圈子，他们都与希腊学术传统保持着联系。最终，罗马学者开始把希腊思想成就的各个方

---

① Horace, *Epistles*, Ⅱ. 1. 156.

面传授给讲拉丁语的读者，有时甚至会把教科书从希腊文译成拉丁文。[1]

图 7.1　古罗马广场

这些情况可以从西塞罗(Cicero，前 106—前 43)的职业生涯中得到反映。西塞罗是一位极有教养的罗马政治家和作家。他先后在罗马、雅典和罗得岛跟从希腊老师学习；当然，他学会了希腊语，也掌握了希腊哲学的重要部分。斯多亚派思想和公元前 3 世纪在柏拉图学派内部发展起来的认识论理论对西塞罗产生了很大影响。他就各种主题撰写了拉丁文论著，还将柏拉图的《蒂迈欧篇》译成了拉丁文(没有流传下来)。[2]

---

① 关于这些发展，特别参见 Elizabeth Rawson，*Intellectual Life in the Late Roman Republic*。

② 关于西塞罗，见本书 pp. 137—139。

135 起初，对学术的支持完全是私人的。上流社会的某个成员闲暇时可能会读些书，做些学术讨论；他也许拥有一个图书馆，甚至是一个相当大的图书馆。但没有财源的人都需要寻找一位赞助人。实际上，从依附于富裕家庭的著名学者，到受过教育、能讲希腊语的奴隶，各种情况都有。最高一级学者的职责可能是为其赞助人提供建议或与之交流思想，或者照看图书馆；如果运气不佳或能力不济，他可能需要为赞助人的孩子提供教育，或者做一些杂务。

在这些背景下，论说的水平各不相同。希望以最高水平进行论说的罗马学者会使用希腊语。于是，用拉丁语（无论是说还是写）进行的学术论说的水平要低于我们此前关注的那种最高水平的希腊学术。受众若有语言能力的限制就只能使用拉丁语，而吸引这些受众的是希腊学问的一种更加简单通俗的版本。某些著名科学史家瞧不起普及，在他们心中，仿佛只有“前沿”研究才值得重视。他们严厉批评希腊人发展了一种通俗水平的学问，批评罗马人对它的吸收利用。[1] 然而，这反映了一种非常狭隘的看法。事实上，任何学术传统都必定包含多种层次的知识和专长。只要出现一位能以原创性方式解决令人困扰的哲学或科学问题的亚里士多德，就会有成千上万有教养的希腊人和罗马人，他们的愿望仅仅是也只能是掌握这位亚里士多德业已取得的成就，或者将他的观点与其他公认权威的观点调和起来。任何创造性的研究都不可避

① 特别参见 William H. Stahl，*Roman Science*，p. 50（Stahl 提到了“普及者的祸害”）和 p. 55（他称普及者为“雇佣文人”）。

免会伴有旨在保存、评注、教育、普及和传播的其他活动。我们从21世纪的中学、大学和大众媒体就能看到这一点。

鉴于这些情况，着手为罗马受众选取和解释希腊思想成就的学者，自然会专注于其罗马赞助人所感兴趣的那些东西——既非希腊那些精妙的形而上学和认识论，亦非希腊数学、天文学和解剖学的高深细节，而是那些具有实用价值和内在吸引力的学科。或是出于实用理由，或是作为智力训练，他们传授了数学，但程度有限。传授医学几乎无需理由，尽管罗马人起初对希腊医学的某些方面怀有疑虑。逻辑学和修辞学在法庭和政治舞台上有重要作 136
用。伊壁鸠鲁派和斯多亚派的哲学提出了紧迫的伦理宗教关怀。但是超出基础部分的科学或自然哲学很少受到重视，除非被当作闲暇时的消遣。这种情况生动地反映于以下事实：在罗马人看来，最著名的天文学权威是索利的阿拉托斯（Aratus of Soli，卒于公元前240年），他讨论星座和天气预测的诗《现象》（*The Phaenomena*）至少四次被译成拉丁文，而欧多克斯和希帕克斯先进的天文学著作却无从得到或不为人知。①

于是，罗马人所了解的这种科学或自然哲学往往是希腊成就的一种有限的通俗化版本。数代历史学家曾试图用智力低人一等、道德弱点或性情缺陷来解释罗马人为何没能掌握希腊学问中更为深奥或专业的方面。常有人说，罗马人根本不具有理论头脑——尽管很快又会补充说（由于人人必定有所擅长），他们在行

① 关于阿拉托斯，见 William H. Stahl, *Roman Science*, pp. 36—38。Stahl 的著作虽然往往持严厉批判的态度，但也是关于罗马普及希腊科学的有用文献。

政和工程方面的天赋弥补了这种缺陷。[①] 事实上,关于罗马人思想成就的水平或程度并无神秘之处,也没有理由感到惊讶或对其进行批判。我们应当时刻记住,除了某些明显具有实用性的内容,罗马贵族都把学问当作一种闲暇时的消遣。于是,罗马人做了他们显然会做的事情,即借鉴那些看似有趣或有用的东西。既然某些希腊人已经穷其一生去研究那些抽象的、专业的、不实用的和(一些人无疑认为是)枯燥的问题,那么大多数罗马人就没有理由再犯同样的错误。罗马的上流人士对希腊自然哲学细节的兴趣就如同一般美国政客对形而上学和认识论的兴趣。正如罗马剧作家恩尼乌斯(Ennius)所说,他们的愿望至多是"适度地学习哲学"。[②] 历史学家竟然期望情况不是这样,这才是咄咄怪事。

普及者与百科全书家

考察了罗马上流社会的思想品味和动机之后,我们现在要对罗马学术的成果作更具体的研究。我们需要弄清楚主要普及者有谁,并且概述几部最有影响的著作。斯多亚派的波西多尼奥斯(Posidonius,约前 135—前 51)是最著名、可能也是最有影响的早期普及者之一。他生于叙利亚,父母是希腊人,在雅典学习,后来
137 成为罗得岛上斯多亚派的领袖。经由他的许多学生(西塞罗是其

① 例如见 Arnold Reymond, *History of the Sciences in Greco-Roman Antiquity*, trans. Ruth Gheury de Bray, p. 92。

② 引自 Cicero, *De republica*, Ⅰ. xviii. 30。

中之一)，波西多尼奥斯对罗马人的思想生活间接产生了强大影响。但他也游历过罗马，给罗马人留下了深刻印象。波西多尼奥斯最接近公元前1世纪的那种通才学者。他对历史、地理、道德哲学和自然哲学都有兴趣，在所有这些领域都写了大量著作(均以希腊文写成)，其中包括对柏拉图《蒂迈欧篇》和亚里士多德《气象学》的评注。卢克莱修在写《物性论》(*On the Nature of Things*)时，曾大量借用他对《气象学》的评注。

波西多尼奥斯的著作没有流传下来，因此我们对其只有间接了解。他最有影响的研究之一似乎是确定了地球周长——其计算结果先是240000斯塔德(略小于埃拉托色尼的估计)，后来是180000斯塔德。这个较小的值之所以重要，是因为托勒密曾在《地理学》(*Geography*)中采用了它，15世纪时哥伦布则据此计算西班牙与印度群岛的距离。

波西多尼奥斯对瓦罗(Varro，前116—前27)等拉丁作家产生了巨大影响，从而帮助确定了拉丁文教育与学术的形式和内容。瓦罗在罗马和雅典学习，被其罗马崇拜者视为非凡的学者；他曾就各种主题写了大量拉丁文著作(大约75部，几乎全部亡佚)，其中最重要的是一部百科全书——《学科九卷》(*Nine Books of Disciplines*)，该书成为后来罗马百科全书家的范本和资料来源。它的一个显著特征是把自由技艺(liberal arts，这些学科被认为适合教育有教养的罗马人)用作组织原则。瓦罗确定了九种这样的技艺：语法、修辞、逻辑、算术、几何、天文、音乐理论、医学和建筑，并作了基本概述。瓦罗列出的清单(后来的作者略去了最后两种技艺)渐渐规定了中世纪学校的七种古典自由技艺，前三种被称为“三艺”

(trivium),后四种被称为“四艺”(quadrivium)。[①]

西塞罗是瓦罗的朋友,深谙希腊哲学之道,曾师从斯多亚派的波西多尼奥斯、伊壁鸠鲁派的菲德鲁斯(Phaedrus)以及柏拉图主义者拉里萨的菲洛(Philo of Larissa)和阿斯卡隆的安提奥克(Antiochus of Ascalon)(图 7.2)。[②] 在思想方法上,西塞罗深受柏拉
138 图学派内部发展出来的怀疑倾向的影响;特别是,他确信人在哲学问题上最多只能达到或然性,因而发现真理的最好方式是对过去

图 7.2　西塞罗,藏于梵蒂冈博物馆

① 关于重构瓦罗《学科九卷》科学内容的尝试,见 Rawson, *Intellectual Life in the Late Roman Republic*, pp. 158—164; Stephen Gersh, *Middle Platonism and Neoplatonism: The Latin Tradition*, 2:825—840; William H. Stahl, Richard Johnson, and E. L. Burge, *Martianus Capella and the Seven Liberal Arts*, 1:44—53。

② 当我们说起这一时期的“柏拉图主义者”时,我们总是指源自柏拉图及学园的某一哲学传统的成员。这些“柏拉图主义者”中有许多都会捍卫柏拉图可能会否认的学说。对西塞罗哲学及其与柏拉图主义传统之间关系的一个有用分析见 Gersh, *Middle Platonism and Neoplatonism*, 1:53—154。

的观点进行批评性的筛查。带着这种信念，西塞罗写出了一系列对话，记录了他的老师、朋友和以前的作者关于各种哲学主题的看法。至于前人尤其是古人的看法，西塞罗参阅了当时能够看到的手册文献，包括从特奥弗拉斯特所开创的“意见汇编”传统中得益。

于是，西塞罗既利用了这一普及化运动，也为它作出了贡献。
他向读者概述了最近一段时期关于主要哲学问题的争论，包括我
们在前面各章关注的一些问题——基本实在的本性、宇宙秩序的
来源、诸神的角色、灵魂的本性和认知过程。他本人的世界观综合
了柏拉图主义和斯多亚派的一些要素，在中世纪和近代早期，西塞
罗成为斯多亚派哲学的一个主要来源。他把神等同于自然，把自
然等同于火，并把三者（神、自然和火）等同于使宇宙存在、活动和
具有理性的主动力量。他描述了斯多亚派关于相继发生大火与再 139
生的宇宙循环（见第四章），宣扬大宇宙（神和宇宙）与小宇宙（个
人）之间有一种密切的平行关系，认为神与宇宙物质的关系就如同
人的灵魂与人体的关系一样。“大宇宙-小宇宙”类比后来成为中
世纪和文艺复兴思想的主要话题以及占星术著作的核心主题。西
塞罗并不很重视数学科学，他认为数学科学的主要价值在于能使
年轻人的智力更加敏捷；不过，他对天界行星运动的讨论和对阿拉
托斯天文诗《现象》的翻译表明，他对这些内容并非完全没有兴趣
或了解。

瓦罗和西塞罗的同时代人卢克莱修（Lucretius，卒于公元前55年）写了一部哲学长诗《物性论》。在某种层次上，这部著作是为伊壁鸠鲁自然哲学所作的辩护，旨在通过赞扬原子和虚空的解释力来克服对死亡的恐惧。然而，在这一基本的伊壁鸠鲁框架内，

《物性论》内容广泛，在表述层次和细节选择上很是通俗。卢克莱修讨论了无穷多个世界、它们的创生和毁灭以及一些基本的天文学内容，比如太阳沿黄道运转的路径、由此产生的白昼不等以及月相；他还讨论了灵魂可朽，包括错觉在内的感知觉，睡眠、梦和爱；镜子和光的反射；探讨了动植物生命的起源，包括对生物学中目的论的拒斥；提到人种的起源和历史，闪电、雷、地震、虹、火山爆发和磁吸引等特殊的气象和地质现象。最后，卢克莱修叙述了雅典发生的大瘟疫。①

瓦罗、西塞罗和卢克莱修代表着罗马共和国后期罗马思想生活的繁荣。对这一思想事业作出贡献的人还有维特鲁威（Vitruvius，卒于公元前25年，写过论建筑的著作）和罗马帝国早期的几位作者，比如塞尔苏斯（Celsus，活跃于公元25年），他写了一部很有影响的医学百科全书；以及斯多亚派的塞内卡（Seneca，卒于公元65年），他写过自然哲学方面的著作，包括气象学。②

然而，人们普遍认为普及化运动的顶峰是老普林尼（Pliny the
140 Elder，23/24—79）。对罗马科学的叙述大都把普林尼当作核心人物，我们也必须简要考察一下他的工作。老普林尼出生于意大利北部的一个地方贵族家庭，在罗马受了教育。一段成功的从军经

---

① Lucretius，*De rerum natura*，trans. W. H. D. Rouse and M. F. Smith. 简要描述见 Stahl，*Roman Science*，pp. 80—83。

② 关于这些作者，见 Stahl，*Roman Science*，chap. 6；Gersh，*Middle Platonism and Neoplatonism*，chap. 3；以及 *Dictionary of Scientific Biography* 中的相关文章，关于塞内卡，另见他的 *Physical Science in the Time of Nero：Being a Translation of the "Quaestiones naturales" of Seneca*，trans. John Clarke。关于塞尔苏斯，见他的 *De medicina*，trans. W. G. Spencer。

历(对于老普林尼这种社会地位的人来说,这是一条升迁之路)过后,他转而从事文学创作,最后为韦斯巴芗(Vespasian)和提图斯(Titus)两位皇帝效力。他写了几部关于罗马及其战争的历史著作、一部语法著作以及奠定其日后名声的献给提图斯的《博物志》(*Natural History*)。

《博物志》是一部非凡之作,很难简单刻画,必须真正读过才能欣赏。[①] 老普林尼求知欲极强,他在《博物志》的序言中写道,他和助手们仔细查阅了由大约100位作者撰写的2000部书籍,从中摘录了20000个事实。老普林尼似乎设计了一个笔记卡片系统,以手工方式对这20000条信息进行了整理;这些卡片是按照学科组织起来的,经整理成为《博物志》。[②] 老普林尼工作起来精力惊人。据他的侄子讲,他午夜便会起床,几乎昼夜不停地工作,自己阅读或者听别人读,做笔记或者口授笔记。要想理解老普林尼的成就,就必须领会他对事实材料的迷恋。虽然在《博物志》中,老普林尼有时会提出对自然现象的解释,但其目标并不是提出一种全面的、有充分根据的自然哲学,而是要创建一个令人感兴趣、给人带来愉快的巨大信息库——他的侄子说,该书"和自然本身一样丰富"。[③]

---

① 见Roger French and Frank Greenaway, eds., *Science in the Early Roman Empire: Pliny the Elder, His Sources and Influence* 中的文章;以及Stahl, *Roman Science*, chap. 7;一个较早但更完整的分析见Lynn Thorndike, *A History of Magic and Experimental Science*, 1:41—99。

② 关于老普林尼的方法,见A. Locher, "The Structure of Pliny the Elder's Natural History"。

③ Pliny the Younger, *Letters*, trans. William Melmoth, revised by W. M. L. Hutchinson, Ⅲ. 5, 1:198.

因此，老普林尼的目的是考察宇宙和居于其中的自然物。他用(现代英译本中)72 页的篇幅列出了《博物志》的内容以及所参阅的权威文献，讨论的学科包括宇宙论、天文学、地理学、人类学、动物学、植物学和矿物学等等。老普林尼有一种鉴别力，能够挑选出那些特别有趣的事物，常有人说，他首先是一位提供奇闻的人。的确，自然奇事在《博物志》中比比皆是。老普林尼报告了一系列天界预兆(包括多个太阳和月亮)，祈祷者和仪式招来的雷电，人类记忆中最大的地震(毁灭了亚洲 12 座城市)，外高卢部落的人祭，一只海豚背着一个男孩定期上下学的传说。他还描述了各种异国怪物，包括前额中央有一只眼睛的阿里马斯皮人(Arimaspi)、用恶目扫视置人死地的伊利里亚人(Illyrians)和只有一条腿但能快速跳行的独脚人(Monocoli)。(图 7.3)①

142 忽视老普林尼《博物志》中的奇事要素是错误的，不理会其更平凡的普通内容也是错误的。老普林尼对天文学和宇宙论的论述便是后者的一个范例。② 他描述了天球和地球以及用来绘制它们的圆。他知道行星自西向东沿黄道带运行，也知道此过程的大致周期；他描述了行星的逆行，报告了水星和金星与太阳的夹角分别保持在 22°和 46°以内。他讨论了月球的运动、月相和月食，并认为日食和月食取决于所涉天体的相对大小和由此投下的影子。

---

① Pliny the Elder, *Natural History*, trans. H. Rackham, W. H. S. Jones, and D. E. Eicholz, Ⅱ.25—37, Ⅱ.54, Ⅱ.86, Ⅶ.2, Ⅸ.8.

② Pliny the Elder, *Natural History*, trans. H. Rackham, W. H. S. Jones, and D. E. Eicholz, Ⅱ.6—22; Olaf Pedersen, "Some Astronomical Topics in Pliny"; Bruce S. Eastwood, "Plinian Astronomy in the Middle Ages and Renaissance."

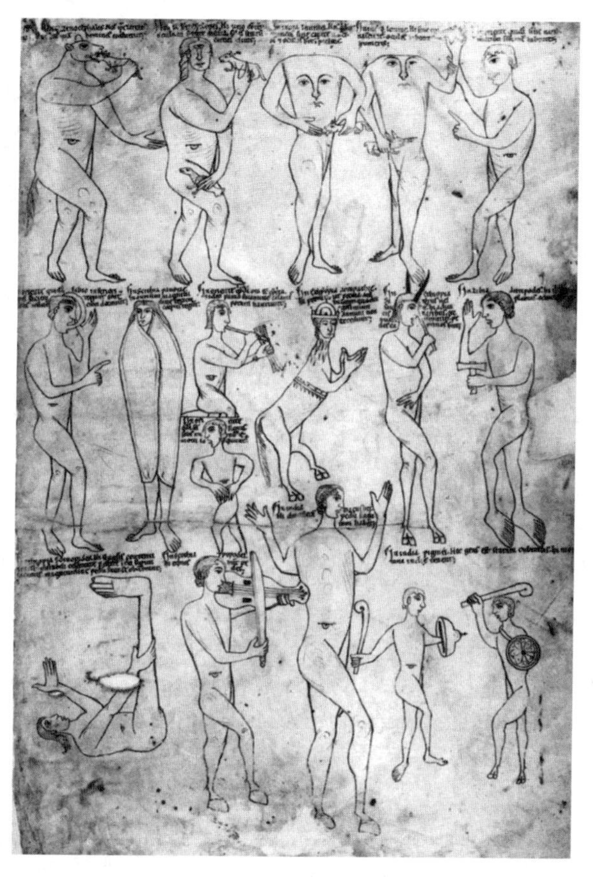

图 7.3　老普林尼描述的怪物。大英图书馆，MS Harley 2799，fol. 243r (12 世纪)。

关于地球的大小，老普林尼报告了埃拉托色尼所估算的地球周长：252000 斯塔德。就这样，老普林尼传播了大量宇宙论和天文学知识，尽管它们并不总是可靠，而且肯定不能满足数理天文学家的标准。他既没有借鉴数理天文学传统(例如，《博物志》的天文学章节并未显示出希帕克斯的影响)，也并非为天文学专家写作，而仅仅是力图向公众传播一些要点，这些人对复杂的观测或数学不感兴趣或者没有能力应对。

老普林尼并不是一个典型的罗马学者。在把巨大的精力投入收集信息方面，他显然无可匹敌。不仅如此，他的涉猎范围远远超出了之前任何一个罗马人（包括局限于九种技艺的瓦罗）。老普林尼在《博物志》序言中正确地指出，他第一次试图在一部作品中讨论整个自然界。虽然《博物志》有时显得肤浅，但我们可以把它当成一个有用的标准去了解那些有教养的罗马人（至少是老普林尼之后）有可能知道些什么。此外，《博物志》流传了下来，其他许多普及性著作却佚失了，这一事实有助于我们确定中世纪早期学问的水平和内容。

我们前面讨论的罗马百科全书试图把出自许多不同文献的大量信息收入同一部著作。但罗马也发展出一种评注传统，其叙述的结构和相当一部分内容源自某一权威文本。这种传统表明了一种古代倾向，即把某些可敬的权威文本当作知识库，并且根据阅读
143 和解释这些文本的能力来衡量学问。罗马评注传统的一个重要例
子是马克罗比乌斯（Macrobius，活跃于5世纪上半叶，约比老普林尼晚350年）的《〈西庇阿之梦〉评注》（*Commentary on the Dream of Scipio*）。该书利用西塞罗的《西庇阿之梦》来阐释新柏拉图主义哲学，在中世纪早期流传极广。我这里不准备讨论它的内容，只是提到一点：马克罗比乌斯在这部著作中阐述了一种主要受柏拉
144 图主义启发的全面的自然哲学，有许多章节讨论的是算术、天文学
和宇宙论。①

---

① Gersh, *Middle Platonism and Neoplatonism*, chap. 7; Macrobius, *Commentary on the Dream of Scipio*, trans. William H. Stahl; Stahl, *Roman Science*, pp. 153—169.

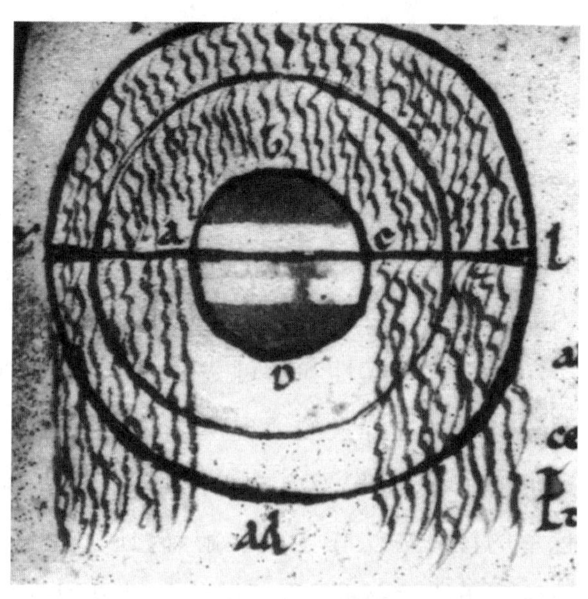

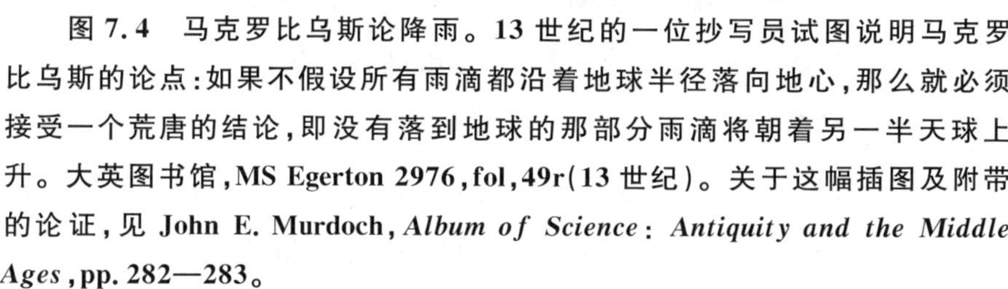

图 7.4　马克罗比乌斯论降雨。13 世纪的一位抄写员试图说明马克罗比乌斯的论点：如果不假设所有雨滴都沿着地球半径落向地心，那么就必须接受一个荒唐的结论，即没有落到地球的那部分雨滴将朝着另一半天球上升。大英图书馆，MS Egerton 2976，fol，49r(13 世纪)。关于这幅插图及附带的论证，见 John E. Murdoch，*Album of Science*：*Antiquity and the Middle Ages*，pp. 282—283。

最后我们还要考虑一位罗马编纂者，因为他使我们领略到罗马帝国晚期学校中能找到的最高的数学技艺，而且他的著作是中世纪最流行的学校教科书之一。马提亚努斯·卡佩拉(Martianus Capella，约 410—439)可能是来自迦太基城的北非人，因此，他也使我们想起了罗马帝国晚期各行省(特别是北非的那些行省)强大的学术传统。他很有影响的著作是一部讽喻作品，名为《菲劳罗嘉与默丘利的联姻》(*The Marriage of Philology and Mercury*)，描写了在一个天界的结婚仪式上，七位女傧相向参加婚礼的宾客概述她们各自所代表的自由技艺。①

书中展示的第一种数学技艺是几何学。马提亚努斯借女傧相几何学之口概述了欧几里得《几何原本》最精彩的部分，包括大部分定义、所有公设以及《几何原本》开篇所提出的五条公理中的三条(见第五章)。马提亚努斯讨论了平面图形以及包括五种柏拉图正多面体在内的立体图形，并对它们作了分类；定义了直角、锐角和钝角；并论及比例、可公度性和不可公度性。但这一章的主要部分讨论的是源于老普林尼等人的地理学学说。马提亚努斯先是给出了大地是球形的证据；报告了埃拉托色尼估算的地球周长数值，但对埃拉托色尼的计算方法作了错误解释；还论证了地球是宇宙的中心。他讨论了五个气候带，将可居住的世界划分成三大洲(欧洲、亚洲和非洲)，进而快速浏览了已知世界(基本上是老普林尼类似讨论的简缩本)。

接下来是算术。马提亚努斯先是基本以毕达哥拉斯主义的口吻论述了前十个数，解释了每一个数的效力和与他物的联系、与之相关的神以及数与数的关联。例如，

> 3是第一个奇数(在马提亚努斯看来，一算不上奇数)，必须被视为完美的。它是第一个容许有开始、中间和结束的数，它将中间的中数与始端和末端联系起来，与相等的间隔联系起来。数3代表命运三女神和美惠三女神，还代表据说是"天

① 关于马提亚努斯，见 Stahl et al., *Martianus Capella*, 1:9—20。这本书也包含着对《菲劳罗嘉与默丘利的联姻》的完整翻译以及伴随的评注。

> 堂和地狱的统治者”的某位贞女。其完美性的进一步暗示是，145
> 由这个数产生出完美的数字 6 和 9。它值得尊重的另一个标志是祈祷和奠酒要进行三次。时间的概念有三个方面，因此占卜以 3 来表达。数 3 也代表着宇宙的完美。①

马提亚努斯进而对数作了分类，并且讨论了它们的纯数学性质。他将数定义为素数（除 1 以外不能被任何数整除的数）和合数；偶数和奇数；平面数和立体数；完全数、亏数和盈数。例如，完全数是因子之和等于该数的那些数（1＋2＋3＝1×2×3＝6）；亏数是因子之和小于该数的那些数（1＋2＋7＜14）。马提亚努斯还对各种比或比例进行了定义和分类。例如，8 与 6 之比是超三分之一（supertertius），因为第一个数比第二个数大三分之一；根据类似的推理，6 与 8 之比是欠三分之一（subtertius）。

马提亚努斯在论述天文学时首先提到了埃拉托色尼、希帕克斯和托勒密，他知道这些人的名声，但无疑从未见过他们的著作。他的天文学一章包含了基本的宇宙论和天文学信息，这些信息可能出自瓦罗、老普林尼等人的著作。② 他定义了天球及其主要圆周；描述了黄道带，将其分成 12 宫，每个宫 30°；对主要星座做了命名和编目；确认了传统的 7 颗行星，并且比通常的手册文献更

① 关于马提亚努斯，见 Stahl et al.，*Martianus Capella*，2：278. 对完全数的定义见下。根据 Stahl 的说法，马提亚努斯把 9 看成完全数（违反了欧几里得的定义）是暗示对它的“尊崇”。

② 关于马提亚努斯天文学知识的来源有大量讨论，见 ibid.，1：50—53；Eastwood，“Plinian Astronomy in the Middle Ages and Renaissance，” pp. 198—199。

加精细地描述了它们的主要运动。例如，他显示出对于行星自西向东沿黄道运转的大致周期的准确认识，并且很好地掌握了外行星的逆行。这一章最有趣也最有影响的特征之一是马提亚努斯对内行星——水星和金星——的讨论，他明确为这两颗行星指定了绕太阳运转而不是绕地球运转的轨道。他写道："金星和水星根本不围绕地球运转，而是围绕太阳运转。"然而，至于它们是沿同心轨道还是沿交叉轨道围绕太阳运转，相关文本模糊不清（见图 7.5）。11 个世纪之后，哥白尼将会引用马提亚努斯来支持

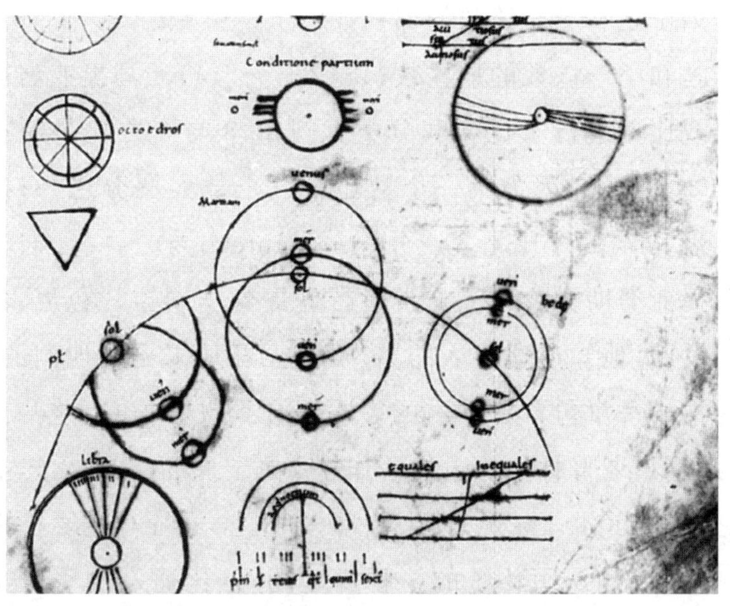

图 7.5　把握马提亚努斯·卡佩拉所论述的金星和水星相对于太阳的运动的尝试。图的中右位置是金星和水星沿着互不相交的同心日心轨道上运转。图中央是两颗行星沿着非同心的相交轨道围绕太阳运转。此图摘自马提亚努斯《菲劳罗嘉与默丘利的联姻》在公元 9 世纪的一个抄本。藏于巴黎国家图书馆，MS Lat 8671，fol. 84r。

他自己天文学体系的这个特征。①

翻　　译 146

罗马与其希腊邻邦(很快便臣服于罗马)进行早期文化接触时,学术交流很通畅。会说双语的人不少,境外旅行或学习的机会众多,希腊教师很容易找到,这些都使有教养的罗马人得以参与希腊思想传统。语言能力较差或志向不高的人可以阅读用拉丁文写成的普及著作和几部译作。后者包括上述西塞罗翻译的柏拉图的《蒂迈欧篇》和阿拉托斯的《现象》。

到了 2 世纪末,原本有利于学术和学问的环境开始恶化。奥
勒留皇帝去世后(公元 180 年),两个世纪的和平稳定被政治骚乱、 147
内战、城市衰落和经济灾难所打断。从大约 250 年开始,帝国边境蛮族的进攻和入侵成了又一个威胁。这一系列事件导致经济政治活力的丧失和生活境况的普遍恶化,上流社会尤其如此。奴隶劳动力供给不足以及(由于瘟疫、战争和出生率下降)人口普遍减少导致经济恶化,从而剥夺了人们的闲暇,而对于严肃的学术工作来说,闲暇是必不可少的。影响西方学术的另一个问题是与希腊东

① 对由此产生的争论的讨论,见 Bruce S. Eastwood,"Kepler as Historian of Science: Precursors of Copernican Heliocentrism According to *De revolutionibus* I,10"; Eastwood,"Johannes Scottus Eriugena,Sun-Centered Planets,and Carolingian Astronomy"。关于马提亚努斯,另见 Eastwood,"Invention and Reform in Latin Planetary Astronomy"。引文出自 Stahl et al.'s translation: *Martianus Capella and the Seven Liberal Arts*,vol. 2,p. 333。

方的交流正在减少。到了3世纪末和4世纪，罗马帝国在行政上被分为东西两部分。这两部分的分裂日益加剧，拉丁西方逐渐失去了与希腊东方的重要接触，希腊东方逐渐转变成现在俗称的“拜占庭帝国”。在这种情况下，东西方之间的思想连续性明显减弱。为了结构上的清晰，我们先来追溯罗马（拉丁）西方的发展，本章结束时再回到希腊东方。

随着东西方的分裂日益加剧，西罗马帝国的双语能力和基本读写能力逐渐衰落，如何弄懂希腊学问开始成为问题。这并不意味着东西方已经完全断绝了联系，而只是说这种联系变得愈发薄弱而不稳固。罗马帝国晚期的一些人意识到了这种日益增长的危险，试图将一些更基本的希腊哲学文献译成拉丁文，以减小这种危险可能带来的冲击。其中有两个人在科学史上特别重要。[①]

一位是卡尔西迪乌斯（Calcidius），我们对他的生平几乎一无所知，甚至连他的年代都不能确定，尽管有几句话暗示他可能生活在公元4世纪末。[②] 但不管怎么样，他把柏拉图的《蒂迈欧篇》从希腊文译成了拉丁文；是他的译本而不是西塞罗的译本流传到了中世纪，并且被等同于中世纪的柏拉图主义。译文附有很长的评注，卡尔西迪乌斯在其中利用意见汇编传统和古代晚期哲学家的思想对柏拉图的宇宙论思想作了解释和详述。

另一位翻译家波埃修（Boethius，480—524）大致生活在一个世

---

① 关于其他翻译家及其译作的列表，见 Marshall Clagett，*Greek Science in Antiquity*，pp. 154—156.

② 关于这个问题，见 Gersh，*Middle Platonism and Neoplatonism*，pp. 421—434。Gersh 还讨论了卡尔西迪乌斯的哲学立场。

纪后，此时罗马已经陷落，受蛮族统治。波埃修出生于罗马贵族家庭，他积极参与国家大事，曾在东哥特国王狄奥多里克（Theodoric）统治时期担任政治要职，后被控犯叛国罪而处死。我们对波埃修所受的教育一无所知，但其职业生涯表明，罗马元老院阶层内部一 148
直残存着希腊思想传统。波埃修告诉我们，他决定把他能够找到的柏拉图和亚里士多德的著作尽可能地介绍给拉丁人，并把他们的哲学调和起来。他翻译了亚里士多德的若干逻辑学著作（被统称为“旧逻辑”）、欧几里得的《几何原本》和波菲利（Porphyry）的《亚里士多德逻辑学导论》（*Introduction to Aristotle's Logic*），还根据希腊原始文献写了几本手册，讨论的是包括算术和音乐在内的几种自由技艺。①

波埃修于公元524年被处死，此时拉丁西方已经与原始希腊科学和自然哲学基本断绝了联系。拉丁西方只拥有柏拉图的《蒂迈欧篇》、亚里士多德的一些逻辑学著作以及其他几部零星著作，而且它们很可能都没有广泛流传。除此以外，拉丁西方对希腊成就的了解主要以评注、手册、纲要和百科全书的形式存在。罗马对希腊古典传统的保存和传承浅显而有限。

基督教的角色

迄今为止，我们一直没有考虑一个情节，即基督教起初是罗马

① 关于波埃修，见 Lorenzo Minio-Paluello，“Boethius，Anicius Manlius Severinus”；Gersh，*Middle Platonism and Neoplatonism*，chap. 9；Clagett，*Greek Science in Antiquity*，pp. 150—153。

帝国偏远一隅的一个很小的犹太教派，3 世纪时却发展成一支重要宗教力量，4 世纪末则成为国教。本书并不打算研究这一非同寻常的运动的细节。[①] 对我们而言重要的是，基督教在罗马帝国晚期开始扮演一种强大的宗教角色。由此便引出了我们现在要来探讨的问题，即基督教会的存在和统治如何影响了人们对自然的认识和态度？18、19 世纪发展起来并且在 20 世纪广为宣传的标准回答坚称，基督教严重阻碍了科学的进展，使科学事业陷入了混乱，以致科学历经千年而未能从中恢复。我们将会看到，真实情况绝非如此，而且要复杂和有趣得多。[②]

时常有人指责教会基本上是反智的，教会领袖重信仰轻理性，重无知轻教育。其实，这是极大的歪曲。虽然初看起来，基督教似乎吸引的是穷人和被剥夺公民权的人，但它很快便触及上流社会，
 149 包括那些受过教育的人。基督徒很快就意识到，要想阅读《圣经》，就必须培养读写能力；从长远来看，基督教后来成为拉丁西方教育的主要资助者和古典思想传统的主要借鉴者。诚然，教父们所偏爱的教育类型和层次及其看重的思想成就都是他们认为有助于教会传教的东西，但有趣的是，这种传教并不包含对科学研究和科学思想的压制。

---

① 例如见 Henry Chadwick，*The Early Church*。

② 关于这一主题，见 David C. Lindberg："Early Christian Attitudes toward Nature"；Lindberg，"Science and the Early Church"；Lindberg，"The Medieval Church Encounters the Classical Tradition：St. Augustine，Roger Bacon，and the Handmaiden Metaphor"；Lindberg，"Science and the Medieval Church"。

教会之所以发展出自己的一种严肃的思想传统(就像在2、3世纪时那样),是想要面对那些有学问的敌手为基督教信仰辩护(这种事业被称为"护教学")和发展基督教教义。为此目的,希腊哲学中发展起来的逻辑工具被证明是必不可少的。不仅如此,柏拉图哲学的某些方面似乎与基督教教义关联得很好,因而能为后者提供支持。例如,柏拉图坚定捍卫神意和灵魂不朽;更重要的是,柏拉图的巨匠造物主看起来像是对异教多神论的一神论回应;这个巨匠造物主略加延伸就可以被视为基督教的造物主——上帝。2、3世纪出现了一批基督教护教学者,他们将希腊哲学尤其是柏拉图主义用于基督教。①

但这种发展并不能让所有人满意。一些基督徒认为希腊哲学传统是谬误之源而非真理之源。只要有一位柏拉图能够创造出一种与基督教神学相容的哲学,就有一位亚里士多德和伊壁鸠鲁,其世界观与基督教教义中最重要的学说截然相反。德尔图良(Tertullian,约155—约230)出生于罗马帝国统治下的非洲迦太基,他将哲学斥为异端邪说的根源,并对那些试图根据斯多亚派和柏拉图主义思想来建立基督教学说的人提出了警告。不过,另一个北非人奥古斯丁(Augustine,354—430)的态度更为典型。面对希腊哲学和科学,他的心态很矛盾——既担心它们会煽动异端,又认为它们是了解自然界的最佳工具(即使不是唯一的工具)。根据奥古

① 特别参见 Henry Chadwick, *Early Christian Thought and the Classical Tradition*; Charles N. Cochrane, *Christianity and Classical Culture*; A. H. Armstrong and R. A. Markus, *Christian Faith and Greek Philosophy*。

斯丁颇具影响的看法，哲学将成为宗教的婢女——不是要消灭哲学，而是要培育、规训和利用哲学。

自然哲学不能与其余的哲学相分离，因此，它与整个哲学有相同的命运。和对待一般哲学一样，早期教会思想领袖对自然哲学
150 看法不一：从不信任和厌恶到欣赏和热爱，不一而足。信仰其他宗教的人也有这些不同看法。奥古斯丁在很大程度上决定了中世纪的态度，他告诫读者要关注天上永恒的东西，而不要关心地上暂时的东西。但他承认，通过提供有助于正确解释《圣经》和发展基督教教义的自然知识，暂时的东西也能为永恒的东西服务。奥古斯丁本人的著作，包括其神学著作，表明他对希腊自然哲学十分了解。和更一般的哲学一样，自然哲学也发挥着婢女的职能。①

这是一种对科学事业的打击，还是怀着欢迎态度对它所作的温和支持？这主要取决于我们对这个问题的态度和期望。如果我们将早期教会与现代的研究性大学或国家科学基金会相比较，那么教会绝对不是科学和自然哲学的支持者。但这种比较显然是不公平的。而如果我们把早期教会对自然研究的支持与同时代其他社会机构所提供的支持相比较，就会明显看出，教会是科学学问的主要赞助者。其赞助也许是有限的和选择性的，但有限的选择性赞助与毫无赞助有天壤之别。

---

① 奥古斯丁在这一隐喻中使用了女性（婢女而不是男仆），这与女性地位更低的观念毫无关系，而是源于拉丁语名词“哲学”*philosophia* 是阴性。“神学”*theologia* 也是阴性。

然而，决意要把早期教会视为科学进步之障碍的批评者可能会提出，自然哲学的婢女地位与真正科学的存在是不一致的。这位批评者可能会强调，真正的科学不能是任何东西的婢女，而必须拥有完全的自主性；因此，奥古斯丁所追求的这种“被规训的”科学根本不是科学。事实上，这种抱怨是无效的：完全自主的科学是一种吸引人的理想，但我们并未生活在一个理想世界。科学史上许多最重要的发展都是由这样一些人作出的，他们所从事的科学并非自主，而是为某种意识形态、社会纲领或实际目的服务；在科学史的大部分时间里，问题并不在于科学是否充当了婢女，而在于为哪一位主人服务。

罗马和中世纪早期的教育

教会赞助学问的方式之一是创办和扶持学校。我们已经触及过罗马的教育，现在让我们更仔细地考察一下西罗马帝国的学校以及后来取代它们的中世纪早期学校。①

罗马提供的教育有不同层次，随着层次的升高，学生数量锐
减。初等教育一般是家庭的职责，由一位家长或家庭教师主管，教 151

① 关于罗马的教育，特别参见 Stanley F. Bonner, *Education in Ancient Rome*; H. I. Marrou, A History of Education in Antiquity; N. G. Wilson, Scholars of Byzantium, esp. pp. 8—27; Robin Barrow, *Greek and Roman Education*。关于中世纪早期的教育，见 Pierre Riché, *Education and Culture in the Barbarian West, Sixth through Eighth Centuries*; M. L. W. Laistner, *Thought and Letters in Western Europe*, A. D. 500—900, new ed., chaps. 2—3。

孩子(从大约 7 岁开始)读写和计算。如果需要或喜欢,也可以上有所组织的小学。女孩的教育到此为止;男孩到了 12 岁左右如果要继续接受教育,会被送到一位语法学家那里学习拉丁语语法和文学(特别是诗歌)。文学的学习不仅可以传授写作技能和文体知识,而且可以通过所研究著作的内容而灌输一种宽泛的文化教育。到了 15 岁左右,他需要到修辞学校学习修辞学家的技能。在那里,学生掌握公开演说的理论和技巧,从而为政治或法律职业做准备。要想超越这种层次的教育(这是很罕见的),就需要师从某位哲学家从事高等研究;特别富有或志向远大的人可能会这样做,但其间只能使用希腊语。在这种教育背景下,自然哲学和数学科学只可能得到有限的关注:它们可能出现在语法学家或修辞学家的教学中,而在哲学家的教学中可能会更突出一些。实际教导很少会超过马提亚努斯·卡佩拉的《菲劳罗嘉与默丘利的联姻》所达到的水平。

罗马人的教育起初是私人活动,依赖于父母和家庭教师的主动性。学校可以设在各种环境中,包括家里、租用的店铺、公共建筑和露天。后来一个受地方和皇家支持的体系发展起来,大城市大都为教师设立了有偿职位,不仅在意大利,而且在西班牙、高卢和北非等行省都有。有偿职位提供给语法学家和修辞学家,偶尔也提供给哲学家。鼎盛时期的罗马自诩有一个教育体系,能为整个帝国上流社会成员提供极好的教育机会。

随着西罗马帝国的衰落,其教育体系也衰落了。入侵、内乱和经济崩溃致使曾经有利于学校和教育的环境越来越恶化,特别是城市活力丧失，规模减小，一直资助学校的上流社会成员财富减少，影响力下降。4、5 世纪占领罗马帝国的日耳曼部落对教育的冷漠和忽视也是重要因素。不过，恶化是逐渐的而不是突然的，特别是在地中海沿岸地区。罗马统治时期的不列颠和 152
北高卢很快便与古典传统失去了联系，但在罗马、意大利北部、高卢南部、西班牙和北非，学校和思想生活继续存在着（即使并不繁荣）。

基督教与古典教育灭亡之间的关系是一个极为困难和复杂的问题。正如我们所见，一些教会领袖对古典教育的异教内容深感忧虑，并谴责学校是一种威胁。在学校学习的文献往往是多神论的，依照基督教的标准来看也是邪恶的；它肯定没有圣诗或耶稣登山宝训那种启迪性。因此，我们预料教会可能会很快建立另一种基督教教育体系；即使这种情况没有发生，当基督教成为国教时，我们也预料异教学校会彻底转变为基督教机构。然而，这两种情况都没有发生。事实上，大多数早期教父都很看重自己所受的古典教育，他们虽然意识到了古典教育的缺陷和危险，但并未设想出切实可行的方案来替代它；因此，他们非但没有拒绝学校的古典文化，反而努力吸收它、依赖它。许多基督徒继续将孩子送到罗马学校，一些有教养的基督徒作为语法、修辞和哲学教师参与到那些学校之中（就像宗教人士参与到现代世俗教育之中一样），这无疑使其基督教信念和情感在一定程度上影响了课程，但教育并没有从根本上脱离古典传统。而神职人员出自那些已经完成了语法甚至修辞学习的人，他们需要在神学和教义方面接受一段时间的非正式教育，这可以通过一个学徒过程来实现，也可以

在一个由主教负责的、旨在培养皈依者和未来神职人员的主教学校中学习。

但参与到学校之中并不等于无条件的热爱和全心全意的支持。关于古典教育的价值和适当性，教会始终心态矛盾，意见不一。教会虽然愿意利用学校，但不大可能特地把学校从促使其灭亡的各种力量中拯救出来，特别是如果有另一种可被接受的教育形式出现的话。这种新的教育形式出现于 5 世纪，它是隐修生活的副产品。

基督教的隐修生活出现在 4 世纪的拉丁西方。隐修院迅速扩展，为那些希望远离尘世、追求神圣的基督徒提供了隐居处。公元 6 世纪的圣本笃（St. Benedict，约卒于公元 550 年）在罗马南部的
154 卡西诺山（Monte Cassino）创建了一所隐修院，制定了规范修士生活的会规，这些会规后来在西方隐修生活中被广泛采用。本笃会会规规定了修士或修女生活的方方面面，要求他们把醒着的大部分时间用于礼拜、沉思和手工劳作。礼拜包括阅读《圣经》和祈祷文献，而这需要读写能力。本笃会会规也为所有修士和修女指定了书籍、刻写板和书写工具。隐修院既然接收（父母送来过隐修生活的）孩童，就有义务教他们读书——尽管在隐修生活的早期，正规的隐修学校很少发生这种情况。隐修院也发展出了图书馆和缮写室（抄写员在这里抄写隐修团体所需的书籍）。①

① 关于隐修院制度和隐修院学校，见 Jean Leclercq，O. S. B.，*The Love of Learning and the Desire for God：A Study of Monastic Culture*；Riché，*Education and Culture*，chap. 4。

图 7.6　隐修院图书馆中的修士。佛罗伦萨圣劳伦兹美第奇图书馆，阿密亚提努斯手卷(Codex Amiatinus)，7—8 世纪。

起初，隐修院中的教育仅仅是为了满足隐修团体的内部需要。它由隐修院院长或一个受过教育的修士统管，旨在提供宗教生活所需的读写能力，从而最终提高灵性。经常有人称，随着古典学校的消失，隐修院感受到了来自当地社会名流和贵族越来越大的压力，他们要求为自己那些并非天生要做修士或修女的孩子提供教育，为此，隐修院创建了“外部学校”(external school)。然而事实上，没有证据表明9世纪前隐修院中有这种外部学校存在，此后这种做法似乎也极为罕见。如果我们发现有受过隐修院教育的人在教会和国家中担任行政职位，那并不是因为隐修院开始通过外部学校来教育俗众，而是因为世俗学生有时被允许进入隐修院的内部学校，但更是因为隐修院网罗了大量有才能的人(为隐修目的而接受教育)，这些人只需稍作调整，就能服务于隐修院以外的事务。①

历史学家争论的另一个问题是古典学问在多大程度上进入了隐修院。这种争论也许源于隐修院之间的差异，或者源于讨论过隐修院学问这一主题的中世纪作者之间的差异。能够确定的是，隐修院强调精神的发展以及所有被认为有助于这种发展的东西。《圣经》是教育计划的核心，《圣经》评注和灵修书籍为《圣经》文本作了补充。被普遍认为不相干或危险的古典异教文献并不突出。
155 但也有许多例外。事实上，我们经常发现，恰恰是那些谴责异教文献的人在使用这些文献。奥古斯丁告诫基督徒要借鉴异教文献中那些真实有用的东西，这似乎经常被人注意；对源于隐修院的著作所作的考察表明，这些著作对古代文献的了解惊人地广泛(即使是有选择的)。对数学四艺的研究很少超出最初级的水平，但这种概括也有不少例外。

---

① 反对隐修院外部学校激增的证据可见于 M. M. Hildebrandt, *The External School in Carolingian Society*。

关于古典学问进入隐修院，一个很好的例证可见于公元 6 世纪以后的爱尔兰(对此，我们并无恰当的历史解释)。我们发现古典异教作者在那里受到了极大关注。那里的人认识一些希腊文，(特别是被应用于历法的)数学四艺得到了良好发展。①

证明隐修院并非漠视古典教育的另一个明显例子是威瓦里姆(Vivarium)隐修院，它是由罗马元老院阶层的一位成员卡西奥多鲁斯(Cassiodorus，约 480—575)退出公务后创建的。卡西奥多鲁斯在其隐修院建了一个缮写室，旨在将希腊文著作译成拉丁文，并使学习成为修士日常生活的一个至关重要的部分。他还编写了一部隐修院学习手册，其中推荐了众多异教作者的作品，并分别对七艺中的每一门作了简要讨论。卡西奥多鲁斯生前似乎在威瓦里姆写的一部历法论著(这部论著保存了下来)表明这并非只是纸上谈兵。卡西奥多鲁斯显然也持有隐修士的那种普遍看法，即仅就世俗研究能够服务于神圣目的而言才可以从事这些研究，但与隐修运动的其他领袖相比，他认定的能够作出这种贡献的世俗研究的范围要大得多。②

这些例外很重要，但它们并不意味着其余多数隐修院不致力于精神追求。学问得到了培育，但只是就其能够服务于宗教目的而言。在这项事业中，科学和自然哲学的位置极为边缘，尽管不是

① Laistner，*Thought and Letters*，chap. 5. 爱尔兰人并不像 Thomas Cahill 在其迷人的流行著作《爱尔兰人如何拯救文明》(*How the Irish Saved Civilization*)中所说的那样“拯救文明”。爱尔兰的隐修院制度为中世纪早期的欧洲思想生活作出了重要贡献，但它并非唯一的、甚至也不是最重要的贡献。

② 关于卡西奥多鲁斯和威瓦里姆隐修院，见 James J. O'Donnell，*Cassiodorus*。

图 7.7 中世纪的抄写员在工作。牛津大学博德利图书馆，MS Bodley, fol. 36r(13 世纪)。

毫无位置。那么，隐修生活对于科学史的意义何在？我们为何要在本书中讨论它？这难道不是科学史上的“黑暗时代”——一个没有发生任何重要事情的时代吗？

毫无疑问，此时人们对于希腊自然哲学和数学科学的了解已经急剧衰落，中世纪早期(约 400—1000)的西欧对此鲜有原创性
156 的贡献。倘若想在这里找到新的观察材料或者对现有理论的有力批判，我们将几乎一无所获。创造性并不缺乏，但被引向了其他任务——生存，在一个野蛮而不适于居住的世界中追寻宗教价值，甚至(有时)会探讨自然知识在何种程度上能够应用于圣经研究和宗

教生活。因此，中世纪早期的宗教文化对于科学运动的贡献主要是保存和传播。当读写能力和学术遭到严重威胁时，隐修院充当了读写能力和孱弱的古典传统（包括科学或自然哲学）的传承者。157
如果没有隐修院，西欧拥有的科学不会更多，而会更少。

中世纪早期的两位自然哲学家

在结束对拉丁西方科学的这一考察之前，我们不妨举两个例子来说明中世纪早期对科学或自然哲学的贡献。更具体地说，我们要注意两个人，他们的名字已经变得与中世纪早期自然哲学和中世纪世界观同义。

塞维利亚的伊西多尔（Isidore of Seville，约 560—636）在西哥特人统治的西班牙由他的哥哥抚养长大和（可能在一所隐修院学校或主教学校）进行教育，后于公元 600 年接任他哥哥成为塞维利亚大主教。伊西多尔是公元 6 世纪末、7 世纪初的杰出学者，表明在他生活的那个时代，西哥特人统治的西班牙有较高水平的学问和文化。他的著作内容广泛，涉及圣经研究、神学、礼拜仪式和历史。他有两部著作令科学史家特别感兴趣：《物性论》（*On the Nature of Things*）和《词源》（*Etymologies*）。这些著作同时基于异教文献和基督教文献（包括卢克莱修、马提亚努斯和卡西奥多鲁斯等人的著作），传播了一种简要而浅显的希腊自然哲学。《词源》是整个中世纪最流行的著作之一，现存 1000 多份抄本。它通过对事物名称进行词源分析，对各种事物作了一种百科全书式的解释，包含七艺、医学、法律、计时和历法、神学、人类学（包括怪物)、地理学、宇宙论、矿物学和农学,等等。伊西多尔的宇宙是地心的,由四种元素构成。他认为大地是球形的,并显示出对行星运动有基本认识。他论述了天球各区、季节、日月的本性、大小以及食的原因。其自然哲学的一个显著特征是对占星术作了猛烈抨击。①

如果说我们对伊西多尔的思想形成不是很清楚的话,那么我们对可敬的比德(the Venerable Bede,卒于公元 735 年)的了解就要详细得多了。比德 7 岁进入诺森布里亚(Northumbria,位于英格兰东北部,靠近现在的纽卡斯尔)的韦尔茅斯(Wearmouth)隐修院,在那里毕生从事研究和教学。他起初是这所隐修院学校的

158 学生,后来成为学校校长。诺森布里亚的隐修院是爱尔兰隐修文化的直接产物,因此继承了爱尔兰人对四艺研究和古典作品的关切,但这些隐修院与当时最好的大陆学术也保持着接触。比德无疑是 8 世纪最有成就的学者,他的著作涉及隐修生活的方方面面,包括给修士用的一系列教科书。其最负盛名的著作是《英吉利教会史》(*Ecclesiastical History of the English People*)。他也写了一本《物性论》(*On the Nature of Things*,主要基于老普林尼和伊西多尔的著作)以及两本讨论计时和历法的教科书。后两本书旨

① 关于伊西多尔,见 Evelyn Edson, *Mapping Time and Space: How Medieval Mapmakers Viewed Their World*, pp. 36—50;Jacques Fontaine, *Isidore de Séville et la culture classique dans l'Espagne wisigothique*;J. N. Hillgarth,"Isidore of Seville, St"。两个时间较早但颇有影响的文献 Stahl,*Roman Science*, pp. 218—223 和 Ernest Brehaut, *An Encyclopedist of the Dark Ages: Isidore of Seville* 对伊西多尔作了不公平的、非历史的批判,比如未能理解他接受了地球的球形。

在规定修士们的日常事务，教他们如何确定宗教日历。比德在其中充分运用他所掌握的有限的天文学知识和历法论著，为后来所谓的“计算”(computus)科学奠定了坚实基础，并且确立了后来为整个基督教世界所采用的计时和纪历原则。①

伊西多尔和比德是本章所追溯的那种普及和保存传统的典型代表。他们力图保存古典学术遗存，并以可用的形式将其传到中世纪的基督教世界。但这种传统是否值得我们如此关注？在一本关于早期科学史的书中，它值得用一章的篇幅来讨论吗？假如科学史仅仅是伟大科学发现或重大科学思想的年表，那么伊西多尔和比德在其中将不会有任何位置，今天不会有任何科学原则以他们的名字流传。然而，如果科学史研究的是共同把我们引向当今科学的那些历史潮流（要想理解我们来自何方以及如何到达此处，就必须把握这些线索），那么伊西多尔和比德所从事的事业就是这种历史的重要组成部分。伊西多尔和比德都没有创造新的科学知识，但他们都在一个自然研究属于边缘活动的时代重述和保存了当时的科学知识。他们使学问度过了一段危险的艰难时期，从而得以延续；在此过程中，他们深刻影响了欧洲人在接下来几个世纪对自然的了解和思考自然的方式。这一成就或许缺少发现万有引力定律或提出自然选择理论的那种戏剧性，但对欧洲随后历史进程的影响绝对称得上是非比寻常的。

① 关于比德，见 Charles W. Jones,“Bede”; Wesley M. Stevens, *Bede's Scientific Achievement*; Edson, *Mapping Time and Space*, pp. 50—52; Peter Hunter Blair, *The World of Bede*, esp. chap. 24; Stephen C. McCluskey, *Astronomies and Cultures in Early Medieval Europe*。

希腊东方的学问和科学

当古典传统在拉丁西方渐渐衰落，自然哲学作为神学和宗教
159 的婢女稳定下来时，讲希腊语的东方发生了什么呢？① 虽然东方经历了许多和西方同样的不幸，比如遭到入侵、经济衰退和社会动荡，但后果没有那么严重。随着东罗马帝国逐渐脱离西方，更高层次的政治稳定得以实现，从而（最终）产生了我们现在所谓的拜占庭或拜占庭帝国，其都城在君士坦丁堡（今天的伊斯坦布尔）。君士坦丁堡在 1204 年之前并未被入侵者（拉丁十字军）占领，而罗马早在公元 410 年就遭到了（阿拉里克[Alaric]和西哥特人的）洗劫，这也说明了君士坦丁堡的相对稳定性。更稳定的社会政治意味着教育事业有更大的连续性。学校里的古典研究传统得益于古代作品的持续抄写以及新作品的翻译；当然，东方从来没有因为语言障碍而脱离原始的希腊学术文献。

从古希腊时代到 15 世纪被奥斯曼帝国征服，拜占庭科学的兴衰与其教育息息相关。学校教育有不同层次。在谱系的一端，初等教育围绕着传统七艺——三艺（语法、修辞、逻辑）和四艺（算术、

① 关于从大约 330 年到 1453 年的简明拜占庭帝国通史，见 Philip Whitting, ed., *Byzantium: An Introduction*。另见 *Dictionary of the Middle Ages* 中的以下文章：T. E. Gregory，"Byzantine Empire: History (330—1025)"；Charles M. Brand，"Byzantine Empire: History (1025—1204)"；John W. Barker，"Byzantine Empire: History (1204—1453)"。很不幸，拜占庭科学史被忽视了。除了 Anne Tihon 即将发表的"Byzantine Science"，我不知道有什么文献用西方语言对这一主题作了考察。

几何、天文和音乐)——来组织理论(但有很大变化)。在谱系的另一端,人们在雅典、亚历山大城和君士坦丁堡等主要城市可以拜师从事高等哲学或神学研究。尽管有无数变化,各个层次的教育都以保存现有知识(以古代文学经典的形式)为导向。这种教育方法为行政当局所强化,他们聘用有文化的文职人员时,更看重学识和对古典作品的广博知识,而不是实际的或专门的技能。①

柏拉图、亚里士多德和主要新柏拉图主义者的著作可以直接看到,或者通过评注得到。这三种传统的命运都与基督教在拜占庭的发展密切相关(到4世纪末,基督教是罗马帝国的官方宗教)。虽然哲学和科学不得不作出各种妥协,但并没有因此而隶属于神学。最常见的学术写作是对某个古代文本的评注,通常采用古代结构和古典时期的词汇,从而在学术写作与市井语言之间造成了语言隔阂。

特米斯修斯(Themistius,卒于约公元385年)在君士坦丁堡讲授哲学,并且担任了皇室后代的私人教师。他为《物理学》、《论天》和《论灵魂》等亚里士多德著作撰写了颇具影响的释义和概述。 160
雅典的新柏拉图主义者辛普里丘(Simplicius,卒于公元533年之后)决心调和柏拉图主义与亚里士多德主义,他也为这三部著作撰写了出色的评注。约翰·菲洛波诺斯(John Philoponus,卒于约公元570年)是一位在亚历山大城教书的基督教新柏拉图主义者,他为亚里士多德的《物理学》、《气象学》、《论生灭》和《论灵魂》写了评注。在这些评注中,他有意反对其同时代人辛普里丘,试图揭示

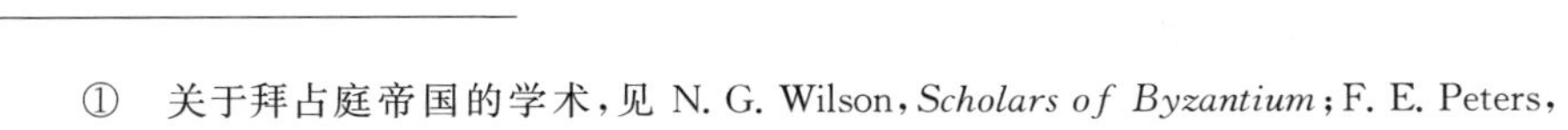

① 关于拜占庭帝国的学术,见N. G. Wilson, *Scholars of Byzantium*; F. E. Peters, *The Harvest of Hellenism*; L. G. Westerink, "Philosophy and Theology, Byzantine"。

亚里士多德学说的深层谬误，包括天界与地界的二分以及永恒宇宙的概念。他原创性地系统反驳了亚里士多德的运动理论，否认亚里士多德对抛射体运动的解释，也反对亚里士多德的一种观点，即重物在介质中的下落速度与其重量成正比。特米斯修斯、辛普里丘和菲洛波诺斯这三位哲学家的著作最终都被译成了阿拉伯语和拉丁语，从而影响了亚里士多德自然哲学的随后进程。①

四艺学科的教育很初等，集中于几部古代文本及其评注。计算是通过手算；虽然采用了十进制，但数仍然用希腊字母来表示，直到印度-阿拉伯数字在13世纪首次出现；即使在那时，旧的数制也没有迅速消失。② 在几何学领域，基本文本是欧几里得的《几何原本》及其评注。写作几何学著作的还有亚历山大城的希罗（Hero of Alexandria，活跃于60年），他以实践几何学的论著和机械装置的发明而为人所知。5世纪末、6世纪初，拜占庭帝国的几何专业知识激增。阿斯卡隆的欧托基奥斯（Eutocius of Ascalon，生于约480年）为阿基米德（约287—约311）的著作和阿波罗尼奥斯（活跃于公元前200年）的《圆锥曲线》（*Conics*）写了评注。差不多在同一时间，特拉勒斯的安提米乌斯（Anthemius of Tralles，卒

① 对拜占庭帝国亚里士多德的希腊评注者的讨论，见 Richard Sorabji 对 Christian Wildberg 翻译的 John Philoponus's *Against Aristotle on the Eternity of the World* 的一般介绍，pp. 1—17。关于特米斯修斯和辛普里丘，见 G. Verbeke's articles in the *Dictionary of Scientific Biography*；Ilsetraut Hadot, ed., *Simplicius: sa vie, son oeuvre, sa survie*。关于菲洛波诺斯，见 Richard Sorabji, ed., *Philoponus and the Rejection of Aristotelian Science*。

② 关于算术和数字，见 Heath, *History of Greek Mathematics*, I, 26—117; Boyer, *History of Mathematics*, pp. 272—273。

于公元 534 年）和米利都的伊西多尔（Isidore of Miletus，活跃于公元 520 年）显示出卓越的几何天赋，设计了君士坦丁堡宏伟的基督教堂——圣索菲亚大教堂（于公元 537 年完工）。安提米乌斯还写了一本论述抛物面聚光镜的书，而伊西多尔连同一批志同道合的学者对阿基米德的著作及其保存产生了兴趣。后一活动的结果是，有几部阿基米德的论著被从希腊语译成了当时的本国语，从而促进了它们的复兴。①

地理学知识常被视为几何学的产物，主要依据的是罗马地理学家斯特拉波（Strabo，约公元前 64—21）的《地理学》（*Geographia*）。拜占庭几乎没有什么地理学或制图学成就，直到托勒密的《地理 161
学》于 1295 年左右被马克西姆斯·普兰努德斯（Maximus Planudes，约 1260—1310）重新发现为止，这一发现彻底改变了拜占庭的地理学和制图学。大约一个世纪后，托勒密的《地理学》被译成拉丁文，也同样彻底改变了西欧的地理学和制图学。②

在结束拜占庭地理学这一主题之前，我们必须提到一个最终成为拜占庭作家的人，即印度旅行者科斯马斯（Cosmas Indicopleustes，活跃于公元 540 年）。他自学成才，是一个游历广泛的商人。皈依基督教后，他从字面上解释《圣经》中的某些章节，相信大地是平的——大地是平坦的长方形，包含了恒星和行星的天穹覆盖其上。他在《基督教地形学》（*Christian Topography*）一书中对

---

① Boyer, *History of Mathematics*, pp. 111—131; Tihon, "Byzantine Science." 关于安提米乌斯和伊西多尔的成就，见 G. L. Huxley, "Anthemius of Tralles"; Ivor Bulmer-Thomas, "Isidorus of Miletus"。

② 关于中世纪地理学的更多内容见本书第十一章。

此作了发展，用各种论证来捍卫其平坦大地的理论。科斯马斯在拜占庭并非特别有影响，但对我们很重要，因为他常被用来支持一种说法，即所有（或大多数）中世纪人都相信自己住在平坦的大地上。这种说法（本书读者必须知道）是完全错误的。事实上，科斯马斯是据我们所知唯一一个为一种平坦大地宇宙论作辩护的中世纪欧洲人。我们可以有把握地说，所有受过教育的西欧人（几乎百分之百受过教育的拜占庭人）以及船员和旅行者都相信大地是球形。那个前哥伦布时代的神话是美国随笔作家华盛顿·欧文（Washington Irving）在19世纪20年代的发明，这个神话说，以前的人都相信地球是平的，最后哥伦布消除了这种信念。①

拜占庭帝国的天文学史就是托勒密的两部著作——《天文学大成》和《实用天文表》（*Handy Tables*）——及其众多评注的历史。亚历山大城的塞翁（Theon of Alexandria，活跃于公元375年）是最著名的评注家——虽然可能没有他的女儿希帕提娅（Hypatia）出名，希帕提娅是一流的数学家和哲学家，因其异教信仰而遭到一伙基督教暴徒袭击和杀害。② 到了11世纪，比希腊天

① 任何受过教育的人都知道，柏拉图曾经宣称、亚里士多德曾经证明大地是球形。关于科斯马斯，见 Dilke，"Cartography in the Byzantine Empire，" pp. 261—263；以及 Winstedt，*The Christian Topography of Cosmas Indicopleustes* 导言。该书也包含了科斯马斯"Christian Topography"的完整希腊文本。美国随笔作家和小说家华盛顿·欧文于19世纪20年的在其 *A History of the Life and Voyages of Christopher Columbus*，4 vols.（出版于巴黎，尽管是用英语写的）中创造了这则神话。关于平坦大地理论的更多内容，见 Russell，*Inventing the Flat Earth*；Christine Garwood，*Flat Earth：The History of an Infamous Idea*。

② 关于塞翁和希帕提亚，见 G. J. Toomer，"Theon of Alexandria"；Edna E. Kramer，"Hypatia"。

文学更加复杂和准确的伊斯兰和波斯天文学著作的传入使拜占庭天文学得以丰富:出现了更准确的新天文数据(包括《托莱多星表》[Toledan tables]的一个改编本)、计算天文现象的更好的新方法以及一种重要的天文仪器——星盘。①

拜占庭天文学家对天文学传统的最后一项贡献来自红衣主教约翰内斯·贝萨里翁(Johannes Bessarion,1403—1472)。15 世纪 60 年代,为了已分裂数百年的罗马天主教会与希腊东正教会的合一,贝萨里翁来到维也纳,在那里他与两位年轻的天文学教授成了朋友,即格奥尔格·普尔巴赫(Georg Peurbach,1423—1461)和普尔巴赫的学生约翰内斯·雷吉奥蒙塔努斯(Johannes Regiomontanus,1436—1476)。1453 年,土耳其人攻陷君士坦丁堡,这促使 162
贝萨里翁力争保存尽可能多的希腊思想遗产。一个成果便是普尔巴赫和雷吉奥蒙塔努斯用拉丁文写成的《〈天文学大成〉概要》,它本质上是一个评注,对以往所有关于托勒密《天文学大成》的评注作了改进,并"为哥白尼提出日心说提供了概念上的关键踏脚石"。②

拜占庭的一部分科学工作扩展到植物学、医学和动物学等领域。其最大贡献也许是保存了迪奥斯科里德斯(Dioscorides,1 世纪)的《药物论》(*De material medica*),其中仔细描述了 600 多种植物以及各种动物产品和近百种矿物。还有各种动物学著作,包括一部对亚里士多德动物论著的评注。但流传最广的动物学手册

① Anne Tihon,"Byzantine Science." 关于星盘,见本书第十一章。

② Edward Rosen,"Regiomontanus,Johannes";J. D. North,*The Norton History of Astronomy and Cosmology*,pp. 253—259. 关于引文,见 Michael Shank,"Regiomontanus on Ptolemy,Physical Orbs,and Astronomical Fictionalism",即将发布。

是一部由佚名作者所作的基督教动物寓言集《自然学家》(*Physiologus*,约公元 200 年),其中收集了有关动物的知识和神话(第十三章会有更详细的讨论)。最后,拜占庭有一项惠及全人类的贡献:早在 4 世纪,拜占庭就出现了医院,它是提供医疗保健和治愈机会的机构,而不仅仅是一个死亡之所。①

我们应当如何理解这一切?随着古希腊罗马世界在古代晚期的衰落,它分裂成两条通路——两条平行的思想潮流。起初拜占庭当然有思想上的优势,但西方后来居上,11、12 世纪时将大量希腊文和阿拉伯文著作译成了拉丁文。这两种潮流所特有的思想文化也各不相同,拜占庭人强调保存古代哲学科学遗产,而拉丁基督教世界(从 12 世纪开始)则尝试吸收大量新材料。两条通路之间偶尔的渗透促进了东西方的思想成果的相互传播。拜占庭对西方有一些馈赠:菲洛波诺斯对亚里士多德物理学的重要批评,迪奥斯科里德斯杰出的植物志,托勒密的地理学和天文学。而这种天文学以普尔巴赫和雷吉奥蒙塔努斯《〈天文学大成〉概要》的形式深刻影响了哥白尼,并通过他深刻影响了欧洲宇宙的重建。因此,两种传统均以自己的方式帮助保存了古典传统,从而留给后人一份遗产。正是基于它所提供的许多资源(事实的和理论的),16、17 世纪才出现了蓬勃发展的科学运动。②

---

① 关于本段讨论的主题,见 Tihon,"Byzantine Science"。关于医院,另见 Michael W. Dols,"Origins of the Islamic Hospital: Myth and Reality," pp. 382—384; Timothy S. Miller, *Birth of the Hospital in the Byzantine Empire*。

② 对最后一句话观点的详细阐述见本书第十四章。

第八章　伊斯兰科学

希腊科学的东传 163

虽然希腊的影响远远超出了希腊本土，但大规模的文化传播始于亚历山大大帝的军事征伐。① 亚历山大大帝征服亚洲和北非时(前 334—前 323)不仅获得了领土，而且建立了希腊文明的据点。他的征战南至埃及，东及中亚的大夏(Bactria，现在阿富汗东北端)，越过印度河抵达了印度的西北角，留下了众多要塞和数十个名为“亚历山大”的城市。成功的殖民活动扩大了希腊的版图，这些城市最终成为希腊文化向周边地区辐射的中心。由此建立的著名希腊文化中心有埃及的亚历山大城和中亚的大夏。

但军事征伐和殖民并非唯一的传播机制，宗教也起了重要作用。在亚历山大大帝军事征伐之后的 1000 年里，其亚洲疆域(特别是今天的叙利亚、伊拉克和伊朗)成为各大宗教运动的沃土。琐

---

① 对一般文化传播过程的出色分析见 F. E. Peters，*Allah's Commonwealth*；Peters，*Aristotle and the Arabs*：*The Aristotelian Tradition in Islam*；Peters，*Harvest of Hellenism*。G. W. Bowersock 的 *Hellenism in Late Antiquity* 并不认为希腊化时期的文化在亚洲的传播是表面的。对亚历山大大帝军事战役的详尽分析见 Peter Green，*Alexander of Macedon*，356—323 *B. C.*。

罗亚斯德教、基督教和摩尼教为了争取皈依者而彼此竞争，这三种宗教均以圣书为基础，因此必然会培养读写能力和学问。尤其是基督教和摩尼教已经获得了希腊哲学的支撑，从而为该地区的希腊化作出了贡献。

公元后的最初几个世纪，传教活动使广大西亚地区建立起了基督教会。5、6 世纪，一些持异见的基督教派别来到这里躲避迫害，从而进一步增强了基督教的力量。罗马帝国在 4 世纪的基督
164 教化引发了一系列激烈的（有时暴力的）神学争论和拜占庭教会内部的分裂。我们所关心的是，5 世纪中叶爆发了有关基督的人性与神性之关系的争论。两派之间的争斗导致了冲突、分裂、谴责和两次大公会议，还导致聂斯脱利派基督徒[即景教徒]（君士坦丁堡牧首聂斯脱利[Nestorius]的追随者）迁往对神学思想更加宽容的地区。在已成为重要基督教中心的尼西比斯（Nisibis，位于波斯东部边境外），聂斯脱利派建立了一个高等神学教育中心。其课程包括了亚里士多德的逻辑学，因为这与神学论证有关。尼西比斯后来成为将神学和哲学文本从希腊文译成叙利亚文的一个中心。[①]

公元 6 世纪，聂斯脱利派在波斯的这一据点不仅影响了波斯的基督教，而且也对波斯的学术生活产生了广泛影响。他们成功获得了权力地位和影响，并且使波斯的统治阶层对希腊文化有了初步的体验。正是这些发展使得波斯国王胡斯娄一世（Khusraw

① 过于简化地说，聂斯脱利派观点赋予了基督两种截然不同的本性，即人性和神性，而其对手一性论派则宣称，基督的神性和人性结合成了一种统一的本性。更多内容见 D. W. Johnson，“Nestorianism”；Johnson，“Monophysitism”。对这场斗争的简要论述见 W. H. C. Frend，*The Early Church*，chap. 19。

Ⅰ)于公元531年左右邀请雅典学园(拜占庭皇帝查士丁尼[Justinian]已下令将其关闭)的哲学家们来波斯定居。据说这位胡斯娄很了解柏拉图和亚里士多德的哲学,而且命人翻译了希腊哲学著作。他曾接受过一位聂斯脱利派医生的治疗,这反映了他与聂斯脱利派的关联。胡斯娄二世(Khusraw Ⅱ,590—628)有两位基督徒妻子(其中至少有一位在皈依基督一性论派[Monophysitism]之前曾是聂斯脱利派教徒)和一位在聂斯脱利派和基督一性论派之间摇摆不定的颇有权势的医生顾问。①

围绕着聂斯脱利派在波斯西南部贡迪沙普尔城(Gondeshapur,常写作Jundishapur)的活动流传着一则很有影响的传说。人们屡屡提到,6世纪时,聂斯脱利派已把贡迪沙普尔变成了一个主要学术中心,建立了一所被其仰慕者称为“大学”的机构,在那里可以获得所有希腊学科的指导。据说贡迪沙普尔曾有一个医学院,其课程以亚历山大城的教科书为基础,还有一所以拜占庭医院为榜样建立起来的医院,培养了大批受过希腊医学训练的医生。最重要的是,在把希腊学问译成近东语言的过程中,贡迪沙普尔被认为起了至关重要的作用,事实上它也是希腊科学传到阿拉伯世界的最重要通道。②

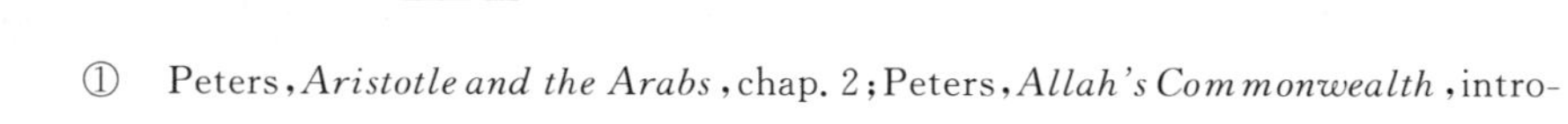

① Peters, *Aristotle and the Arabs*, chap. 2; Peters, *Allah's Commonwealth*, introduction.

② De Lacy O'Leary, *How Greek Science Passed to the Arabs*, pp. 150—153; Peters, *Allah's Commonwealth*, pp. 318, 377—378, 383, 529; Peters, *Aristotle and the Arabs*, pp. 44—45, 53, 59; Majid Fakhry, *A History of Islamic Philosophy*, pp. 15—16. 要不是因为流传甚广,这似乎也不是什么太重要的事情。

最近的研究表明，实际情况远没有那么富有戏剧性。我们并没有令人信服的证据表明贡迪沙普尔的确存在过一所医学院或医
165 院，尽管这里似乎有过一个神学院和附属的医务室。毫无疑问，贡迪沙普尔出现过严肃的学术研究和一些医学活动（它曾为“始于 8 世纪的巴格达阿拔斯宫廷”配备了一批医生），但却未必是医学教育或翻译活动的主要中心。虽然贡迪沙普尔的传说在细节上不甚可靠，但它所要传达的教益却是有效的。聂斯脱利派的影响尽管没有集中在贡迪沙普尔，但确实对希腊学问传到波斯并最终传到阿拉伯帝国起了关键作用。聂斯脱利派中无疑有最重要的早期翻译家。直到公元 9 世纪，此时距离伊斯兰军队攻下波斯已经很久，巴格达的医学活动似乎仍然由基督教的（很可能是聂斯脱利派）医生所主导。①

这里我们还必须考虑语言的变化。虽然在尼西比斯和贡迪沙普尔等聂斯脱利派中心，教育内容主要是希腊知识，但教学语言却并非希腊语，而是叙利亚语。这是一种阿拉米语方言，是近东地区的通用语，被聂斯脱利派用作文学和礼拜式的语言。因此，教学活动需要将希腊文本翻译成叙利亚语。早在公元 450 年，尼西比斯等学术中心就已经开始了这种翻译活动。亚里士多德的基本逻辑学著作和波菲利（Porphyry）对它们的评注属于最早被翻译和研究最多的著作。一些医学文献、初等数学和天文学论著最终也被翻译出来。

---

① 对贡迪沙普尔传说的重新评价，见 Dols，“The Origins of the Islamic Hospital：Myth and Reality”。感谢 Vivian Nutton 就这个问题与我的通信。

这里有几点值得强调。首先，我们应当清楚，这是关于学问传播的历史。我们（本节）的主题并非对自然哲学的原创性贡献，而是希腊遗产的保存和向亚洲的东传，继而在那里被吸收到伊斯兰文化中；其次，这一文化传播过程非常缓慢，但也相当持久。从亚历山大大帝征服亚洲（公元前 325 年）到公元 7 世纪建立伊斯兰教，前后将近 1000 年；最后，绝不能把这一历史过分简化，以至于让希腊学问的传播仅仅取决于聂斯脱利派在贡迪沙普尔或其他某个宗教或种族群体在某个特定地点的活动。我们必须把它看成一场广泛的文化传播运动，它使西亚和中亚的贵族能够通过各种机制广泛而深入地吸收希腊文化成果。下一步便是这些成果向伊斯兰世界的进一步传播。

伊斯兰教的诞生、扩张和希腊化 166

阿拉伯半岛东北方是波斯，西临红海，没有被亚历山大大帝的军事战役所触及，其领土也较少受到拜占庭的觊觎。犹太和基督教群体一度在阿拉伯半岛南部兴盛，但是到了 7 世纪末，他们的影响已经比较有限。除了南部和北部的边界地带之外，其人口主要是游牧民族，尽管圣地周围和主要商道沿线已经建立起了一些城市。公元 570 年左右（根据基督教历法），穆罕默德诞生在其中一个城市麦加，并从这里出发宣讲新的伊斯兰教。天使加百列向穆罕默德传达了一系列启示，穆罕默德把这些启示的内容口授给他的门徒，门徒们一一记录下来，便形成了伊斯兰教的圣书《古兰经》。其核心主题是存在着独一的全能全知的神——安拉，他是宇宙的创造者,信徒们(被称为“穆斯林”)必须臣服于他。《古兰经》和随之出现的宗教、律法和历史文献一起规定了伊斯兰教信仰和活动的方方面面。它是后来伊斯兰神学、道德规范、律法和宇宙论的来源,因而是伊斯兰教育的核心。①

公元 632 年,穆罕默德逝世。此后短短数年,其继承者便通过军事手段征服了占据阿拉伯半岛大部分地区的部落,并开始向北扩张。他们迅速战胜了因一代代战争而彼此削弱的拜占庭和波斯,控制了近东主要地区。25 年的辉煌战果使伊斯兰征服了亚历山大大帝在亚洲和北非的几乎全部领土,包括叙利亚、巴勒斯坦、埃及和波斯。不到一个世纪,北非的其余领土和几乎整个西班牙也落入了穆斯林军队之手。

167 穆罕默德没有留下男性子嗣或指定的继承人,应由谁来领导

这个发展中的伊斯兰帝国,这个问题酿成了一场血腥争斗。第一任哈里发(穆罕默德的“继承人”)是从穆罕默德的早期追随者中选出来的。公元 644 年,倭马亚(Umayyad)家族的奥斯曼(Uthman)成为哈里发;公元 661 年,他的堂弟、曾任叙利亚总督的穆阿维耶(Muawiyah)继任哈里发。出于安全考虑,穆阿维耶及其继任

168 者们在叙利亚的大马士革进行统治,那里倭马亚家族的力量比较集中。正是在这里,统治了近一个世纪的倭马亚王朝开始与受过教育的叙利亚人和波斯人发生接触,并让他们担任文书或官吏,从

① 在关于伊斯兰早期历史的大量书籍中,我认为以下几本尤其有用:Albert Hourani,*A History of the Arab Peoples*;F. E. Peters,*Allah's Commonwealth*。一本图文并茂的优秀著作是 Bernard Lewis,ed.,*Islam and the Arab World*。

而在小范围内开始了伊斯兰的希腊化。

公元750年之后，希腊化过程加速发展。那一年，一个新的王朝——阿拔斯王朝（穆罕默德的叔父阿拔斯[al-Abbas]的后裔）在几个革命团体的帮助下开始掌权。阿拔斯王朝的哈里发们无意留在大马士革，那里的人依旧效忠于倭马亚王朝。公元762年，也许是出于地理、战略和占星方面的考虑，曼苏尔（al-Mansur，754—775年在位）在底格里斯河畔选址建立了新的都城巴格达。曼苏尔在巴格达的宫廷之所以著名并不是因为虔敬，而是因为营造了相对理智、世界性和宽容的宗教政治氛围。[①] 更重要的是，伊斯兰帝国正在从部落统治转向中央集权的国家，这就需要有一个行政官僚机构，它比穆罕默德、其直接继承人或早期的倭马亚王朝所想象的庞大得多。此官僚机构的人员几乎不可能选自阿拔斯王朝的那些革命元老。除了利用有教养的波斯人和基督徒，哈里发们并无其他合理选择。

波斯人的影响特别表现在，来自巴尔马克（Barmak）家族（早先来自大夏，新近皈依了伊斯兰教）的成员做了有权势的皇家顾问。哈立德·伊本·巴尔马克（Khalid ibn Barmak）曾为曼苏尔效力，他的儿子叶海亚（Yahya）成了曼苏尔的孙子哈伦·拉西德（Harun al-Rashid，786—809年在位）的首席大臣。基督教的影响最清楚地表现于宫廷医疗。公元765年，曼苏尔接受了来自贡迪沙普尔的聂斯脱利派医生朱尔吉斯·伊本·布赫提舒（Jurjis ibn Bukhtishu）的治疗。朱尔吉斯显然获得了成功，因为他留在巴格

① Peters, *Allah's Commonwealth*, pp. 143, 400—402.

达担任了这位哈里发的私人医生，成为宫廷中颇有权势的人物。儿子继承了他的事业，布赫提舒家族共有8代担任宫廷医生一职。最后需要指出的是，也有来自东方印度的影响，其中一些影响源自早先印度西北部的希腊化。

这里需要就术语问题交代几句。我们的主题涉及多种宗教、语言和文化。因此，当我们指称不同民族、文化和语言时，需要认真选择术语。谈及整个文化时，我将采用其主导要素的名称，比如用“伊斯兰”来表示伊斯兰教或伊斯兰文化，根据语境可以明确其意图。如果涉及更大的伊斯兰世界内部某种宗教的拥护者，我将
169 使用“穆斯林”、“基督徒”、“犹太教徒”等术语。我用“阿拉伯人”来指曾经占据阿拉伯半岛的土著部落的后裔（很快就成了伊斯兰世界中的少数人）。最后，我用“阿拉伯语”来表示阿拉伯人和《古兰经》使用的原始语言，它也成为伊斯兰世界内部学术交流的主要语言。

希腊科学被译成阿拉伯文

在伊斯兰文化的希腊化过程中，一个至关重要的环节是将来自希腊和叙利亚的古典传统文献译成阿拉伯文。这一非同寻常的事件是如何发生的？这样一种读写能力有限的部落文化如何能在一个世纪的时间里成为一个重视学问的稳定政治帝国，甚至不惜为这场规模空前的翻译活动投入大量财力？一个重要因素是，随着征服战争把受过教育的被征服民族（尤其是波斯人和柏柏尔人）带到了帝国，阿拉伯征服者及其后代很快便沦为少数派。但是，对

希腊文书籍的大规模获得和翻译不会自动随之发生。伊斯兰征服所带来的一个重要结果是，以前被分成各个政治单元的广阔地区的政治壁垒瓦解了，这些地区包括西班牙、整个北非、埃及、阿拉伯半岛、叙利亚、巴勒斯坦以及曾经东至撒马尔罕和喀布尔的波斯帝国。结果之一是一场商业革命，它给巴格达带来了新的思想、技术和产品。对我们而言，最重要的新技术是从中国输入的造纸术，它为传统羊皮纸提供了一种廉价的替代品，从而彻底改变了手稿抄写活动。

但最重要的是，一个统一的伊斯兰国家能够消除政治界限，使自由的思想交流得以可能。现在，使用多种语言的学者可以自由旅行了。他们可以获得此前无法获得的书籍，互相接触，交换想法，与对类似主题感兴趣的思想同道进行争论。迪米特里·古塔斯(Dimitri Gutas)认为，这“导向了无翻译的知识传播”。[①] 如果形势需要，很容易找到懂得两种语言技巧和学科知识的学者把深奥的学术文献从希腊文翻译成叙利亚文，以及从希腊文或叙利亚文译成阿拉伯文。

翻译家工作地点很多，动机也各不相同，但这项活动的中心和发源地显然是巴格达。但为什么是巴格达？这并非如我们想象中
那么简单，即巴格达的统治阶层发现希腊文献讨论了各种实际话 170
题，从而委托人翻译。一个强有力的因素是业已存在着严肃的

① 关于本段及以下数段的观点，我很大程度上得益于 Dimitri Gutas, *Greek Thought, Arabic Culture: The Graeco-Arabic Translation Movement in Baghdad and Early Abbasid Society*——这本书完全改变了我们(至少是我)对翻译运动的理解；特别参见导言和 chaps. 1—4。引文见 p. 16。

学术活动传统。巴格达位于前波斯帝国腹地，有重要的当地思想传统，既有宗教的（琐罗亚斯德教）也有世俗的。例如，据一份琐罗亚斯德教早期文献史记载，皇帝沙普尔一世（Sapur I，公元241—272年在位）“收集了论述医学、天文学、运动、时间……以及其他工艺和技能的非宗教著作，它们散见于整个印度、拜占庭帝国和其他国家”。[①] 阿拔斯王朝的直接前任倭马亚王朝已经通过培养宗教学、语言学和文学研究建立了一个先例。还有一些文献表明了波斯对于希腊古典作品的兴趣，包括亚里士多德的逻辑学和托勒密的天文学。简而言之，阿拔斯宫廷发展学术的机遇得天独厚。

也有政治上的先例。阿拔斯王朝第一任哈里发曼苏尔的宫廷明白，如果把阿拔斯王朝说成是被取代的波斯政权（萨珊王朝）的天然继承者，其政权至高无上的地位将会得到巩固和加强。为了实现这个目的，一种方式是拿萨珊帝国的意识形态为己所用，将统治者刻画成学问的赞助者，特别是赞助那些遗失或受忽视的著作。

这种论证可能需要进一步精炼或修正。但它的确表明，一种文化中的微妙特征有可能促使文明发生一系列变化。除了铁的历史证据，使这种解释听起来可信的因素还有，它能很好地解释阿拔斯宫廷为何会投入大量精力和资金来支持将希腊文著作译成阿拉伯文，以及为何如此之快就能找到翻译家实现这项计划——在未来的250年里，我们今天知道的古典传统的几乎所有科学著作被

① Ibid.，p. 36.

悉数译出。

还有一些动机促进了对特定类型著作的翻译。占星术不仅被用来绘制天宫图，也被用于政治目的，因为可以用占星术来支持阿拔斯王朝统治者的说法，即他们是波斯统治者的合法继任者。当然，占星术需要天文学，而天文学又需要数学。也需要用天文学来控制伊斯兰教仪式，如确定祷告时间、麦加的方向、斋月的开始，等等。医学显然有实用价值——这无疑是服务于阿拔斯宫廷的聂斯 171
脱利派（基督教）医生所提供的教益。曼苏尔的儿子、阿拔斯王朝的第二任哈里发马赫迪（Mahdi）曾经托人翻译亚里士多德的《论题篇》（*Topics*），以帮助驳斥异教徒，使其成功地皈依伊斯兰教。[①]还有一些人委托翻译是为了显示自己的思想地位，或者支持一种特别喜爱的学问。

翻译大都是从希腊文译成阿拉伯文，有时则以叙利亚文（聂斯脱利派和叙利亚东正教徒做礼拜的语言）为中介。将希腊文和叙利亚文著作译成阿拉伯文始于曼苏尔统治期间，在哈伦·拉希德治下则成为一项严肃的事业，哈伦·拉希德曾派代表赴拜占庭寻求重要论著的手稿。所需的经费不仅来自哈里发，也来自廷臣、官员及其他职员、富裕家族、地方长官、将军、医生及其他从事实际研究的哲学家和科学家。巴努·穆萨（Banu Musa，即穆萨的三个儿子）便是一个有启发性的例子。其父亲是哈里发马蒙（Al-

① 关于本段及以下数段的观点，我很大程度上得益于 Dimitri Gutas，*Greek Thought, Arabic Culture: The Graeco-Arabic Translation Movement in Baghdad and Early Abbasid Society*——这本书完全改变了我们（至少是我）对翻译运动的理解；特别参见导言和 chaps. 1—4。引文见 pp. 61—69。

Ma'mun)的朋友，因此三兄弟在宫廷里长大，接受了包括数学科目在内的上等教育。他们还获得了一大笔钱，并把其中相当一部分用来资助学术和翻译活动。①

在这一点上，几乎所有关于希腊文-阿拉伯文翻译的历史论述(包括本书第一版)都要讲述巴格达智慧宫(*bayt al-hikma*，house of wisdom)的故事，说它是哈伦的儿子马蒙(813—833 年在位)在巴格达建立的一所研究机构，在这里完成了大量翻译工作。迪米特里·古塔斯表明这个故事是一则神话，他指出，阿拉伯文的 *bayt al-hikma* 适用于任何图书馆或书库，没有什么翻译可以被特别追溯到巴格达的 *bayt al-hikma*。② 不过，即使巴格达不存在什么翻译机构，据说是其所长的大翻译家侯奈因·伊本·伊斯哈格(Hunayn ibn Ishaq，808—873)也的确是将希腊文译成阿拉伯文的最佳代表。侯奈因是聂斯脱利派基督徒，也是阿拉伯人，其祖先是伊斯兰教产生之前很久便皈依基督教的一个阿拉伯部落。他曾跟随著名医生伊本·马萨维(Ibn Masawaih)习医，很小就掌握了阿拉伯语和叙利亚语。青年时期曾到过“希腊人的土地”，在那里彻底掌握了希腊语。回到巴格达后，他引起了布赫提舒家族的一个成员和巴努·穆萨的注意，这些人把他引荐给了马蒙。侯奈因
172 曾随同一个远征队到拜占庭寻求手稿，在几任哈里发治下担任翻

① 关于本段及以下数段的观点，我很大程度上得益于 Dimitri Gutas，*Greek Thought，Arabic Culture*：*The Graeco-Arabic Translation Movement in Baghdad and Early Abbasid Society*——这本书完全改变了我们(至少是我)对翻译运动的理解；特别参见导言和 chaps. 1—4。引文见 pp. 121—136。

② Ibid.，pp. 53—60.

译，在职业生涯的最后取代了布赫提舒家族的一员而成为皇家首席医生。①

侯奈因的翻译活动极其重要，值得我们认真关注。侯奈因得到了他的儿子伊斯哈格·伊本·侯奈因（Ishaq ibn Hunayn）、外甥侯白什（Hubaysh）等人的帮助，他们的许多翻译都是合作的成果。例如，侯奈因可能先把一部著作从希腊文译成叙利亚文，然后他的外甥再将这个叙利亚文的文本译成阿拉伯文。侯奈因的儿子伊斯哈格把希腊文和叙利亚文译成阿拉伯文，并修订其同事们的译文。除了亲自把希腊文译成叙利亚文或阿拉伯文，侯奈因似乎还坚持检查其委托人的译文。侯奈因及其合作者在方法上极为缜密。他们知道，要想清除错误，就需要尽可能去核对手稿。侯奈因拒绝采用那种常见的、词对词的机械翻译方式，因为那会导致严重弊端：这种做法忽视了两种语言之间的句法差异，也没有看到在阿拉伯语和叙利亚语中，并非每一个希腊词都有对应。他的方法是，先领会一句话在希腊原文中的意思，再用阿拉伯语或叙利亚语构造一个相同意思的句子来代替它。

侯奈因的译作多为医学著作，尤其是盖伦和希波克拉底的著作。他至少将盖伦的 95 部著作从希腊文译成了叙利亚文，将 34

① 关于侯奈因，除了 Gutas，见 Lufti M. Sa'di，"A Bio-Bibliographical Study of Hunayn ibn Ishaq al-Ibadi (Johannitius)"；Georges C. Anawati，"Hunayn ibn Ishaq"；Albert Z. Iskandar，"Hunayn the Translator；Hunayn the Physician"。关于更一般的翻译，见 Peters，*Allah's Commonwealth*；Peters，*Aristotle and the Arabs*；Jamil Ragep，"Islamic Culture and the Natural Sciences"；O'Leary，*How Greek Science Passed to the Arabs*；Fakhry，*History of Islamic Philosophy*，pp. 16—31。

部从希腊文译成了阿拉伯文，此外还有大约 15 部希波克拉底著作。侯奈因还翻译（或修改）了包括《蒂迈欧篇》在内的柏拉图的三篇对话；翻译了亚里士多德的各种著作（大多是从希腊文译成叙利亚文），包括《形而上学》、《论灵魂》、《论生灭》以及《物理学》的一部分；还翻译了关于逻辑学、数学和占星术的其他各类著作，并译有叙利亚文版的《旧约》。侯奈因的儿子伊斯哈格翻译了更多的亚里士多德著作，以及欧几里得的《几何原本》和托勒密的《天文学大成》。他们在巴格达的同事以及别处的同时代人还译有其他著作。例如，萨比特·伊本·库拉（Thabit ibn Qurra，836—901）翻译了包括阿基米德著作在内的 100 多部数学和天文学论著。萨比特是一个能说三种语言的异教徒（指既非基督徒，也非穆斯林，亦非犹太人），来自美索不达米亚西北部的哈兰，在巴格达度过了大半生。侯奈因和萨比特之后，这种高速的翻译活动又持续了一个多世纪。到了公元 1000 年，几乎所有希腊医学、自然哲学和数学科学著作都有了可用的阿拉伯文版本。

173 伊斯兰对希腊科学的接受和利用

古典传统在受宗教启示深刻影响的伊斯兰文化中情况如何呢？伊斯兰教是否为其科学群体提供了思想和行动上的自由，使古典科学足以在伊斯兰世界的土壤上开花结果？或者说，从事自然科学的有识之士是否遭到了来自神学的严重反对？这些都是正当的问题，对此并无简单答案。首先，认为庞大的伊斯兰帝国始终是一个铁板一块的、神学上同质的国家，这是一个严重的错误。西班牙的科尔多瓦、埃及的开罗以及中亚的马拉盖(Maragha)彼此之间的距离不仅是地理上的,而且也是语言、种族、文化和宗教上的。从公元860年开始,随着中央集权的阿拔斯帝国分裂成相互敌对的政权,多样性变得如此之大,以至于根本不可能作出能够适用于整个伊斯兰世界的有意义的概括。对几乎所有问题的回答都要依赖于时间和地点。①

不过,我们可以采取一些谨慎的、预备性的步骤。伊斯兰教建立在启示宗教的基础上,这一事实肯定影响了对古典传统的接受。几个世纪以来,伊斯兰世界的宗教学者越来越关注所谓的"外来"科学或"理性"科学(相对于"传统"科学或"伊斯兰"科学)的合法性。毋庸置疑,面对着来自伊斯兰正统阵营的强烈反对,那些宣讲柏拉图或亚里士多德形而上学的学者常常不得不为自己辩护,但这种情况仅仅是例外而不是常规。许多重要的哲学和科学工作都是在相对宽容的城市中心地区作出的,学者在这些世外桃源享有相当大的思想自由。许多伊斯兰科学家都受有权势的赞助人保护。还有一些科学家是教师或公职人员。当然,大多数科学工作,尤其是医学和数学科学(后者包括数学、光学、天文学和占星术),在神学上并无危险,而且具有公认的实用价值。简而言之,虽然研究神学或宗教敏感话题的学者们大肆宣讲自己的意见可能是不明智的,但他们大都可以与其朋友和同事自由分享自己的想法和结

① 本节得益于 Jamil Ragep,"Islamic Culture and the Natural Sciences";A. I. Sabra,"The Appropriation and Subsequent Naturalization of Greek Science in Medieval Islam";Sabra,"The Scientific Enterprise"。

论。他们的学术研究或许招致了从事传统宗教学科的人的反对，但通常的结果是辩论，而不是谴责和报复。①

在1987年发表的一篇重要论文中，萨卜拉（A. I. Sabra）提出
174 古典传统在伊斯兰教世界的命运有三个阶段。他认为在第一阶段，“希腊科学进入了伊斯兰世界，不是作为一种侵略力量，……而是作为一位特邀宾客”。不仅如此，这位客人的希腊世界观“几乎立即被穆斯林家庭成员毫无保留地接受了”。在第二阶段，这位客人（现在是集体里一个无忧无虑的成员）是杰出学者作出非凡科学成就的来源和灵感，这些学者接受了古典传统的基本假定，着手解决尚未解决的问题，对其结论进行纠正、改良和拓展。这并非如某些人认为的是一种新科学传统的开端，而是希腊古典传统在伊斯兰土壤上带有伊斯兰特色的延续。最后，到第三阶段出现时，希腊科学的先驱者已经去世，取而代之的是这样一代学者，其中几乎每一位都“接受过一种彻底的穆斯林教育”，并且“被灌输了穆斯林的学问和传统”。其结果是，希腊科学与传统学问和更一般的伊斯兰文化整合了起来。于是，逻辑学被并入了神学和律法；天文学被计时员（*muwaqqit*）用作一种不可或缺的工具，以确定每天何时祈祷；数学变得对于各种商业、法律和科学用途必不可少。在被萨卜

① Fakhry, *A History of Islamic Philosophy* 书中各处讨论了希腊化哲学与正统伊斯兰神学之间的关系，但特别参见 pp. 112—124, 244—261。另见 Fazlur Rahman, *Islam*, 2d ed., pp. 120—127; W. Montgomery Watt, *Islamic Philosophy and Theology*; Sabra, “The Appropriation and Subsequent Naturalization of Greek Science in Medieval Islam”。更早的观点见 G. E. von Grunebaum, “Muslim World View and Muslim Science”。

拉称为“自然化”的这一阶段，古典传统开始被充分吸收和利用。客人已经以婢女的角色成为一名家庭成员。①

婢女要进入学校吗？中世纪伊斯兰的初等教育是不受管制的，因此依赖于当地的习惯以及老师的能力和倾向。指导通常在清真寺或老师家进行，学生们围坐在老师身边形成一个半圆。真正的教育从进入写作学校开始，学生们学习阅读、写作和书法。掌握这些技能之后，孩子们便可以进入另一所学校，其课程完全基于《古兰经》、其他本土宗教著作、诗歌和历史，此时学习的重点在于记忆。至于更高的教育，存在着两种可能性：伊斯兰学校（madrasa）主要是为了研究伊斯兰律法和宗教科学；其他一切则依赖于私人辅导或自学。伊斯兰学校通常由私人捐赠，旨在维护和捍卫宗教知识。然而到了中世纪晚期，我们在伊斯兰世界的东部地区看到，伊斯兰学校的课程中包含大量数学或数学科学的内容。其中最引人注目的是撒马尔罕的伊斯兰学校（与撒马尔罕天文台密切
相关），在那里，欧几里得的《几何原本》、托勒密的《天文学大成》、 175
纳西尔丁·图西（Nasir ad-Din al-Tusi）和库特卜丁·设拉兹（Qutb al-Din al-Shirazi）的天文学著作以及其他作品均有人研究。9 世纪初，医院也作为被捐赠机构建立起来，接着是 11 世纪的天文台。这些令人钦佩的努力为医学和天文学提供了机构，但医院里的医学教育是什么性质的，在何种程度上进行，这些情况我们并不知晓；许多天文台（马拉盖和撒马尔罕天文台是例外）都随着其

① Sabra，“Appropriation and Subsequent Naturalization of Greek Science，” pp. 236，237。

赞助人的离世而消失，寿命差不多只有几十年。我们将古典传统在中世纪伊斯兰世界和它在12世纪学术复兴之后的西欧的命运进行比较时，必须考虑到，中世纪伊斯兰世界缺少推行广泛的高等科学教育的常设机构。①

图8.1 开罗伊本·图伦清真寺(9世纪)

那么，我们如何来解释10世纪以后伊斯兰科学的繁荣呢？已
176 经完成各级学校学业的有前途的年轻学者是如何获得最高水平科学教育的？我们决不能忘记，将知识传给下一代是任何科学传统的关键义务之一。人们既可以寻找一位具备专业知识的老师或家庭教师，也可以自学。我们幸运地找到了重要的伊斯兰哲学家-科

① 关于伊斯兰的教育，见 Rahman, *Islam*, pp. 181—192; George Makdisi, *The Rise of Colleges*。关于科学教育，见 Françoise Micheau, "The Scientific Institutions in the Medieval Near East," pp. 994—1007; A. I. Sabra, "Science, Islamic," pp. 84—86。

学家、波斯的博学之士伊本·西纳(Ibn Sina,拉丁名为“阿维森纳”[Avicenna])关于他本人教育的一份翔实的自传体记述。伊本·西纳毫不掩饰地告诉读者,作为一个神童,他先是随两位老师学习《古兰经》和宗教文献,10 岁时便完成了这些学习,之后又自学了法律,其深度足以让伊本·西纳的年轻父亲为其聘请的私人家教感到惊讶。在这位家庭教师的指导下,伊本·西纳开始研读波菲利的亚里士多德逻辑著作导论。伊本·西纳向我们保证,这位老师“对我极为惊讶;无论他提出什么问题,我的想法都比他更好”。接着他又学了逻辑学,然后是欧几里得的《几何原本》和托勒密的《天文学大成》——《天文学大成》极为困难,伊本·西纳不得不反过来教他的老师。他声称从那以后他就完全自学了,不仅掌握了亚里士多德的《形而上学》、“逻辑科学、自然科学和数学科学”,还写了大量医学著作(见下文)。①

伊斯兰的科学成就

到目前为止,本章讨论的一直是背景和先驱者。现在,我们要考察伊斯兰世界出现的一些科学成就。古典传统并不是作为成品,而是作为半成品逐渐来到伊斯兰世界的;伊斯兰文化中有教养的人并未试图把希腊大厦拆毁和另起炉灶,而是致力于掌握和推

① William E. Gohlman, *The Life of Ibn Sina*; pp. 23, 31. 关于伊本·西那,另见 Fakhry, *A History of Islamic Philosophy*, pp. 147—183。关于另一位自学者,见 Michael W. Dols, trans., *Medieval Islamic Medicine: Ibn Ridwan's Treatise "On the Prevention of Bodily Ills in Egypt"*对 Ibn Ridwan 的研究。

进这个迄今为止最佳和最令人信服的哲学和科学知识体系。这并不意味着没有原创和创新，而是伊斯兰的原创性首先表现为修正、扩展、详述和用希腊遗产来解决新问题（取得了一些令人惊叹的成功），而不是创造一种新的、独特的伊斯兰科学。这种判断并非贬义：现代科学的大量内容都是在修正、扩展和应用继承下来的科学原理；无论是今天还是在中世纪的伊斯兰世界，与过去完全决裂都是罕见而异常的。

进入伊斯兰世界的希腊科学表现为文本——不是从业科学家的口头传统，多半不是科学仪器（日晷和星盘是例外），当然也不是

177 科学实验室或其他科研机构，而是书籍。虽然在教师与学生之间或者在科学家的世外桃源（8、9 世纪巴格达的阿拔斯宫廷，13、14 世纪的马拉盖天文台）显然进行过口传，但新的科学成就显然主要以书的形式传播——评注或原创性的科学文本。接下来，我们通过简要考察一些重要的科学文本及其作者来了解伊斯兰的科学成就。①

阿拉伯数学直接继承了希腊和印度的数学。现存最早的两本

① 对伊斯兰科学成就的广泛论述见 Roshdi Rashed, ed., *Encyclopedia of the History of Arabic Science*, 3 vols.（可能是目前最好的文献）；Jan P. Hogendijk and A. I. Sabra, eds., *The Enterprise of Science in Islam: New Perspectives*; M. L. J. Young, J. D. Latham, R. B. Serjeant, eds., *Religion, Learning and Science in the Abbasid Period*; Frans Rosenthal, *The Classical Heritage in Islam*; and David C. Lindberg and Michael H. Shank, eds., *The Middle Ages*, vol. 2 of *The Cambridge History of Science*。另见 A. I. Sabra, "The Scientific Enterprise"; Howard R. Turner, *Science in Medieval Islam: An Illustrated Introduction*。关于西欧科学成就的伊斯兰前身的讨论见本书第十二、十三章。

阿拉伯数学教科书都是花拉子米(al-Khwarizmi,约780—约850)写的,他是哈里发马蒙在巴格达的宫廷数学家。按照写作顺序,其中的第二部著作《论印度数字》(*Concerning Hindu Numbers*)是对印度计算的透彻论述,包括小数位值制和后来所谓的“阿拉伯”数字或“印度-阿拉伯”数字。这本书逐渐取代了旧的计数和计算系统,包括手指运算和六十进制(基数为60)的算术运算(见表1.1)。花拉子米的另一本著作《代数》(*Algebra*)已被誉为代数发展的里程碑,该书不含方程或代数符号,只有几何图形和阿拉伯文的叙述,21世纪的数学学生不会认为它是代数。它的成就是有效利用欧几里得几何来解决我们现在用代数方式来表述的问题(包括二次方程)。① 这本书在西欧广为流传,从长远来看,它为一种真正符号代数的发展作出了巨大贡献。

几何学是另一个主要数学分支,由欧几里得的《几何原本》所主导。正如我们将要看到的,流传的《几何原本》的多个译本和各种评注、概要在数学科学中发挥了重要作用。伊斯兰三角学的出发点是托勒密的《天文学大成》(编制了弦表)和印度的《历数书》(*Siddhanta*,引入了正弦函数),增加了三角函数的种类,列出了

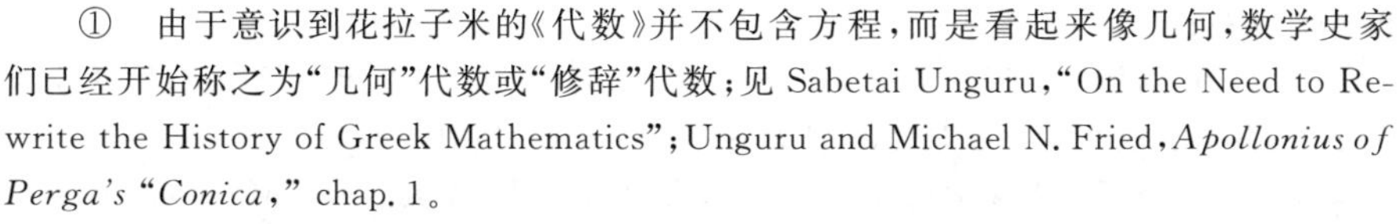

① 由于意识到花拉子米的《代数》并不包含方程,而是看起来像几何,数学史家们已经开始称之为“几何”代数或“修辞”代数;见 Sabetai Unguru,“On the Need to Rewrite the History of Greek Mathematics”;Unguru and Michael N. Fried, *Apollonius of Perga's "Conica,"* chap. 1。

关于伊斯兰数学的最佳一般文集是 Rashed, ed., *Encyclopedia of the History of Arabic Science*, vol. 2。关于算术和代数,见 Ahmad S. Saidan,“Numeration and Arithmetic,” pp. 331—348;Roshdi Rashed,“Algebra,” pp. 349—375。另见 Carl Boyer, *A History of Mathematics*, chaps. 13—14。

三角函数表，并把三角学应用于平面和球面。最后，工程师、建筑者、仪器制造者和测量员写了一些应用数学或应用力学的著作。①

伊斯兰贡献最大的数学科学是天文学。我们也要承认，占星术是天文学的近亲，没有天文学的帮助，占星术也无法起作用，这
178 无疑提供了从事天文学研究的动机。② 但我们这里关注的是数理天文学，它很好地说明了伊斯兰科学与希腊科学的关系。伊斯兰天文学并非基于穆斯林世界本土的原始天文学或宇宙论观念，而是古典传统复杂的宇宙论和数理天文学的直接延续。③ 托勒密的天文学和宇宙论假设从一开始便流行开来。主要正是在这一框架内，穆斯林天文学家做出了大量高度复杂的天文学工作。④

为了获得伊斯兰天文学的基本轮廓，我们可以考察三方面的独特成就：①为掌握托勒密的《天文学大成》而付出的巨大努力，为检查和修正托勒密行星模型（包括太阳和月亮）的参数而作的观测；⑤②为作出准确的数学预测而尝试创建行星模型，同

① 关于几何学和三角学，见 Boris Rosenfeld and Adolf Youschkevitch, "Geometry"; Marie-Thérèse Debarnot, "Trigonometry"。关于中世纪的工程、技术等等，见 Donald R. Hill, *Islamic Science and Engineering*。

② 关于伊斯兰占星术，见 David Pingree, "Abu Mashar," Pingree, "Masha'allah"。关于 Masha'allah，另见 E. S. Kennedy and Pingree, *The Astrological History of Masha'allah*。

③ 印度对伊斯兰天文学的早期影响在很大程度上由于获得了托勒密的《天文学大成》和其他希腊文献而被取代，本土的民间天文学也是如此。

④ 关于伊斯兰天文学史，最佳也是最方便的一般文献是 Régis Morelon, "General Survey of Arabic Astronomy"; Morelon, "Eastern Arabic Astronomy between the Eighth and the Eleventh Centuries"; George Saliba, "Arabic Planetary Theories after the Eleventh Century a. d."; Saliba, *A History of Arabic Astronomy*。

⑤ Saliba, *History of Arabic Astronomy*, p. 14.

时与普遍接受的物理学原理保持一致——托勒密从未做到这一点；③为天文学家和天文观测建立天文台机构。让我们依次来讨论。

巴格达和大马士革的天文台(或观测站?)实施过一个早期的观测计划(得到了哈里发马蒙的资助)，其目的是编制一张天文表(*zij*)，以对主要行星的运动参数作出检查和修正。在叶海亚·伊本·阿比·曼苏尔(Yahya ibn Abi Mansur，卒于832年)的监管下，这项工作不依赖于希腊天文表而编制了最早的阿拉伯天文表。[①]

巴塔尼(Al-Battani，卒于929年，在欧洲被称为Albategni)是最伟大的穆斯林天文学家之一，生于美索不达米亚西北部的哈兰。他在幼发拉底河沿岸的拉卡(al-Raqqa)做了天文学研究。他研究了太阳和月亮的运动，重新计算了太阳和月亮的运行数据以及黄道倾角，发现了太阳拱点线的运动(太阳近地点的移动)，编制了修正的星表，并且说明了如何制造天文仪器(包括一个日晷和一个墙象限仪)。伟大的伊斯兰书志学家伊本·纳迪姆(Ibn al-Nadim，卒于约996年)报告说，

> 他编制了一张重要的天文表，包含他本人对两颗发光天体[太阳和月亮]的观测，以及对托勒密《天文学大成》所给出运动的修正。在其中，……按照他成功作出的修正以及其他

① Aydin Sayili, *The Observatory in Islam and Its Place in the General History of the Observatory*, chap. 2; Morelon, "General Survey of Arabic Astronomy," p. 26.

> 必要的天文学计算,他给出了5颗行星的运动。……据我们
> 179 所知,在伊斯兰世界,尚没有人在观测和细察星体运动方面达
> 到他那样的完美性。

直到16、17世纪,巴塔尼(的拉丁文译本)仍被哥白尼和开普勒等人引用,这一事实表明了巴塔尼天文学工作的品质和重要性。①

在早期伊斯兰历史中,天文学活动的重心在近东地区(包括埃及),前面讨论的两位天文学家便出自这里。但后来东部地区的天文学繁荣起来,由此产生了一些最重要的天文学成就。这些天文学活动与后来所谓的"马拉盖学校"联系在一起,其主要推动者是纳西尔丁·图西(1201—1274)。他说服其赞助人——成吉思汗的孙子——在马拉盖(今天的伊朗东北部)建立了一座天文台,为一个科学图书馆收集了大量书籍,并为其配备了一位图书馆员和至少10位天文学家。图西本人发明了现在所谓的"图西双轮"(Tusi-couple),这是一个几何构造,能将两个匀速圆周运动合成为一个往复直线运动。马拉盖的天文学家以及后来的哥白尼(1473—1543)都在天文学模型中使用了图西双轮。② 马拉盖天文学家的一个主要目标是为托勒密的偏心匀速点找到在物理上可信的替代

---

① Willy Hartner,"Al-Battani." 引文是Hartner的翻译,p. 508。

② 图西双轮由两个圆组成,大圆半径是小圆半径的2倍。如果让小圆在大圆圆周内部滚动(没有滑动),那么小圆圆周上的一点将沿着大圆直径作前后直线运动。见North, *Norton History of Astronomy and Cosmology*, pp. 192—196。

品;图西双轮在这方面的表现令人赞叹。① 这对一项探索作出了回应,该探索起源于卓越的数学家和天文学家伊本·海塞姆(Ibn al-Haytham,约 965—约 1039,在西方被称为阿尔哈增[Alhacen]),他在两个半世纪前试图解决托勒密《天文学大成》的数学模型与托勒密《行星假说》中提出的物理模型之间的差异问题(图 11.9)。

这种努力在伊本·沙提尔(Ibn al-Shatir,约 1305—约 1375)的天文学模型中达到了高潮。天文学史家往往把沙提尔视为马拉盖学派的成员,尽管他的生活年代比图西晚 100 年,而且住在马拉盖以西 1200 英里的大马士革(前倭马亚王朝的首都)。但事实是,科学理论和规划就像包含它们的书一样易于传播,(也许是由于一位移居的天文学家)在马拉盖进行的工作传到了在叙利亚首都的沙提尔那里。沙提尔的成就是伊斯兰天文学的最高成就之一,他给出了月球和行星的模型,采用了双本轮,满足了伊本·海塞姆在 11 世纪明确提出的要求,即为托勒密的偏心匀速点寻找一个物理上可信、数学上精确的替代(图 8.2)。现在看来,沙提尔的成就令 181
人震惊的方面是,大约 200 年之后,与之等价的数学模型出现于哥白尼在波兰北部写的著名天文学著作中。②

① 对马拉盖学校及其日程和成就的简要论述见 North, *Norton History of Astronomy and Cosmology*, pp. 192—199。更详细的分析见 Saliba, "Arabic Planetary Theories," pp. 86—127; Saliba, *History of Arabic Astronomy*, pp. 245—317。

② 研究早期天文学的历史学家普遍认为这不可能是巧合。Swerdlow 和 Neugebauer 这两位权威在其 *Mathematical Astronomy in Copernicus's De Revolutionibus*, 1: 47 中写道:"因此,问题不是[哥白尼]是否了解马拉盖理论,而是何时、何地和以何种形式了解了马拉盖理论。"关于沙提尔的成就,见 Saliba, "Arabic Planetary Theories," pp. 86—90, 108—114; Saliba, *History of Arabic Astronomy*, pp. 272—278, 300—304。

180

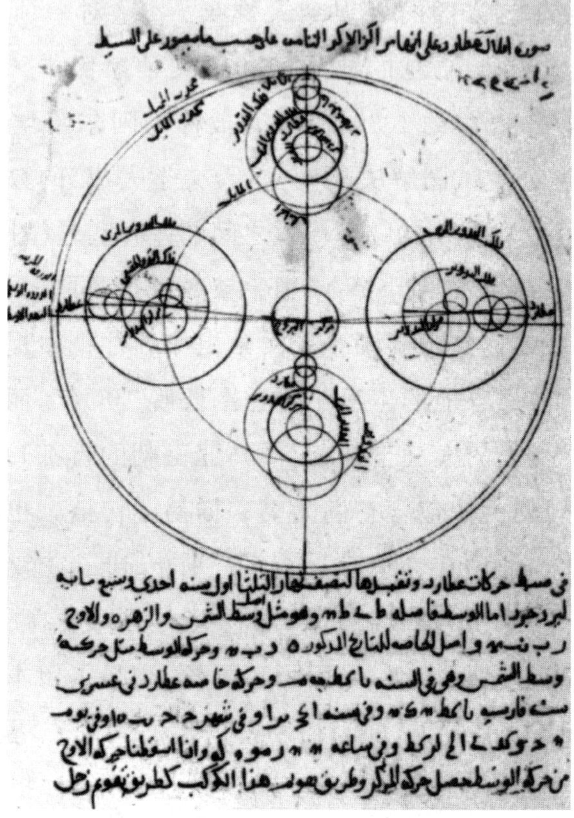

图 8.2　伊本·沙提尔所描述的水星运动(14 世纪)。牛津大学博德利图书馆,MS Marsh 139,fol. 29r。

我们要讲的伊斯兰天文学的最后一项独特成就与促成这些成就的机构有关。任何持续的系统天文观测计划都至少需要一个观测站,即一个配备有必要观测仪器的固定场所。有一座真正的天文台更好,它应配备有观测仪器(包括星盘、象限仪、日晷、浑天仪、观测管)、图书馆以及若干专业天文学家。作为合作进行天文学观测、研究和教育场所的天文台是中世纪伊斯兰的发明。不过,前面提到的大马士革和巴格达的天文台是否仅仅是观测站,这仍然是

有疑问的。而后来伊斯兰世界东部边陲的马拉盖和撒马尔罕天文台则没有这样的疑问。马拉盖天文台建于13世纪下半叶，包括一个带有观测孔的穹顶、一座据说藏有4万册书（这一数目高得可疑）的图书馆、极高精度的天文仪器和相当数量的天文学家，致力于天文观测和建立模型。马拉盖天文台最著名的成果是伊本·沙提尔的模型和各种天文表。撒马尔罕天文台（约建于1420年）最出名的是其40米半径的巨型地下六分仪（图8.3），用于子午线

图8.3　兀鲁伯（Ulugh Beg）建造的撒马尔罕的地下六分仪，用于确定天体穿过子午线时的纬度。

观测。这两个天文台发展出来的研究传统与 21 世纪的研究机构类似。真正的天文学家和那些自称的天文学家在撒马尔罕天文台度过了长短不一的时间(学习、教书、做研究),最终去往整个伊斯兰世界的不同地方(远至西欧)传播天文学知识,这种活动一直持续到 16 世纪中叶。不幸的是,据我们所知,很少有其他观测台能在其原先的赞助者去世后依然长期保留下来;不过,16 世纪的伊斯坦布尔和欧洲各地还会出现类似的天文台。[①]

不少伊斯兰天文学家对几何光学感兴趣。这可能反映了亚里士多德及其评注者的看法,即视觉是获取知识的主要感官,因此是最高贵的感官。但我认为更重要的是,讨论光和视觉的文本(欧几
182 里得的、亚里士多德的、托勒密的)在古典传统中占据着突出位置,这些文本迫切需要由那些具备几何技能的天文学家加以修正和澄清。现存最早的阿拉伯光学论著是由阿布·伊斯哈格·金迪(Abu Ishaq al-Kindi)、古斯塔·伊本·鲁卡(Qusta ibn Luqa)以及(以不完整的形式)艾哈迈德·伊本·伊萨(Ahmad ibn Isa)在 9 世纪下半叶写的。后两部著作研究了凹面镜(分别为球形和圆锥形)的反射。金迪(卒于约 866 年)是著名的新柏拉图主义哲学家、天文学家和占星家,他对欧几里得的视觉理论作了彻底而坚定的批判。他这部著
183 作最重要的成就是革命性地提出,光并非作为一个统一体从发光体辐射出来,而是从物体表面的每一点沿各个方向辐射出来,每一点

① Micheau, "The Scientific Institutions in the Medieval Near East," pp. 992—1006; Sayili, *The Observatory in Islam and Its Place in the General History of the Observatory*, pp. 187—223; Sabra, "Science, Islamic," pp. 84—86. 关于天文学仪器,见 François Charette, "The Locales of Islamic Astronomical Instrumentation"。

的辐射光彼此独立。在此基础上，11 世纪的数学家和天文学家伊
本·海塞姆建立了一种新的视觉理论，将前人的各种理论综合了起
来。他在《光学全书》(*Book of Optics*)中极为细致地提出了这种新
理论(图 8.4)，并发展出一整套几何光学体系。13 世纪初被译成拉
丁文后，这本书和它的作者(在西方以阿尔哈增为人所知)成为欧洲 184
关于光学科学的主要权威，直到 17 世纪。[①] (第十二章)

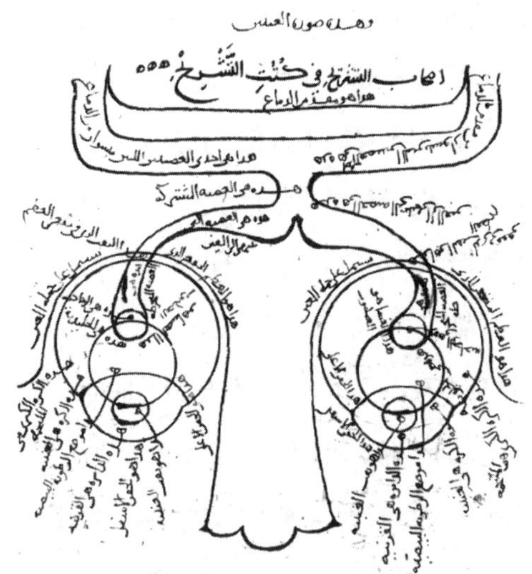

图 8.4 伊本·海塞姆描绘的眼睛和视觉系统。源自海塞姆《光学全书》的一个 1083 年抄本，藏于伊斯坦布尔苏莱曼图书馆，MS Faith 3212，vol. 1，fol. 81v。

① 关于伊斯兰对光学的贡献，见本书第十二章；Roshdi Rashed，"Geometrical Optics"；David C. Lindberg，*Theories of Vision from al-Kindi to Kepler*；Lindberg and Katherine H. Tachau，"The Science of Light and Color：Seeing and Knowing"。关于海塞姆，见 Sabra，"Ibn al-Haytham's Revolutionary Project in Optics"；A. Mark Smith，*Alhacen's Theory of Visual Perception*；A. I. Sabra，*The Optics of Ibn al-Haytham*(后两部著作包含了部分翻译，Sabra 是从阿拉伯文翻译的，Smith 则是从中世纪拉丁文本翻译的。)

另外两项光学成就之所以值得一提，是因为显示了数学科学中的实验。10 世纪末，巴格达数学家阿布·萨德·阿拉·伊本·萨赫尔(Abu Sad al-Ala ibn Sahl，活跃于公元 985 年)对光从透明介质经过平面或弯曲的界面传到另一种透明介质的折射作了精彩的实验分析。通过测量入射角和折射角，伊本·萨赫尔得出了在几何上与现代折射定律(自 17 世纪以来被称为"斯涅耳定律")等价的定律，对于给定的两种透明介质，它将入射角与相应的折射角联系起来。这回答了托勒密 800 年前无法回答的一个问题，而且西方还要再等 300 年才能看到类似的结果。①

第二个实验光学成就——既是光学的也是气象学的——出现在伊本·萨赫尔之后大约 300 年。库特卜丁·设拉兹的学生和马拉盖学派成员卡迈勒丁·法里西(Kamal al-Din al-Farisi，1267—1319)对彩虹作了分析。受伊本·西纳的理论(彩虹源于组成云的单个液滴对太阳光的反射)和伊本·海塞姆聚光镜实验的启发，卡迈勒丁用一个盛满水的玻璃球来模拟液滴，太阳光可以落于其上。他的观测促使他放弃这种想法，即彩虹仅仅是由于反射(这种传统观点可以追溯到亚里士多德)，卡迈勒丁得出结论说，一次虹是由反射和折射共同形成的。他观察到，产生彩虹颜色的光线一进入玻璃球就发生了折射，在球的背面则发生了内部的全反射(把光线朝观察者发射回来)，离开球面时又发生了第二次折射。雾气中每

① Roshdi Rashed，"Geometrical Optics，" pp. 655—660. 斯涅耳定律说，光从一种透明介质进入另一种透明介质(比如从空气进入玻璃)时会发生折射，入射角的正弦与折射角的正弦之比为常数，其大小取决于两种介质的相对折射率。

一个液滴都会发生这种情况，从而产生彩虹。他还得出结论说，两次内部反射产生了二次虹。彩虹彩带的位置和分化取决于太阳、观察者和雾滴之间的角度关系。卡迈勒丁的理论与当时西欧的弗赖贝格的狄奥多里克（Theodoric of Freiberg）的理论本质上相同（见第十一章）。当勒内·笛卡儿（René Descartes）的作品于17世纪上半叶发表后，它成了气象学知识的一个永久组成部分。[①]

虽然伊斯兰取得最大成就的领域是数学和数学科学，但医学科学也得到了突出发展。[②] 伊斯兰的医学理论与医疗活动之间存在着巨大的鸿沟，为了避免误解，我们必须牢记这一点。我们对前 185
伊斯兰医学的了解见于神职人员写的一种通俗文学体裁，即所谓的"先知医学"。这些论著（仍在使用）描述了我们在古希腊和中世纪欧洲看到的那种传统民间医学，包括调节饮食、治疗发热、处理伤口、放血、烧灼和魔法治疗，均由当地治疗师实行。寻求治疗的常见疾病包括疟疾、肺结核、结膜炎、痢疾、天花、麻风病、寄生虫感染等等。[③] 通过翻译希腊医学家尤其是盖伦（129—约215）的作品而获得希腊医学理论之后，伊斯兰世界接触到了大量医学理论。然而实际上，这种医学理论只能服务于权贵；研究者们已经令人信

① Roshdi Rashed, "Kamal al-Din"; Carl B. Boyer, *The Rainbow: From Myth to Mathematics*, pp. 127—129. 有时有人（比如Boyer）认为，这种理论真正的伊斯兰创造者是卡迈勒丁的老师设拉兹。笛卡儿在 *Discourse on Method*, "Meteorology," 8th discourse中提出了这一彩虹理论。

② 关于中世纪伊斯兰医学的出色的简要讨论见Emilie Savage-Smith, "Medicine"; Savage-Smith, "Medicine in Medieval Islam"。以下关于伊斯兰医学的论述得益于Emilie Savage-Smith的文献，但不包括可能的误解和误述。

③ 该疾病列表源自Manfred Ullmann, *Islamic Medicine*, p. 1。

服地表明，即使是对于上流社会，医学著作中讲的那些有时自称已经实施过的做法和程序与他们实际受到的治疗的关系也很遥远。① 我们对伊斯兰成就的了解仍然是源自一系列的文本。

阿拔斯王朝的哈里发们于8世纪中叶掌权时已经可以了解到古典医学传统的内容——它们似乎源自聂斯脱利派行医者。宫廷赞助很快就导向了这个有前途的新知识体系，具体表现为对翻译家和行医者的资助。聂斯脱利派医生朱尔吉斯·伊本·加百列·伊本·布赫提舒(Jurjis ibn Jibrail ibn Bukhtishu)被马蒙从贡迪沙普尔召到巴格达来治疗哈里发的胃病。朱尔吉斯一直做宫廷医师，其后由他的儿子、孙子等等共八代布赫提舒家族的医生所接任。他们从事的医学是古典传统的盖伦医学。

最重要的医学著作翻译家是侯奈因·伊本·伊斯哈格及其翻译团队(见上文)。侯奈因还写了原创性的医学论著，其中包括以问答形式写成的《医学问题》(*Questions on Medicine*)，这是一本给学生看的流行的医学教科书。他有两部著作的中世纪拉丁文译本成了标准的导论文本：一本是他关于眼睛和视觉的著作，另一本是《医学导论》(*Introduction to Medicine*)。(图8.5)他还纠正了新近翻译的迪奥斯科里德斯的伟大制药指南《药物论》——这部关于草药和草药治疗的著作不仅在伊斯兰世界有影响，在拜占庭和西欧也有影响。原著是侯奈因的老师、聂斯脱利派基督徒尤汉纳·伊本·马萨维伊(Yuhanna ibn Masawayh，卒于公元857年)用阿拉伯语写的，其中包括关于眼疾、发热、麻风等诊疗科目的许多短论。

① Savage-Smith, "Medicine in Medieval Islam."

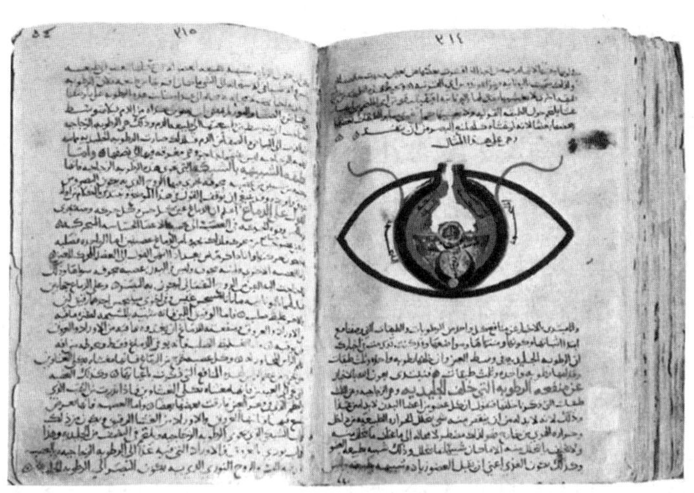

图 8.5　侯奈因·伊本·伊斯哈格论眼睛的解剖构造，源自侯奈因《眼睛十论》(*Book of the Ten Treatises of the Eye*)的一个 13 世纪抄本，藏于开罗国家图书馆。

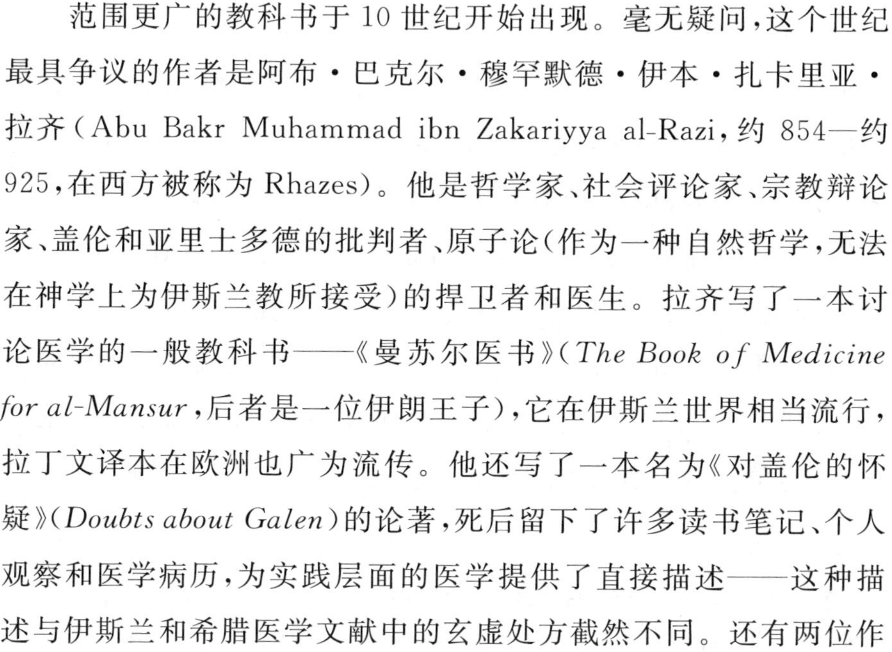

范围更广的教科书于 10 世纪开始出现。毫无疑问，这个世纪 186
最具争议的作者是阿布·巴克尔·穆罕默德·伊本·扎卡里亚·拉齐(Abu Bakr Muhammad ibn Zakariyya al-Razi，约 854—约 925，在西方被称为 Rhazes)。他是哲学家、社会评论家、宗教辩论家、盖伦和亚里士多德的批判者、原子论(作为一种自然哲学，无法在神学上为伊斯兰教所接受)的捍卫者和医生。拉齐写了一本讨论医学的一般教科书——《曼苏尔医书》(*The Book of Medicine for al-Mansur*，后者是一位伊朗王子)，它在伊斯兰世界相当流行，拉丁文译本在欧洲也广为流传。他还写了一本名为《对盖伦的怀疑》(*Doubts about Galen*)的论著，死后留下了许多读书笔记、个人观察和医学病历，为实践层面的医学提供了直接描述——这种描述与伊斯兰和希腊医学文献中的玄虚处方截然不同。还有两位作

者写了有影响力的百科全书著作:阿里·伊本·阿巴斯·马居斯(Ali ibn al-Abbas al-Majusi,活跃于公元983年,以Haly Abbas为欧洲人所知)写了《医术全书》(*Complete Book of the Medical Art*),献给他的赞助人、一位波斯统治者。阿布·卡西姆·扎哈拉维(Abu al-Qasim al-Zahrawi,约936—约1013,以Abulcasis为欧洲人所知)在伊斯兰帝国的另一端即摩尔人统治的西班牙行医,他是一位执业医师和外科医生,写了一部医学百科全书,分为30个部分,最后一章专门讨论手术,并辅以手术器械插图。在手术这一
187 章,扎哈拉维讨论了各种手术程序,包括处理伤口、接骨、截肢、气管切开术、烧灼、扁桃体摘除术、去除痔疮和囊肿、配药、用线补牙,等等。讨论手术的这一章节的拉丁文译本于1497年在威尼斯出版。[①]

但最伟大的伊斯兰医学百科全书家是波斯人阿布·阿里·侯赛因·伊本·阿卜杜拉·伊本·西纳(Abu Ali al-Husayn ibn Abdallah ibn Sina,980—1037,在西方被称为"阿维森纳")。我们之前看到了他对其求学经历的记述。伊本·西纳写了100多部论著,讨论了算术、几何、音乐、天文学、逻辑学、物理学和哲学(尤其是形而上学)等等。他是柏拉图和亚里士多德的伟大评注家,创造了一种柏拉图化的亚里士多德主义,对中世纪的欧洲有深远影响。他的《医典》(*Canon of Medicine*)自由借鉴了拉齐的著作,将医学知识组织为五个部分:总论;草药和其他药物;从头到脚的局部疾病;不为单个器官所特有的疾病;复方药物。这部医学百科全书影

---

① Shlomo Pines,"Al-Razi";Lutz Richter-Bernburg,"al-Majusi," *Encyclopedia Iranica*,1:837—838. 关于扎哈拉维,见Savage-Smith,"Medicine," pp. 942—948。

响极大，它于12世纪被克雷莫纳的杰拉德（Gerard of Cremona）译成拉丁文，在印刷机诞生之后在50年时间里连印了5次，迟至17世纪一直是欧洲医学院校的教科书。①

我已经说过，古典科学传统是作为半成品进入伊斯兰世界的。那么医学也是如此吗？医学理论或医疗活动在伊斯兰的赞助下还能继续向前发展吗？的确如此，虽然情况好坏参半。古典传统的医学无疑是对阿拉伯游牧部落医学的巨大改进，但我们的问题是，伊斯兰世界对这种有学识的古典传统医学（基本上是盖伦医学）是否有所发展。伊斯兰医生的主要成就之一是写出了一批旨在组织、详述和传播古典医学知识的医学典籍。我们可以想到拉齐、马居斯和伊本·西纳，他们的医学著作非常重要，在中世纪欧洲得到翻译和广为流传。另一项主要成就是发展出了新的专长，也许最重要的是治疗眼疾，包括白内障。侯奈因·伊本·伊斯哈格讨论这一主题的著作在伊斯兰世界和（翻译成拉丁文后）中世纪欧洲广为流传。②

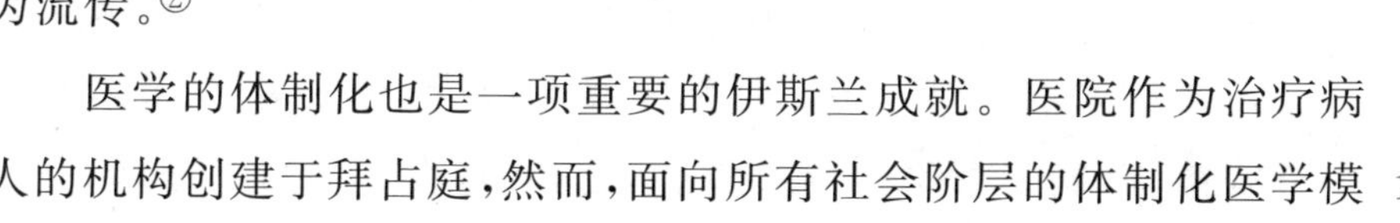

医学的体制化也是一项重要的伊斯兰成就。医院作为治疗病人的机构创建于拜占庭，然而，面向所有社会阶层的体制化医学模 188
式却是在伊斯兰世界得到精心发展和壮大的。目前已知最早的医

① 关于伊本·西那，见 Savage-Smith，“Medicine，” pp. 921—926；Georges C. Anawati and Albert Z. Iskandar，“Ibn Sina”。关于伊本·西那与亚里士多德主义传统，见 Dimitri Gutas，*Avicenna and the Aristotelian Tradition：Introduction to Reading Avicenna's Philosophical Works*。

② 关于伊斯兰医学著作对中世纪欧洲的影响，见 Danielle Jacquart，“The Influence of Arabic Medicine in the Medieval West”。关于眼科学，见 Savage-Smith，“Medicine，” pp. 948—950。

院(和所有伊斯兰医院一样,是一个世俗慈善机构)于公元800年左右出现在巴格达。在接下来的一个世纪,巴格达又建了5所医院,医院最终遍布整个伊斯兰帝国。其中一所建于公元982年,据说拥有"25名医生,包括眼科医生、外科医生和接骨师"。①

伊斯兰解剖学和生理学最惊人的一项成就是在医院作出的,即伊本·纳菲斯(Ibn al-Nafis,卒于1288年)发现肺输运人体血液。伊本·纳菲斯在大马士革学习医学,后来在开罗的一家医院从事治疗和教学。他在两本书里描述了肺对血液的输运(这是威廉·哈维[William Harvey]在17世纪的血液循环理论中的一个关键要素)。其中第二本书是对伊本·西纳《医典》的评注,他写道:

> [心脏][右]腔中的血液变稀薄时,必定被转移到左腔,普纽玛在那里产生。但这两个腔之间没有通道,因为将它们分开的心脏物质是不可渗透的。它既不像某些人所认为的那样含有可见通道,也不像盖伦所认为那样含有一种无形通道允许血液通过。……因此情况必定是,血液变稀薄时,进入动脉状静脉[我们所说的肺动脉]到达肺部,在肺部内被分散,并与空气混合。然后血液最精细的部分被过滤出来,与空气混合且变得适合产生普纽玛之后,进入静脉状动脉[我们所说的肺静脉]到达心脏左腔。

历史学家们探讨了这样一种可能性:伊本·纳菲斯的这一发

① Savage-Smith,"Medicine," pp. 933—936;引文见 p. 934。

现传到了据信是肺循环的欧洲发现者——意大利帕多瓦的雷亚尔多·科伦波(Realdo Colombo,1510—1559)那里。他们认为,这是一种合理的可能性,但并非完全确定。①

在结束对中世纪伊斯兰医学的讨论之前,我想就体制的方面提几句。一个成功的科学传统的主要特征之一是体制支持。今天,支持科学研究的地方有研究性大学、政府实验室、受捐助的研究机构等等。在中世纪的伊斯兰世界,我们看到了这些机构的前身。医院(无疑是在模仿拜占庭的医院,其中第一所建于4世纪)
不仅是进行手术和治疗疾病损伤的场所,而且也是执业医师能够 189
谋生的机构,他们可以在那里治疗病人,培养学徒医生,或者写作和做研究(如伊本·纳菲斯的例子所示)。②

伊斯兰科学的命运

伊斯兰科学运动著名而持久。希腊文著作向阿拉伯文的迻译始于8世纪下半叶,9世纪末翻译活动达到顶峰,严肃的学术工作

---

① Albert Z. Iskandar,"Ibn al-Nafis"(引文见 p. 603)。最先发现肺输运(往往被误称为"肺循环")的欧洲人是塞尔维特(Michael Servetus,1511—1553)。然而若干年后,是科伦波独立发现了它并第一次将其公之于众。与伊本·沙提尔的行星模型不同(如果不知道伊本·沙提尔的成就,哥白尼就无法如此精确地复制它),这里没有这种必然性,因为鉴于16世纪帕多瓦大学和其他欧洲医学院中的解剖学人才和正在进行的认真的解剖学研究,欧洲发现肺输运是不可避免的。伊本·纳菲斯关于伊本·西纳《医典》的评注的确于15世纪初被译成了拉丁文。关于这个问题,见 P. E. Pormann and Emilie Savage- Smith,*Medieval Islamic Medicine*。

② Micheau,"The Scientific Institutions in the Medieval Near East";Savage-Smith,"Medicine."

正在进行。从9世纪中叶到14世纪，在希腊科学的主要分支方面，伊斯兰世界的各大城市一直都有人做出出色的科学工作。如果我们把注意力集中在数学和天文学，这里是伊斯兰许多最伟大的成就之所在，我们就会发现，迟至16世纪上半叶，一直都有出色的数学家和天文学家在作认真研究。穆斯林在数学科学上的领先地位一直持续了500多年，比从哥白尼到我们这个时代的时间还要长。

这场科学运动（出于实用目的）发源于阿拔斯王朝统治下的巴格达，尽管也出现了其他许多科学赞助中心。11世纪初，法蒂玛王朝（Fatimids）统治下的开罗开始与巴格达竞争。与此同时，这些外来科学已经传向西班牙，倭马亚王朝（在近东被阿拔斯王朝取代）在科尔多瓦（Cordoba）建立了壮观的宫廷。在倭马亚王朝的赞助下，这些科学在11、12世纪的西班牙繁荣起来。哈卡姆（al-Hakam，卒于公元976年）对这一发展起了推动作用，他在科尔多瓦建起一座大型图书馆，并为之提供了藏书。[①] 最后，中世纪临近结束时，数学科学的重心东移到了马拉盖和撒马尔罕，在那里数学科学得到了机构支持。

许多历史学家渐渐持这样一种观点（往往是未经论证便设想），伊斯兰科学在12世纪至15世纪之间的某个地方达到顶峰，而当中世纪的欧洲科学显示出复苏迹象时却走了下坡路，变得无

---

① 关于倭马亚王朝的西班牙，特别参见 María Rosa Menocal, *The Ornament of the World: How Muslims, Jews, and Christians Created a Culture of Tolerance in Medieval Spain*。

图 8.6　科尔多瓦大清真寺内景，公元 8 世纪中叶。

关紧要。① 这种观点不无吸引力：早在 9 世纪，阿拔斯帝国就开始
持续发生暴动，因为它分裂成了一些小的交战公国。在西方，大约 190 263
1065 年以后，基督徒开始了重新收复西班牙的旷日持久的（即使
是零零星星的）战争，直到两个世纪后整个伊比利亚半岛被基督徒

① 关于这一主题的观点样本见 A. I. Sabra，"Science，Islamic，" pp. 87—88；Sabra，"The Appropriation and Subsequent Naturalization of Greek Science，" pp. 238—240；Gustave E. von Grunebaum，*Medieval Islam：A Study in Cultural Orientation*，p. 339；von Grunebaum，*Classical Islam：A History 600 A. D. —1258 A. D.*，pp. 198—201；Max Meyerhof，"Science and Medicine，" pp. 337—342；Muzaffar Iqbal，*Islam and Science*，pp. 125—170；Ignaz Goldziher，"The Attitude of Orthodox Islam toward the 'Ancient Sciences'"（发表于 1915 年，但仍然很有趣）；Turner，*Science in Medieval Islam*，pp. 201—207；H. Floris Cohen，*The Scientific Revolution：A Historiographical Inquiry*，pp. 483—488；Lindberg，in the first edition of *The Beginnings of Western Science*，pp. 180—182；以及一部颇具争议的著作 Toby E. Huff，*The Rise of Early Modern Science：Islam，China，and the West*，chaps. 1—5。

所控制。托莱多于 1085 年落入基督徒军队之手，科尔多瓦是在 1236 年，塞维利亚则是在 1248 年。与此同时，伊斯兰帝国正面临蒙古人和土耳其人来自东方的进攻。1258 年，蒙古人洗劫了巴格达，阿拔斯帝国灭亡。

抽象地看，我们也许以为，这种政治风暴会大大削弱科学，而且随着宗教与亚里士多德的自然哲学和形而上学日益对立，将会导致赞助的减少和科学活动的衰落。但令人惊讶的是，许多征服
191 者都成了科学的赞助者。例如，洗劫巴格达的旭烈兀汗（Hulagu Khan）（以及他的兄长蒙哥［Mangu］）也是马拉盖天文台的赞助者；帖木儿（Tamerlane，征服中亚的蒙古人）的孙子兀鲁伯（Ulugh Beg）负责了撒马尔罕的伊斯兰学校和天文台的建设、资助和管理。在西班牙，基督徒、穆斯林和犹太人有着和谐共处的悠久历史，直到一系列事件导致 1492 年犹太人被驱逐。[①] 最后，宗教上的反对仅限于有神学意义的议题，对于自然科学毫无影响或几乎没有影响。事实上，12 至 15 世纪的衰落图像并非源于对手稿档案的研究，而是未经研究而作的臆断，为的是借此就伊斯兰教和基督教的相对优点而进行宗教论战：哪一种宗教文化在自然科学领域胜出？[②]

最后，伊斯兰天文学史的档案研究已经决定性地表明，至少这门特定学科一直繁荣到 16 世纪——整个伊斯兰世界不断有知识

① Menocal, *The Ornament of the World*.

② Rodney Stark, *For the Glory of God: How Monotheism Led to Reformations, Science, Witch-Hunts, and the End of Slavery* 不甚了了地试图用中世纪科学史来证明，只有一种基督教文化才能产生真正的科学。

渊博的、有时才华横溢的天文学家出现。① 至于其他科学，数以千计的阿拉伯文、波斯文和突厥文手稿仍然藏在从欧洲到中东的各大图书馆中留待考察。其中包含着什么内容，我们只有看了才知道。

也许我们不应该问“伊斯兰科学为什么会衰落或者何时衰落?”，也不应该问“在赢得自然科学优势的竞赛中，哪种文化的表现优于其他?”，而应当问，“在如此不乐观的形势中开始的一种思想传统，如何能够发展出一种令人惊讶的、持续如此之久的科学传统?”简短的回答是，通过一连串非常复杂的偶然事件，伊斯兰的统治者及其有教养的臣民占有了古典科学传统，其中的资源使科学(尤其是数学科学和医学)得以蓬勃发展。正如我们已经看到的，这是一种高度多样化的、多宗教、多语言和世界性的文化。它有一批受过良好教育和具备多种语言能力的精英，从而使自然科学保持了活力。可能正是这种多样性确保了有教养的、神学上各执己见的人能够拥有一片世外桃源，在那里，一种无论在来源还是内容上都是外来的科学传统能够生根发芽，蓬勃发展。

同样不容忽视的是实用考虑。如果我们把形而上学问题(比如柏拉图和亚里士多德著作中的那些问题)放到一边，那么其余的学科可能会因其实际效用而得到发展。比如逻辑学用于法律；数

① 这种研究正在出现。见 Ihsan Fazlioglu,“The Mathematical/ Astronomical School of Samarqand as a Background for Ottoman Philosophy and Science.” 另见 F. Jamil Ragep,“Copernicus and His Islamic Predecessors: Some Historical Remarks”; Charette,“The Locales of Islamic Astronomical Instrumentation”。

学用于贸易、记账、勘测和工程；占星术用于绘制天宫图和解释预兆；天文学用于修订历法、确定麦加的方向和每日祈祷时间；医学
192 用于治疗各种疾病。幸运的是，许多包含这些科学成就的文本（既有伊斯兰的，也有希腊的）在12、13世纪被拉丁欧洲所获得，在那里它们被如饥似渴地接受，文化传播的过程重新开始了。

第九章　西方的学术复兴

中世纪 193

到目前为止，我一直没有给“中世纪”一词下定义，也没有具体指明其精确的年代界限。不精确有时也是优点，这里便是一例，因为连历史学家自己也没有就这个词的含义达成一致。不过现在也该逐渐明确其含义了。“中世纪”这一概念最早是14、15世纪的意大利人文主义学者提出的，这些学者认为古代的辉煌成就与他们自身时代的教化之间有一个黑暗的中间时期。如今，这种贬低性的看法（体现于“黑暗时代”这个熟悉的称号）几乎已被持中立看法的专业历史学家彻底抛弃，他们认为，“中世纪”时期对西方文化作出了独特的重要贡献，理应得到公正而无偏见的研究和评价。

中世纪的年代界限必然会模糊不清，因为中世纪文化（无论我们把它当做什么）是在不同时间、不同地区逐渐产生和消失的。如果一定要指明时间，我们可以认为中世纪包含了从罗马文明在拉丁西方的灭亡（大约公元500年）到1450年的这一段时期，因为1450年时艺术与文学的复兴即通常所谓的“文艺复兴”肯定已经在进行。我们不妨把这一时期进一步细分成中世纪早期（约

500—1000)、过渡时期(1000—1200)和中世纪盛期或晚期(1200—约 1450)。这并不是标准划分(中世纪的“盛期”与“晚期”常被区别开来),但对我们来说比较方便。

194 卡洛林王朝的改革

(在第七章)我们已经看到了罗马帝国在拉丁西方的衰落命运以及我们认为具有典型中世纪特征的社会宗教结构的出现,如隐修院制度。西欧经历了一个逆城市化过程;古典学校退化了,文化教育和学问的促进由隐修院领导,薄弱的古典传统作为宗教和神学的婢女在隐修院残存了下来。但这并不意味着隐修院教育一枝独秀。一些城市学校仍然存在,特别是在意大利;宫廷和教会的学校从未销声匿迹;而且,一些名门望族总是想方设法求取私学。这里仅仅是要表明,隐修院成了占统治地位的教育力量。关于各门科学的学术研究肯定已经衰落,因为焦点转向了宗教或教会议题:诠释《圣经》、研究宗教史、确立教会统治和发展基督教教义。但这并不意味着科学主题被抛弃或者科学书籍被烧毁。第七章提到了马克罗比乌斯(4 世纪末)在其《〈西庇阿之梦〉评注》中的科学兴趣,马提亚努斯·卡佩拉关于七种自由技艺的论著,以及波埃修对亚里士多德著作的翻译。

但即使是宗教和神学著作也利用了古典传统,特别是希腊的逻辑学和形而上学。波埃修确立了一种模式,他决心借助于亚里士多德的逻辑学以及柏拉图和亚里士多德的形而上学,参透诸如神的预知和神的三位一体之本性等问题。塞维利亚的伊西多尔试图通过哲学传统中与各种基督教异端相应的成分来解释异端的起源。甚至连公开批判异教学问的大格列高利(Gregory the Great)也在很多地方显示出其神学具有或公开,或隐秘的哲学基础。①

8 世纪末出现了学术活动的一次重要改革,它与查理曼(查理大帝)及其宫廷有关。公元 768 年,查理曼继承了法兰克王国,包括今天德国的一部分以及法国、比利时和荷兰的大部分。公元 814 年逝世时,查理曼已经将他的王国(历史学家称之为卡洛林帝国)扩展到几乎整个西欧大陆,只有西班牙、斯堪的纳维亚和意大利南部没有被包括在内——这是自罗马帝国灭亡以来,第一次有人认真尝试在西欧建立中央集权政府。

查理曼本人受过教育,不仅在宫廷而且在整个王国致力于传播学问。他的传记作者艾因哈德(约 770—840)这样来描述查理曼对知识的渴求(无疑有些夸张):

> 他如饥似渴地研究自由技艺,为其深深敬重的老师授予了重要职位。为了学习语法,他听从一位年迈的助祭比萨的彼得(Peter of Pisa)[的教导]。对于其他学科,他把全世界最有学问的人——不列颠的阿尔昆当做他的老师。[查理曼]投 195

① John Marenbon, *Early Medieval Philosophy* (480—1150), chaps. 4—5; M. L. W. Laistner, *Thought and Letters in Western Europe*, chaps. 3—4; Gillian R Evans, *The Thought of Gregory the Great*, pp. 55—68. 本章包含的许多主题也见于 Edward Grant, *God and Reason in the Middle Ages*; Grant, *Science and Religion, 400 B. C.—A. D. 1550: From Aristotle to Copernicus*。

> 入了大量时间和精力随他学习修辞、辩证法，特别是天文学。他学会了计算的技艺[算术]，并且怀着坚定的目标和极大的好奇去研究星体的运动。①

为了改进神职人员的教育，查理曼下令创建了大教堂学校和隐修院学校，并邀请欧洲最优秀的一些学者来到宫廷。随后，他把
196 这些人安排成主教和隐修院院长等重要职位，以便他们推进教育改革。其中最重要的一例是，查理曼把英格兰约克郡的著名学者兼大教堂学校校长阿尔昆(Alcuin，约730—804)请来领导这一广泛的教育事业并为之出谋划策，后来又让阿尔昆担任了图尔的圣马丁隐修院院长。阿尔昆是爱尔兰学术传统的受益者(见第七章)，其思想渊源可以直接追溯到比德。以阿尔昆为核心形成了一个学者圈子，这些人对当时的神学、教会以及科学和哲学议题感兴趣。

但卡洛林时期最重要的贡献是收集和抄写了古典传统的书籍。在阿尔昆的领导下，许多书籍得到收集、修正和抄写，其中包括《圣经》、教父著作以及古典作家的著作。抄写古典文本的重要性可由一个事实来证明：大多数罗马科学和文学著作(以及希腊著作的拉丁文译本)的已知最早抄本都源自卡洛林时期。书籍的重新获得和抄写，以及查理曼颁布的兴建大教堂学校和隐修院学校

---

① 引自 Rosamond McKitterick,"The Carolingian Renaissance," p. 152。这篇文章是对查理曼教育改革的出色的简短论述。另见她更早的著作 *The Carolingians and the Written Word*。

的敕令，使得教育在拉丁西方比前几个世纪更广地传播开来，并为将来的学术奠定了基础。①

虽然这种卡洛林复兴的主要动机是改变教士识字水平低的情况，但它也乐于接纳自然科学。（广义的）天文学研究尤其能够体现这一点，从事天文学研究既有宗教目的，也有世俗目的。计时是应用天文学的一个方面，隐修院每天强制性的祈祷仪式和其他集体活动都需要由计时来确定，为此，往往需要参照太阳在白天的位置以及某些恒星在晚上的位置。历法问题要求更高的天文学知识，表现为所谓的“计算”（computus）科学。“计算”是作为一套规则发展起来的，用于确定复活节和其他宗教节日的恰当日期，教会要求整个基督教世界在同一天庆祝这些节日。这些神圣的日子中最重要的是复活节，西欧教会一般是在春分之后第一个月圆后的第一个星期日庆祝。这个日期必须预先确定，以作出适当的准备。为此需要作认真的计算、构造和使用历法（或“计算”）表。②

① 关于阿尔昆和更一般的卡洛林教育改革，见 Heinrich Fichtenau，*The Carolingian Empire*，chap. 4；John Marenbon，*From the Circle of Alcuin to the School of Auxerre*，chap. 2；Laistner，*Thought and Letters in Western Europe*，chap. 7。关于建立隐修院学校的法令的确切含义和重要性，详细讨论见 M. M. Hildebrandt，*The External School in Carolingian Society*。

② 对卡洛林天文学出色的全面研究见 Bruce S. Eastwood 即将出版的 *Ordering the Heavens：Roman Astronomy in the Carolingian Renaissance*；以及 Stephen McCluskey，*Astronomies and Cultures in Early Medieval Europe*，chaps. 5，8。相关的还有 Bruce S. Eastwood，*The Revival of Planetary Astronomy in Carolingian and Post-Carolingian Europe*；Eastwood and Gerd Grasshoff ，*Planetary Diagrams for Roman Astronomy in Medieval Europe*，ca. 800—1500。对“计算”内容的细致考察见 Faith Wallis，trans.，*Bede：The Reckoning of Time*。

卡洛林宫廷对行星天文学和宇宙学方面的兴趣受到了四位罗
197 马和/或中世纪作者著作的激励。其中两本我们已经提到：马克罗比乌斯的《〈西庇阿之梦〉评注》（5世纪上半叶）；马提亚努斯·卡佩拉的《菲劳罗嘉与默丘利的联姻》（5世纪末），它成了极为流行的七艺教科书。另外两本是卡尔西迪乌斯的《柏拉图〈蒂迈欧篇〉评注》（4世纪）；以及老普林尼的《博物志》，这是四本书中最早和最复杂的，但直到9世纪才在卡洛林王朝广为流传。[①] 这四本书成了权威文献，经常被抄写或评注，提供了普通的基本宇宙论和行星天文学。这种学术涉及的主题包括黄道（带）、行星的驻点和逆行、行星的序列、拱点、行星纬度的变化、升落、食、银河、地球的大小、气候带、能够住人的温带，等等。它们普遍认为地球是球形（马提亚努斯报告了埃拉托色尼计算的地球周长），南部温带地区（对跖点）居住着与我们"上""下"相反的人（对跖人）。[②] 这其中有一个更有趣的片断，马提亚努斯·卡佩拉尝试处理最内天体（月亮、太阳、水星和金星）在空间中的排列，他认为水星和金星的路径"丝毫没有包围地球，而是沿着更广路径围绕太阳运转"——简而言之，其路径是环日轨道[③]（见图7.5）。

水星和金星环日轨道的绘制只是卡洛林学者的诸多努力之

① 对罗马天文学和宇宙论的令人难忘的非数学论述见 Pliny the Elder, *Natural History*, trans. H. Rackham, W. H. S. Jones, and D. E. Eicholz, Ⅱ. 6—22, pp. 170—255。

② Eastwood, *Ordering the Heavens*, chaps. 1—2.

③ Trans. Bruce Eastwood in *Ordering the Heavens*, chap. 4, from Leiden Universiteitsbibliotheek, MS Voss. lat. F. 48, fol. 79v.

一，旨在说明宇宙的几何方面，使之能被缺乏更高数学技能的学者所理解。在天文学方面，老普林尼的《博物志》是四部权威文献中最复杂的，只有它对本轮和偏心圆作了完整讨论，但并未包含这些内容的插图，因此卡洛林学者面临的主要挑战是用几何插图来阐明老普林尼的文字记述，以帮助人们理解本轮和偏心圆。[①] 有一幅这样的插图（图 9.1）通过将行星简单置于偏心圆上来处理行星拱点（最接近和最远离地球的点，地球被视为中心）。[②]

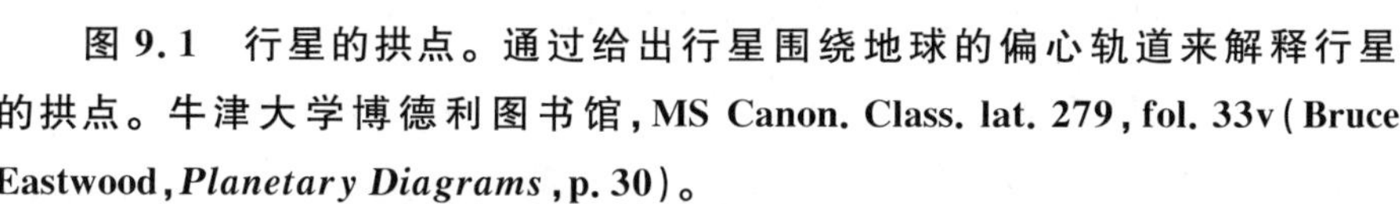
图 9.1　行星的拱点。通过给出行星围绕地球的偏心轨道来解释行星的拱点。牛津大学博德利图书馆，MS Canon. Class. lat. 279，fol. 33v（Bruce Eastwood，*Planetary Diagrams*，p. 30）。

---

① 根据 Eastwood，*Ordering the Heavens*，chap. 1 的说法，前一挑战直到 11 世纪才得到令人满意的处理。

② Eastwood and Grasshoff，*Planetary Diagrams for Roman Astronomy in Medieval Europe*，fig. Ⅱ. 5，p. 30.

在卡洛林王朝的上述天文学成就和其他科学主题的成就中，没有任何内容标志着革命性的飞跃。查理曼及其改革以及卡洛林时期科学成就的重要性不在于创新，而在于恢复和保存了古典传统的重要部分，建立了学校，推广了读写能力，并且（在天文学方
198 面）试图对各种行星现象作几何表示。所有这些都为11、12、13世纪几近完全恢复古典传统奠定了基础。

卡洛林教育改革所带来的益处可以从约翰·司各脱·埃留根纳（John Scotus Eriugena，活跃于850—875年）的职业生涯看出来。埃留根纳是爱尔兰学者，依附于查理曼之孙秃头查理（Charles the Bald）的宫廷，他无疑是9世纪拉丁西方最有才华的学者。埃留根纳有许多天赋，比如敏锐而富有原创性的头脑以及罕见的语言才华。他精通希腊文，可能先是在一所爱尔兰隐修院
199 学校中学的，到欧洲大陆后又有了提高。借此他把几部希腊文神学论著译成了拉丁文：他先是应秃头查理要求翻译了伪狄奥尼修斯（Pseudo-Dionysius，公元500年左右的一位佚名的新柏拉图主义基督徒）的著作，后来又翻译了几位希腊教父的著作。埃留根纳还写了几部富有原创性且构思缜密的神学论著，在其中发展了伪狄奥尼修斯的新柏拉图主义，并试图将（带有希腊倾向的）基督教神学与新柏拉图主义哲学综合起来。他的《论自然》（*On Nature*）试图对受造物加以全面论述，包含着一种清晰阐述的（当然是彻底基督教的）自然哲学。最后，他为马提亚努斯·卡佩拉的七艺教科书《菲劳罗嘉与默丘利的联姻》写了评注，这可能与他的教学工作有关。埃留根纳对身边的门徒产生了直接影响，并通过他们持续

影响了西方思想。①

8、9世纪的卡洛林复兴与12世纪的“文艺复兴”之间的关键过渡人物是一个10世纪的修士，他来自法国中南部欧里亚克(Aurillac)的圣热罗(Saint-Geraud)隐修院。欧里亚克的热尔贝(Gerbert of Aurillac，约945—1003)的职业生涯令人艳羡，这源于其思想天赋与政治投机主义的结合。出身卑微的他先后在欧里亚克和西班牙北部受到良好教育，在西班牙学习了大约3年，然后回到法国北部兰斯的一所重要的大教堂学校，先是研究逻辑，后成为校长。他从兰斯到意大利北部担任了博比奥(Bobbio)隐修院院长，然后回到兰斯任大主教，接着又回到意大利任拉文纳(Ravenna)大主教。最后，公元999年，他的保护人奥托三世(Otto Ⅲ，萨克森皇帝)帮助他当选教皇西尔维斯特二世(Sylvester Ⅱ)。

人们总是习惯于强调，热尔贝最早发起了伊斯兰世界与拉丁基督教世界之间富有成果的思想交流，肯定是其中最重要的人物。但在考察其职业生涯中这个重要方面之前，我们必须指出，他也为一种更古老的学术传统作出了贡献——重新发现和传播古典自由技艺，特别是通过波埃修和其他拉丁文献传下来的亚里士多德逻辑学。在兰斯，热尔贝讲授亚里士多德、西塞罗、波菲利和波埃修的各种逻辑学著作，还编写了至少一部逻辑学论著。不过，热尔贝的名声乃是基于他所从事的数学四艺研究。他偶然接触到了阿拉伯的数学宝藏——这是北欧人第一次进行具有重要科学意义的交

① 关于埃留根纳及其学派，见John J. O'Meara, *Eriugena*; Marenbon, *Early Medieval Philosophy*, chap. 6; Marenbon, *From the Circle of Alcuin*, chaps. 3—4。

流，标志着他们开始重新发现厚重的古典传统（包括伊斯兰对它
200 的发展），它将彻底改变基督教欧洲自然科学的研究和实践。要
想了解当时的情况，我们需要对伊斯兰西班牙的历史和文化作
一概览。

随着对西班牙的征服，伊斯兰完成了其军事和政治扩张。公
201 元 711 年，北非的一群穆斯林越过边界进入西班牙，向北长驱直
入，未遇到什么抵抗，在援军的协助下没过几年便控制了除北部边
界一个狭长地带以外的整个西班牙。从公元 756 年到 11 世纪初，
穆斯林西班牙（安达卢斯[al-Andalus]）由倭马亚王朝统治，它在

图 9.2　四艺的化身。从左到右依次为：音乐、算术、几何学和天文学。出自波埃修《算术》（*Arithmetic*）的一个 9 世纪抄本，Bamberg, MS Class. 5（HJ. IV. 12），fol. 9v。

安达卢西亚地区(Andalusian)的中南部城市科尔多瓦建了宏伟的都城,扶持教育,资助抄写和翻译书籍,还建有一座据说藏有40万册书的图书馆(可能有所夸张,但肯定多于基督教欧洲任何一座图书馆),并且鼓励研究古典遗产。这被称为安达卢斯的"黄金时代"。对我们来说,关键是进一步的事实,即安达卢斯本地的大批犹太人和基督徒不仅得到了宽容,而且可以参与学术甚至进入政府,并为之作出重要贡献。安达卢斯已成为一个多种族、多宗教和多语言的国家。①

公元967年,热尔贝离开了他在欧利亚克的隐修院,在巴塞罗那伯爵的陪同下,向南翻越或绕过比利牛斯山脉(直线距离350英里)到达加泰罗尼亚(西班牙东北角)的比克(Vich)城。此行的目的是跟随比克主教阿托(Atto)学习数学。据说加泰罗尼亚(当时还被基督徒控制)是思想的荒漠,远离科尔多瓦和托莱多等伊斯兰学术中心,并无四艺研究的声誉;因此一些学者贬低热尔贝加泰罗尼亚之旅的意义。然而最近的研究表明,在公元10世纪下半叶,加泰罗尼亚不再像某些学者所认为的那样是文化和科学的孤岛。早在10世纪中叶,加泰罗尼亚无论在政治上还是文化上都已十分繁荣,来自南方的科学思想随即涌入。这一切都离不开加泰罗尼亚与安达卢斯和谐的关系以及持续的文化科学交流。

① 特别参见 Robert Hillenbrand,"Cordoba";María Rosa Menocal, *Ornament of the World: How Muslims, Jews, and Christians Created a Culture of Tolerance in Medieval Spain*;Philip K. Hitti, History of the Arabs: *From the Earliest Times to the Present Day*, chaps. 34—35。

这场加泰罗尼亚复兴中的一个重要人物是阿布·优素福·哈斯代·本·伊沙克·沙普鲁特(Abu Yusuf Hasday ben Ishaq ben Shaprut),他是医生、学者、安达卢西亚犹太社群的领导者,也是安达卢西亚科尔多瓦宫廷中的一个重要人物(两任哈里发的大使和顾问)。据目前所知,哈斯代将各种阿拉伯数学和天文学文本带到(或安排带到)了加泰罗尼亚,其中一些被热尔贝获得。有一本是与突尼斯的法蒂玛宫廷有联系的犹太哲学家杜纳什·伊本·塔米姆·卡拉维(Dunash ibn Tamim al-Qarawi)论述浑天仪的著作。杜纳什在书中制定了一个用球形地球和浑天仪讲授天文学的方
202 案,声称这些立体教具增进了对天界运动的理解(图 9.3)。其重要性在于,我们发现热尔贝回到法国执教时采用了同一教学方案。

图 9.3　16 世纪的浑天仪。源自 Petrus Apianus and Gemma Frisius, *Cosmographia* (Antwerp, 1584)。

据我们所知，他是这样做的第一个北欧人。①

热尔贝随后的职业生涯有力地证明，他对数学科学的掌握超过了以往任何欧洲人，而且他熟知伊斯兰的数学和天文学成就。他的书信尽管大多写于动荡的政治和宗教环境中，但屡屡提到数 203
学、天文学、要抄写或修正的手稿（包括老普林尼的《博物志》）、待翻译的书和想得到的著作（包括波埃修和西塞罗的著作）。在一封信中，热尔贝想要获得西班牙人约瑟夫（Joseph the Spaniard，也许与哈斯代是同一个人）的一本关于乘除法的书；在另一封信中，他请求得到卢皮图斯（Lupitus，巴塞罗那大教堂的领班神父）译自阿拉伯文的一本天文学著作；还有一封信，他宣称发现了一本天文学著作，并认为是波埃修所写。他称赞其保护人奥托三世对数的兴趣。他指导朋友和同事解决各种算术和几何问题，按照杜纳什的方案讲授天文学，并推广使用天球模型。他讲解了如何制作天文学模型以及用算盘做乘除法（采用阿拉伯数字）。简而言之，热尔贝利用其名师地位和教会显赫人物的身份推进了西方的数学科学事业，激励了伊斯兰世界与基督教欧洲之间严肃而富有成果的科学交流。

11、12 世纪的学校

1003 年热尔贝去世时，西欧正处于政治、社会和经济复兴的

① 关于热尔贝的西班牙之旅，最重要的详细研究是 Marco Zuccato，“Gerbert of Aurillac and a Tenth-Century Jewish Channel for the Transmission of Arabic Science to the West”。关于热尔贝的其他文献，见 D. J. Struik，“Gerbert”；Harriet Pratt Lattin，ed. and trans.，*The Letters of Gerbert with His Papal Privileges as Sylvester* Ⅱ；Cora E. Lutz，*Schoolmasters of the Tenth Century*，chap. 12。

前夜。这一复兴的原因纷繁复杂，其中一个原因是出现了一些更强大的君主，能够维持正义，减少内乱和暴力。与此同时，在公元9、10世纪维京人(Viking)和马扎尔人(Magyar)的入侵平息之后，边境又恢复了安宁。在被侵略了数个世纪之后，欧洲人即将成为侵略者，把穆斯林赶出西班牙，并派遣十字军去拯救圣地。

政治稳定促进了商业发展和富足，货币经济向农村的拓展刺激了农产品贸易。技术发展在供应必需品和创造财富方面起了关键作用。例如，水车的改进和推广引发了一场小型的工业革命；农业方面的革新，如轮作以及马轭和轮式犁的发明(可能再加上气候
204 条件的改善)，使粮食供应大幅增长。① 这些变化所导致的最为戏剧性的结果之一是人口激增。尽管没有确切数字，但是从公元1000年至1200年，欧洲人口已经达到了原先的两倍、三倍甚至四倍，而城市人口甚至增长更快。② 反过来，城市化提供了经济机会，使财富得以集中，并且促进了学校和思想文化的发展。

人们普遍认为，教育和城市化密切相关。古代学校的消失与古代城市的衰落联系在一起，随着欧洲在11、12世纪的重新城市化，教育很快就恢复了活力。中世纪早期的原型学校是隐修院学校(图9.4)——田园式的，与世俗世界相隔绝，致力于狭隘的教育

① 关于这一时期的技术，特别参见 Lynn White, Jr., *Medieval Technology and Social Change*; Donald Hill, *A History of Engineering in Classical and Medieval Times*; Jean Gimpel, *The Medieval Machine: The Industrial Revolution of the Middle Ages*。关于水车，见 Terry S. Reynolds, *Stronger than a Hundred Men: A History of the Vertical Water Wheel*, chap. 2。

② David Herlihy, "Demography."

图 9.4　语法学校的一幕场景：老师举着棍棒威吓学生，藏于巴黎国家图书馆，MS Fr. 574，fol. 27r（14 世纪）。

目标（虽然有时因外界压力而有所扩展）。随着人们在 11、12 世纪
涌向城市，此前对教育事业贡献不大的各种城市学校走出了隐修
院学校的阴影，成为教育的主要力量。这种发展也得益于隐修制 205
度内部的改革运动，此改革旨在减少隐修士对世俗事务的参与，重
新强调隐修事业的精神性。在当时著名的城市学校中，有大教堂
学校、教区神职人员管理的学校以及各种公立学校（既有小学也有
中学）。它们并不与教会的需求直接相关，而是面向任何担负得起

费用的人。① 新城市学校的教育目标比隐修院学校广泛得多。由于学校领导者的视野和专长各不相同，教学方案的重点因学校而异。但总体而言，城市学校对课程作了扩展和重新定位，以满足各种有雄心壮志的学生的实际需求，这些人将在教会和国家中占据领导地位。甚至是那些与隐修院学校一样仅具有宗教目标的大教堂学校，也会在设计课程时考虑有助于宗教目的的更广的研究。倘若一位老师或其学生的教育志向超出了大教堂学校的组织结构之所及，他们便可能脱离大教堂学校的权威来操作。事实上，“学校”很可能是流动的而不是地理上固定的，一个总能聚拢学生的富有魅力的教师游历到哪，学校就迁移到哪。② 这些新安排使课程迅速拓展：在城市学校中，逻辑学、四艺、神学、法律和医学的发展达到了隐修院传统中闻所未闻的程度。新的学校在数量和规模上都成倍增长，终于放射出夺目的思想光芒，把最有才华的老师和学生都吸引进来。

在法国，一些最有活力的学校都依附于受 9 世纪卡洛林改革影响的那些地区的大教堂（或在其影响下运作）。拉昂（Laon）便是早期的佼佼者，公元 850 年时，它拥有一所重要的大教堂学校，

① Nicholas Orme, *English Schools of the Middle Ages*; John J. Contreni, “Schools, Cathedral”; Contreni, *The Cathedral School of Laon from* 850 *to* 930; Marenbon, *Early Medieval Philosophy*, chap. 10; John W. Baldwin, *The Scholastic Culture of the Middle Ages*, chap. 3; Richard W. Southern, “The Schools of Paris and the School of Chartres”; Southern, “From Schools to University”; Paul F. Grendler, *Schooling in Renaissance Italy*, esp. chap. 1.

② Southern, “The Schools of Paris and the School of Chartres,” pp. 114—118; Jean Leclercq, “The Renewal of Theology,” pp. 72—73.

迟至11、12世纪还在神学上享有盛誉。10世纪时，热尔贝先后成为兰斯大教堂学校的学生和老师。12世纪时，沙特尔(Chartres)、奥尔良和巴黎的学校成为自由技艺的主要中心。12世纪最著名的学校是沙特尔的大教堂学校，尽管它的卓越程度和持久性曾经遭到质疑。[①] 大约在同一时期，临近巴黎的学校当然也很繁荣，这些学校提供了各种学科的教育，包括自由技艺。而在别的国家，顶
尖学校与大教堂的联系较少：博洛尼亚在12世纪初以先进的法律 206
教育(通过私人教师)而闻名，到了12世纪末，牛津(没有大教堂)在法律、神学和自由技艺方面的研究获得了盛赞。

这些学校的一些特点对我们很重要。首先，它们体现了恢复和掌握拉丁文古典著作(或希腊古典著作的古代拉丁文译本)的一种坚定努力，这些特征在中世纪早期是根本看不到的。沙特尔的贝尔纳(Bernard of Chartres)把他那代人描绘成站在巨人肩上的矮子，他们之所以能看得更远，并不是由于个人的才华，而是因为掌握了古典著作。他这样说是在代表他那个时代讲话。最受欢迎的罗马作家有诗人维吉尔(Virgil)、奥维德(Ovid)、卢坎(Lucan)和贺拉斯等等。西塞罗和塞内卡被当作道德学家，西塞罗和昆体良(Quintilian)则被视为雄辩的典范。亚里士多德及其评注者(特别是波埃修)的逻辑学著作得到了认真研究并被用于各种学科。总结了罗马法律思想的《查士丁尼法典》的重新发现深刻影响了法

① 见 Richard W. Southern, *Medieval Humanism and Other Studies*, chap. 5; Nikolaus Häring, "Chartres and Paris Revisited" 的愤怒回应；以及 Southern 在 "The Schools of Paris and the School of Chartres" 中的答复。

律的研究。马提亚努斯·卡佩拉、马克罗比乌斯和柏拉图（通过卡尔西迪乌斯的《蒂迈欧篇》译本和附随的评注）是宇宙论和自然哲学的主要来源。这并非暗示异教古典著作取代了已经成为宗教教育核心的基督教文献，而是说，这些新发现的文献已经在《圣经》和教父著作旁找到了自己的位置。人们认为这些文献是彼此相容的，古代经典的重新发现只不过是扩充了可以合法学习的文献。①

其次，城市学校和更一般的欧洲社会一样出现了明显的“理性主义”转向，即试图把理智和理性应用于人类事业的许多领域，例如试图通过记账和发展会计审计程序给商业活动以及教会与国家的管理带来秩序和理性。曾有历史学家把这称为一次“管理革命”。② 对人类理智能力的同样信心渗透于各个学校，人们越来越热衷于把哲学方法应用于一切课程，包括圣经研究和神学。

将理性应用于神学并不新鲜。正如我们看到的，最早的基督教护教士便对信仰作出了理性辩护；中世纪早期的学者（受波埃修的启发）也坚持将亚里士多德的逻辑应用于棘手的神学问题。11、12世纪与以往的不同之处在于神学家运用哲学方法的彻底性。
207 坎特伯雷的安瑟尔谟（Anselm of Canterbury，1033—1109）便是极好的例证。③ 虽然持有完全正统的神学信仰，但安瑟尔谟愿意

---

① Charles Homer Haskins, *The Renaissance of the Twelfth Century*, chaps. 4, 7.

② Colin Morris, *The Discovery of the Individual, 1050—1200*, p. 46. 关于11世纪、12世纪的理性主义倾向，另见 Alexander Murray, *Reason and Society in the Middle Ages*。

③ 虽然安瑟尔谟的思想至少部分是在隐修院传统中形成的——他生命的最后20年是在法国北部的贝克（Bec）隐修院度过的，但他忠实地代表了他那个时代更广的思想潮流，大大影响了12世纪学校的神学传统。

打破神学方法的界限:探索独立的理性能在神学领域得到什么,追问某些基本的神学教义凭借理性或哲学标准是否还能判定为真。他最著名的一篇神学论证是对上帝存在的证明(被称为"本体论证明"),他在此论证中并未依赖《圣经》的权威。安瑟尔谟这么做完全是为了神学的建设;他将哲学方法应用于关于上帝的存在和属性的教义,显然并非因为他怀疑这些教义,而是为了支持它们,使之对于非信仰者也显得不言自明。初看起来,这似乎并非特别大胆,但事实上却很危险:倘若理性能够证明神学断言,那么理性大概也可以否证它们。理性得出的若是"正确"答案倒不成问题,但如果把理性当做真理的仲裁者,而后却发现理性与神学相对立,那该如何是好?[①]

图 9.5 赫里福德大教堂(英格兰)带有锁链的图书馆

① Jasper Hopkins, *A Companion to the Study of St. Anselm*; G. R. Evans, *Anselm and a New Generation*; Richard W. Southern, *Saint Anselm*, esp. pp. 123—137; Southern, *Medieval Humanism*, chap. 2. 关于 12 世纪隐修院神学与"经院"神学的区分,见 Jean Leclercq, "The Renewal of Theology"。

比安瑟尔谟晚一代的彼得·阿贝拉尔(Peter Abelard,约1079—1142)是法国北部(包括巴黎和拉昂)学校的一位学者和老师,他才华横溢、性情焦躁且生硬粗暴。他拓展了始于安瑟尔谟的理性主义纲领。在各种著作中,他捍卫了同时代人认为危险的那
208 些神学立场,因此两次受到宗教当局的谴责。阿贝拉尔最著名的著作是《是与否》(*Sic et non*),在这本供学生使用的资料集中,他收集了教父们就一系列神学问题发表的相互冲突的看法。他用冲突的看法来提出问题,于是,这些问题必定会成为哲学研究的对象。在他看来,怀疑乃是信仰的必由之路。毫无疑问,阿贝拉尔意在用理性推出信仰和支持信仰:他曾写道,他并不"希望成为一位哲学家,如果这意味着背叛[使徒]保罗;也无意成为一位亚里士多德,如果这意味着[将自己]与基督切断联系"。[1] 同样毫无疑问的

是,他被那些更保守的人视为哲学方法的危险捍卫者,比如曾对他大发雷霆的隐修院改革家明谷的贝尔纳(Bernard of Clairvaux)。阿贝拉尔吸引了一批热情的学生,这必定令贝尔纳深感恐惧。

209 由安瑟尔谟、阿贝拉尔以及想法类似的同时代人的工作我们可以看到,信仰与理性正在形成对抗。安瑟尔谟和阿贝拉尔迫使人们思考这样的问题:我们在神学领域如何"知道"?其他学校科目(逻辑、自然哲学和法律)中运用的理性方法是否也可运用于神学?或者神学是否要服从另外某个主人?理性(希腊哲学)与启

---

① Abelard's *Epistolae*, no. 17, in *Patrologia latina*, vol. 178, col. 375. 对阿贝拉尔生平和思想的简要论述见 David E. Luscombe, *Peter Abelard*; Luscombe, "Peter Abelard"。

示(《圣经》中启示的真理)之间的冲突如何解决?对这类问题的忧虑使思想复兴陷于险境,也决定了13、14世纪哲学家和神学家的努力方向。即将开始的对希腊和伊斯兰哲学科学文献的大规模翻译只会加剧这个问题。我们下面(第十章)将会回到这一主题。

12世纪学校中的自然哲学

自然哲学在12世纪的学校并未占据核心地位,但它的确得益于思想的普遍酝酿。学者们掌握拉丁文经典著作的决心拓展到了自然哲学的经典著作——带有卡尔西迪乌斯评注的柏拉图《蒂迈欧篇》、马提亚努斯·卡佩拉的《菲劳罗嘉与默丘利的联姻》、马克罗比乌斯的《〈西庇阿之梦〉评注》、塞内卡的《自然问题》(*Natural Questions*)、西塞罗的《论诸神的本性》(*On the Nature of the Gods*)以及奥古斯丁、波埃修和埃留根纳的著作。这些文本大都带有一种柏拉图主义倾向(当时亚里士多德的著作还基本看不到),阅读和分析这些文本的学者不可避免会被引向柏拉图的宇宙观。柏拉图的《蒂迈欧篇》成了核心文本,它是当时所能看到的关于宇宙论问题和物理问题最有条理的讨论,也是柏拉图本人的观点。这一核心地位又使《蒂迈欧篇》影响了12世纪自然哲学的进程和内容。这并不意味着12世纪的柏拉图主义非常纯粹或者完全没有竞争对手:斯多亚派的某些思想成功进入了柏拉图主义的大环境。到了12世纪末,亚里士多德的物理学和形而上学著作开始出现;而到了13世纪,柏拉图哲学将在亚里士多德哲学的猛攻

下退却。不过此时,柏拉图暂居主导地位。①

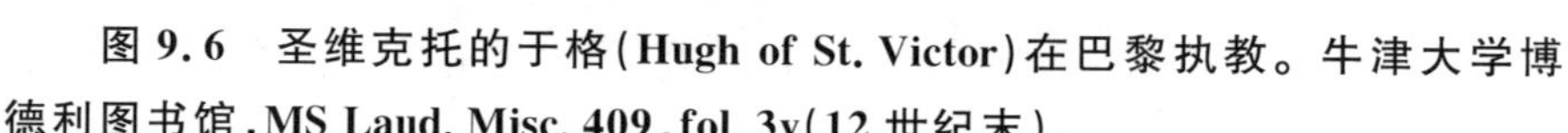

图 9.6 圣维克托的于格(Hugh of St. Victor)在巴黎执教。牛津大学博德利图书馆,MS Laud. Misc. 409,fol. 3v(12 世纪末)。

---

① 关于 12 世纪文艺复兴的观念,见 Charles Burnett,"The Twelfth-Century Renaissance"(即将发表).关于 12 世纪的柏拉图主义,见 M.-D. Chenu,*Nature,Man,and Society in the Twelfth Century*,chap. 2;Tullio Gregory,"The Platonic Inheritance"。关于一般的 12 世纪自然哲学,见 Winthrop Wetherbee,"Philosophy,Cosmology,and the Twelfth-Century Renaissance"以及 Dronke,*History of Twelfth-Century Western Philosophy* 中的其他文章。另见 *Adelard of Bath*:*Conversations with His Nephew*,trans. Charles Burnett。更早但仍然有用的研究是 Charles Homer Haskins,*Studies in the History of Mediaeval Science*;Lynn Thorndike,*A History of Magic and Experimental Science*,vol. 2,chaps. 35—50。关于 12 世纪哲学的其他特定方面,见以下引文。

然而，柏拉图是一个多面向导，可能将人们导向许多不同的方向。《蒂迈欧篇》首先是一部关于神匠创造宇宙的记述。因此，最明显也最迫切的任务是将从柏拉图等古人那里收集到的所有宇宙论和物理学用于阐释《创世记》中的创世记述。人们期待着科学充 210
当婢女。

一些杰出的 12 世纪学者致力于这项事业。沙特尔的蒂埃里（Thierry of Chartres，卒于 1156 年后）即为其中之一，他是沙特尔和（也许）巴黎的国际著名教师。蒂埃里写了一部创世六日评注，给《圣经》文本加上了柏拉图宇宙论的内容（以及亚里士多德主义和斯多亚派自然哲学的部分内容）。一个主要任务是解释《创世记》中记述的上帝创世活动的具体顺序。根据蒂埃里的说法，上帝在第一瞬间创造了四元素，其后所有事物都是那个初始创造活动中内在秩序的自然展开。火创造出来之后即开始旋转（因为它的轻，不允许静止），同时也照亮了气，从而解释了昼与夜（创世的第一日）。在火天（fiery heaven）第二次旋转期间，火加热了下方的水，使之变成蒸汽上升，直至悬于气之上，形成了《圣经》中所谓的“天穹之上的水”（第二日）。蒸发使下方水的量减少，从而使旱地露出海面（第三日）。天穹上方的水进一步受热，形成了由水构成的天体（第四日）。最后，地和较低的水受热，产生了植物、动物和人（第五日和第六日）。[①]

① Nikolaus M. Häring, “The Creation and Creator of the World According to Thierry of Chartres and Clarenbaldus of Arras”; Peter Dronke, “Thierry of Chartres”; J. M. Parent, *La doctrine de la création dans l'école de Chartres*.

这只是对蒂埃里评注的一个非常简短的不完整考察，但已经足以揭示他和同时代人在柏拉图的启发下所开创的哲学纲领的本质。以现代标准来看，蒂埃里的宇宙论也许算不上精致。但重要的是，在柏拉图的影响下，它将神的直接干预限制在创世的最初那一刻；此后发生的事情都是自然原因的结果，都可以用诸元素以固有的方式运动和相互作用，以及植入受造物的种子（经由奥古斯丁借用的斯多亚派哲学的“种子原因”）所经历的自然发展过程来解释。甚至连亚当和夏娃以及人类的出现也不需要神迹的干预。

图 9.7　作为宇宙设计师的上帝。维也纳，奥地利国家图书馆，MS2554，fol. 1v（13 世纪）。

这种自然主义是12世纪自然哲学最显著的特点之一。它可见于众多创世六日评注(这可能是自然哲学家展示其自然主义倾向的最佳用武之地),亦见于孔什的威廉(William of Conches)、巴斯的阿得拉德(Adelard of Bath)、欧坦的霍诺留斯(Honorius of Autun)、贝尔纳·西尔维斯特(Bernard Sylvester)和阿拉斯的克 211
拉朗博(Clarembald of Arras)(其中大多与法国北部的学校有关联)等学者更具一般性的自然哲学论著。当然,这些学者就宇宙论和物理学的某些细节问题有不同看法,但他们都把自然看成一个自主的、理性的东西,在不受干预的情况下将会按照自身的原则运 212
作。我们看到,学者们对自然秩序或自然法则有越来越明确的意识,他们决心弄清楚自然因果律能在多大程度上提供一种令人满意的对世界的解释。①

孔什的威廉(卒于1154年以后)公开拥护这种新的自然主义,他在进入金雀花杰弗里(Geoffrey Plantagenet)一家、担任未来的英格兰国王亨利二世的私人教师之前,曾在沙特尔和/或巴黎学习和任教。威廉基于柏拉图主义原理(包括来自一些新译文献的重要补充)发展出一种精致的宇宙论和物理学。在《世界的哲学》(*Philosophy of the World*)一书中,威廉抨击有些人动辄诉诸于神的直接原因:

> 他们对自然的力量一无所知,还希望有人陪他们一起无

① 关于自然的观念,见 Tullio Gregory,"La nouvelle idée de nature et de savoir scientifique au XIIe siècle";以及 *La filosofia della natura nel medioevo* 中的若干文章。

> 知，他们不愿意让任何人作研究，却想让我们像乡下人一样盲信，不去探究[事物的][自然]原因。但我们说，应当寻求一切事物的原因。……但如果他们得知有人在作此探究，便会宣称此人是异端。

正如威廉在别处明确指出的那样，他并不是要否认神的作用，而是宣称神习惯于通过自然力量起作用，哲学家的任务就是尽可能用这些力量来解释。巴斯的阿得拉德（活跃于 1116—1142 年）大约同时也表达了同样观点，他主张只有当“人的认识完全失败时才应诉诸上帝”。没过多久，圣维克多的安德鲁（Andrew of St. Victor）也在讨论《圣经》事件诠释时建议：“诠释《圣经》时，只有当被描述事件不允许作任何自然解释时，我们才能求助于神迹。”①

这种立场或许是明智的，但也很危险。12 世纪自然哲学家的这种立场，即郑重承诺致力于寻求自然原因，如何可能避免滑向对神迹的彻底否定（这对于基督徒学者来说是完全无法接受的）呢？学者们能在信仰与这种立场所要求的不信仰之间保持一种微妙的

---

① 关于孔什的威廉，见 Tullio Gregory, *Anima mundi*: *La filosofia di Guglielmo di Conches e la scuola di Chartres*; Dorothy Elford, “William of Conches”; Thorndike, *History of Magic*, vol. 2, chap. 37; Joan Cadden, “Science and Rhetoric in the Middle Ages: The Natural Philosophy of William of Conches”。关于他的 *Dragmaticon philosophiae*，见 translation by Italo Ronca and Matthew Curr, *A Dialogue on Natural Philosophy*。关于巴斯的阿得拉德，见 Charles Burnett, ed., *Adelard of Bath*。所引段落见 William of Conches, *Philosophia mundi*, ed. Gregor Maurach, 1. 22, pp. 32—33; Adelard of Bath, *Questiones naturales*, trans. Burnett in *Adelard of Bath, Conversations with His Nephew*, pp. 97, 99。对该问题有用的概述和分析见 William J. Courtenay, “Nature and the Natural in Twelfth Century Thought”; Chenu, *Nature, Man, and Society*。

平衡吗？孔什的威廉直接提出了这个问题，他指出，承认上帝有能力实施某种行动不同于坚持上帝已经实际实施了这种行动；上帝肯定没有做他所能做的任何事情。威廉又说，他（以及那些“自然主义者”同道）的哲学立场并未贬低上帝的力量和尊严，因为万事 213
万物最终都来源于上帝：“我并未从上帝那里拿走任何东西，世间万物除魔鬼之外均由上帝创造；但上帝是通过自然的运作来创造其他事物的，自然的运作是上帝运作的工具。”事实上，对物理世界的研究使我们理解了“上帝的力量、智慧和善”。[①] 寻求次级原因（secondary causes）非但没有否认，反而确证了初级原因（first causes）的存在和尊严。

另外几种哲学策略也有助于缓解这种张力。要想调和神迹的实际存在与自然的恒常性，可以承认神迹代表着通常自然法则的暂时中止，同时坚持这种中止是上帝最初创世时已经计划好并且置于宇宙机器之中的，因而这种中止在更大意义上仍然是完全自然的。不仅如此，可以根据以下论证来谈论不变的自然秩序而不致冒犯上帝的全能和自由：(a)上帝拥有创造他所意愿的任何一种世界的无限自由，但(b)他事实上选择了创造这个世界，而且完成创世活动之后并不准备干预这一产物。后一区分对于13世纪、14世纪关于该主题的思想发展将变得至关重要。[②]

一些现代读者可能会把所有这一切看成神学对科学领域的一

---

① 所引段落出自 Tullio Gregory, “The Platonic Inheritance,” pp. 65, 57。比较 Adelard of Bath, *Quaestiones naturales*, trans. Burnett, pp. 97, 99 中的类似说法。

② William J. Courtenay, “Nature and the Natural in Twelfth-Century Thought”; Courtenay, “The Dialectic of Divine Omnipotence.”

种不可接受的侵犯。然而，如果想理解 12 世纪，我们就必须意识到，12 世纪的旁观者会以截然相反的眼光来看待这些发展——他们会把这些发展看成哲学危险地侵入了神学领域。新的威胁并非源于神学出现在哲学的管辖区域(神学对这里一直非常熟悉)，而是源于哲学在神学自古以来的统治地盘展示力量。在 12 世纪自然主义者的那些批评者看来，哲学似乎是想摆脱自己的婢女身份。

让我们对 12 世纪自然哲学的其他方面作简要考察。《蒂迈欧篇》和辅助性文献不仅促进了一种不变的自然秩序观念，还使人成为那种秩序的一部分，受制于同样的法则和原理，因此探索人性被视为探索宇宙的延续。这种观点常常通过“大宇宙-小宇宙”的类比更强地表述出来：人不仅属于宇宙，而且实际上是宇宙的缩影。因此，宇宙和个人因为结构和功能的相似而被联系起来，成为一个紧密的统一体。例如，宇宙是由四元素构成的，且被世界灵魂赋予了生命(世界灵魂的确切本性在 12 世纪颇受争议)，人也是由身体
214 (四元素)和灵魂构成的。

使人成为自然秩序的一部分之后，12 世纪学者对“自然人”及其能力——也就是不依赖于神的恩典的人本身——产生了越来越大的兴趣(因此历史学家有时会说 12 世纪的“人本主义”)。就此而论，存在着一种肯定人类理性价值的强烈倾向；理性是自然秩序的一部分，能够感受到自然的节律与和谐，因此被视为探索宇宙的一种极为适合的工具。①

---

① 关于人本主义，见 Morris, *Discovery of the Individual*; Southern, *Medieval Humanism*, chap. 4。一个重要限定见 Caroline Walker Bynum, “Did the Twelfth Century Discover the Individual?”

与这种大宇宙-小宇宙的类比密切相关的是占星术。由于教父们的反对，占星术在中世纪早期的声誉已经不佳。奥古斯丁抨击占星术是一种偶像崇拜（因为传统上它与崇拜行星的神性联系在一起），容易导向宿命论和否认自由意志。但是在12世纪的柏拉图主义以及涌入的阿拉伯天文学和占星术翻译文献的影响下，占星术至少已经恢复到一种比较受尊重的地位。在《蒂迈欧篇》中，巨匠造物主被认为创造了行星和天界诸神，但又让它们负责在较低区域产生随后的生命形式。这种启发性的记述，连同宇宙统一性的观念、大宇宙-小宇宙的类比、天地现象之间早已为人所知的某些关联（季节和潮汐），以及新翻译的阿拉伯占星术著作，使人们对占星术的兴趣和信仰重新出现。这里无法对占星术的理论和实践作细致分析（见第十一章），对我们来说重要的是注意到，12世纪的占星术与超自然毫无关系；它能在12世纪的自然主义者中间盛行，恰恰是因为它需要探究联系天与地的自然力量。①

最后，柏拉图主义哲学的数学倾向是否影响了12世纪的思想，就像我们可能设想的那样？的确如此，但影响的方式可能会让现代读者感到惊奇。在12世纪上半叶，人们并没有用数学把自然法则量化，或者为自然现象提供几何表示，而是用它来回答我们所谓的形而上学问题或神学问题。这是一个极为深奥的主题，这里

---

① 关于中世纪占星术，见 Olaf Pedersen，"Astrology"；Patrick Curry, ed.，*Astrology, Science, and Society: Historical Essays*；J. D. North，*The Norton History of Astronomy and Cosmology*，pp. 259—271；North，"Celestial Influence: The Major Premiss of Astrology"；North，"Astrology and the Fortunes of Churches"。更进一步讨论和其他参考书目见本书第十一章最后一节。

无法深入讨论，但也许可以借助于一个例子来指明方向。12 世纪学者遵照波埃修的观点，把数论（具体而言就是数 1 与其他数的关系）当作理解神的一元性与受造物的多元性之间关系的一种工具。
215 这正是沙特尔的蒂埃里后来提出的观点，他写道：“数的创造就是事物的创造。”在 12 世纪，数学也是公理化证明方法的范例。只有等到 12 世纪末希腊和阿拉伯数学科学被翻译和吸收之后，才会有人更广泛地设想将数学运用于科学。①

翻译运动

学问的复兴最初始于尝试掌握和利用传统拉丁文献。但在 12 世纪行将结束之时，新近译自希腊和阿拉伯原文的包含新思想的新书大量涌现，使情况发生了改变。这些新材料从涓涓细流最终转变为一股洪流，彻底改变了西方的学术生活。此前，西欧一直在力图减少学术损失，而此后，它将面临一个完全不同的问题：如何接纳新思想的洪流。②

---

① 关于 12 世纪的数学，见 Charles Burnett，“Scientific Speculations”；Gillian R. Evans，*Old Arts and New Theology*，pp. 119—136；Evans，“The Influence of Quadrivium Studies in the Eleventh- and Twelfth-Century Schools”；Guy Beaujouan，“The Transformation of the Quadrivium”。所引段落见 Häring，“The Creation and Creator of the World According to Thierry of Chartres，” p. 196。

② Charles Burnett，“Translation and Transmission of Greek and Islamic Science to Latin Christendom”；Burnett，“Translation and Translators，Western European”；David C. Lindberg，“The Transmission of Greek and Arabic Learning to the West”；Marie-Thérèse d'Alverny，“Translations and Translators”；Millas-Vallicrosa，“Translations of Oriental Scientific Works”；Jean Jolivet，“The Arabic Inheritance.”

当然,东西方从未完全隔断。旅行者或商人一直都有,边境地区会说两种语言(或多种语言)的人相当多。拜占庭、穆斯林和拉丁宫廷之间也有外交接触:一个早期的重要例子是,法兰克福的奥托大帝宫廷曾在公元 950 年左右与科尔多瓦的阿卜杜勒·拉赫曼(Abd al-Rahman)王朝互派使者(均为学者)。另一种接触可见于公元 10 世纪 60 年代热尔贝前往西班牙北部学习阿拉伯的数学科学。这些事件如果单个考虑似乎都微不足道,但合在一起却逐渐在西方人头脑中植入了一幅图景,即伊斯兰世界和(在较小程度上)拜占庭是丰富的思想宝库。希望扩展拉丁基督教世界知识的西方学者越来越清楚地意识到,他们最好是同这些具有思想优势的文化进行接触。

从阿拉伯文迻译的最早尝试——几部关于数学和星盘的论著——是在 10 世纪的西班牙进行的。一个世纪后,一个名叫康斯坦丁(Constantine,活跃于 1065—1085 年)的北非人前往意大利南部卡西诺山的隐修院,开始将一些医学论著从阿拉伯文译成拉丁文,其中包括盖伦和希波克拉底的著作,它们将成为接下来几个
世纪西方医学文献的基础。[①] 这些早期的翻译激起了欧洲人获取 216
更多东西的欲望。从 12 世纪上半叶开始,翻译成了一项重要的学术活动,其地理中心是西班牙。(十字军东征所带来的与中东的接触对翻译影响甚微。)西班牙更容易接触到灿烂的阿拉伯文化,它有丰富的阿拉伯书籍,还有在穆斯林统治下被准许自由从事宗教活动的基督徒和犹太人社群,这些人因此有助于调和两种(或三

① Michael McVaugh,“Constantine the African.”

种)文化。随着基督徒收复西班牙的运动不断高涨,阿拉伯文化的中心和藏有阿拉伯书籍的图书馆落入基督徒之手;最重要的中心托莱多于1085年陷落,12世纪时,其图书馆中的丰富藏书开始被认真利用,这在一定程度上要归功于地方主教们的慷慨资助。

一些翻译家是西班牙本地人,他们童年时便已掌握了阿拉伯语:塞维利亚的约翰(John of Seville,活跃于1133—1142年)便是其中一位,他是基督徒,译有大量占星术著作;另一位是桑塔拉的休(Hugh of Santalla,活跃于1145年),他来自西班牙北部的一个基督教州,译有占星术和占卜著作;另一位非常有才能的翻译家是托莱多的马可(Mark of Toledo,活跃于1191—1216年),他翻译了盖伦的几部著作。其他人则来自国外:切斯特的罗伯特(Robert of Chester,活跃于1141—1150年)来自威尔士;达尔马提亚的赫尔曼(Hermann the Dalmatian,活跃于1138—1143年)是斯拉夫人;蒂沃里的普拉托(Plato of Tivoli,活跃于1132—1146年)是意大利人。这些人来西班牙之前可能并不懂阿拉伯语。到这里之后,他们会找一位老师学习阿拉伯语并开始翻译,有时会找懂两种语言的当地人(可能是懂阿拉伯语、拉丁语、希伯来语或西班牙本国语的基督徒或犹太人)合作翻译。

将阿拉伯文译成拉丁文的最伟大的翻译家无疑是克雷莫纳的杰拉德(Gerard of Cremona,约1114—1187)。[①] 12世纪30年代末或40年代初,杰拉德从意大利北部来到西班牙寻找别处未见的

① Richard Lemay,"Gerard of Cremona."杰拉德翻译著作清单见 Edward Grant,ed.,*A Source Book in Medieval Science*,pp. 35—38。

托勒密的《天文学大成》。他在托莱多找到了一个抄本，便留在那里学习阿拉伯语，最终将其译成了拉丁文。但他也发现了其他许多学科的文本，在接下来的35或40年间（可能在一群助手的帮助下）[①]翻译了其中许多书。他的产量绝对惊人：至少12部天文学著作，包括《天文学大成》；17部数学和光学著作，包括欧几里得的《几何原本》和花拉子米的《代数》；14部逻辑学和自然哲学著作，包括亚里士多德的《物理学》、《论天》、《气象学》和《论生灭》；还有24部医学著作，包括阿维森纳伟大的《医典》和盖伦的9部论著。他总共翻译了七八十部著作，这些著作皆由对语言和学问非常精 217
通的人一丝不苟地如实译出。

从希腊原文的翻译从未完全停止，我们可以想想6世纪的波埃修和9世纪的埃留根纳。但是到了12世纪，翻译希腊文的工作重新开始并且大大加快。意大利是主要地点，尤其是南部地区（包括西西里），那里总有讲希腊语的群体和藏有希腊文书籍的图书馆。意大利也得益于与拜占庭帝国的持续交流。威尼斯的詹姆斯（James of Venice）是一位重要的早期翻译家，他是法律学者，与拜占庭哲学家有来往，翻译了一批亚里士多德著作。大约12世纪中叶，一系列重要的数学和数学科学著作被从希腊文译成拉丁文，包括托勒密的《天文学大成》（尚不能断定比杰拉德译自阿拉伯文的译本是早还是晚）和欧几里得的《几何原本》（学会这本书是掌握数学科学的先决条件）、《光学》和《反射光学》（*Catoptrics*）。

---

① 两种不同观点见Lemay, "Gerard of Cremona," pp. 174—175; d'Alverny, "Translations and Translators," pp. 453—454。

把希腊文译成拉丁文的活动持续到13世纪，最著名的是穆尔贝克的威廉（William of Moerbeke，活跃于1260—1286年）的工作。他着手为拉丁基督教世界提供亚里士多德著作的一个完整可靠的版本，于是尽其所能修正了现有译本，必要时则从希腊文重新作了翻译。他还翻译了亚里士多德主要评注家、许多新柏拉图主义者的一些著作以及阿基米德的一些数学著作。①

最后谈谈翻译的动机和翻译材料的选取。翻译显然是为了宽泛意义上的实用目的。医学和天文学的翻译在10、11世纪是典范；到了12世纪初，翻译的重点似乎转到了占星术著作以及成功实践天文学和占星术所必需的数学论著。医学和占星术都建立在哲学基础之上；从12世纪下半叶到13世纪，人们的注意力之所以会转向亚里士多德及其评注者（包括穆斯林阿维森纳[伊本·西纳]和阿威罗伊[伊本·鲁世德]）的物理学和形而上学著作，至少部分是为了恢复和评价那些哲学基础。当然，一旦亚里士多德的全部著作为人所知，人们便可以用他的哲学体系来处理学校里讨论的那些涵盖面极广的学术问题。②

到了12世纪末，拉丁基督教世界已经重新习得了希腊和阿拉
218 伯的主要哲学和科学成就；在13世纪，余下的许多缺口将被填补。著作被抄写并迅速传播到主要的教育中心，为一场教育革命作出了贡献。我们将在下一章考察这些新翻译的材料所引发的一些斗争。

---

① Lorenzo Minio-Paluello，“Moerbeke，William of.”

② 关于占星术在亚里士多德复兴过程中的重要性，见 Richard Lemay，*Abu Mashar and Latin Aristotelianism in the Twelfth Century*。

大学的兴起

1100年的时候，典型的城市学校很小，可能仅由一位教师和一二十位学生所组成。但是到了1200年，这些学校的数量和规模都已急剧增加。我们很少有确切的数据，但是在巴黎、博洛尼亚和牛津等重要的中心，学生无疑要数以百计(甚至是好几百)。学校人数的激增可见于这样一个事实：从1190年到1209年，有70多位教师在牛津任教。[①] 一场教育革命正在进行，驱动它的是欧洲的富足、受教育者拥有的大量工作机会，以及彼得·阿贝拉尔等教师所激起的思想热情。这场革命催生了一种新的机构，即欧洲的大学，它将对促进自然科学起到至关重要的作用。让我们简要考察一下这个过程。

由于缺乏文献证据，我们不可能详细追溯大学产生的过程。但可以确定，获得初等教育(提供拉丁文语法、唱诗和基础算术等方面的教学)的机会大大增加，使有思想抱负的人产生了进一步学习的要求。博洛尼亚、巴黎和牛津等一些城市因为在自由技艺、医学、神学或法律等方面的先进研究而闻名于世，从而将大批教师和学生吸引过来。教师来到这里之后，要么接受一所学校的资助，要么从事独立的自由职业——通过广告招收学生，单独或集体授课，并收取一定费用(这很像现代音乐舞蹈老师)。教学一般在老师安排的季度进行。

随着人数不断增多，接下来便需要建立组织，以保障权利、特

① M. B. Hackett, "The University as a Corporate Body," p. 37.

权和提供法律保护(因为许多老师和学生来自国外,没有当地公民的权利),控制教育事业,并促进和平共处。幸运的是,此时正在各种行业和手艺内部发展的行会组织提供了一种现成的组织模式,于是老师和学生自然而然把自己组织成了类似的志愿团体或行

219 会。这样一种行会被称为“大学”(*universitas*)——这个词起初并没有学术或教育涵义,而仅指由追求共同目标的人组成的一个团体。因此我们要注意,大学并不是一块土地、一群建筑甚至是一个章程,而是由教师(被称为“师傅”[masters])或学生组成的社团或团体。大学起初并没有不动产,因此极富流动性,早期的大学可能以停办或迁到另一个城市为手段迫使地方当局作出妥协。

我们不可能为任何一所早期大学指定确切的创建时间,因为它们并非在一夜之间落成,而是由先前的学校逐渐演变而来(其章程是事后才有的)。但习惯上认为,博洛尼亚的教师在1150年、巴黎的教师在1200年左右、牛津的教师在1220年获得了大学教师的身份。后来的大学一般都以这三所大学中的一所为榜样。①

---

① 关于大学史的优秀导论著作可见于 Baldwin, *The Scholastic Culture of the Middle Ages*; Astrik L. Gabriel, “Universities”; Alan B. Cobban, *The Medieval Universities: Their Development and Organization*; Michael H. Shank, “The Social and Institutional Background of Medieval Latin Science.” Older classics, still useful, are Charles H. Haskins, *The Rise of Universities*; Hastings Rashdall, *The Universities of Europe in the Middle Ages*, ed. F. M. Powicke and A. B. Emden, 3 vols. 新近关于英国大学的出色工作见 Catto, *The Early Oxford Schools*, vol. 1 of *History of the University of Oxford*; William J. Courtenay, *Schools and Scholars in Fourteenth-Century England*; Alan B. Cobban, *The Medieval English Universities: Oxford and Cambridge to c. 1500*。关于巴黎,见 Stephen C. Ferruolo, *The Origins of the University: The Schools of Paris and Their Critics*, 1100—1215。一个关注范围狭窄的社会描写见 William J. Courtenay, *Parisian Scholars in the Early Fourteenth Century: A Social Portrait*。

这些团体的目标中包括自我管理和垄断——即对教育事业的 218
掌控。大学逐渐在不同程度上摆脱了外来干预，从而有权确立标准和程序、安排课程、规定学费、授予学位以及任免学生和老师。教皇、皇帝和国王的大力支持使大学获得了这些权利，他们为大学提供了保护，颁发了特许，允许大学不受地方管辖和缴税，在各种权力斗争中往往站在大学一方。大学被视为重要资产，需要悉心培育和（如果形势需要）审慎惩戒。令人惊异的是，这种培育极富成效，惩戒用得少而仁慈。我们将会看到，虽然教会的确对某些事情作了干预，但大多数时候大学都得到了极大的支持和保护，受到的干预极小。①

随着大学规模的增长，内部组织也需要建立。当然，各所大学情况不一，不过我们还是以巴黎大学（北欧的重要大学）为例。巴黎大学形成了四个学院或行会：一个本科的自由技艺学院（是四个学院中最大的[后简称“艺学院”]）和三个研究生学院——法学院、医学院和神学院。自由技艺是为研究生学习所做的准备，进入研
究生学院学习通常需要学生学完艺学课程。由于艺学院的教师人 220
数远远多于其他学院，因此他们逐渐控制了大学。

男孩一般 14 岁左右进入大学，此前他已在一所语法学校学习了拉丁语。在北欧，大学的入学典礼一般会授予学生教士身份。这并不意味着学生成了神父或修士（或者打算成为神父或修士），而仅仅表明他们受教会的支配和保护，并享有教会的某些特权。

① 关于赞助和特权，见 Pearl Kibre，*Scholarly Privileges in the Middle Ages*；Guy Fitch Lytle，“Patronage Patterns and Oxford Colleges，c. 1300—c. 1530”。

221 学生注册到某位教师名下(别忘了这是一种学徒模式),随他学习三四年,然后参加学士学位考试。如果通过考试,他就成了一名艺学学士,获得了熟练学徒的身份,此时可以在一位教师的指导下讲授一些课程(这非常类似于现代的助教),同时继续学业。到了 21 岁左右,他已经听过了所有必修课程,便可以参加艺学硕士(master of arts[艺学师傅、艺学教师])的学位考试。如果考试通过,他就能在艺学院获得完全的成员资格,有权讲授任何艺学课程。

与希腊、罗马或中世纪早期的学校相比,这些大学规模极大,但远远不及今天庞大的公立大学。当然,中世纪的大学之间也有很大差异,但一所典型的中世纪大学在规模上堪比一所小型的美国文理学院(学生人数介于 200 到 800 之间)。主要大学要大得多:14 世纪时,牛津大学可能有 1000 名到 1500 名学生,博洛尼亚大学规模与此相近,而巴黎大学最多时可能有 2500 名到 2700 名学生。[①] 由这些数字显然可以看出,受过大学教育的人仅占欧洲总人口的一小部分,但他们的累积影响却不容低估。例如,德国文化似乎无可置疑地受到了 1377 年至 1520 年德国大学培养的 20 多万名学生的深远影响。[②]

如果认为大多数学生都能在大学中获得学位,那将是一个错误;大多数学生一两年后就退学了,因为他们获得的教育已经足以

① 这些估计得益于我的同事 William J. Courtenay。

② 此数据见 James H. Overfield,"University Studies and the Clergy in Pre-Reformation Germany," pp. 277—286。

满足需要，或者钱用完了，或者发现自己并不适应学院生活。大批学生在完成学业之前就过世了——这让我们想起了中世纪的高死亡率。[①]（由于艺学院的教师长期短缺）获得艺学硕士学位的学生经常需要执教两年；与此同时，他可以开始攻读某个研究生学院的学位，以使他找到更有利可图的工作。几乎没有哪位艺学教师会在艺学院执教一生。医学研究计划（最后可以获得硕士学位或博士学位，两者之间没有区别）要求除了取得艺学硕士学位还要学习五六年；在法学院还需七八年；而在神学院则需要另外学习八到十六年。这是一个漫长而严格的计划，因此在任何一个研究生学院获得硕士学位的学生都属于少数学术精英。

最后谈谈课程。当然，课程会随着中世纪的发展而演进，但还

222

图 9.8　牛津大学默顿学院的莫伯方形庭院（Mob Quad），其历史可以追溯到 14 世纪，是牛津大学最古老的保存完整的方形庭院。

① 关于学生死亡率的实际数据，见 Guy Fitch Lytle，"The Careers of Oxford Students in the Later Middle Ages，" p. 221。

是可以作出一些概括。[①] 首先，我们渐渐发现，七艺的架构不再足以使学校完成其使命。语法的重要性有所降低，在课程中取而代
223 之的则是迅速增长的对逻辑的强调。四艺的数学学科从未在中世纪学校占据突出位置，此时仍然地位较低（下面会讨论一些例外）。艺学课程被三种哲学所完善：道德哲学、自然哲学和形而上学。当然，医学、法律和神学逐渐被视为高级学科，需要在研究生学院学习，而且需要以艺学院的学习为先决条件。

其次，被我们看成科学的那些学科被置于何处？我们将在后续章节讨论各门学科的内容，这里关注的是它们在课程中的位置。四艺一般都会讲授，但很少被强调。在典型的中世纪本科课程中，算术和几何约占八到十周；但想学更多知识的人经常可以如愿以偿，至少在较大的大学是如此。天文学得到了着力培养，或是作为计时和确定宗教历法的手段，或是作为占星术活动（常与医学相联系）的理论基础。所讲授的文本有时是翻译过来的希腊和阿拉伯著作（有时包括托勒密的《天文学大成》），有时则是专门为此编写的新书。天文学知识的一般水平必定很低，但某时某地的天文学讲解可能高明而富有经验。毫无疑问，大学培养出了一些极有造诣的天文学家（见第十一章）。

如果说数学科学一直不引人注目，那么亚里士多德的自然哲学则成了课程的核心。亚里士多德的影响从 12 世纪末开始显现，

---

① Baldwin, *Scholastic Culture*; James A. Weisheipl, "Curriculum of the Faculty of Arts at Oxford in the Fourteenth Century"; Weisheipl, "Developments in the Arts Curriculum at Oxford in the Early Fourteenth Century"; Catto, *The Early Oxford Schools*.

图 9.9　一所中世纪晚期学校的门口，现为牛津大学博德利图书馆的一部分。

之后逐渐壮大，到了 13 世纪下半叶，他的形而上学、宇宙论、物理学、气象学、心理学和生物学著作已经成为必须研究的文本。受过大学教育的学生无不受过亚里士多德自然哲学的全面训练。最后我们必须指出，医学有幸在独立的学院得到培养。①

① 关于中世纪课程中的科学，除了前引 Baldwin 和 Weisheipl 的著作，见 Pearl Kibre, "The Quadrivium in the Thirteenth Century Universities (with Special Reference to Paris)"; Guy Beaujouan, "Motives and Opportunities for Science in the Medieval Universities"; Edward Grant, "Science and the Medieval University"; James A. Weisheipl, "Science in the Thirteenth Century"; Edith Dudley Sylla, "Science for Undergraduates in Medieval Universities"。

第三，这些课程最显著的一个特征是大学之间具有高度的一致性。大学产生之前，不同学校一般代表着不同的思想学派。例如在古代雅典，学园、吕克昂、斯多亚和伊壁鸠鲁的花园都致力于传播相互竞争的、(某种程度上)互不相容的哲学。但中世纪的大
224 学尽管在重点和专长上有所区别，却发展出了共同的课程，它们由讲授相同文本的相同科目所组成。[①] 这在很大程度上是对经由 12 世纪的翻译活动突然涌入的希腊和阿拉伯学问的反应，这些学问为欧洲学者提供了一批标准文献和共同问题。它也受中世纪学生和职业教师的高度流动性影响，并且反过来影响了后者。完成学业后，教师会被授予普适教学权(*ius ubique docendi*，在各地任教的权利)，因此加强了职业流动性。于是，一个在巴黎大学获得学位的学者能在牛津大学教书而不受干涉，可能更重要的是，学生们不会感到他讲的内容难以理解。这种情况之所以可能，恰恰是因为各所大学讲授的学科在形式和内容上并无显著差异。历史上第一次出现了一种国际范围的教育事业，为一代代学生提供标准化的高等教育，承担这项事业的学者们意识到了自己在思想和职业上的统一性。

第四，这种标准化的教育显示了一种方法论和世界观，它们主要基于本书前面各章所追溯的那些思想传统。从方法上看，大学致力于运用亚里士多德的逻辑对知识断言作出批判性考察。通过运用这种方法而产生的信念体系将希腊和阿拉伯学问的内容与基

---

① 需要强调的是，中世纪的学习被视为掌握一套标准文本。与此相反，现代观点会认为教育是掌握某些学科，具体选择哪些文本是偶然的。

督教神学的主张整合在一起。接下来(特别是在第十章)我们将讨论围绕着新学问的接受而展开的斗争,以及由此产生的学术综合的形式和内容。这里只需指出,自由派赢得了这些斗争的胜利,他们希望通过吸收希腊和阿拉伯学问的成果来扩充欧洲学问的贮备。于是,(几乎整个)希腊和阿拉伯科学最终在中世纪大学中找到了安全的体制庇护。

最后,必须强调指出,中世纪教师在这种教育体系之内有极大的自由。关于中世纪的老一套看法会把教授说得奴颜婢膝、低声下气,称其盲目遵从亚里士多德和教父们的看法(至于他如何可能同时盲目遵从这两者,那些老一套的说法并未作出解释),丝毫不敢偏离权威的命令。当然,宽泛的神学限制的确存在,但在那些限制之内,中世纪教师拥有相当大的思想自由和言论自由。几乎没有哪一项学说(不论是哲学的还是神学的)不曾受到中世纪大学学者细致入微的考察和批判。那些擅长自然科学的教师肯定不认为自己受到了古代权威或宗教权威的限制或压制。

第十章　对希腊和伊斯兰科学的恢复与吸收

225 新学问

11、12 世纪的教育复兴因 12 世纪获得的新文本而得以拓宽和转变。1100 年时，这一复兴仍基本限于重新获得和掌握拉丁文经典著作：包括拉丁教父在内的罗马和中世纪早期学者的著作，以及存在于早期拉丁译本中的少数希腊文献（如柏拉图的《蒂迈欧篇》和亚里士多德的部分逻辑学著作）。对希腊和阿拉伯文献的重新翻译已成涓涓细流，但影响仍然有限。100 年后，这一涓涓细流已变成一股洪流，学者们正在极力吸收和整理一个范围极广、意义极大的新学问体系。

这些新文献构成了 13 世纪学术生活的核心特征，13 世纪最优秀的学者将尽心竭力研究它们。他们需要妥善处理新翻译文本的内容——掌握和整理新知识，评价其意义，发现其可能结果，解决其内在矛盾，（只要可能）将其用于当前的学术关切。这些新文本之所以极富吸引力，是因为内容广泛、思想强大且具有实用性。但它们也有异教来源。正如学者们逐渐发现的那样，它们包含着一些在神学上可疑的内容。于是，13 世纪学者面临着一项严肃的思想挑战，他们处理这些新材料的方法和技巧将对西方思想产生深远影响。

译过来的著作在神学上大都没有危险。某个文本得到翻译就说明有人认为其实用性超过了潜在危险。事实上,数学、天文学、静力学、光学、气象学和医学等各门学科的专业论著被毫无保留地热情接受了:在各自的学科中,它们显然优于已有的任何东西;在许多情况下,它们填补了思想的空白,而且并不包含哲学或神学上 226
令人不快的怪异之处。就这样,欧几里得的《几何原本》、托勒密的《天文学大成》、花拉子米的《代数》、伊本·海塞姆的《光学》和阿维森纳的《医典》安然进入了西方知识体系。我们将在接下来几章讨论此类专业论著的掌握和吸收过程。

麻烦出现在对世界观或神学有影响的更广的学科领域,如宇宙论、物理学、形而上学、认识论和心理学。这些学科的核心是亚里士多德及其评注者的著作,它们成功处理了许多关键的哲学问题,同时保证,正确运用其方法将使人大大受益。亚里士多德体系的解释力是显而易见的,对西方学者有极大吸引力。但获得这种好处需要付出一定代价,因为亚里士多德主义哲学不可避免会触及许多问题,而在过去1000年里逐渐确立的基督教神学与柏拉图主义哲学的混合已经处理了这些问题。与那些主题更为狭窄和专业的论著不同,亚里士多德主义哲学并未填补学术真空,而是闯入了已被占领的地盘。这就导致了各种小摩擦,(我们将会看到)它们以协商解决而告终。让我们对此过程作一考察。

大学课程中的亚里士多德

到了1200年,亚里士多德的大多数著作以及一些评注,尤其是 11 世纪的穆斯林阿维森纳(伊本·西纳)的评注,已经有了译本。我们对其早期流传以及在学校的使用情况知之甚少,但它们在 13 世纪前十年似乎已经出现在巴黎和牛津。在接下来几十年里,亚里士多德的影响在牛津逐渐增大,没有遇到什么阻碍。① 而在巴黎,亚里士多德最先遇到了麻烦,有人指控艺学院教师在亚里士多德启发下讲授了泛神论(大致是把上帝等同于宇宙)。这些指控导致巴黎主教会议于 1210 年颁布法令,禁止巴黎艺学院讲授亚里士多德的自然哲学,这反映了神学院的保守意见。1215 年,罗马教皇使节罗伯特·德·库尔松(Robert De Courçon)重新颁布了这项法令(仍然只适用于巴黎)。②

227 1231 年,教皇格列高利九世直接参与了巴黎大学规章制度的颁布。格列高利承认 1210 年禁令的合法性,并且重新颁布了这项

① 关于亚里士多德的著作在西方的最早传播,见 Aleksander Birkenmajer,"Le rôle joué par les médecins et les naturalistes dans la reception d'Aristote au XIIe et XIIIe siècles";Richard Lemay,*Abu Mashar and Latin Aristotelianism in the Twelfth Century*。关于亚里士多德在大学的接受,见 Fernand Van Steenberghen,*Aristotle in the West*;类似的分析可见于 Van Steenberghen's *The Philosophical Movement in the Thirteenth Century*。对西方亚里士多德主义的出色考察见 William A. Wallace,"Aristotle in the Middle Ages"。关于牛津,见 Van Steenberghen,*Aristotle in the West*, chap. 6;D. A Callus,"Introduction of Aristotelian Learning to Oxford"。本章许多主题亦可见于 Edward Grant,*God and Reason in the Middle Ages*;Grant,*Science and Religion*,*400 B. C. —A. D. 1550: From Aristotle to Copernicus*。

② 关于巴黎的亚里士多德主义,见 Van Steenberghen,*Aristotle in the West*, chaps. 4—5;John W. Baldwin,*Masters, Princes, and Merchants: The Social Views of Peter the Chanter and His Circle*, 1:104—107;Richard C. Dales,*The Intellectual Life of Western Europe in the Middle Ages*, pp. 243—246。与巴黎事件有关的档案翻译见 Lynn Thorndike,*University Records and Life in the Middle Ages*, pp. 26—40;reprinted, with additional notes, in Edward Grant, ed. ,*A Source Book in Medieval Science*, pp. 42—44。

禁令,它明确规定:除非已经“检查并清除了所有可疑错误”,否则不得在艺学院阅读亚里士多德的自然哲学著作。10天后,格列高利在一封信中任命了一个委员会来监督这件事情,他在信中解释说:“既然其他科学应当服务于《圣经》的智慧,它们就应当为信徒所用,因为它们符合造物主的善意。”但格列高利也注意到,“在巴黎的一个地方会议上被禁的自然哲学著作……既包含有用的东西也包含无用的东西”。因此,“为使有用之物免受无用之物的污染”,格列高利告诫他新任命的委员会“消除所有错误或可能激起民愤或冒犯读者的东西,待可疑的东西被移除之后,人们便可毫无冒犯地研究剩下的东西”。①

值得注意的是,格列高利既承认亚里士多德自然哲学的危险,也承认它的用处。清除错误之前,亚里士多德会遭禁,而错误一旦清除,学者们便可加以利用。同样值得注意的是,格列高利所任命的委员会似乎从未开过会,这也许是因为其主要成员之一、神学家奥歇里的威廉(William of Auxerre)于当年去世。从未发现经过删改的亚里士多德著作,因而可以推断,后来对亚里士多德的接受乃是基于其完整的未经审查的著作。

许多文献都提到了亚里士多德著作在接下来25年的命运。它们表明,1210年、1215年和1231年的禁令曾经取得了部分成功,但在1240年左右开始失去效力。一个原因也许是格列高利九世于1241年去世,他在10年前颁布的法令此后失去了一定的强

① 拉丁文本见 Henricus Denifle and Aemilio Chatelain, *Chartularium Universitatis Parisiensis*, 1:138, 143。包含更多文本的另一英译见 Thorndike, *University Records*, p. 40。

制力;另一个原因可能是,巴黎的艺学教师们越来越意识到,与牛津和其他大学的同事相比,他们正在逐渐丧失阵地(和声望)。我们也应当考虑这样一种可能性:允许讲授亚里士多德的逻辑(没有包含在禁令中),亚里士多德的自然哲学著作很容易获得(尽管禁止讲授它们),以及新的亚里士多德评注家(特别是阿威罗伊)被发现,所有这些都提升了亚里士多德的声望,亚里士多德哲学的巨大影响力变得难以遏制。当然我们要记住,神学家按照他们认为适
228 当的方式运用亚里士多德的学说总是合法的。无论如何,13 世纪 40 年代或之前不久,亚里士多德的自然哲学著作似乎已经成为艺学院的讲座主题,罗吉尔·培根(Roger Bacon)便是最早讲授它们的学者之一。[①] 大约在同一时间,巴黎大学神学院出现了运用亚里士多德学说的一种更加自由的态度。我们看到,他们越来越倾向于用亚里士多德主义哲学来影响神学思辨和神学思想。到了 1255 年,情况已经完全转变,因为这一年艺学院通过了新的章程,将已成事实的做法——即讲授已知的所有亚里士多德著作——变成了强制性的。亚里士多德的自然哲学不仅在艺学课程中为自己营造了一席之地,而且成了其中最重要的组成部分。

现在,我们要强调亚里士多德主义哲学中那些值得担忧或可

① Van Steenberghen, *Aristotle in the West*, pp. 89—110; David C. Lindberg, ed. And trans., *Roger Bacon's Philosophy of Nature*, pp. xvi—xvii.

能引起争议的特征。但首先必须指出，西方读者所理解的亚里士多德哲学的内容并非一成不变。由于亚里士多德的思想极难理解，读者们自然需要获得一切可能的解释帮助；好在古代晚期和中世纪伊斯兰的评注家已经对亚里士多德的文本作了释义或者解释了其中的难点，而且这些评注家的著作正在与亚里士多德本人的著作一同被翻译出来，并被用于研究亚里士多德。在12世纪末、13世纪初，最重要的评注家是穆斯林阿维森纳（伊本·西纳，980—1037），他提出了一种柏拉图化的亚里士多德主义哲学。[①] 1210年对巴黎大学讲授泛神论的指控无疑反映了对阿维森纳从新柏拉图主义角度解读亚里士多德的攻击。然而从1230年左右开始，阿维森纳的评注逐渐被西班牙穆斯林阿威罗伊（伊本·鲁世德，1126—1198）的评注所取代。[②] 毫无疑问，阿威罗伊也会拓展或曲解亚里士多德的原意，他有时也的确这么做了，但总体来看，将指导人物从阿维森纳换成阿威罗伊意味着回到了一种更加本真的、更少柏拉图化的亚里士多德主义哲学。阿威罗伊在西方变得极有影响，以至于后来被人径直称为"那位评注家"（the Commentator）。

---

① Van Steenberghen, *Aristotle in the West*, pp. 17—18, 64—66, 127—128. 对阿维森纳哲学的简要论述见 Majid Fakhry, *A History of Islamic Philosophy*, pp. 147—183; Georges C. Anawati and Albert Z. Iskandar, "Ibn Sina"。见本书第八章。

② Van Steenberghen, *Aristotle in the West*, pp. 18—20, 89—93. 翻译阿威罗伊著作的最重要的翻译家是 Michael Scot (d. ca. 1235)，始于1217年，一直持续到13世纪30年代，但没有证据表明巴黎大学使用过他的翻译，直到1230年之后也是如此；见 ibid., pp. 89—94; Lorenzo Minio-Paluello, "Michael Scot"。关于阿威罗伊的哲学，见 Fakhry, *History of Islamic Philosophy*, pp. 302—325; Roger Arnaldez and Albert Z. Iskandar, "Ibn Rushd"。

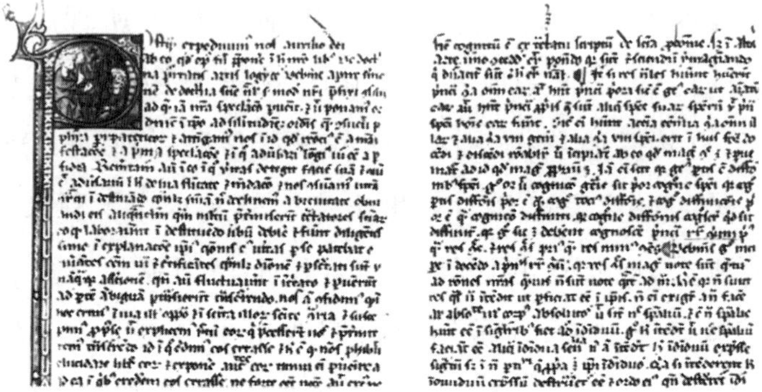

图 10.1 阿维森纳《物理学》(*Sufficientia*, pt. II)开篇，格拉茨大学图书馆，MSIIMS II. 482, fol. 111r(13 世纪)。

在对亚里士多德的阿威罗伊主义的(或更加本真的)解读中，是什么东西引起了麻烦？一些具体说法似乎(以不同程度)违反了正统的基督教教义；这些说法背后是一种带有理性主义和自然主
229 义基调的一般看法，一些人认为它与传统基督教思想相对立。要讨论这些问题，最简单的做法就是从这些具体说法入手。

亚里士多德宇宙的一个显著特征是它的永恒性，亚里士多德在各种著作中提出了各种论证为之辩护。由于这种主张与创世教义有关，阅读亚里士多德的基督徒很难忽视它。亚里士多德的观点是，宇宙既不是生成的，也不会毁灭。他认为，诸元素总是按照自己的本性去运作，因此我们这个宇宙不可能在某一时刻产生，也不可能在某一时刻毁灭，因此宇宙是永恒的。就这样，亚里士多德拒斥了前苏格拉底哲学家提出的演化宇宙论。①

① 例如见 Aristotle, *On the Heavens*, 1. 10—11。对亚里士多德学说的讨论见 Friedrich Solmsen, *Aristotle's System of the Physical World*, pp. 51, 266—274, 288, 422—424。

然而从基督徒的角度来看，这是一个不可容忍的结论。不仅《创世记》的开篇包含着创世记述，而且受造宇宙绝对依赖于造物主，这对于基督徒的上帝观和世界观而言是很根本的。因此我们发现，13 世纪基督教的亚里士多德评注家都试图解决这个问题。[①] 后面我们会讨论其中一些主张。

另一个问题也涉及造物主与创造的关系，那就是决定论问题。亚里士多德自然哲学中的决定论倾向是一个非常棘手的问题。这里需要说明的是，他所描述的宇宙包含着不变的本性，它们是一个
规则因果序列的基础。这在天界表现得特别明显，天界的存在者 230
永恒地存在。此外，亚里士多德认为神或原动者是永恒不变的，不能干预宇宙的运作；于是，宇宙机器必然不可改变地运转下去，它所启动的因果链下降到月下区并渗透其中。这里的危险是，亚里士多德主义框架内没有神迹的余地。[②] 最后，占星术理论依附于亚里士多德的哲学，如果天界的影响能够作用于意志，那便威胁了人的自由选择（这对于基督教的原罪和救赎教义至关重要）。

在 13 世纪，所有这些决定论倾向或要素都被视为对基督教教义——特别是神的自由和全能、神意和神迹——的挑战。亚里士

① 例如见 Thomas Aquinas，Siger of Brabant，and Bonaventure，*On the Eternity of The World*，trans. Cyril Vollert et al.；Boethius of Dacia，*On the Supreme Good*，*On the Eternity of the World*，*On Dreams*；Richard C. Dales，“Time and Eternity in the Thirteenth Century”。对中世纪讨论的完整说明见 Dales，*Medieval Discussions of the Eternity of the World*。

② 对亚里士多德学说中的决定论和非决定论的简要论述见 Abraham Edel，*Aristotle and His Philosophy*，pp. 95，389—401。完整的分析见 Richard Sorabji，*Necessity*，*Cause*，*and Blame*。关于伊斯兰对这个问题的处理的出色分析，见 Barry S. Kogan，*Averroes and the Metaphysis of Causation*。

多德学说中的原动者甚至不知道某个人的存在，当然也不会干预其行为，这与基督教的那个知道麻雀何时落地以及我们有多少根头发的上帝大相径庭。①

还有一个例子表明亚里士多德思想是多么棘手，那就是灵魂的本性。亚里士多德认为灵魂是身体的形式或组织原则，是个体质料固有潜能的完全实现。因此灵魂没有独立的存在性，因为即使它能与质料区分开，也不可能独立于质料而存在。认为灵魂能与身体分离，就像认为斧子的锋利能与斧子的质料分离一样愚蠢。因此，当个体死亡或解体时，他的形式或灵魂将不复存在。② 这样一个结论显然与基督教关于灵魂不朽的教义不相容。

阿威罗伊在试图解决亚里士多德认识论中的某些困难时提出了一种心理学学说，它也对个人灵魂的不朽提出了质疑。完整的阿威罗伊主义理论即所谓的“单灵论”(monopsychism)极为复杂。对我们而言，重要的是他的这一主张：人的灵魂中非物质的、不朽的部分——即“理智灵魂”(intellective soul)——并非个体或个人所有，而是所有人共有的单一理智。由此似乎可以得出，人死后留下的东西不是个人的而是集体的；于是，不朽得以保留，但并非个人的不朽。这显然又违反了基督教教义。③

---

① 《圣经》教义见 Matthew 10:29—31。

② 关于亚里士多德的灵魂学说，见 G. E. R. Lloyd, *Aristotle*, chap. 9。关于基督教的回应，见 Fernand Van Steenberghen, *Thomas Aquinas and Radical Aristotelianism*, pp. 29—70; Knowles, *Evolution of Medieval Thought*, pp. 206—218, 292—296。

③ 关于阿威罗伊主义的单灵论和西方反应的详细论述，见 Van Steenberghen, *Thomas Aquinas and Radical Aristotelianism*, pp. 29—74。

诸如此类的说法并非哲学中的孤立片段，而是显示了对于理性及其与信仰和神学之间恰当关系的基本态度；它们作为一种观点和方法论的具体例子进入了西欧。新亚里士多德主义的拥护者们倾向于扩大理性活动、自然主义解释和亚里士多德式证明的范 231
围；哲学是他们的思想运动，他们希望在每一个思想的竞技场上展示其效力。当哲学进入神学院开始影响神学方法、并与作为神学教育核心的圣经研究相竞争时，传统主义者当然会感到愤怒和沮丧。因此，新亚里士多德主义的拥护者们常被指责为思想傲慢，充满了徒劳的好奇心。难道信仰要接受异教哲学的内容和方法的检验？难道基督、使徒保罗和教父们的教导要服从亚里士多德的学说？

自然哲学领域中的这种看法有一个特别鲜明的例子，那就是往往把分析限制于可以通过人的观察和理性来发现的因果原则，而不考虑《圣经》启示或教会传统的教导。神的原因或超自然原因从未被否认，但却被（这种新方法论更有进取心的拥护者）置于自然哲学领域之外。这种自然主义的萌芽可见于孔什的威廉等 12 世纪思想家（见第九章），它在亚里士多德及其评注者的激励下兴盛起来。这些自然主义倾向也许最危险的表现是，一些哲学家越来越倾向于区分“从哲学上讲”和“从神学上讲”，更有甚者，他们越来越倾向于承认，哲学方法和神学方法可能导向不相容的结论。

新方法的倡导者无疑认为将哲学的严格性引入神学争论是向前迈进了一大步。但在传统主义者看来，这似乎严重违犯和破坏了哲学与神学的传统区分。最严重的是，它无异于要求耶路撒冷屈服于雅典的权威。

在讨论13世纪为解决这些困难所做的努力之前，我们必须简要考察这些努力是在什么体制框架内发生的。关于新兴的亚里士多德主义的争论本质上是学术性的，争论各方均都出自大学。许多人是活跃的教师，另一些人则是已经升任教会领导和权威的大学毕业生。理解大学学者的职业模式将有助于我们理解中世纪的人为何总是倾向于将哲学与神学结合在一起：几乎所有神学家在
232 开始从事神学研究之前都曾在艺学院学习过哲学；此外，神学学者为了谋生常常要同时在艺学院任教。因此，中世纪一些最有影响的哲学论著是由那些在研究神学的同时还要讲授哲学的学者写成的。①

到了13世纪中叶，一些领导人物是方济各会或多明我会的修士，也就是成立于13世纪初的两个托钵修会的成员。托钵修士是“修会教士”(regular clergy)，因为他们在一种会规(*regula*)(包括立誓保守清贫)下生活，在这方面，他们不同于“世俗教士”(如教区教士)。与强调退出世俗而追求个人神圣的隐修会相反，托钵修士们决定在城市环境中积极履行宗教职责；这最终把他们推上了包括大学在内的教育舞台，在大学，他们积极参与了所有重要的哲学神学争论。

233 这种体制细节微妙地促进了我们所关注的思想发展。围绕着新学问的斗争并不纯粹是意识形态上的，学科与体制上的联系和对抗使之变得错综复杂。哲学家和神学家因艺学院的教育经历而

① 完整的论述见 William J. Courtenay, *Teaching Careers at the University of Paris in the Thirteenth and Fourteenth Centuries*。

图 10.2　阿西西的圣方济各大教堂。始建于方济各 1226 年去世后的若干年，内有他的墓，该教堂成为方济各会的“发祥地”和一处重要的朝圣场所。

联系在了一起，但这并不排除他们在学科边界上发生小摩擦的可能。在神学内部，托钵修士曾一度卷入了同巴黎大学的世俗（非托钵修会的）神学家争夺教席的权力斗争。在托钵修会内部，方济各会修士和多明我会修士发展出了不尽相同的哲学观念以及处理信仰和理性问题的独特方法。要想对事件过程有细致的认识，就需要慎重对待这些学科和体制上的潜流。

解决方案：科学作为婢女

尽管有我们列举的那些危险，但事实证明，亚里士多德主义哲学具有巨大的吸引力，不可能永远遭到忽视或压制。自 6 世纪初波埃修的翻译以来，亚里士多德的名字已经与逻辑同义，那种逻辑已经深深渗透到了几乎每一个学科领域；现在，人们可以看到更多的亚里士多德逻辑学著作，而且马上就能派上用场。亚里士多德形而上学的各个方面已经通过中世纪早期的文献渗透出来，如今获得完整的亚里士多德文本之后，西方学者已经掌握了认识和分析宇宙的有力武器。形式、质料、实体、潜能与现实、四因、四元素、对立面、本性、变化、目的、量、质、时间和空间——亚里士多德对所有这些主题的讨论提供了一个令人信服的概念框架来经验和言说这个世界。在各种心理学著作中，亚里士多德讨论了灵魂及其官能，包括感知觉、记忆、想象和认知。他还提出了一种宇宙论，令人信服地描绘了宇宙，解释了宇宙的运作，从最外层的天一直到中心的地球。亚里士多德解释了运动，解释了我们所谓的物质理论，并对气象学现象作出了前无古人的阐述。最后，他的生物学著作无论在篇幅上还是在描述与说明的细节上都无可匹敌。无法想象这些思想宝藏会直接遭到拒绝，也从未有过严肃的运动打算这么做。问题不在于如何根除亚里士多德的影响，而在于如何使人习惯于
234 它——如何处理冲突之处和就边界进行协商，使亚里士多德哲学能为基督教世界所用。

亚里士多德及其评注者的著作一经获得，调和过程便开始了。罗伯特·格罗斯泰斯特（Robert Grosseteste，约 1168—1253）做了早期的尝试，他是一位了不起的牛津学者，也是牛津大学的第一任校长（图 10.3）。他虽然并非方济各会修士，但却是牛津方济各会学院的第一位讲师，从而对这个修会的思想生活产生了重要影响。格罗斯泰斯特关于亚里士多德《后分析篇》（*Posterior Analytics*）的评注可能写于 13 世纪 20 年代，这是严肃讨论亚里士多德科学

方法的最早努力之一。[①] 格罗斯泰斯特也非常熟悉亚里士多德的《物理学》、《形而上学》、《气象学》和生物学著作，其影响可见于他对《物理学》的评注以及关于各种物理主题的一系列短论。然而，格罗斯泰斯特的思想形成受到了柏拉图主义和新柏拉图主义以及一些新翻译的数学科学著作的强烈影响；他的物理学著作对亚里士多德主义成分和非亚里士多德主义成分作了相当令人不安的并置。例如，格罗斯泰斯特对宇宙起源的解释尽管设定在一种宽泛的亚里士多德主义框架内，但首先应将其视为这样一种努力，即试图调和新柏拉图主义的流溢说（认为受造的宇宙是神的流溢，正如光是太阳的流溢）与《圣经》中所说的从无中创世。[②]

更年轻的英格兰人罗吉尔·培根（约 1220—1292）将格罗斯泰斯特计划的重要方面继续了下去。培根是格罗斯泰斯特的仰慕者（但可能从未成为他的学生），被其学者风范尤其是数学科学上的精深造诣所鼓舞。培根受教育的详细情况我们已经弄不清楚，但他肯定在牛津和巴黎都学习过。13 世纪 40 年代，他开始在巴黎大学艺学院任教，他是那里最早讲授亚里士多德自然哲学著作的人之一，比如《形而上学》、《物理学》、《论感觉及其对象》，可能还有

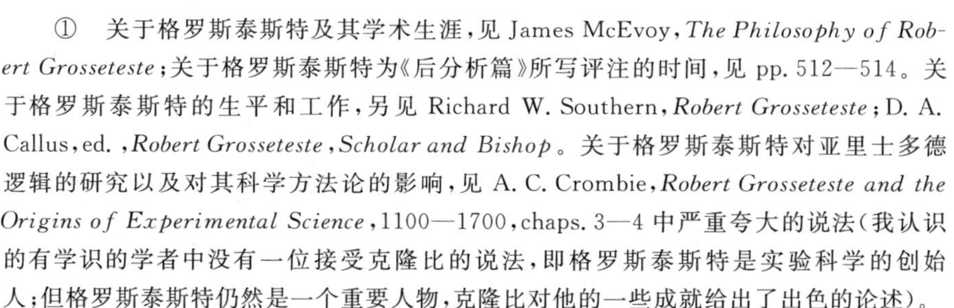

① 关于格罗斯泰斯特及其学术生涯，见 James McEvoy，*The Philosophy of Robert Grosseteste*；关于格罗斯泰斯特为《后分析篇》所写评注的时间，见 pp. 512—514。关于格罗斯泰斯特的生平和工作，另见 Richard W. Southern，*Robert Grosseteste*；D. A. Callus，ed.，*Robert Grosseteste，Scholar and Bishop*。关于格罗斯泰斯特对亚里士多德逻辑的研究以及对其科学方法论的影响，见 A. C. Crombie，*Robert Grosseteste and the Origins of Experimental Science*，1100—1700，chaps. 3—4 中严重夸大的说法（我认识的有学识的学者中没有一位接受克隆比的说法，即格罗斯泰斯特是实验科学的创始人；但格罗斯泰斯特仍然是一个重要人物，克隆比对他的一些成就给出了出色的论述）。

② 关于格罗斯泰斯特的宇宙起源论，见本书第十一章和相应的注释。

235

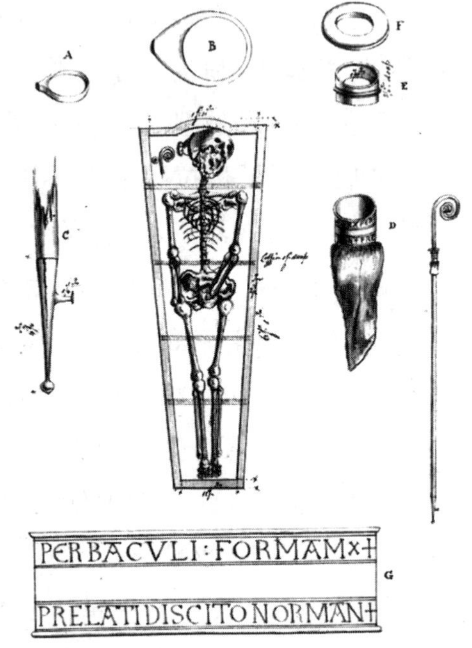

图 10.3 格罗斯泰斯特的遗骸。绘于 1782 年林肯大教堂内格罗斯泰斯特的墓穴开棺时,这是有关中世纪学者的极少数所谓“写生”画之一。与遗骸一同展示的是在棺材中发现的其他物件,包括主教戒指和牧杖的残存部分。更完整的描述见 D. A. Callus, ed. , *Robert Grosseteste, Scholar and Bishop*, pp. 246—250。

《论生灭》(讨论物质理论)、《论灵魂》和《论动物》,或许还有《论天》。[①] 后来罗吉尔・培根加入了方济各会,后半生致力于研究和写作。

① 关于培根的科学生涯,见 Stewart C. Easton, *Roger Bacon and His Search for a Universal Science*; Theodore Crowley, *Roger Bacon: The Problem of the Soul in His Philosophical Commentaries*。传记概要见 Lindberg, *Roger Bacon's Philosophy of Nature*, pp. xv—xxvi。关于培根的科学方法和科学成就,见 Lindberg, *Roger Bacon and the Origins of "Perspectiva" in the Middle Ages*, pp. xxii—xciv。那则流传甚广的神话是极大的误解,即认为培根是在孤独地捍卫某种与近代科学相近的东西,反抗神学上的反对意见。

我们将在后续章节讨论培根科学思想的方方面面。这里要谈的是他为拯救新学问而与其批评者所作的斗争。培根的主要科学著作并非“纯粹的”哲学或科学作品，而是满怀激情地劝说教会领导层（这些著作是献给教皇的）相信新学问的用处——新学问不仅是亚里士多德主义哲学，而且是关于自然哲学、数学科学和医学的所有新文献。培根指出，新哲学是神的馈赠，能够证明信仰正确， 236
并说服那些未改宗者相信：科学知识对《圣经》诠释极为有利，天文学对于确立宗教历法至关重要，占星术使我们能够预测未来，“实验科学”教我们如何延长寿命，光学能使我们制造出仪器震慑那些不信仰者并使之皈依。培根的奋斗目标是把奥古斯丁的婢女模式用于新形势，此时被列为婢女的知识较之以往要多得多，也复杂得多。就这样，自然科学因其宗教用途而得到了辩护。培根在其《大著作》（*Opus maius*）中声称，有“一种完满的智慧”

> 包含在一切真理所植根的《圣经》之中，因此我要说，有一门学科是其他学科的女主人——这门学科就是神学，其他学科都是这一学科所必不可少的必需品，没有它们，神学就无法实现自己的目的。神学坚持对它们优点的所有权，并使之服从自己的许可和命令。①

① Trans. Lindberg, from John H. Bridges, ed., *Opus majus of Roger Bacon*, 3: 36. 培根对新哲学的辩护见 David C. Lindberg, “Science as Handmaiden: Roger Bacon and the Patristic Tradition”。

在培根看来，神学并不压制科学，而是要把科学投入使用，把科学引向恰当的目的。

至于与基督教信仰的冲突之处，培根斥之为翻译错误或无知解释所导致的问题；倘若哲学真是上帝所赐，它就不会真正与信仰冲突。为了支持这一观点，培根整理了奥古斯丁和其他教父作者的相关论述，他们都敦促基督徒从异教徒手中夺回哲学。为防止论证失败，培根用华丽的辞藻赞美科学的奇迹，以此来压倒其批评者。

尽管培根充满激情，但 13 世纪中叶方济各会的典型态度是谨慎对待新哲学，尤其是新的亚里士多德主义。为这种态度的形成作出最大贡献的人之一是意大利的方济各会教士波纳文图拉(Bonaventure，约 1217—1274)。波纳文图拉在巴黎大学学习了自由技艺和神学，后于 1254 年至 1257 年留在那里讲授神学，接着辞职担任了方济各会的教长。波纳文图拉无疑尊重亚里士多德主义哲学，并从中形成了他自己的逻辑和许多形而上学思想。但与格罗斯泰斯特和培根一样，他也深受奥古斯丁和新柏拉图主义的影响，他的思想大量综合了亚里士多德主义与非亚里士多德主义成分。

237 波纳文图拉肯定和培根一样都承认奥古斯丁婢女模式的有效性和适用性，即异教哲学是一种工具，可以用来帮助神学和宗教。但对于哲学的用途，他的看法比培根更为谨慎，也更加清醒地意识到促进哲学的危险。他不大相信理性能够不借助神启而独自发现真理；因此，他倾向于对哲学大加约束，主张只要违背启示的教导，就应当抛弃亚里士多德及其评注者对任何问题的看法。于是，他断然拒绝接受永恒世界的可能性；还为个体灵魂不朽辩护，抛弃单灵论，认为每一个灵魂是身体解体后仍然存在的实体（由精神形式和精神质料复合而成）；他还强烈反对关于占星术决定论的一切想法。最后，在反对亚里士多德的自然主义时，波纳文图拉强调上帝的神意参与了每一个因果事例。①

从格罗斯泰斯特、培根和波纳文图拉的职业生涯中，我们可以看到 13 世纪早期和中期的若干重要趋势：对亚里士多德主义著作日益了解，对其内容同时保有尊重和怀疑，倾向于把奥古斯丁主义和柏拉图主义思想加入亚里士多德主义文本。活跃于 13 世纪中晚期的两位多明我会修士——大阿尔伯特（Albert the Great，约 1200—1280）和托马斯·阿奎那（Thomas Aquinas，约 1224—1274）为更完整地掌握亚里士多德主义哲学和更开放地看待其观点作出了贡献。

大阿尔伯特生于德国，在帕多瓦和科隆的多明我会学校受的教育（图 10.4）。13 世纪 40 年代初，他被派往巴黎学习神学，1245 年成为神学教师。在接下来的 3 年里，他获得了巴黎大学两个多明我会教授职位之中的一个。在这一时期，托马斯·阿奎那跟随他学习。1248 年，大阿尔伯特被召回科隆，在那里重新组建多明我会学校，阿奎那跟随着他。大阿尔伯特的大多数亚里士多德主义评注是在离开巴黎之后写成的，它们并非大阿尔伯特的讲稿（关于

① 波纳文图拉相对于 13 世纪各种哲学传统的立场极富争议。不同的观点见 Van Steenberghen, *Aristotle in the West*, pp. 147—162; Knowles, Evolution of Medieval Thought, pp. 236—248; John Francis Quinn, *The Historical Constitution of St. Bonaventure's Philosophy*, especially pp. 841—896。这些著作还会给出别的文献。

图 10.4 大阿尔伯特。摩德纳的托马索(Tommaso da Modena)所作的壁画(1352),位于特雷维索的圣尼科洛隐修院。

亚里士多德《伦理学》的评注除外),而是他在课余时间为多明我会修士写的。①

大阿尔伯特是西方基督教世界第一个对亚里士多德的哲学作出全面解释的人,因此他常常被视为基督教亚里士多德主义的实际创始人。但这并不意味着大阿尔伯特的哲学很纯粹;他早年曾为新柏拉图主义作者作过一些评注,晚年仍然拥护一部分柏拉图

① 关于大阿尔伯特的生平和著作,见 James A. Weisheipl,"The Life and Works of St. Albert the Great," in Weisheipl, ed., *Albertus Magnus and the Sciences*, pp. 13—51; also appendix 1 to the same volume, pp. 565—577。

主义哲学；此外，他总是愿意纠正或抛弃他认为错误的那些亚里士多德学说，并引入从别处发现的真理。尽管如此，大阿尔伯特觉察 238
到了亚里士多德哲学的深远意义，并着手为多明我会修士解释其全部著作。他在亚里士多德《物理学》评注的序言中解释说：

> 我们的目的……是尽己所能来满足我们修会的兄弟们，多年来他们一直恳请我们为其编写一本物理学著作。他们也许可以从中看到对自然科学的完整解释，并且正确理解亚里士多德的著作。①　239

大阿尔伯特不仅为他们撰写了《物理学》的评注，而且也为所有能够得到的亚里士多德著作作了评注或释义，这些成果在19世纪编的大阿尔伯特著作集中长达12大卷（8000多页）。这些评注中有很多内容偏离了主题，大阿尔伯特在其中展示了自己的研究结果和思考。在大阿尔伯特之前还没有人对亚里士多德著作给予如此关注，自那以后也很少。

大阿尔伯特做这些事情的目的就是要展示和利用亚里士多德主义哲学的解释力，他认为这种哲学是神学研究的必要准备。他无意使亚里士多德主义哲学摆脱婢女身份，而是想让它承担更大责任。在大阿尔伯特的同时代人当中，只有罗吉尔·培根看到了

---

① 引自 Benedict M. Ashley, "St. Albert and the Nature of Natural Science," p. 78。关于大阿尔伯特的思想，除了 Weisheipl, *Albertus Magnus and the Sciences* 中的文章，见 Van Steenberghen, *Aristotle in the West*, pp. 167—181；Francis J. Kovach and Robert W. Shahan, eds., *Albert the Great: Commemorative Essays*。

新学问对于神学的重大意义；但是除了年轻时在巴黎所作的关于亚里士多德的讲演，培根主要致力于研究数学科学（尤其是光学）和宣传整个新学问，而大阿尔伯特则致力于掌握和解释亚里士多德著作。历史学家往往会把荣誉授予那些打破亚里士多德主义传统的人；但大阿尔伯特作为使西方基督教世界充分接触亚里士多德主义传统的人，理应受到我们的关注和尊重。

与此同时，大阿尔伯特自认为有责任去补充亚里士多德忽视或未做深入研究的某些主题的文本，并且纠正亚里士多德的任何错误。虽然亚里士多德的成就使他深感震惊，但他从未想过要做亚里士多德的奴隶。为此，大阿尔伯特阅读了他所能找到的每一本书：他在相当程度上依赖于阿维森纳的著作，并且了解柏拉图、欧几里得、盖伦（在有限程度上）、金迪、阿威罗伊、非洲人康斯坦丁以及其他许多希腊、阿拉伯和拉丁作者的著作。只要这些文献与他在解释亚里士多德文本时所遇到的问题相关，他就会参考它们。①

大阿尔伯特还对动植物作了极为敏锐的直接观察。例如，他基于自己的观察纠正了阿维森纳关于鹌鹑交配的观点，并声称自己对某个鹰巢的观察长达6年；他无疑是整个中世纪最出色的田
240 野植物学家。② 他的思想能量似乎无穷无尽，其非神学著作（不到

① 关于大阿尔伯特的思想来源，见 Weisheipl, *Albertus Magnus and the Sciences* 中的文章。

② 任何怀疑大阿尔伯特作为一位田野生物学家的成就的人都应当读读他的两卷本巨著 *On Animals*, trans. Kenneth F. Kitchell Jr. and Irven Michael Resnick。另见 Karen Reeds, "Albert on the Natural Philosophy of Plant Life"；以及 Weisheipl, *Albertus Magnus and the Sciences* 中关于大阿尔伯特作为动植物和矿物观察者的文章。最后，见 Reeds, *Botany in Medieval and Renaissance Universities*; and, with Tomomi Kinukawa, "Natural History"。

总数的一半)包括了物理学、天文学、占星术、炼金术、矿物学、生理学、心理学、医学、博物学、逻辑学和数学等方面的内容。大阿尔伯特在论述各种主题时极具权威性,这可以说明为什么他生前就被冠以“伟大”之名,也有助于解释为什么罗吉尔·培根(他不能容忍思想上的竞争对手)会如此敌视他。

一些敏感的亚里士多德学说导致亚里士多德在 13 世纪初被禁,而且仍然威胁着对亚里士多德著作的接受,大阿尔伯特对这些学说持什么看法呢?关于世界的永恒性这个关键问题,大阿尔伯特从未动摇对基督教创世教义的忠诚。其早期观点是,哲学无法彻底解决这个问题,所以必须受启示的指导。后来,他确信永恒宇宙的观念在哲学上就是荒谬的,因此哲学不借助神学便可以解决这一问题。无论是哪种情况,(正确运用的)哲学都不会与神学相冲突。

大阿尔伯特更加关注人的灵魂的本性和能力。其研究策略是把灵魂解释成一个分离的不朽实体,独立于身体且能在身体死后存在,还认为灵魂与身体的结合是知觉与生命力的动因。大阿尔伯特明白,如果不否认亚里士多德关于灵魂是身体之形式的主张,就无法捍卫灵魂的不朽;他拿柏拉图和阿维森纳的观点取而代之,即灵魂是一种可与身体分离的不朽的精神实体。但也无需完全拒斥亚里士多德;大阿尔伯特认为,虽然灵魂实际上并非身体的形式,但发挥着形式的功能。①

① 大阿尔伯特的灵魂理论见 Anton C. Pegis, *St. Thomas and the Problem of the Soul in the Thirteenth Century*, chap. 3; Katharine Park, “Albert's Influence on Medieval Psychology”。大阿尔伯特对世界永恒性的看法见 Thomas Aquinas, Siger of Brabant, and Bonaventure, *On the Eternity of the World*, trans. Vollert et al. 的导言, p. 13。

最后，大阿尔伯特如何来回应亚里士多德哲学的"理性主义"，即把哲学方法应用于一切领域的承诺呢？在向同事们表明如何以亚里士多德的眼光看世界时，大阿尔伯特持一种较强的理性主义纲领。他提议在方法论基础上区分哲学与神学，弄清楚如果不借助于神学，哲学能表明实在的哪些内容。此外，大阿尔伯特丝毫没有削弱或掩盖亚里士多德传统的"自然主义"倾向。他（和每一位中世纪思想家一样）承认上帝是一切事物的最终原因，但认为上帝
241 习惯于通过自然因起作用，自然哲学家的责任就是把自然因推到极限。非常引人注目的是，甚至在讨论《圣经》中的诺亚洪水神迹时，大阿尔伯特也愿意坚持这种方法论对策。他注意到，一些人希望把对洪水（包括诺亚洪水）的讨论局限于神意的表述，遂指出，上帝是运用自然因来实现其目的的；哲学家的任务不是研究上帝意志的原因，而是探究使上帝的意志得以实现的那些自然因。把神的原因引入对诺亚洪水的哲学讨论，逾越了哲学与神学的固有界限。①

大阿尔伯特既理解和传播了亚里士多德主义哲学，又尊重它在神学和宗教上的用处，他的学生托马斯·阿奎那继承了这一纲领。阿奎那出生在意大利中南部的一个小贵族家庭，早年在古老的卡西诺山本笃会隐修院（6 世纪由努尔西亚的本笃[Benedict of Nursia]创建）接受教育，继而在那不勒斯大学的艺学院学习，在那里接触到了亚里士多德哲学。加入多明我会后，阿奎那被送到巴

① 关于大阿尔伯特的自然主义纲领和诺亚洪水问题，见大阿尔伯特的 *De causis proprietatibus elementorum*，1. 2. 9，in Albert the Great，*Opera omnia*，ed. Augustus Borgnet，9：618—619。参看 Lynn Thorndike，*History of Magic and Experimental Science*，2：535。

黎大学，1215 年获得神学博士学位。其后半生致力于教学和写作，包括 1257—1259 年和 1269—1272 年在巴黎大学两次短期讲授神学。

和大阿尔伯特一样，阿奎那也希望通过界定异教学问与基督教神学之间的正确关系来解决信仰与理性的问题。[①] 他反对把哲学和信仰对立起来，指出：

> 即使人的心灵的自然之光［即哲学］不足以使我们弄清楚信仰所揭示的东西，由信仰获得的神的教导也不可能与自然赋予我们的东西相违背。倘若两者中必有一者是错误的，那么既然两者均来自上帝，上帝就成了我们错误的原因，而这是不可能的。[②]

亚里士多德哲学和基督教神学虽然在方法上迥异，却是两条相容的真理之路。哲学运用人的感觉和推理等自然能力，以达到

---

① 关于托马斯·阿奎那的文献浩如烟海。关于其生平，见 James A. Weisheipl, *Friar Thomas d'Aquino*: *His Life*, *Thought*, *and Works*。对其学术成就的有用概述（这里以篇幅递增为序）有 Knowles, *Evolution of Medieval Thought*, chap. 21; Ralph McInerny, *St. Thomas Aquinas*; M.-D. Chenu, *Toward Understanding St. Thomas*; Etienne Gilson, *The Christian Philosophy of St. Thomas Aquinas*。关于阿奎那哲学的大多数讨论（包括前面那些著作）都是由今天的托马斯主义者写的，他们致力于阿奎那哲学，愿意颂扬其美德。因此，这些著作中的某一些倾向于把阿奎那（因为他的"正确的"）看成中世纪思想至高无上的顶峰。Julius Weinberg, *A Short History of Medieval Philosophy*, chap. 9 则成功把握了阿奎那成就的精髓，同时又避免了价值判断。

② Thomas Aquinas, *Faith*, *Reason*, *and Theology*: *Questions I—IV of His Commentary on the De Trinitate of Boethius*, trans. Armand Maurer, p. 48. 这四个问题中的前两个讨论的是把哲学运用于信仰是否正当。

它所能达到的真理。神学则通过启示达到真理，这些真理超出了人自然的发现和理解能力。这两条道路有时可能会导向不同的真理，但永远不会导向相互矛盾的真理。

这是否意味着哲学与神学是平等的？肯定不是。阿奎那指
242 出，神学与哲学的关系是完整与不完整、完美与不完美的关系。如果是这样，为何还要费力做哲学呢？因为哲学能够极大地服务于信仰。首先，它能为阿奎那所谓“信仰的先导”——即被信仰理所当然当作自己出发点的某些命题，例如上帝的存在性或统一性——给出证明。第二，通过运用取自自然界的类比，哲学能够阐明信仰的真理；阿奎那把三位一体教义当作一个例证。第三，哲学能够否证对信仰的反对意见。①

这也许看起来像是奥古斯丁婢女模式的一个简单翻版，但事实上，阿奎那已经微妙地、然而是深刻地改变了它的内涵。名为“哲学”的婢女仍然要服从于神学事业，因此仍然是一个婢女，但是在阿奎那看来，她已经充分证明了自己的用处和可靠性，因此被赋予了更大的责任和更高的地位。阿奎那还认为，倘若没有过于密切的神学监督，哲学将工作得更好。哲学和神学都有各自胜任的领域，都能在其固有领域赢得信任：例如，倘若我们想知道行星运动的细节或原因，就必须求助于哲学家；而倘若想理解神的属性或拯救计划，就必须准备进入神学领地。阿奎那对哲学事业有一种尊重，决心尽一切可能运用哲学，这使他超越了奥古斯丁的立场，

① Thomas Aquinas, *Faith, Reason, and Theology: Questions I—IV of His Commentary on the De Trinitate of Boethius*, trans. Armand Maurer, pp. 48—49.

站在了 13 世纪下半叶神学家自由进步一翼的前沿。

哲学和神学尽管在方法上存在着差异，但也存在着相互重叠的区域。例如，造物主的存在既可以通过理性得知，又可以通过启示得知。它能被哲学家证明出来，也能通过神学家阐述的《圣经》给予我们。在这些情况下，什么规则支配着哲学与神学的关系呢？基本原则是，神学与哲学之间不可能存在任何真正的冲突，因为启示和我们的理性能力都是上帝赋予的，因此任何冲突必定是表面的而不是真正的，是由坏的哲学或坏的神学所导致的。在这些情况下，解决办法是重新考虑哲学和神学的论证。

这一对策在阿奎那那里是如何实现的呢？特别是，它在多大程度上能够成功运用于本章前一节所列举的那些棘手的亚里士多德学说呢？简短的回答是，阿奎那极为严格地讨论了亚里士多德哲学所提出的一切问题。他在《论世界的永恒》(*On the Eternity of the World*)和《论理智的单一性，驳阿威罗伊主义者》(*On the* 243
Unicity of the Intellect，*against the Averroists*)（涉及单灵论和灵魂的本性）这两部著作中直接处理了亚里士多德所引起的争论。他对世界永恒的看法是：凭借启示，我们知道世界是在时间中的某一点被创造出来的，而哲学却无法解决这个问题。那些主张世界永恒在哲学上荒谬的人（比如波纳文图拉）是错误的，因为坚持宇宙是被创造出来的（即宇宙的存在依赖于神的创造力），同时坚持宇宙永恒存在，这并不矛盾。关于灵魂的本性，阿奎那同意亚里士多德的看法，即灵魂是身体的实体形式（灵魂与身体质料相结合产生了个体的人），但他认为这是一种特殊的形式，能够独立于身体而存在，因此是不朽的。他还声称这种解决方案可以与亚里士多

德本人的思想相容。①

这便是阿奎那对信仰和理性问题的解决方案。他为两者都留出了余地，把基督教神学和亚里士多德哲学巧妙地结合成了我们所谓的“基督教亚里士多德主义”。在此过程中，阿奎那必然要把亚里士多德基督教化，因为他要面对和试图解决那些似乎与启示教义相冲突的亚里士多德思想，并且纠正亚里士多德可能犯的错误。与此同时，他也将基督教“亚里士多德化”了，因为他把亚里士多德形而上学和自然哲学的主要内容引入了基督教神学。从长远来看，托马斯主义（一直到19世纪）逐渐成为了天主教会官方立场的代表。而从短期来看，正如我们将会看到的，阿奎那被信仰更为保守的神学家视为一个危险的激进分子。

激进的亚里士多德主义与1270年、1277年大谴责

大阿尔伯特和托马斯·阿奎那领导了一场有利于哲学壮大的自由运动。然而无论哲学能够变得多么强大，在他们看来，哲学永远只是一个婢女。理性永远不能胜过启示。大阿尔伯特和阿奎那把哲学推到了尽可能远的地方，但只要理性与信仰就某个哲学问题尚未达成和谐，他们就不会放弃思索。

但要不是一个婢女开始思考反抗或起义，它又能变得有多强

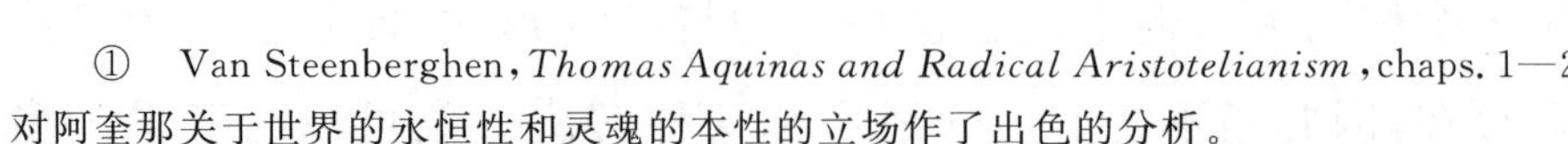

① Van Steenberghen, *Thomas Aquinas and Radical Aristotelianism*, chaps. 1—2对阿奎那关于世界的永恒性和灵魂的本性的立场作了出色的分析。

大呢？[①] 当《圣经》中的神迹被归结于自然因时（比如大阿尔伯特对诺亚洪水的讨论），局面难道不是已经失控了吗？这是保守神学 244
家注意到巴黎的学术进展时所忧虑的。事实证明，他们的忧虑并非空穴来风。我们的证据并不完整，但很清楚的是，当大阿尔伯特和阿奎那力图调和神学与哲学时，一些艺学教师开始讲授危险的哲学学说，而没有顾及其神学后果。这些人是坚定的哲学家，敢作敢为，认为无须屈从甚至注意任何外在权威。哲学与神学的调和并非需要解决的问题。

这个激进派别中最著名的人物（也是它的领袖）布拉班特的西格尔（Siger of Brabant，约 1240—1284）是一位鲁莽的年轻艺学教师，他在教学生涯之初便为世界的永恒性和对个人不朽造成威胁的阿威罗伊单灵论作辩护。其目标是毫不理会涉及这些主题的神学教导来做哲学。他坚持认为，他所得出的结论是正确运用哲学必然会得出的不可避免的结论。阿奎那的《论理智的单一性》问世后（专门针对西格尔的学说），西格尔修改了自己在灵魂本性方面的立场，使之符合正统的基督教教义。[②] 一轮较量之后，西格尔变得更加成熟和聪明了，此后他会小心翼翼地澄清说，他的哲学结论

① 对激进的亚里士多德主义及其后果的讨论，见 Edward Grant，“Science and Theology in the Middle Ages”。

② 西格尔最重要的现代诠释者断定，这并非向神学屈服，而是在阿奎那哲学论证力量的逼迫下重新思考和纠正他自己的哲学立场。见 Fernand Van Steenberghen，*Les oeuvres et la doctrine de Siger de Brabant*；Van Steenberghen，*Aristotle in the West*，pp. 209—229；Van Steenberghen，*Thomas Aquinas and Radical Aristotelianism*，pp. 6—8，35—43，89—95。在我看来，西格尔的哲学纯洁性必定会因为需要获得具有神学正统性的结论而打折扣。

虽然并非错误，而是必然的哲学结论，但并不一定为真。论及真理时，他会肯定信仰。至于西格尔的这种信仰告白是具有表面上的价值，还是仅仅试图安抚教会，历史学家们莫衷一是。无论是哪种情况，西格尔公开的立场都有明显的危险含意：正确从事的哲学探究可能得出与神学相矛盾的结论。

245 这些激进派的立场在西格尔派成员达契亚的波埃修（Boethius of Dacia，活跃于 1270 年）的一篇短论《论世界的永恒》（*On the Eternity of the World*）中得到了很好的说明。其最突出的特征是严格区分了哲学论证与神学论证。波埃修系统整理和反驳了曾被用来反对亚里士多德主义者、捍卫基督教创世教义的哲学论证。他进而表明，严格的哲学家只能为世界的永恒作辩护。不过他明确表示，根据神学和信仰，他本人承认创世教义，就像任何基督徒必须做的那样。

图 10.5 巴黎圣母院大教堂，建于 12 世纪—13 世纪。

就这样，波埃修最终屈从于信仰，但同时显示出了一种强烈的理性主义导向。他主张，一切能作理性探究的问题，哲学家都有权研究和解决。他写道，需要由哲学家来

> 决定一切能作理性争论的问题，因为每一个能作理性争论的问题都会落入存在的某个部分，而哲学家研究所有存在——自然的、数学的和神的。因此，需要由哲学家来决定每一个能作理性争论的问题。

波埃修又说，自然哲学家甚至无法思考创世的可能性，因为这样做需要把超自然原则引入哲学领域。同样，哲学家否认死人能够复活，因为根据自然哲学家为自己设定的自然原因，这样的事情是不可能的。[①]

这是一种试图不考虑信仰、通过哲学论证严格推出其逻辑结 246
论的努力，然而同时仍然承认神学的最终权威性。对此，神学院或宗教当局肯定既不信服也不高兴，而会认为西格尔、波埃修及其团体是越来越大的威胁。如果哲学总是得出与信仰相左的结论，它就不再是信仰的婢女，而是开始表现为一种敌对力量，需要采取决定性的行动来消除这种威胁。

这种决定性的行动表现为巴黎主教艾蒂安·唐皮耶(Etienne Tempier)于1270年和1277年颁布的两次谴责。前一次谴责了

---

① Boethius of Dacia, *On the Supreme Good*, *On the Eternity of the World*, *On Dreams*, pp. 36—67, quoting from p. 47.

西格尔及其艺学院中的激进分子们据说讲授的13条哲学命题。这次谴责显然受到了波纳文图拉和托马斯·阿奎那的支持,代表着神学派对艺学院中激进派的一次回应。到了1277年,这种威胁似乎变得更广、更严重:显然,前一次谴责并未消灭激进的亚里士多德主义,神学院内部的保守派感到需要更加严厉地应对日益增长的危险。的确,保守派倾向于把每一个比他们更自由的人视为危险分子。结果是(阿奎那逝世3周年时)颁布了一份大大扩展的被禁命题清单,共219条,宣布讲授这些命题会被开除教籍。这份清单中有15或20条命题来自阿奎那的教导。让我们对一些受谴责命题的内容和唐皮耶此举的意义作一考察。①

亚里士多德主义哲学中显然带有危险性的内容都反映在唐皮耶的两份禁单中:世界的永恒、单灵论、否认个人不朽、决定论、否认神意和否认自由意志。西格尔等激进派的理性主义倾向也明显成为谴责目标:例如1277年以后,禁止宣称哲学家有权解决关于理性方法所适用之主题的一切争论,禁止宣称依赖权威不能获得确定性。在1277年大谴责中,亚里士多德主义传统的自然主义也

① 对大谴责的简要说明见 Van Steenberghen, *Aristotle in the West*, chap. 9; John F. Wippel, "The Condemnations of 1270 and 1277 at Paris"; Edward Grant, "The Condemnation of 1277, God's Absolute Power, and Physical Thought in the Late Middle Ages";重要背景见 J. M. M. H. Thijssen, "What Really Happened on 7 March 1277?"其他分析见 Pierre Duhem, *Le système du monde*, vol. 6; Roland Hissette, *Enquête sur les 219 articles condamnés à Paris le 7 mars* 1277。对1277年禁令和被谴责命题的翻译见 Ralph Lerner and Muhsin Mahdi, eds., *Medieval Political Philosophy: A Sourcebook*, pp. 335—354; Edward Grant, *A Source Book in Medieval Science*, pp. 45—50 选了一些与自然哲学有关的命题,并作了介绍和注释。

很引人注目，比如唐皮耶谴责了这样一种观点，认为次级原因是自主的，所以即使初级原因（上帝）不再参与，它们也将继续起作用；他还谴责了这样一种主张，即除非通过另一个人的作用，否则上帝创造不出一个人（显然指亚当）；他还谴责了一种方法论原则，即自然哲学家由于只关注自然原因，所以有权否认世界是创造出来的。247

这些受谴责命题可能是我们已经预料到的，但 1277 年大谴责还包括了以不同方式影响自然哲学的各种异质命题。遭到谴责的有几个占星术命题：天不仅影响身体也影响灵魂，世界每隔 36000 年、当天体回到当前位置时就会重复；同样遭禁的还有关于天球由灵魂推动的观点。有一组遭到谴责的命题特别重要（因为影响了 14 世纪的争论），讨论的是据说上帝做不到的事情，因为亚里士多德主义哲学已经证明这是不可能的。哲学家们似乎论证了上帝不可能另外创造宇宙（亚里士多德已经证明多个宇宙是不可能的）；上帝不可能沿直线推动宇宙的最外层天（因为这样一来就会在空的空间中留下为亚里士多德哲学所禁止的真空）；①上帝不可能在没有一个基体（subject）的情况下创造一种偶性（比如没有红色的东西而创造出红）。所有这些命题都在 1277 年受到了谴责，因为它们公然违抗了神的自由和全能。唐皮耶或代表他列举这些命题的人的立场是，绝不能允许亚里士多德和哲学家们限制上帝的行动自由或能力，上帝可以做任何不包含逻辑矛盾的事情，包括创造

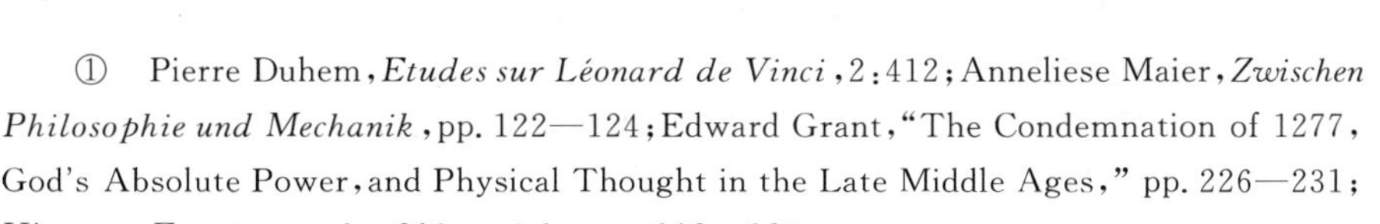

① Pierre Duhem, *Etudes sur Léonard de Vinci*, 2:412; Anneliese Maier, *Zwischen Philosophie und Mechanik*, pp. 122—124; Edward Grant, "The Condemnation of 1277, God's Absolute Power, and Physical Thought in the Late Middle Ages," pp. 226—231; Hissette, *Enquête sur les* 219 *articles*, pp. 118—120.

出多个宇宙或无基体的性质。

我们能从这些事件中了解到什么？人们对1277年大谴责已经作了许多讨论，其重要性常常被夸大或误解。首先，对于在大学里流传的神学上无法接受的论题的谴责并不罕见。在12、13世纪，巴黎大学至少有16次这样的情况。1277年大谴责的不同之处在于其发起者、谴责范围以及并不指名道姓地针对某个学者；通常的谴责仅限于大学内部，针对的是特定的教师，而1277年大谴责则源于当地主教，针对的是任何持有特定想法或主张的人。①

皮埃尔·迪昂（Pierre Duhem）在20世纪初的著作中认为，1277年大谴责是对根深蒂固的亚里士多德主义、特别是亚里士多德主义物理学所发起的攻击，因此标志着近代科学的诞生。这一
248 解释可谓聪明，而且并非完全错误：毫无疑问（下面我们将会看到），大谴责鼓励学者们探究非亚里士多德主义的物理学和宇宙论。② 但认为这是重点便错失了大谴责的主要意义。迪昂认为大谴责是动摇亚里士多德主义正统地位的关键事件，但在1277年，这种正统地位并不存在。亚里士多德主义哲学与基督教神学的界限和权力关系仍然没有确定，亚里士多德主义哲学将在多大程度上获得正统地位还不清楚。

换句话说，1270年和1277年这两次谴责的重要性与其说是

① J. M. M. H. Thijssen,"What Really Happened on 7 March 1277?"

② Duhem, *Etudes sur Léonard de Vinci*, 2:412; Duhem, *Système du monde*, 6:66. 关于迪昂观点的留存（虽然加了限制条件和有所弱化，但仍然可以识别），见Edward Grant,"Late Medieval Thought, Copernicus, and the Scientific Revolution"; Grant,"Condemnation of 1277"。

影响了自然哲学的未来发展，不如说是告诉了我们已经发生了什么。这两次谴责发生时，围绕新学问所进行的近一个世纪的斗争已经接近尾声，它们代表了保守派对自由派激进拓展哲学（特别是亚里士多德主义哲学）范围并确保其自主性的尝试进行了一次反击。大谴责显示了哲学疆域的大小和反对的力量——相当多有影响的传统主义者还不准备接受自由派（尤其是激进的亚里士多德主义者）大胆提出的那个新世界。于是公平地说，大谴责代表的不是近代科学的胜利，而是 13 世纪保守神学的一次胜利，是明确宣称哲学从属于神学。

它也是对亚里士多德决定论的攻击和对神的自由与全能的宣布。我们已经提到，在 1277 年遭到谴责的一些命题讨论的是上帝不可能做的事情，比如推动天做直线运动（因为由此会在空的空间中创造出亚里士多德哲学所禁止的真空）。在谴责这个命题时，唐皮耶肯定不是要与亚里士多德就自然哲学中的某一观点进行争论，而是要宣布，无论事物的自然状态如何（我们可以认为他已经接受了亚里士多德对此的论述），上帝只要愿意，都有能力进行干预。真空也许不会自然存在，但肯定可以超自然地存在；它在这个宇宙也许不存在，但自由和全能的上帝可以创造出一个不同的宇宙。[①] 而亚里士多德认为自己所描述的世界不仅是现在这样，而是必然是这样。1277 年唐皮耶在反对亚里士多德时宣称，这个世

① 关于真空问题，见 Edward Grant, *Much Ado about Nothing: Theories of Space and Vacuum from the Middle Ages to the Scientific Revolution*；以及 Grant, "Condemnation of 1277," pp. 232—234。

界是其全能的造物主选择创造的样子。①

这些神学观点对自然哲学事业有何影响？首先，大谴责中的某些条目提出了新的紧迫问题，需要进一步分析。例如声称上帝可以超自然地创造出没有基体的性质（之所以重要是因为它影响
249 了圣餐变体[transubstantiation]教义），②这一观点引发了关于亚里士多德一个基本形而上学观点——偶性与其基体的本性和关系——的激烈争论。反占星术条目谴责了这样一种想法，即每隔36000年行星回到原初位形时，历史就会重复，它促使尼古拉·奥雷姆（Nicole Oresme，约1320—1382）写了一整部数学论著来研究可公度性和不可公度性问题，并且证明所有行星不可能在有限时间内全都回到原初位形。关于天的推动者的谴责条目引发了关于宇宙运作的这一重要特征的激烈争论。强调上帝无限创造力的条目允许对可能世界和上帝显然有能力创造出来的想象事态进行各种可能的思辨。这导致14世纪出现了各种思辨性的或假说性的自然哲学，在此过程中，亚里士多德自然哲学的各种原则得到了澄清、批判或拒斥。③

其次，大谴责中的许多条目都是源于对亚里士多德为其自然哲学赋予的必然性要素——即声称事物只能是其现在的样子——的忧虑。当亚里士多德的必然性不得不屈从于神的全能主张时，

① Francis Oakley, *Omnipotence, Covenant, and Order* 对神的全能问题作了出色的历史分析。

② 根据天主教教义，作为圣餐的饼和酒经由圣餐变体过程变成了基督的血和肉。

③ 见 Grant, "Science and Theology in the Middle Ages," pp. 54—70; Grant, *Nicole Oresme and the Kinematics of Circular Motion*。

亚里士多德的其他原则也立即变得岌岌可危了。例如，上帝可以另外创造出其他宇宙，这种可能性需要有一种关于我们宇宙之外空间的观念与之相对应。结果，在大谴责的影响下，许多学者渐渐认为，宇宙之外必定存在着一个空的空间甚至是一个无限的虚空来容纳这些可能的宇宙。同样，如果有可能超自然地沿一条直线推动最外层天或整个宇宙，则将那种运动应用于最外层天或整个宇宙必定是有意义的。但亚里士多德是通过包围运动者的东西来定义运动的，而最外层天之外并没有什么东西包围着它。因此，显然需要对亚里士多德的运动定义加以修改或纠正。①

1277年之后哲学与神学的关系

在中世纪基督教世界逐渐吸收亚里士多德主义哲学的过程中，大谴责是重要的基准点。它们显示了13世纪70年代保守观点的力量，标志着保守派的暂时胜利。但我们不妨稍作停留，看看它到底赢得了什么。 250

首先，在参与颁布谴责的那些人当中，即使最保守者也不是为了消灭亚里士多德主义哲学，他们的目的仅仅是为学科提供一剂健康良方，提醒哲学时刻记得自己的婢女身份，同时又能解决某些争论。其次，虽然严格说来这是一次地方性的胜利（因为唐皮耶的法令只在巴黎有正式的约束力），但它的影响实际上要大得多。一方面，巴黎大学是欧洲专门从事神学研究的最重要的大学（在当时

① 关于大谴责对自然哲学的影响，见Grant，“Condemnation of 1277”。

的欧洲大陆是唯一的)，而且这样一部法令不可避免会在整个基督教世界产生反响。另一方面，教皇据说与巴黎大学的发展保持着联系，他关心激进的亚里士多德主义所带来的危险，可能愿意为了保守派而进行干预。不仅如此，就在唐皮耶颁布1277年大谴责的11天后，坎特伯雷大主教罗伯特·基尔瓦比(Robert Kilwardby)也颁布了一则范围较小但许多方面类似的谴责，它适用于整个英格兰。1284年，继任的坎特伯雷大主教、方济各会修士约翰·佩卡姆(John Pecham)重新颁布了基尔瓦比的法令，他是阿奎那的老对手，也是传统主义者的一位领袖。

对于大谴责在13世纪末或14世纪初产生了多大影响，我们并不完全清楚，但可以认为它们强迫服从和影响哲学思想的能力在不同情形下差别很大。到了1323年，托马斯·阿奎那的声望已经恢复，教皇约翰二十二世甚至将他封为圣徒。1325年，巴黎主教废除了1277年大谴责中可用于阿奎那学说的所有条目。然而在大谴责颁布一个世纪之后，我们仍然可以察觉到它的影响。让·布里丹(John Buridan)是巴黎大学的艺学教师和两任校长，活跃于14世纪中叶，他继续着手解决由大谴责所引发的困难。事实上，当学术研究将其带入神学领域时，布里丹曾经数次敏锐地意识到神学谴责的威胁。在《关于亚里士多德〈物理学〉的疑问》(*Questions to Aristotle's Physics*)中，他在不得不对天球的推动者作出评论时声明愿意服从神学权威："对此我并非断言，而是[尝试性地]表达看法，关于这些问题我要向神学教师们请教。"1377年，
251 在1277年大谴责颁布整整一个世纪之后，著名的巴黎大学神学家尼古拉·奥雷姆在捍卫他关于宇宙由无限虚空包围的观点时，向

潜在的批评者提出，“坚持相反的观点就是在坚持巴黎谴责中的一个条目”。①

与此同时，亚里士多德主义哲学已经得到承认，在艺学院课程中的地位牢牢确立，并且越来越主导本科教育。1341 年，巴黎大学新的艺学教师被要求发誓讲授“亚里士多德、其评注者阿威罗伊以及其他古代评论家和阐释家的体系，除了与信仰相矛盾的那些地方”。同时，亚里士多德主义哲学正在成为从事医学、法律和神学等高级学科的人的必备工具，并且日益成为严肃思考任何主题的基础。②

但这并不意味着人们已经找到了一种解决信仰与理性问题的持久方案。对于 14 世纪的发展，历史学家尚未作出足够的历史分析，现在甚至无法勾勒出一幅完整草图。不过作一些适度的概括还是可能的。

首先，认识论在 13 世纪变得越来越缜密，人们一般不再（像自由而激进的亚里士多德主义者那样）雄心勃勃地作出支持哲学的断言。随着怀疑倾向的兴起，关于哲学能够满足传统亚里士多德

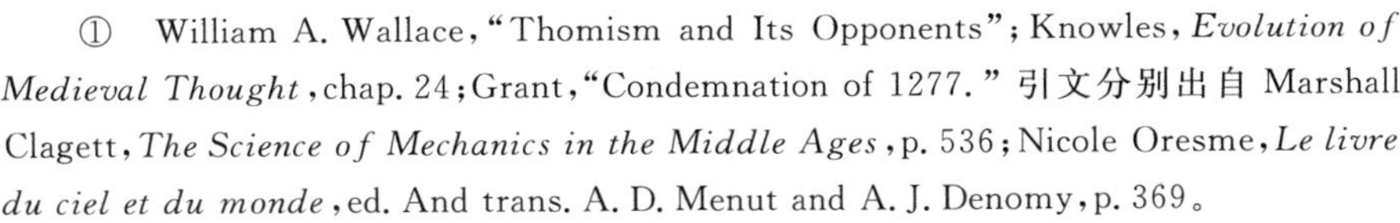

① William A. Wallace, “Thomism and Its Opponents”; Knowles, *Evolution of Medieval Thought*, chap. 24; Grant, “Condemnation of 1277.” 引文分别出自 Marshall Clagett, *The Science of Mechanics in the Middle Ages*, p. 536; Nicole Oresme, *Le livre du ciel et du monde*, ed. And trans. A. D. Menut and A. J. Denomy, p. 369。

② 关于中世纪晚期和文艺复兴时期的亚里士多德主义，见 John Herman Randall, Jr., *The School of Padua and the Emergence of Modern Science*; Charles B. Schmitt, *Aristotle and the Renaissance*。引文（有改写）出自 William J. Courtenay and Katherine H. Tachau, “Ockham, Ockhamists, and the English-German Nation at Paris, 1339—1341,” p. 61。

主义的确定性标准或者成功解决某些主题的说法日益受到质疑。特别是，哲学讨论神学教义的能力被大大削弱了。例如，约翰·邓斯·司各脱(John Duns Scotus，约 1266—1308)和奥卡姆的威廉(William of Ockham，约 1285—1347)虽然并不追求哲学与神学的彻底分离，但却通过质疑哲学是否有能力绝对确定地论述信仰而减少了两者的重叠区域。剥夺了获得确定性的能力，哲学就不再能够威胁神学了，至少在一定程度上是如此。各种信条不再能用哲学证明，而只能通过信仰来接受。简而言之，通过迫使哲学与神学分离开来，承认其方法上的区别，在此基础上承认它们有不同的影响范围，和平是可以实现的。至于自然哲学，其影响范围显然更小。①

其次，14 世纪的神学家和自然哲学家全神贯注于神的全能主题——这是基督教神学中的一个传统主题，但其重要性通过大谴
252 责而被重新强调。如果上帝是绝对自由和全能的，那么物理世界就是偶然的而不是必然的，即它并不必然是现在这个样子，因为它的形式、运作方式和存在本身都只依赖于上帝的意志。我们观察到的因果秩序并不是必然的，而是由神的意志自由强加的。例如，火之所以能够发热，并不是因为火与热有必然的联系，而是因为上帝选择把它们联系在一起，把发热能力赋予火，并且在火实现发热功能时持续选择让热与火同时出现。但上帝也可以自由地引入例

① 关于 13 世纪末和 14 世纪的认识论讨论，见 Marilyn McCord Adams，*William Ockham*，1:551—629；Eileen Serene，“Demonstrative Science”。关于奥卡姆，另见 William J. Courtenay，“Ockham，William of”。

外，比如《旧约·但以理书》第3章所描述的，沙得拉（Shadrach）、米煞（Meshach）和亚伯尼歌（Abednego）被投入熊熊燃烧的火窑却没有受伤，这一神迹表明上帝完全可以决定暂时中止通常的秩序。①

这在很大程度上已被历史学家广泛接受，但由此发展出了两条不同观点。其中一种观点认为，倘若自然本身并不拥有被永恒赋予的能力，它在任一时刻的行为都归因于（可能反复无常的）神的意志，那么固定的自然秩序这一观念就会受到严重威胁，严肃的自然哲学也会变得不可能。另一种观点认为，承认上帝能够创造出他所意愿的任何一个世界，这使14世纪自然哲学家认识到，要想发现上帝究竟创造了哪一个宇宙，唯一的途径就是走出去看，即发展出一种经验的自然哲学，它将有助于开创近代科学（即17世纪科学）。我们需要对这两种观点作一简要评论。

前者把神的全能教义视为对自然哲学的破坏，这种观点夸大了中世纪自然哲学家所设想的神的干预程度——他们不会相信上帝会频繁或随意干预他所创造的宇宙。有一个常被援引的表述区分了上帝的绝对能力（absolute power）与常规能力（ordained power）。当我们绝对或抽象地思考上帝的能力时，我们就承认上帝是全能的，能做他想做的任何事情；在创世瞬间，除了矛盾律，没

① Oakley, *Omnipotence, Covenant, and Order*, chap. 3; William J. Courtenay, "The Critique on Natural Causality in the Mutakallimun and Nominalism." 对神的全能及其对自然哲学含意的完整讨论，见 Courtenay's *Capacity and Volition: A History of the Distinction of Absolute and Ordained Power*; Amos Funkenstein, *Theology and the Scientific Imagination from the Middle Ages to the Seventeenth Century*, pp. 117—201。

有任何因素能够限制他可能创造出哪种世界。但事实上，我们认识到上帝从他面对的无限多种可能性之中选择并创造了这个世界；而且因为他是一个一致的上帝，我们确信他将（除了极少数例外）遵守由此确立的秩序，①我们无需担心上帝会不断进行修补。简而言之，由上帝全能（上帝的绝对能力）教义所保证的上帝活动的无限范围实际上仅限于初始的创世活动，自然哲学家在研究过
253 程中可以确信，物理实在不会发生反复无常的变化。因此，有争议的是上帝在现存秩序（他的常规能力）内部的活动。这一表述之所以具有吸引力，正是因为它维护了神的绝对全能，而没有牺牲严肃的自然哲学所要求的那种规律性。②

后一种观点在神的全能教义中发现了17世纪实验科学的起源，从表面上看这似乎完全说得通。我们也许会料想，中世纪的自然哲学家已经认识到，一个偶然世界的行为无法由一组已知的第一原理确定地推出，因此他们开始发展经验方法。这个结论的唯一麻烦在于似乎并未得到历史记录的证实。无论在大谴责中还是在哲学家和神学家的著作中，在断然宣布神的全能和自然的偶然性之后，实验在自然科学中的应用短时间内并未出现急剧增长，这仍然要等到17世纪。③ 中世纪的自然哲学家和神学家们仍然相

① 一般认为，那些例外是在创世那一刻被置于宇宙中的；见本书第九章。

② 见 Courtenay，*Covenant and Causality* 中的文章，特别是 chap. 4："The Dialectic of Divine Omnipotence"和 chap. 5："The Critique on Natural Causality in the Mutakallimun and Nominalism"。

③ 实验科学并非17世纪的发明。本书所包含的所有文化中都有用于探索或确证的实验例子。17世纪的新颖之处在于创造了一种实验修辞和全面探索实验在科学研究计划中的可能性。

信,世界和探索世界的正确方法或多或少就是亚里士多德所描述的样子——尽管和以前一样,他们愿意批判性地阅读亚里士多德,质疑亚里士多德自然哲学或方法论中这样那样的细节,甚至会(当时机出现时)做实验。此时距离完整而系统地发展出一套实验纲领仍然有几个世纪之遥;它最终出现时,也许有一部分得自神的全能教义,但还有更多可能的资源,包括相信人类在伊甸园中的"堕落"以及由此导致的人类理智能力的严重丧失——在一些人看来,这种丧失可以通过系统地运用观察和实验而得到完全或部分的改善。[①] 还有其他许多因素可能对此有所贡献,比如古代和中世纪科学文献中出现的实验范例。

① Peter Harrison, *The Fall of Man and the Foundations of Science* 对这种观点作了令人信服的论证。

第十一章　中世纪的宇宙

254 在前面几章，我们考察了中世纪对新学问的接受以及13、14世纪对它的努力吸收。在本章和往后两章，我们将考察从这些努力中产生的自然哲学。在此过程中，我将采用自上而下的方式，从宇宙的最外围讨论到处于宇宙中心的地球。我也将采用有机界与无机界的区分（这是亚里士多德及其中世纪追随者所熟知的）。本章先来考察宇宙的基本结构和数学，重点讨论天界，但也会触及地界的结构。下一章讨论月下区非生命体的行为。再下一章将回到生物体。①

宇宙结构

我们在第七章和第九章对中世纪早期和12世纪宇宙论的考察表明，中世纪早期那些百科全书家传播了一定程度的基本宇宙论知识，它们来自于各种古代文献，尤其是柏拉图派和斯多亚派著

---

① 我们决定不采用在中世纪发展出来的理论分类框架（“科学的分类”），因为我认为，出于教学理由满足读者所拥有的概念框架要比严格的历史纯粹性更重要。对这些分类感兴趣的读者可以阅读 James A. Weisheipl，“Classification of the Sciences in Medieval Thought”；Weisheipl，“The Nature，Scope，and Classification of the Sciences”。

作。这些作者宣称大地是球形的，讨论了地球周长，界定了气候带，并将其分成几个洲。他们描述了天球以及用来绘制天球的圆。许多人都显示出对于太阳、月亮和其他行星运动有至少是初步的了解。他们还讨论了太阳和月亮的本性与大小、食的成因以及各种气象学现象。

到了12世纪，由于重新关注了柏拉图《蒂迈欧篇》（以及卡尔西迪乌斯对它的评注）的内容，以及在早期翻译运动中接触到了希腊和阿拉伯著作，这幅图景得到了丰富。由此导致的一个结果是（比早期教父）更加重视将柏拉图宇宙论与《圣经》中的创世记述调
和起来。另一个新颖之处是，12世纪作者常常声称上帝的创造活 255
动仅限于创世一刻，此后事物的进程由他创造的自然因所引导。12世纪的宇宙论者强调宇宙是统一的和有机的，受一种世界灵魂支配，被星界的力量和大宇宙与小宇宙的关系结合在一起。对中世纪早期思想的一项重要继承是，12世纪学者描述了一个根本上同质的、完全由同一种东西构成的宇宙：亚里士多德所谓的第五元素或以太以及对天界与地界的截然二分尚未显现出来。①

第九章中沙特尔的蒂埃里反映了12世纪宇宙论的一些特征。同一传统的另一位代表人物是罗伯特·格罗斯泰斯特（约1168—1253），他是中世纪科学最著名的人物之一，因著作更多而对我们更有用。格罗斯泰斯特也可以反映出柏拉图主义思潮在13世纪

---

① 12世纪宇宙论的一个很好的例子见 Winthrop Wetherbee, trans., *The Cosmographia of Bernardus Silvestris*, with introduction and notes by Wetherbee。另见本书第九章。关于文学语境下的中世纪宇宙论，见 C. S. Lewis, *The Discarded Image*。

的延续，因为他虽然是在12世纪末受的教育，但其主要著作是在13世纪上半叶完成的。

格罗斯泰斯特宇宙论的核心是光：当上帝创造出一个没有维度的、由质料和形式组成的点，即一个没有维度的光点时，宇宙便产生了。[①] 此光点瞬间扩散为一个大球，获取质料而产生有形的宇宙。随后通过放射和分化（当光朝着中心返回时）形成天球和月下区的典型特征。在早期著作中，格罗斯泰斯特似乎接受了世界灵魂的观念（后来放弃了）。大宇宙和小宇宙的主题在格罗斯泰斯特的著作中至关重要：人代表着上帝创造活动的顶峰，同时也反映出神的本性和受造宇宙的结构原则。最后，格罗斯泰斯特也持有中世纪早期和12世纪的同质宇宙信念：在他的宇宙论中，天界是由比地界物质更精细（具体而言是更稀薄）的东西构成的，不过其差别是量的而不是质的。[②]

和其他许多学科一样，宇宙论也是通过12、13世纪大规模翻译希腊和阿拉伯文献而发生转变的。特别是，亚里士多德传统在
256 13世纪占据了中心地位，并且逐渐取代了柏拉图和中世纪早期的宇宙观。这并不是说亚里士多德与柏拉图在所有重要议题上都有分歧。在许多实质性的东西上，他们其实完全一致。和柏拉图主义者一样，亚里士多德主义者也把宇宙设想为一个巨大的（但无疑

① 格罗斯泰斯特把这种形式称为“第一形式”或“有形形式”。关于有形形式的更多内容，参见本书第十二章。

② 关于格罗斯泰斯特的宇宙论，见 James McEvoy, *The Philosophy of Robert Grosseteste*, pp. 149—188, 369—441。较短的版本见 David C. Lindberg, “The Genesis of Kepler's Theory of Light: Light Metaphysics from Plotinus to Kepler,” pp. 14—17。

是有限的)球体,天在外围,地在中心。两个学派的人对宇宙的独一无二都深信不疑。虽然几乎每个人都承认神可能创造了多个世界,但没有人相信神真的这样做了。所有人(坚持对《创世记》的字面解释)都承认宇宙有一个时间上的开端,从而偏离了亚里士多德——尽管我们看到,13 世纪的一些亚里士多德主义者往往认为这一点无法通过哲学论证来确定。

但是在亚里士多德与柏拉图的分歧之处,亚里士多德的世界图景逐渐取代了柏拉图的。一个主要分歧与同质性有关。亚里士多德把宇宙分成了两个截然不同的区域,由不同物质所构成,依照不同原理来运作。月球上方是诸天球,携带着恒定的恒星、太阳和其他行星。这个由以太或第五元素构成的天界的特征是永恒的完美性和匀速圆周运动。月球下方是由四元素构成的地界。这里有生灭,有生死与朽坏,有短暂的(通常是直线的)运动。亚里士多德对宇宙论图景的另一项贡献是其精致的行星天球体系以及天界运动在地界引起生灭所依循的因果原则。

接着,亚里士多德主义的各种特征与传统宇宙论信念结合在一起,确立了中世纪晚期宇宙论的关键要素——在整个 13 世纪,这种宇宙论成为有教养的欧洲人的共同思想财富。之所以会形成如此普遍的认同,并非因为有教养的人感到不得不服从亚里士多德的权威,而是因为他们的整个宇宙论图景为其觉察的世界提供了一种令人信服和满意的解释。尽管如此,亚里士多德宇宙论中的某些要素还是成了批判和争论的对象。正是在努力丰富和调整亚里士多德宇宙论,使之与《圣经》的教导和其他权威观点相协调方面,中世纪学者为宇宙论作出了贡献。我们不可能在某一章甚

至一本书中充分讨论中世纪的宇宙论思想(迪昂用了10卷篇幅来
257 讨论这一主题),而只能局限于那些最为重要和争论最激烈的问题。①

在进入宇宙之前,我们先在它外面停留片刻:如果有东西存在的话,那里存在着什么呢?所有人都认为,宇宙之外没有任何物质性的东西;如果认为宇宙包含着上帝创造出来的所有物质性的东西,这一结论就是不可避免的。但是,不包含有形实体的真空是否存在呢?亚里士多德已经明确否认世界之外可能存在位置、空间或真空,这一结论被普遍接受,直到1277年大谴责引发了对它的重新评价。该谴责有两个命题与这一问题直接相关。其中一个命题宣称上帝能够创造多个世界,另一个命题则宣称上帝能使最外层天作直线运动。现在,如果另一个宇宙能被置于我们的宇宙之外,则那里必定可能存在能够容纳它的空间;同样,一个做直线运动的天球不可避免会空出一个空间而移到另一个空间。大多数作者仅仅满足于承认上帝有可能在宇宙之外创造出一个空的空间,而14世纪的托马斯·布雷德沃丁(Thomas Bradwardine,卒于

① Pierre Duhem, *Le système du monde*, 10 vols. 这十卷的英译选本见 Pierre Duhem, *Medieval Cosmology: Theories of Infinity, Place, Time, Void, and the Plurality of Worlds*, ed. and trans. Roger Ariew。权威的现代讨论见 Edward Grant, *Planets, Stars, and Orbs: The Medieval Cosmos*, 1200—1687; Grant, *Much Ado about Nothing: Theories of Space and Vacuum from the Middle Ages to the Scientific Revolution*。在接下来的讨论中,我也得益于 Edward Grant, "Cosmology," in David C. Lindberg, ed., *Science in the Middle Ages* 以及 Grant's *Studies in Medieval Science and Natural Philosophy* 对中世纪宇宙论的出色概述。对阿奎那宇宙论的出色讨论见 Blackfriars edition of his *Summa Theologiae*, vol. 10: Cosmogony, ed. and trans. William A. Wallace。

1349年)和尼古拉·奥雷姆(约1320—1382)等少数人则认为上帝的确这样做了。布雷德沃丁把这个空的空间等同于上帝的无所不在,并且论证说,既然上帝是无限的,因此宇宙之外的空的空间也一定是无限的。

在对亚里士多德宇宙论的这种改造中,基督教的考虑似乎是最重要的,但斯多亚派的影响也很显著。西方关于宇宙之外的真空的观念最初来自斯多亚派。西方学者甚至借鉴了斯多亚派的具体论证,比如那个经常提及的思想实验:假如一个人处于物质宇宙的边缘,处于所有物质性事物的最外层边界,那么他把手臂伸出那个边缘时会发生什么呢?这只手臂似乎肯定会被一个此前一直空无所有的空间所容纳。于是,在基督教和斯多亚派的共同影响下,人们对亚里士多德主义宇宙论强行作了重要修改——这一修改突出表现在迟至17世纪末及以后的宇宙论思辨中。[①]

我们进入宇宙时会立刻碰到天球。这样的天球有多少?它们的本性和功能是什么?已知行星有7颗,即月亮、水星、金星、太阳、火星、木星和土星,一般认为它们就是依此顺序排列的。中世纪作者所偏爱的简化宇宙图景忽略了大部分天文学细节,在这幅
图景中,每颗行星都需要有一个天球来解释其运动(图11.1)。此 258
外,根据亚里士多德的说法,行星天球之外是恒星天球或原动天(primum mobile),它规定着宇宙的外边界。当中世纪学者思考这个最外层天球时,几个问题产生了。

---

① Edward Grant,"Medieval and Seventeenth-Century Conceptions of an Infinite Void Space beyond the Cosmos";Grant,*Much Ado about Nothing*,esp. chaps. 5—6.

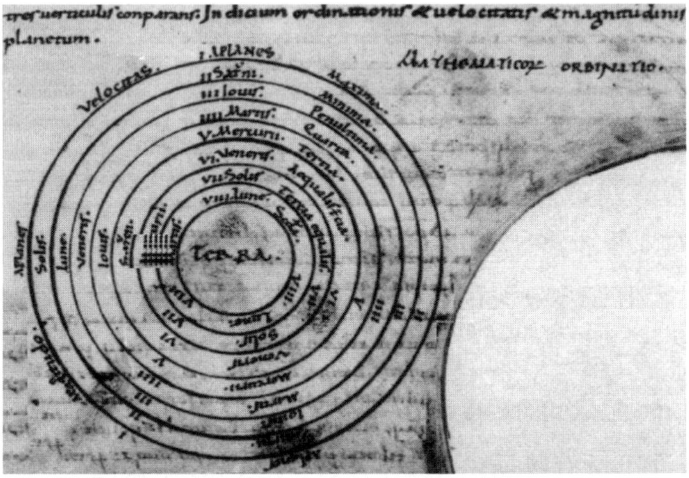

图 11.1　中世纪流行的简化版本的亚里士多德主义宇宙论。巴黎国家图书馆,MS Lat. ,6280,fol. 20r(12 世纪)。

一个问题是确定它的位置。根据亚里士多德的说法,一个物体的位置由包围它的物体所决定。但如果恒星天球本身就是最外层物体,那么在它之外就没有什么东西能够充当包围者。于是不可避免的结论是,原动天并不在一个位置上——这个结论太过悖谬,以致无法被人接受,只有少数最顽固的头脑除外。由此人们提出了各种解决方案,比如试图重新定义位置,使得决定位置的是被包含者,而不是包含者。①

关于亚里士多德所说的最外层天球,另一个问题来自《创世记》中的创世记述,其中区分了第一日创造的天(*caelum*)和第二日创造的天穹(*firmamentum*)。这显然是两种不同的东西,因为它

① Edward Grant,"The Medieval Doctrine of Place: Some Fundamental Problems and Solutions," esp. pp. 72—79.

们并不是在同一日创造的。不仅如此,《圣经》文本声称,天穹将其下方的水与上方的水分开:天穹下方的水可以等同于地界的水球层,但天穹上方的水似乎构成了另一个天球。对这个问题的讨论 259
使一些基督教评注者除 7 个行星天球之外又假定了 3 个天球:其中最外层的是不可见的、不动的最高天(empyreum),这是天使的居所;接下来是水天(aqueous heaven)或水晶天(crystalline heaven),它完全透明,由水构成(也许是坚硬的或结晶的,但更有可能是流动的,而且水可能仅仅是一种比喻);然后是天穹,携带着恒星。于是在接受这种论证思路的人看来,天球的总数就达到了 10 个。所有这 3 个外层天球都被随即赋予了宇宙论和天文学上的功能;一些学者希望解释星辰的其他运动,于是又假定了第 11 个天球。重要的是再次指出宇宙论与神学在这些讨论中的互动:对亚里士多德的宇宙论作了调整以适应《圣经》解释的需要,同时《圣经》解释也吸收了带有中世纪修改的亚里士多德宇宙论基本原理,并从当时的宇宙论中获得了关键含义。①

中世纪宇宙论者当然对天界的物质或质料因感兴趣。中世纪早期的许多作者根据斯多亚派传统,猜想天是由一种类似于火的物质构成的。亚里士多德的著作被重新发现后,人们普遍接受了其观点的某个版本,即天是由第五元素或以太(一种完美的、不变的透明物质)构成的。关于这种以太的本性存在着许争论,比如它

① Edward Grant,"Cosmology," in David C. Lindberg, ed., *Science in the Middle Ages*, pp. 275—279; Grant, "Celestial Orbs in the Latin Middle Ages," pp. 159—162; Grant, "Science and Theology in the Middle Ages," pp. 63—64.

是否是形式与质料的组合？一些承认天界存在着形式和质料的人会主张，天界的质料在种类上类似于地界的质料，另一些人则坚持认为这两种质料完全不同。不论以太的本性如何，所有人都同意它被分成了紧密接触(因为否则就会出现真空)的不同天球[实际为球壳——译者注]，它们各自携带着一颗行星以其固有方向和特定速度无摩擦地转动。单个天球内部没有空隙和缺口。很少有人会追问天球是流动的还是坚硬的；不过在追问的人当中，这两种看法都有人支持。行星被视为清澈透明的以太之中具有更大密度或透明度的小球区域。①

争论更为激烈的一个问题是天的推动者的本性。亚里士多德把天的运动归因于一组“不动的推动者”——它们是行星天球渴求
260 的对象，行星天球竭力通过永恒的匀速圆周运动来模仿“不动的推动者”不变的完满性。于是，“不动的推动者”是目的因而非动力因。在中世纪的基督教世界，最外层运动天球的“不动的推动者”(原动者)通常被等同于基督教的上帝。而鉴别其他“不动的推动者”的身份则更加棘手。也许很容易想到把它们等同于柏拉图《蒂迈欧篇》中所描述的行星诸神，但除造物主外还承认其他神存在，这在基督教传统中显然是异端看法。因此，基督教学者必须赋予“不动的推动者”一种缺乏神性的身份，以远离这些看法。一个常

① 有代表性的中世纪文本见 Lynn Thorndike, ed. and trans., *The Sphere of Sacrobosco and Its Commentators*, p. 206 列出的那些本文。讨论见 Edward Grant, “Celestial Matter: A Medieval and Galilean Cosmological Problem”; Grant, “Celestial Orbs,” pp. 167—172; Grant, “Cosmology,” in Lindberg, ed., *Science in the Middle Ages*, pp. 286—288。

见的解决方案是把它们设想为天使或其他某种独立的灵智(intelligences,无身体的心智)。不过也有人设计了另一些解决方案,它们完全不依赖于天使和灵智:坎特伯雷大主教罗伯特·基尔瓦比(约1215—1279)赋予了天球一种作圆周运动的主动本性或固有趋向;巴黎大学教授让·布里丹(约1295—约1358)也主张无需假定有天界灵智存在,因为它们没有《圣经》依据。因此,天的运动可能是因为一种冲力或驱动力,它类似于推动抛射体运动的那种外力(见第十二章),上帝在创世瞬间将其加在每一个天球上。[①]

这一体系所带来的包裹原则——厚厚的行星天球依次紧密包裹,无多余空间——使人可能计算出各个行星轨道的大小并最终计算出宇宙的大小。要想作这种计算,需要先估算最内层天球即月亮天球的大小。几位穆斯林天文学家,包括9世纪的法加尼(al-Farghani)和萨比特·伊本·库拉(Thabit ibn Qurra)以及9世纪或10世纪的巴塔尼(al-Battani),从托勒密的《天文学大成》中借用了有关数据,加以修正后作了计算。在西方,诺瓦拉的卡帕努斯(Campanus of Novara,卒于1296年)也作了计算,算出月亮天球的内表面半径(月亮与地球的最近距离)为107936英里,外表面半径(月亮与地球的最远距离)为209198英里。他还对金星和水星作了类似计算,在此基础上得出的太阳的"理论"距离与古代天文学家计算出来的太阳视差大致相符。对外行星持续计算下去

① James A. Weisheipl, "The Celestial Movers in Medieval Physics"; Edward Grant, *Planets, Stars, and Orbs*; Grant, "Cosmology," in Lindberg, ed., *Science in the Middle Ages*, pp. 284—286.

可以得出，土星天球的外半径和恒星天球的内半径为73387747英里。这些数据或与之接近的数据一直很流行，直到16世纪哥白尼对其作出修改。①

261 ## 数理天文学

迄今为止，我们的分析一直假定天由一组紧密嵌套的简单的同心球所组成。这似乎是亚里士多德的观点，西班牙穆斯林阿威罗伊（伊本·鲁世德）对它作了清晰阐述和热情辩护，它在西方也有一批重要的追随者。然而，随着托勒密《天文学大成》（极大地证明了数理天文学的力量）的拉丁文译本从12世纪末开始广为流传，对天进行描述的方案变得比以前复杂许多。一些中世纪宇宙论者希望调整自己的宇宙论，以把托勒密天文学中的偏心均轮和本轮考虑进去。显然，这是一种把宇宙论与数理行星天文学调和起来的尝试。

在讨论这些内容之前，我们先要考虑一个重要的区分，它在古希腊被人提出，在中世纪晚期和文艺复兴时期被突出出来，20世

① 这些数据见 Grant, "Cosmology," in Lindberg, ed., *Science in the Middle Ages*, p. 292; Francis S. Benjamin and G. J. Toomer, eds. and trans., *Campanus of Novara and Medieval Planetary Theory*: "*Theorica planetarum*," pp. 356—363。卡帕努斯规定1英里等于4000肘尺（cubits），给出地球周长为20400英里（Benjamin and Toomer, p. 147）。对宇宙尺寸观念的更多讨论见 Bernard R. Goldstein and Noel Swerdlow, "Planetary Distances and Sizes in an Anonymous Arabic Treatise Preserved in Bodleian MS Marsh 621"; Albert Van Helden, *Measuring the Universe*: *Cosmic Dimensions from Aristarchus to Halley*。

纪初则被法国物理学家、哲学家和科学史家皮埃尔·迪昂(Pierre Duhem,1861—1916)所恢复。该区分涉及看待天文学模型的两种方式。从“实在论”的观点来看,天文学模型代表着物理实在,回答了物理学家或宇宙论者所提出的物理标准问题;而从“工具论”或“虚构主义”的观点来看,天文学模型仅仅是一些方便的工具,是预言行星位置的一些有用的数学虚构,没有任何必然的物理实在性。让物理学的或宇宙论的考虑来干扰天文学家的数学模型将会违反天文学的准则。[1] 这个问题在13世纪、14世纪引发了激烈争论,学者们不得不对理论断言的地位进行研究或者寻求折中观点。天文学家必然需要定量结果,他们除了保留托勒密模型别无选择。对于一些更具哲学倾向的人来说,基于亚里士多德的原理建立一种在量上精确的天文学仍然只是一个虚无缥缈的梦。[2]

如果我们无法在方法论基础上明确区分天文学和宇宙论,那么是否还有理由把它们看成截然不同的事业或学科?答案是肯定的。区分中世纪学科的一个最好办法就是忘掉它们的形式定义,而把它们作为文本传统来考察。本章开篇所关注的那些宇宙论问题往往出现在对某些文本的评注中,这些文本包括亚里士多德的物理学著作(尤其是《论天》和《形而上学》)、萨克罗伯斯科的约翰 262
尼斯(Johannes de Sacrobosco)的《天球论》(*Tractatus de Sphaera*)、彼得·隆巴德(Peter Lombard)的《箴言四书》(*Sentences*)和

① Pierre Duhem, *To Save the Phenomena: An Essay on the Idea of Physical Theory from Plato to Galileo* (1969);1908年首版以法文出版。关于实在论/工具论之区分的古代起源,另见G. E. R. Lloyd,“Saving the Appearances”。

② G. E. R. Lloyd,“Saving the Appearances.”

《创世记》中的创世记述,等等。① 对天的数学分析则属于另一个文本传统,它源于托勒密的《天文学大成》和希腊化时期的其他数理天文学著作。严肃的数理天文学家所拥有的数学技能只有内行能懂,从事宇宙论研究的自然哲学家一般无法掌握,这一事实也许强化了这种分离。

在中世纪早期,西方还看不到希帕克斯、托勒密等最重要的希腊数理天文学文献。天文学肯定被看成一种数学技艺,属于数学四艺之一,但中世纪早期学者对数理天文学的实际了解微乎其微。老普林尼、马提亚努斯·卡佩拉和塞维利亚的伊西多尔等人只是初步描述了天球及其主要的圆、7 颗行星及其沿黄道带自西向东的运动(包括逆行)以及水星和金星与太阳相关联的运动。人们也有能力处理年代和历法问题,但尚不了解托勒密模型或者为从事严肃的数理天文学而构造的任何其他体系。②

到了 10、11 世纪,通过与伊斯兰世界(主要是通过西班牙)的
263 接触,西方天文学知识的这种状况得到迅速改变。欧里亚克的热尔贝(约 945—1003)为此作出了著名的贡献(见第九章),但其他热衷学习之人也为认识伊斯兰世界和(收复失地运动之后的)基督教西班牙的科学宝藏作出了贡献。最重要的天文学宝藏之一是星盘以及使用它所需的数学知识。有几部关于星盘的制作和使用的

① Grant,"Cosmology," in Lindberg, ed., *Science in the Middle Ages*, pp. 265—268.

② 关于早期天文学,见 Bruce S. Eastwood, *Astronomy and Optics from Pliny to Descartes*; Eastwood,"Plinian Astronomical Diagrams in the Early Middle Ages"; Stephen C. McCluskey, *Astronomies and Cultures in Early Medieval Europe*; McCluskey, "Gregory of Tours, Monastic Timekeeping, and Early Christian Attitudes to Astronomy"。另见本书第九章关于卡洛林王朝的内容。

著作被从阿拉伯文译成了拉丁文，在11世纪的北欧流传开来。具有多种用途的星盘也使西方天文学重新调整了方向，从定性研究转向了定量研究。①

图11.2　星盘，意大利，约1500年，直径4.25英寸。伦敦科学博物馆，Inv. no. 1938—1428。

星盘是一种手持仪器，包含一个刻度盘、一个能绕轴旋转从而能够观测恒星或行星高度的视尺（照准仪）以及安装在一个黄铜物体或“母盘”内的一套黄铜圆盘，具有这种构造的星盘成了一个天 264
文学计算器（图11.3、图11.4）。其数学原理是球极平面投影，能把球形的天（方便地）投影在一套平盘上（图11.3、图11.4）。最上面的“网盘”（rete）用来表示旋转的天，包含一张星图（仅限于少数最显著的星）和一个表示黄道的偏心圆（图11.2、图11.3）；这个盘

① 关于星盘的最佳介绍性说明是J. D. North，“The Astrolabe”。

被切掉很多，使用者可以透过它看到一个固定在下面的盘，即所谓的“倾盘”(climate)，倾盘上有一个规定使用者纬度的固定坐标系的投影，由一条水平线、若干等高圈、等方位角线以及天赤道和南北回归线所组成。网盘能在倾盘上方旋转，以模拟天相对于地上观察者的旋转；太阳在黄道上的位置可以被标出，因此用星盘可以进行各种有用的计算。

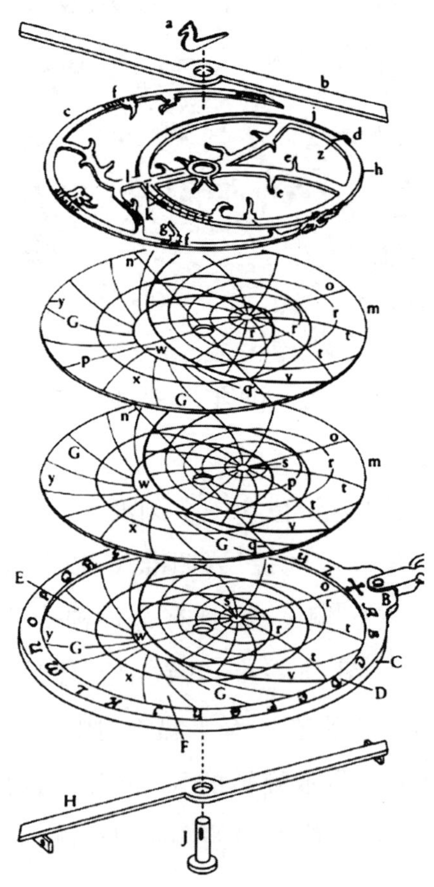

图 11.3　星盘的分解图。最初发表于 J. D. North, *Chaucer's Universe*, p. 41。

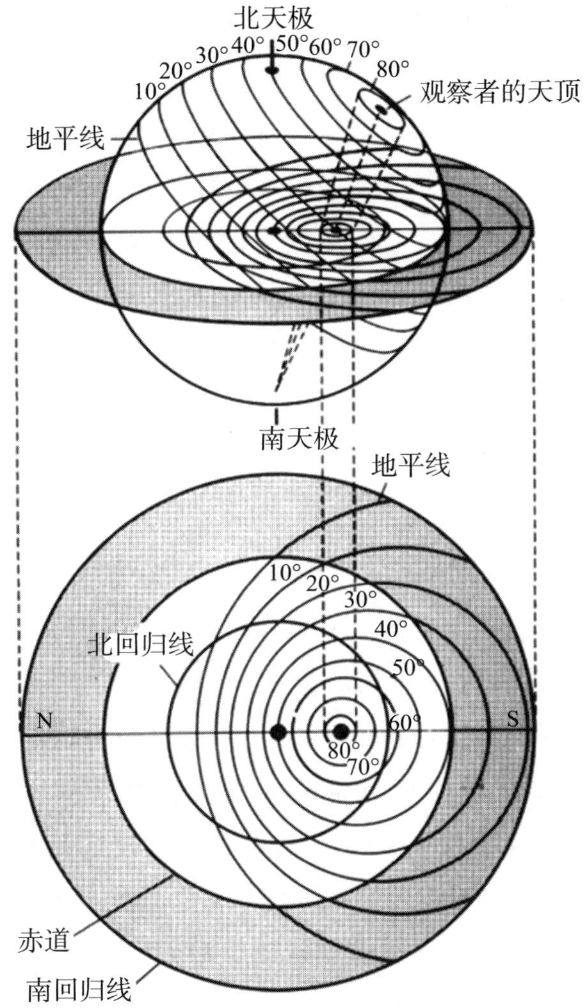

图 11.4　等高圈的立体投影。等高圈(顶部)被投影到经过天球赤道的水平面上,正如一个位于南天极的观察者所看到的那样。这些等高圈和方位角线是星盘的“倾盘”的主要特征。最初发表于 J. D. North, *Chaucer's Universe*, p. 53。

a 马(一个一端为马头的楔子)
b 尺
c 网盘
d 星指针
h 黄道圈
k 黄道各宫的分隔线
m 倾盘
r 等高圈
s 天顶
t 等方位角线
v 地平线
w 北回归线
x 赤道
y 南回归线
C 母盘
G 小时角度线
H 照准仪(带有视孔)
J 钉

265 虽然天文仪器和天文数据表对于从事数理天文学是必不可少的,但仅有它们还不够。所需的第三个要素是天文学理论。天文表所附的说明或许可以使我们瞥见其理论基础,但很不充分而且含糊不清。数据和计算背后的数学模型需要由理论天文学论著来给出,而这些论著同样是对希腊和阿拉伯文著作的翻译。1137年,塞维利亚的约翰(John of Seville)把法加尼的托勒密天文学基础手册译成了《天文学入门》(*The Rudiments of Astronomy*)。到了12世纪下半叶已能见到萨比特·伊本·库拉、托勒密等人更为专业的天文学著作:托勒密的《天文学大成》两次被译成拉丁文,一次从希腊原文翻译,一次(由克雷莫纳的杰拉德)从阿拉伯文翻译。大约在同一时间出现的占星术文本增强了人们对天文学理论和计算的兴趣。事实上,占星术士对天文学计算的需要以及占星术与医学之间越来越紧密的关联都有助于解释天文学研究的发展。①

到了12世纪末，最重要的天文学文本已被译成拉丁文。从此以后，西方天文学史就成了逐渐掌握和不断传播天文学知识的历史，这主要发生在大学中。大学需要教科书，以便为学生讲解复杂的托勒密天文学。像法加尼的《天文学入门》这样的导论著作当然 266

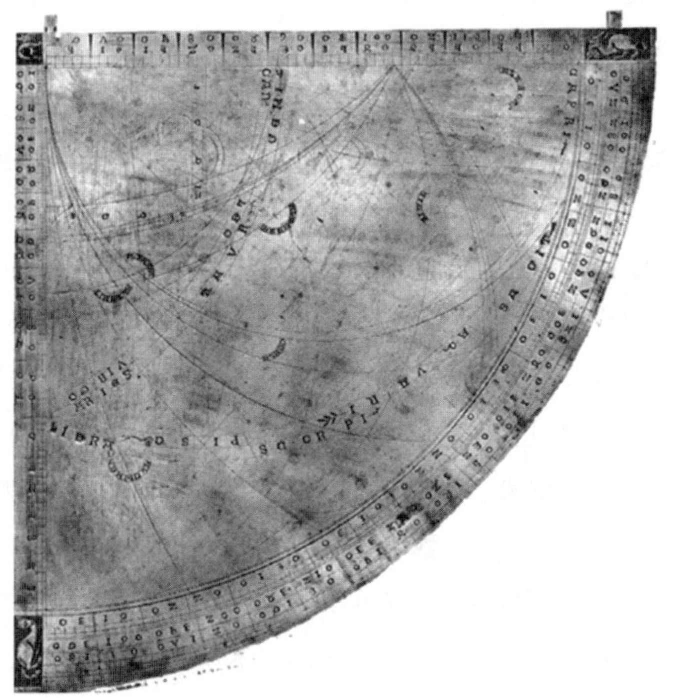

图11.5　犹太人普罗法修(Profatius Judaeus)的"新四分仪"——14世纪用来测量高度的典型天文学仪器。对各种中世纪四分仪包括默顿仪器的描述见 R. T. Gunther, *Early Science in Oxford*, 2:165—175。

① 关于阿拉伯天文学在西方的接受过程，见 Henri Hugonnard-Roche, "The Influence of Arabic Astronomy in the Medieval West"。

可以用，但大学教师很快就写出了自己的教科书。最早也最为流行的一本是萨克罗伯斯科的约翰尼斯（即霍利伍德的约翰[John of Holywood]）所著的《天球论》。该书大约在13世纪中叶写于巴黎，后不断被评注，直到17世纪一直被用作大学教科书，包含了对球面天文学的初步讨论和对行星运动的简要评论。例如，萨克罗伯斯科描述了太阳沿黄道以大约每天1度的速度自西向东运动。他指出，除太阳外每颗行星都沿一个本轮运行，而本轮又沿一个均轮运行，并且解释了如何用本轮-均轮模型来解释逆行。他还把月食和日食分别归因于地球和月亮投下的阴影。其行星天文学基本上只有这些内容。①

萨克罗伯斯科的《天球论》显然只是为了提供最基础的天文学知识。而此后不久，一位佚名作者（可能是巴黎大学教师）写的《行星理论》（*Theorica planetarum*）则把行星天文学讨论提升到了高得多的水平。《行星理论》就每颗行星概述了基本的托勒密理论，并且配上了几何图表。例如，太阳沿黄道的运动被解释为沿一个偏心均轮以每天59分8秒（略小于1度）的速度自西向东匀速运动。与此同时，这个偏心轮被恒星天球带着以每天一圈的速度自东向西均匀旋转。在外行星——火星、木星和土星——模型中，行

① Thorndike, *Sphere of Sacrobosco* 提供了这部著作的拉丁文本和英译本以及一篇非常有用的导言。关于中世纪欧洲天文学，见 John North, *The Norton History of Astronomy and Cosmology*, chaps. 9—10; North, "Astronomy and Astrology" (forthcoming); Olaf Pedersen, "Astronomy"; Pedersen, "Corpus Astronomicum and the Traditions of Mediaeval Latin Astronomy"。我对这些材料的组织在很大程度上得益于Pedersen。

星 P(图 11.6)沿本轮自西向东均匀运动,而本轮中心则沿均轮作
方向相同的运动。本轮中心沿均轮的运动相对于偏心匀速点 Q 267
是均匀的;均轮中心位于偏心匀速点和地心的中点。[①]《行星理论》似乎很快就成了天文学理论的标准教科书,它使托勒密的数学模型牢牢确立了自己的地位,并且确定了沿用数个世纪的天文学术语。

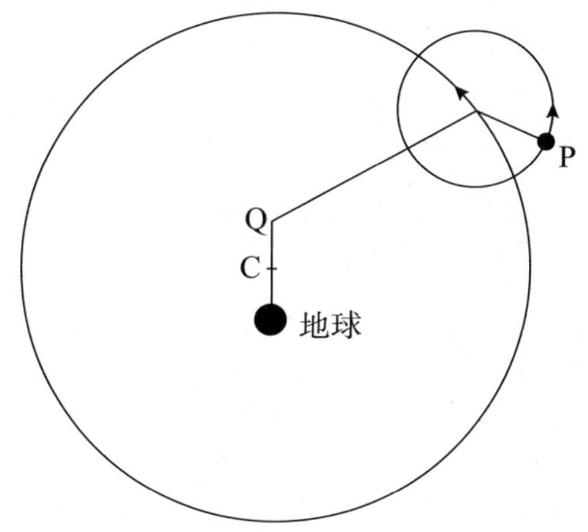

图 11.6　《行星理论》描述的一个外行星模型

13 世纪的《行星理论》并没有介绍托勒密天文学中的定量内容以及实际进行天文学计算的方法。《托莱多星表》(*Toledan Tables*)承担了这一功能,大约 1275 年以后则由《阿方索星表》(*Alfonsine Tables*,在卡斯蒂利亚国王阿方索十世[Alfonso X]的宫廷中完成)承担,《阿方索星表》常常附在《行星理论》后面。在 16 世纪遇到新的竞争者之前,《阿方索星表》(图 11.7)一直是从事数理

① 关于其余行星,见 Pedersen,"Astronomy,"pp. 316—118;以及 Pedersen 对 *Theorica* 的翻译,载 Edward Grant,ed.,*A Source Book in Medieval Science*,pp. 451—465。

268

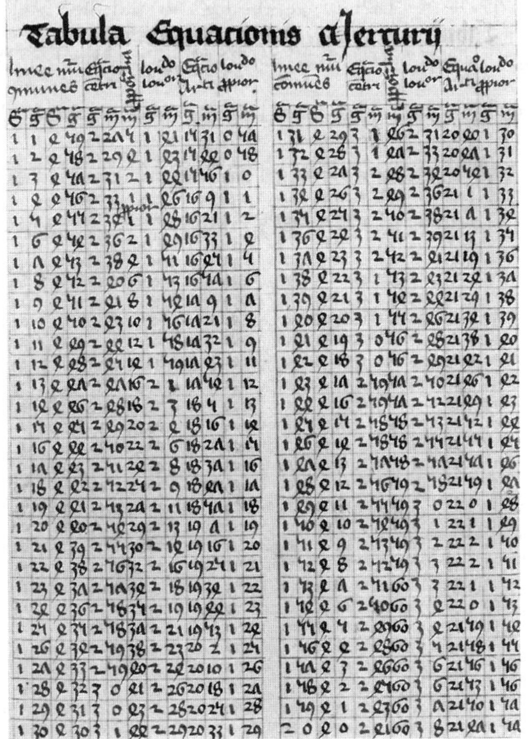

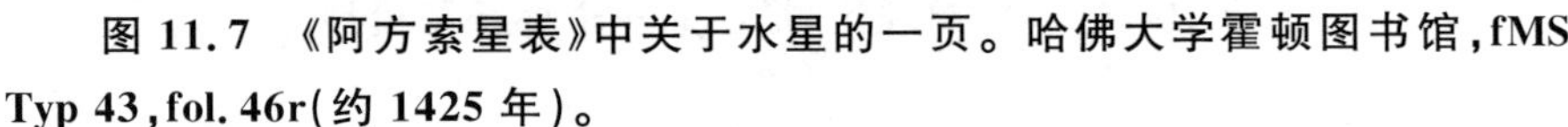

图 11.7 《阿方索星表》中关于水星的一页。哈佛大学霍顿图书馆，fMS Typ 43，fol. 46r（约 1425 年）。

天文学的标准指南。① 这些翻译过来的星表是定量天文学知识的宝贵财富，但它们是在更早的时候编的，编制地点也不是现在应用它们的那些地方，因此需要对其加以修正。马赛的雷蒙德（Raymond of Marseilles）和切斯特的罗伯特（Robert of Chester）等一

① 关于《托莱多星表》，见 G. J. Toomer，“A Survey of the Toledan Tables”。关于《阿方索星表》，见 North，*Norton History of Astronomy and Cosmology*，pp. 217—223。Victor E. Thoren 对《阿方索星表》的节译和注释见 Grant，*Source Book*，pp. 465—487。Thoren 和 North 都给出了一个计算例子。

些 12 世纪学者做了这项工作。他们的工作代表着一种真正的西方数理天文学传统的开端。

虽然受过大学教育的人往往已经有了一些基础的天文学知识，但还十分缺乏由《托莱多星表》、《阿方索星表》甚至是《行星理论》所代表的高级天文学知识。大学授予艺学学位时很少要求具备天文学知识，虽然时常也会有一些天文学教学（通常是关于《行星理论》的讲座，偶尔是关于《天文学大成》的讲座）。其结果是，在不同的时间和地点，少数有才能的天文学家变得越来越有造诣，比如他们有足够的知识在当地重新计算天文表，而且这样的人越来越多。到了 15、16 世纪，雷吉奥蒙塔努斯和哥白尼等天文学家将从这一中世纪传统中脱颖而出。①

如何将托勒密的数理天文学与宇宙论思考调和起来，这个问题依然存在。伊本·海塞姆和伊斯兰马拉盖学派的成员们都曾为此殚精竭虑（见第八章）。对天文学家而言，托勒密天文学中的偏心圆和本轮与亚里士多德的同心球和自然哲学原理似乎并不相容；这个问题的重要性可见于阿威罗伊对托勒密天文学诸多方面 269
所作的攻击。从定量观点来看唯一获得成功的体系，从物理学或哲学的观点来看却令人怀疑。在这个问题上，13、14 世纪的学者们或是探讨了不同理论主张的地位，或是寻求妥协的立场，为此有过相当大的争论。必然要求定量结果的数理天文学家不得不保留托勒密模型。但是如何将托勒密的数学模型与亚里士多德的宇宙论原则相调和呢？

---

① North, *Norton History of Astronomy and Cosmology*, pp. 234—241.

图 11.8　一位正在用星盘观测的天文学家。巴黎兵工厂图书馆，MS 1186，fol. 1v（13 世纪）。

一个被广泛接受的回答是托勒密体系的“物理天球”（physicalsphere）版本。它由托勒密在其《行星假说》中最先提出，后来被人遗忘，直到伊本·海塞姆在 11 世纪将其恢复（图 11.9）。该模型于 13 世纪第一次出现在西欧。据目前所知，在西方学者中，罗
270 吉尔·培根在 13 世纪 60 年代的著作中第一次对该体系作了详细讨论。自他以后，凡尔登的贝尔纳（Bernard of Verdun）和马尔基亚的圭多（Guido de Marchia，活跃于 1292—1310 年）等方济各会修士对它产生了一些兴趣。贝尔纳批判了培根的理论，而圭多在其《论行星轨道》（*Tractatus super planetorbium*）中却为物理天球（他认为是流动的）的观念作了辩护，并且经过重要修改将其拓展

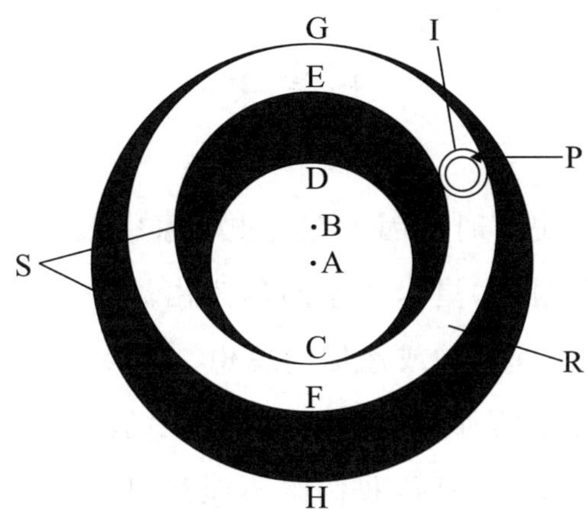

图 11.9　伊本·海塞姆关于托勒密均轮和本轮的物理天球模型。增厚的空间 S 以球面 CD 和 GH 为界。A 是宇宙的中心,地球就位于这里。以 B 点为中心的偏心圆环 R 穿透球体,以表面 CE 和 FG 为界。环内有携带着行星 P 的本轮 I。整个球体带着圆环围绕球体的中心 A 周日转动,与此同时,本轮在行星的恒星周期(该行星绕黄道旋转一周所需的时间)内"滚过"这个圆环,行星则始终沿着旋转的本轮运动。其他每颗行星也都需要一个类似的增厚天球。

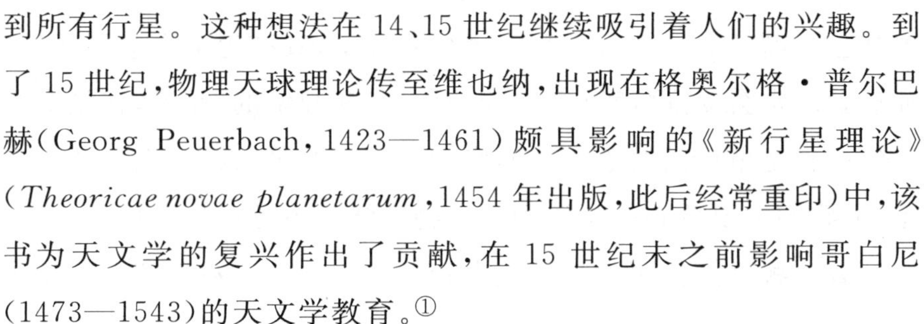

到所有行星。这种想法在 14、15 世纪继续吸引着人们的兴趣。到了 15 世纪,物理天球理论传至维也纳,出现在格奥尔格·普尔巴赫(Georg Peuerbach,1423—1461)颇具影响的《新行星理论》(*Theoricae novae planetarum*,1454 年出版,此后经常重印)中,该书为天文学的复兴作出了贡献,在 15 世纪末之前影响哥白尼(1473—1543)的天文学教育。①

---

①　关于培根,见 Pierre Duhem,*Un fragment inédit de l'Opus tertium de Roger Bacon, précédé d'une étude sur ce fragment*, pp. 128—137。对圭多理论的详细分析见 Michael H. Shank,"Rings in a Fluid Heaven: The Equatorium-Driven Physical Astronomy of Guido de Marchia (fl. 1291—1310)"。另见 Claudia Kren,"Bernard of Verdun"; Kren,"Homocentric Astronomy in the Latin West: The De reprobatione ecentricorum et epiciclorum of Henry of Hesse"。

占星术

占星术的历史有时会因为在历史学家中流行的一种倾向而受到损害，这种倾向把占星术粗暴地斥为由愚人和江湖骗子所推行的一种原始的、非理性的或迷信的思想。当然，正如中世纪的批评
271 者乐此不疲地指出的那样，的确存在着江湖骗子。但中世纪占星术也有其严肃的学术一面，我们绝不能让自己的态度被令人对它的轻视所影响。中世纪学者是通过中世纪的理性标准和当时所能获得的证据来评判占星术理论和实践的。如果我们希望理解占星术在中世纪的重要性和命运变迁，就必须做同样的事情。①

我们不妨先作出以下区分：(1)占星术作为关于宇宙内部物理影响的一套信念；(2)占星术作为绘制天宫图、决定良辰吉日之类的技艺。前者是自然哲学的一个可敬分支，其结论很少遭到质疑。而后者却常会受到各种(经验的、哲学的和神学的)反驳，在整个中世纪一直是争论的对象。虽然我们也会涉及第二种意义上的占星术，但我们主要关心的是作为宇宙物理学这个方面的占星术。

有一些令人信服的理由使人相信天界与地界在物理上是相关

---

① 关于中世纪占星术，见 North，*Norton History of Astronomy and Cosmology*；North，*Horoscopes and History*；North，“Celestial Influence：The Major Premiss of Astrology”；North，“Astrology and the Fortunes of Churches”；Olaf Pedersen，“Astrology”；Edward Grant，“Medieval and Renaissance Scholastic Conceptions of the Influence of the Celestial Region on the Terrestrial”；Lewis，*Discarded Image*，pp. 102—110；Patrick Curry，ed.，*Astrology*，*Science*，*and Society*：*Historical Essays* 中的文章(特别是 Richard Lemay，“The True Place of Astrology in Medieval Science and Philosophy”)。

联的。首先，这种关联显见于一些观测数据：没有人会怀疑天界是地界光和热的主要来源；四季明显与太阳沿黄道的运动有关；潮汐明显与月亮的运动有关；罗盘一旦出现（12 世纪末），天极对某些矿物的磁影响就很清楚了。

诸如此类的观察证据也得到了传统宗教信念的支持。认为天界与神有关联以及认识到神在地界施加了影响正是古代宗教的突出特征。在古代的美索不达米亚，人们广泛相信恒星和行星事件是地界事件的预兆（征兆而非原因），在那里，解读预兆成为一种专门的技艺，需要一定的天文学知识。新要素的加入逐渐丰富和改变了这些信念，包括认为一个人受孕或出生时的天界位形能够预言他一生中的某些细节（见第一章）。①

在希腊文化中，占星术思想得到了各种哲学体系的支持。在《蒂迈欧篇》中，柏拉图的巨匠造物主明确把产生月下事物的任务交给了行星或行星神，这暗示天界与地界可能持续存在关系。柏拉图还强调了宇宙的统一性，包括整个宇宙（大宇宙）与个人（小宇宙）之 272
间的对应关系。在亚里士多德的宇宙中，不动的推动者不仅是天球运动的来源，而且是月下运动和变化的来源。在讨论气象学现象时，亚里士多德主张地界“与上面的[天界的]运动有某种连续性；因此它的所有力量都源自这些运动”。他还在别处把季节变化以及地

① 关于美索不达米亚占星术，见 Francesca Rochberg, *The Heavenly Writing: Divination, Horoscopy, and Astronomy in Mesopotamian Culture*; B. L. van der Waerden and Peter Huber, *Science Awakening II: The Birth of Astronomy*, *chap*. 5; Richard Olson, *Science Deified and Science Defied: The Historical Significance of Science in Western Culture*, pp. 34—56。

界的所有生灭都归因于太阳沿黄道的运动。最后，斯多亚派似乎也主张和捍卫占星术科学，他们认为宇宙是一个以统一性和连续性为特征的主动的有机论宇宙。于是我们应当清楚，物理学或宇宙论形式的占星术是对天与地之间的因果关联所作的经验和理性研究。几乎任何古代哲学家都认为，否认这些关联的存在是愚不可及的。①

托勒密便是一个极好的例子。这不仅因为他完整而清晰地论述了这个问题，而且因为他对伊斯兰和西方的占星术传统都产生了巨大影响。在其占星术手册《占星四书》(*Tetrabiblos*)中，托勒密承认占星术的预言无法与天文学证明的确定性相比，但他断定天界力量的存在性和一般占星术预言的有效性。他指出，任何人都能明显看到，

> 从永恒的以太物质中散发出的某种力量……弥漫于地球周围的整个区域。……因为太阳……总是以某种方式作用于地界万物，不仅一年四季的变化引起了动物的繁衍、植物的生长、水的流动和物体的变化，而且太阳的每日转动也提供了热、湿、干、冷，它们均以规则秩序排列，符合各自相对于天顶的位置。月亮也……将其影响大大施加于世间万物，因为其中大多数事物，无论是有生命的还是无生命的，都与之共感(sympathetic)且随其变化而变化。不仅如此，恒星和行星在天空中的通路往往暗示着空中的冷热风雪等情况，地界事物

① 亚里士多德的话引自 *Meteorologica*, 1. 2, trans. E. W. Webster, in *The Complete Works of Aristotle*, ed. Jonathan Barnes, p. 555。

也相应受到影响。

如果了解这些影响并且掌握了天界的运动和位形，占星术士 273
就能预言各种自然现象：

> 于是，如果一个人确切地知道所有恒星、太阳和月亮的运动，……如果之前的持续研究使他能够一般地区分它们的本性……；并且根据这些数据，如能通过成功的猜想，科学地确定所有因素结合产生的独特性质，那么在任何情况下，有什么能阻止他根据当时现象之间的关系说出空气的特点，比如是较热还是较湿呢？关于某个人，他为何不能从其出生时的气氛察觉出其性情的一般性质呢？比如其身体如何如何、灵魂如何如何。他为何不能运用这一事实——如此这般的气氛与如此这般的性情合拍，因此有利于幸福，而另一种气氛与之不合拍，因此会导向损害——来预知偶然事件呢？①

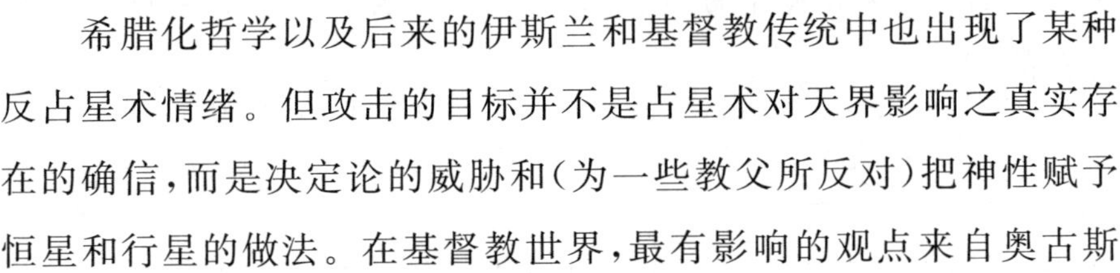

希腊化哲学以及后来的伊斯兰和基督教传统中也出现了某种反占星术情绪。但攻击的目标并不是占星术对天界影响之真实存在的确信，而是决定论的威胁和（为一些教父所反对）把神性赋予恒星和行星的做法。在基督教世界，最有影响的观点来自奥古斯

① Ptolemy, *Tetrabiblos*, 1. 2, ed. and trans. F. E. Robbins, pp. 5—13. 关于托勒密的占星术，另见 Jim Tester, *History of Western Astrology*, chap. 4; Long, "Astrology: Arguments Pro and Contra," pp. 178—183。

丁(354—430),他把庸俗的占星术斥为一种骗术。但他最关心的是严肃的占星术理论所具有的宿命论或决定论倾向。无论如何,必须保护意志自由,否则就不存在人的责任了。奥古斯丁经常诉诸“孪生子问题”(并非他的发明),指出孪生子是在同一瞬间受孕并且几乎同时出生的,但其命运常常大相径庭。但奥古斯丁却为物理影响的可能性打开了大门,只要认为这种影响仅仅作用于物体。他写道:

> 如果仅就物理差异而言,认为存在着星辰[即恒星]的某种影响,这并非完全荒谬。我们看到,一年四季随着太阳的接
> 274 近和远离而变化。随着月亮的盈亏,我们看到某些事物在生长和萎缩,例如海胆、牡蛎以及神奇的潮汐。但意志选择并不受星辰位置的影响。①

奥古斯丁等教父对占星术的反对有助于在中世纪早期形成一种敌视占星术的气氛。中世纪早期文献每每会谴责天宫图占星术,但往往也承认天界的力量及其对各种地界现象的影响是真实存在的。②

---

① Augustine, *City of God*, V. 6, 2:157. 奥古斯丁对待占星术的态度亦见于他的 *Confessions*, IV. 3 and Ⅶ. 6; Theodore Otto Wedel, *The Mediaeval Attitude toward Astrology*, pp. 20—24; Joshua D. Lipton, *The Rational Evaluation of Astrology in the Period of Arabo-Latin Translation*, ca. 1126—1187 A. D., pp. 133—35; Tester, *History of Western Astrology*, chap. 5。

② Wedel, *Mediaeval Attitude toward Astrology*, chap. 2.

到了 12 世纪，随着柏拉图主义哲学的繁荣以及希腊和阿拉伯占星术著作的重新获得，基督教世界对占星术重新产生了兴趣，对其学说有了更多的赞成。当然，有关占星术决定论的任何主张仍然是禁忌，但断言星辰的影响实际存在以及可能作出成功的占星术预言，如今已变得司空见惯。例如，圣维克托的于格（Hugh of St. Victor，卒于 1141 年）在颇具影响的《训导》（*Didascalicon*，写于 12 世纪 20 年代末）一书中对占星术的"自然"部分表示认可，这个部分讨论了物理事物的"性情或'体质'，例如健康、疾病、暴发、平静、生产能力和不育，它们随着星辰的相互排列而改变"。12 世纪末或 13 世纪初的一部佚名著作指出："我们既不相信恒星或行星的神性，也不崇拜它们，但我们信仰和崇拜它们的创造者，那个全能的上帝。不过，我们的确相信全能的上帝赋予了行星以力量，古人曾误以为这种力量来自星辰本身。"12 世纪的另一位作者在讨论决定论问题时写道："星辰……能产生拥有财富的天资，但产生不了拥有财富的事实"。①

从阿拉伯文和希腊文翻译的占星术著作对于这种新态度的形成至关重要。最重要的著作是托勒密的《占星四书》，译于 12 世纪 30 年代；阿布马沙尔（Albumasar）的《占星学导论》（*Introduction*

① *The Didascalicon of Hugh of St. Victor: A Medieval Guide to the Arts*, trans. Jerome Taylor, p. 68. 第二句引文的拉丁文本见 Charles S. F. Burnett, "What Is the Experimentarius of Bernardus Silvestris? A Preliminary Survey of the Material"。第三句引文（可能来自孔什的威廉）见 Lipton, *Rational Evaluation of Astrology*, p. 145。Lipton 的研究包含了对 12 世纪占星术的非常有用的分析；另见 Wedel, *Mediaeval Attitude toward Astrology*, pp. 60—63。

to the Science of Astrology)，该书在 12 世纪三四十年代被两次译出；此外还有各种占星术小册子以及亚里士多德讨论天界影响的著作。《占星四书》为占星术信念作了辩护，还介绍了一些专门
275 的占星术原理。例如，它讨论了不同行星对于地界的特定影响：太阳造成热和干，月球主要带来湿，土星主要造成冷但也造成干，木星造成热和适度的湿。行星雌雄不一，影响有利有弊。《占星四书》还根据行星与太阳的几何关系（它们的"星位"）解释了行星的力量如何被增强和减弱。它为黄道各宫指定了具体的性质，并且通过地球上的不同地区与控制它们的行星和黄道各宫之间的"熟悉"或共感解释了居住在不同地区的人的一般特质。①

阿布马沙尔《占星学导论》的贡献在于详细阐述了托勒密《占星四书》等占星术文献（包括波斯和印度文献）中的占星术原理，特别是通过将传统占星术知识与亚里士多德自然哲学整合在一起而使占星术建立在恰当的哲学基础之上（图 11.10）。实际上，这意味着采用亚里士多德关于质料、形式与实体的形而上学，承认他所说的天体是地界一切运动的来源和生灭的动因。通过行星的影响，形式被加于四元素，产生出日常经验物体；行星位形的变化带来了永无休止的成住坏灭。亚里士多德对生灭的解释基本上诉诸太阳沿黄道的运动；而阿布马沙尔（遵循着悠久的天文学传统）在赋予太阳优先性的同时，也把其余行星及其与太阳和黄道各宫的几何关系纳入了因果图景。②

① Tester, *History of Western Astrology*, pp. 152—153.

② Lemay, *Abu Mashar*, pp. 41—132; David Pingree, "Abu Mashar al-Balkhi."

276

图 11.10　阿拉伯占星学家阿布马沙尔，可能拿着他的《占星学导论》。巴黎国家图书馆，MS Lat. 7330，fol. 41v（14 世纪）。

在 12 世纪，亚里士多德本人著作的重新获得进一步促进了占星术的亚里士多德化。在 13 世纪，占星术信念得以确立，成为中世纪标准世界观的一部分。占星术还与医疗活动密切相关：中世纪后来那些有名望的医生无法设想没有占星术也能成功地进行医疗。[①] 哲学家和神学家继续对占星术的决定论感到忧虑（它出现

① 例如参见 Nancy G. Siraisi, *Taddeo Alderotti and His Pupils: Two Generations of Italian Medical Learning*, pp. 140—145。

在 1277 年大谴责中),占星术士仍然经常被斥为江湖骗子。不过,即使是占星术最激烈的反对者也愿意承认天界的影响是实际存在的。尼古拉·奥雷姆写了好几本书来攻击占星术,但他也承认,涉
277 及大规模事件,如"瘟疫、老死、饥荒、洪水、大战、王国兴衰、先知的出现、新宗教以及类似变化的那部分占星术……能被充分认识,不过只是就一般情况而言。尤其是我们无法知道在哪个国家、哪个月、通过何人或者在什么情况下会发生如此这般的事情。"至于天界对健康和疾病的影响,他说:"对于来自太阳和月球运行的影响,我们可以知道一些,但除此之外我们知之甚少甚至一无所知。"作为自然哲学一个方面的占星术一直繁荣到 17 世纪以后。①

地球表面

我们将在第十二章认真考察地界的自然现象。这里我们只涉及月下区的各种宏观特征,它们与本章讨论的更大的宇宙论议题有关。

从月亮天球往下走便进入了地界。这里是四元素的区域,它们(在理想化的模型中)分布在一些同心球层中:首先是火,然后是气,接着是水,最后是中心的土。火与气本性为轻,自然会上升,水与土本性为重,自然会下落。在太阳和其他天体的影响下,这些元

① G. W. Coopland, *Nicole Oresme and the Astrologers*, pp. 53—57. 关于奥雷姆,另见 Stefano Caroti, "Nicole Oresme's Polemic against Astrology in His 'Quodlibeta'"。

素不断相互转化。例如水在我们所谓的蒸发过程中变成气，反过 276
来，气也可以变成水而产生雨。

彗星、流星、彩虹和闪电等其他各种气象学现象被认为发生在火球层和气球层。彗星被认为是大气现象，是从土球层[即地球]升入火球层的一种干热呼气的燃烧。一般认为，彩虹是太阳光受到云中水滴反射的结果。各位作者还把光的折射引入了这一过程。14 世纪初，弗赖贝格的狄奥多里克（约卒于 1310 年）拓展了格罗斯泰斯特和罗吉尔·培根所作的分析，用盛满水的玻璃球做了实验，发现一次虹的颜色是太阳光在构成云层表面的无数水滴中发生两次折射和一次内反射的结果（图 11.11）。大约在同一

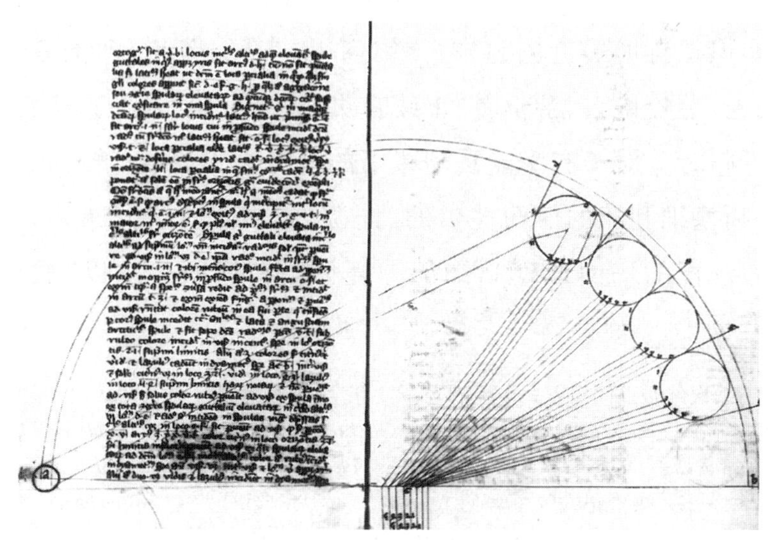

图 11.11　弗赖贝格的狄奥多里克的彩虹理论。太阳在左下方，一组水滴在右上方，观察者位于下方中央。该图旨在显示单个水滴中的两次折射和一次内反射（见最上方水滴）如何产生了观察到的色彩图样。巴塞尔大学公共图书馆，MS F. IV. 30，fols. 33v—34r（14 世纪）。

时间，与狄奥多里克同时代的穆斯林、马拉盖学派成员卡迈勒丁·法里西提出了同样的理论（第八章）。①

278 万物的中心是地球。这一时期的所有中世纪学者都认为它是球形的，古人对其周长的估算值（约 252000 斯塔德）广为人知且被普遍接受。大块陆地通常被分为海洋所包围的三大洲——欧洲、亚洲和非洲，有时还加上第四个大洲。除了这些基础知识，人们对地球的表面特征及其位置关系的了解就因时间、地点和个人情况而异了。

在中世纪，地理学知识以多种形式存在，我们必须小心不要沉湎于现代倾向，把这些知识完全等同于地图或类似地图的心理图像。② 中世纪的人对本地区当然有一手的经验知识，关于遥远地区的知识得自形形色色的旅行者：商人、工匠、劳工、朝圣者、传教
279 士、武士、游吟诗人、游学者、市政官员、教会职员、甚至是逃亡者和无家可归者。对于有幸能看到藏书的极少数人而言，普林尼的《博物志》和塞维利亚的伊西多尔的《词源》等书籍提供了更多外来的和更大规模的书面地理学知识。普林尼和伊西多尔以“航行记”

---

① 二次虹是以同样方式产生的，只不过产生它的射线经历了两次内反射。对狄奥多里克 *On the Rainbow* 的翻译见 Edward Grant, ed., *A Source Book in Medieval Science*, pp. 435—441。分析见 Carl B. Boyer, *The Rainbow: From Myth to Mathematics*, chaps. 3—5。中世纪的气象学见 John Kirtland Wright, *The Geographical Lore of the Time of the Crusades: A Study in the History of Medieval Science and Tradition in Western Europe*, pp. 166—181; Nicholas H. Steneck, *Science and Creation in the Middle Ages: Henry of Langenstein (d. 1397) on Genesis*, pp. 84—87。

② 对中世纪地理学的概述见 Lewis, *Discarded Image*, pp. 139—146，此观点和表达它所用的术语便是来自这里。长篇考察见 Wright, *Geographical Lore*。关于制图学，见 David Woodward, “Medieval Mappaemundi”。

(periplus,即依次列出沿海岸线航行时所见到的城市、河流、山脉及其他地形特征)的形式提供了大量地理学知识(其中一些是神话)。这些信息通常都伴有有趣的历史、文化和人类学细节。利用更早编纂的一些著作,普林尼和伊西多尔带领读者迅速领略了欧洲和非洲大陆边缘的情况。① 中世纪行将结束时,新的旅行文献开始丰富这些知识。

传统文献资料也讨论了气候,它们把地球分成了若干气候带或"气候区"(climes)。一个典型体系中通常有五个这样的气候带:两极附近的两个寒带(北极带和南极带)、分别与之相邻的两个温带以及一个热带,后者横跨赤道并且(根据某些文献的说法)被一个巨大的赤道洋分成两个截然不同的环。热带被认为过于炎热而无法居住,不过有些学者对这种说法表示异议。当然,中世纪的欧洲人认为自己生活在北温带。地球的对面(南温带)是对跖地(antipodes)。至于那里是否居住着对跖人(倒过来走路的人),是一个有争议的问题。

熟悉现代地图的人自然会倾向于用地图坐标把地理学知识从空间上组织起来,从而把地理学还原成为几何学。然而中世纪的人却并非如此,他们大都从未见过地图,更不用说基于几何学原理绘制的地图了。中世纪的人所作的地图并不一定要用精确的几何方式来描绘图中各种地形特征的空间关系,比例尺的概念几乎还不存在,地图的功能可能是象征、隐喻、历史、装饰或教育等等。例如,13 世纪的埃布斯托夫(Ebstorf)地图用世界来象征基督的身

① William H. Stahl, *Roman Science*, pp. 115—119, 221—222.

体。15 世纪的一部手稿把世界分成了三大洲，分别为诺亚的一个儿子所统治。[①] 因此，如果我们不愿误解中世纪人的目的和成就，就一定要小心，勿把中世纪的地图看成现代制图的失败尝试。

在数量最多、最有意思、研究也最充分的地图中，最常见的世
280 界地图（*Mappaemundi*）形式是与伊西多尔有关的 T－O 地图，它对三大洲——欧洲、非洲和亚洲——作了图示。在图 11.12 中，插入"O"中的"T"代表将已知陆块分为主要部分的水道（顿河、尼罗河和地中海）：亚洲在地图顶部，欧洲在左下方，非洲在右下方。人们

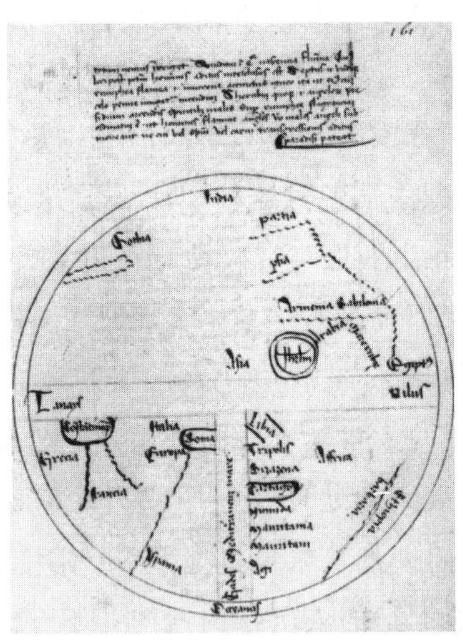

图 11.12　一幅 T－O 地图。巴黎国家图书馆，MS Lat. 7676，fol. 161r（15 世纪）。

---

① 关于中世纪地图的类型及其功能，见 *History of Cartography*，ed. J. B. Harley and David Woodward，vol. 1。关于这里提到的两种地图，见 Woodward "Medieval Mappaemundi，" pp. 290，310。

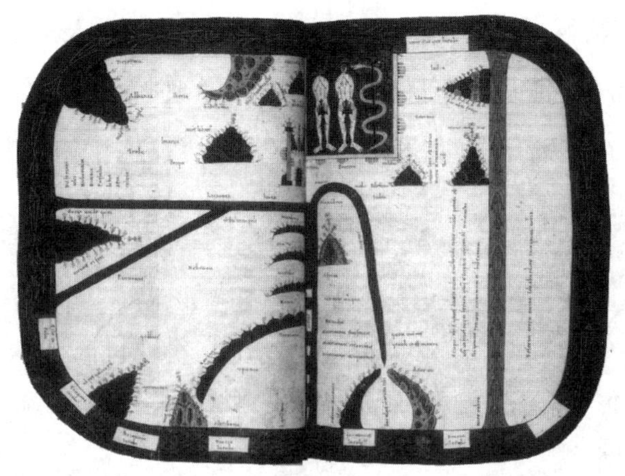

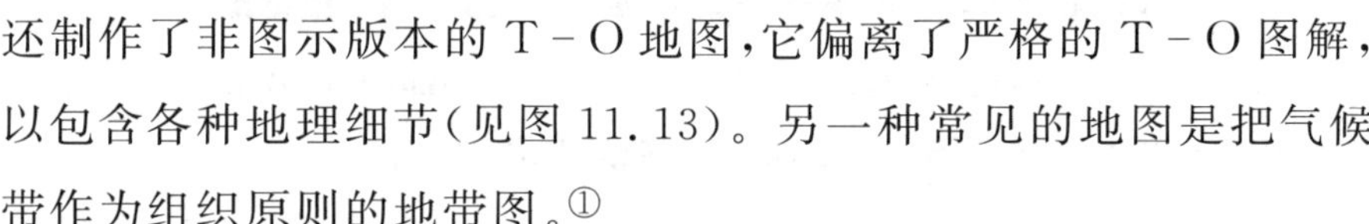

图 11.13　一幅修改过的 T－O 地图——贝亚图斯(Beatus)地图(12 世纪初)。第四个大洲在最右侧。伦敦大英图书馆,MS Add. 11695,fols. 39v—40r。更多讨论见 J. B. Harley and David Woodward, eds., *The History of Cartography*, vol. 1, plate 13。

还制作了非图示版本的 T－O 地图,它偏离了严格的 T－O 图解,以包含各种地理细节(见图 11.13)。另一种常见的地图是把气候带作为组织原则的地带图。①

中世纪制图以波尔托兰海图(Portolan chart)的形式发生了一种数学转向(因此也是向现代制图学的转向),它具体表现了航海者的实践知识,旨在方便航海。这些地图可能是在 13 世纪下半叶发明的,它们对海岸线作了“写实的”描绘,并且使用了借助罗盘测绘的“等角航线”(rhumb lines)网络,以表示任意两点之间的距 281
离和方向。波尔托兰海图最初被用于描绘地中海,后被用来描绘黑海和欧洲的大西洋海岸线。波尔托兰海图的使用激励了更具冒

① 关于“世界地图”,见 Woodward,“Medieval Mappaemundi”。

险性的探险航行，这又反过来极大地扩展了欧洲人的地理学知识。最终，托勒密的《地理学》于15世纪初被译成拉丁文，欧洲人学会了用数学技巧在二维表面上表示球体，绘图学发生了决定性的转变。[①]

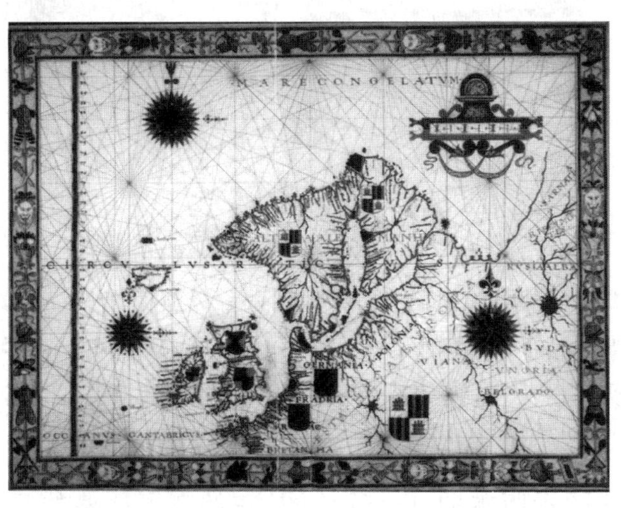

390 **图11.14　一幅由费尔南·瓦斯·多拉多(Fernão Vaz Dourado)绘制的波尔托兰海图(约1570年)。亨廷顿图书馆，HM 41(5)。**

如果说制图因其实用性而引人注目，那么我们在本节最后可以考察一个(至少表面上)似乎并无实用性的问题，即地球是否在
282 绕轴自转？如果是，那么会出现什么情况？亚里士多德已经令人信服地提出了相信地球静止的理由；虽然所有中世纪学者都赞同这一点，但还是有人认为关于地球转动的论证值得深入研究。在考察这个问题时，他们得到了古人的支持，因为这种观念在古代宇

① 关于波尔托兰海图以及托勒密的绘图技巧，见Tony Campbell,"Portolan Charts from the Late Thirteenth Century to 1500"; O. A. W. Dilke,"The Culmination of Greek Cartography in Ptolemy"。

宙论和天文学文献中从未完全消失：亚里士多德、托勒密和塞内卡都曾作过讨论。在 14 世纪，让·布里丹和尼古拉·奥雷姆这两位巴黎学者对地球旋转的含意作了最彻底的研究。

布里丹和奥雷姆并没有想过要把地球从宇宙中心移开，他们想到的仅仅是地球绕轴周日旋转。假设这样一种旋转运动的一个明显好处是，每一个天球不必每天都旋转；这意味着用一个较慢的运动取代许多快速运动，这样一种经济性几乎人人都会欣赏。布里丹指出，天文学家观察到的是相对运动而非绝对运动，让地球作 283
周日旋转不会对天文学计算产生任何影响。因此，地球旋转的问题并不能根据天文学来决定，而必须依靠物理学的论证。布里丹为此设计了一个论证，他指出，（在一个无风的日子）从旋转地球表面竖直向上射出的一支箭不会落回出发点，因为它在空中时，下面的地球已经移动了。但既然向上射出的箭确实回到了出发点，我们可以确信地球是静止不动的。①

若干年后，奥雷姆对这个问题作了更深入的研究（图 11.15）。作为中世纪最敏锐的自然哲学家之一，奥雷姆首先回应了对地球旋转的标准反驳。他指出，我们所感知的只能是相对运动，因此单凭观察并不能解决问题。关于布里丹的箭的论证，他回应说，在旋转的地球上，箭在竖直上升继而竖直下落时也会参与地球的水平运动，因此箭将始终位于出射点上方并最终落回该点。为了支持这一论证，奥雷姆提出了一个船的例子，类似于伽利略在 17 世纪为运动的相对性辩护时所举的例子：

---

① Marshall Clagett, *The Science of Mechanics in the Middle Ages*, pp. 594—599.

这种情况似乎是可能发生的，因为如果一个人在一艘向东疾驶的船上而不知道这种运动，并且沿着船桅直着向下伸出手去，那么在他看来，他的手正在作直线[向下]运动；因此根据这种观点，在我们看来，直着向下或向上射出的箭也会发生同样的情况。在如此运动着的船上可以作各种运动，比如水平的、十字形的、向上的、向下的以及各个方向的，这些运动与船静止时的运动看起来完全相同。于是，如果船上的人向西运动，速度慢于船向东运动的速度，那么他自以为是在向西运动，而实际上却是在向东运动。同样，在前面的例子中，所有运动看起来和地球静止时是一样的。

图 11.15　奥雷姆。巴黎国家图书馆，MS Fr. 565，fol. 1r(15 世纪)。图中巨大的仪器是一个浑天仪，一种对黄道、天赤道和其他天界的圆作物理表示的教具。

奥雷姆进而指出，可以把《圣经》中那些似乎教导地球不动的说法解释成《圣经》文本所作的一种迁就，使之“符合大众语言的习惯用法”。[①] 在反驳了对地球运动的反对意见之后，奥雷姆最后用 284
一组论证来支持地球运动（而不是整个天界运动）的经济性。

对于地球绕轴旋转，这是一个强有力的、（对于我们这样的哥白尼主义者来说）令人信服的论证。但它能说服奥雷姆的同时代人吗？不能；事实上，它似乎也无法让奥雷姆本人信服。奥雷姆的 285
论证代表了他关于地球运动所能构造的最好的哲学论证或理性论证，但神的全能教义使它至多也只是一个或然论证，它不能对上帝的创造自由加以限制；因为我们知道，上帝偏爱的世界也许并不经济。因此，奥雷姆最终接受了地球静止不动这一传统观点，他引用《诗篇》93：1 中的话来支持它：“神以威严为衣，以能力束腰，世界就得以坚立，永不动摇。”[②]《圣经》中的这句话似乎不再（像其他说法那样）服从《圣经》迁就大众语言的原则。

历史学家一直不确定奥雷姆的这种明显转变应当如何解释。许多人猜测，这也许是因为他发现自己即将面临神学上的麻烦，遂决定放弃以保全自身。事实上，奥雷姆煞费苦心地解释自己的做法，我们肯定应当认真对待他本人的论述。他说其目的是为那些用理性论证责难信仰的人提供一个示范。他为地球旋转这类“违背自然理性”的观念成功地提出了令人信服的哲学论证，这恰恰表

① Nicole Oresme, *Le livre du ciel et du monde*, pp. 525, 531. 分析见 Marshall Clagett, *The Science of Mechanics in the Middle Ages*, pp. 583—588; Edward Grant, *Physical Science in the Middle Ages*, pp. 63—70。

② Oresme, *Livre du ciel*, p. 537.

明理性论证是不可靠的，因此也表明当理性论证触及信仰时必须谨慎从事。我们永远也无法确知其目的究竟是什么，但我并不认为可以轻率地忽视他本人的说法。[①]

① Oresme, *Livre du ciel*, pp. 537—539.

第十二章　月下区的物理学

中世纪物理学并非近代物理学的原始版本，假如我们仅仅将其与近代物理学相比较，将无法对其作出正当判断。两者之间当然有重叠，但中世纪物理学与亚里士多德形而上学和自然哲学密切相关，它更关注我们所谓的"形而上学"或"哲学"的基本议题：关于宇宙的基本原料，元素及其组分，运动和变化的来源，等等。 286

中世纪自然哲学家以亚里士多德的《物理学》等文本为出发点，致力于澄清含糊不清之处，就文本中难懂或有争议的部分进行论辩，以及对亚里士多德的原理作出原创性的应用或拓展。但需要强调的是，他们绝不像一则广为流传的神话所说的那样是亚里士多德文本的奴隶，而是往往富有才华地阅读和解释亚里士多德及其评注者（包括批判者）的文本，希望在讨论和争论中展示自己的逻辑能力和创造力。中世纪学者固然需要留意一些神学细节，但除此之外，他可以自由地前往理性和经验所导向的任何地方。

质料、形式和实体

但我们应当首先放下笼统的概括和对中世纪物理学的脸谱化描绘。事实上，这种物理学曾得到扎实的研究，历史上从事它的人毕生为之殚精竭虑。中世纪物理学基本的解释性原理是什么呢?自从亚里士多德哲学在12、13世纪被接受和吸收,物理学的解释性原理就基本上是亚里士多德式的,不过提出这些原理的各种亚里士多德文本中存在着含糊不清、不完整和不一致之处,从而为理
287 论的进一步表达和细节争论留下了充分余地。我们先来简要回顾亚里士多德自然哲学的基本内容。①

根据亚里士多德的说法,地界的所有物体(亚里士多德称之为"实体")都是形式与质料的复合。带有个体事物各种属性的形式是作用者,质料则是形式的被动接受者,形式与质料不可分地结合成一个具体的有形物体。这里的物体如果是一个"自然"物(与工匠生产的人工物相反),则拥有一种本性(本性主要由形式决定,其次由质料决定),这种本性使物体倾向于作某些种类的行为。于是,火自然会发热,石头(如果从自然位置上移开)自然会下落,婴儿自然会长大成人,橡子自然会长成橡树。我们是通过长期不懈地观察而觉察出这些本性的。由于本性是一切自然变化的决定性因素,所以自然哲学家必然对它有极大兴趣。②

亚里士多德的中世纪追随者在思索这一方案时确定了两种形

① 关于亚里士多德的自然哲学,见本书第三章以及这里给出的引述。关于亚里士多德主义传统后来的发展,见 Helen S. Lang, *Aristotle's Physics and Its Medieval Varieties*; Harry Austryn Wolfson, *Crescas' Critique of Aristotle: Problems of Aristotle's "Physics" in Jewish and Arabic Philosophy*; Leclerc, *Nature of Physical Existence*; Norma E. Emerton, *The Scientific Reinterpretation of Form*, chaps. 2—3。

② 关于亚里士多德的"自然"概念,见 Sarah Waterlow, *Nature, Change, and Agency in Aristotle's "Physics"*; Lang, *Aristotle's Physics and Its Medieval Varieties*, chap. 1。

式——一种与本质属性相联系，另一种与偶然属性相联系。使一个事物是其所是的那些规定性特征由所谓的“本质形式”（substantial form）给出。本质形式与毫无属性的原初质料相结合，遂使实体得以产生或存在，并赋予实体以属性，使之是其所是。然而除了本质属性，每一个实体还有偶然属性，它与“偶然形式”（accidental form）有关。于是，一只家狗可以短毛或长毛，瘦或胖，友善或凶狠，讲卫生或不讲卫生，但它仍然具有使我们能够准确无误地判定它是一条狗的（由本质形式提供的）那些特征。

亚里士多德的元素理论是其形式、质料和实体理论的极好例证。亚里士多德接受了柏拉图和前苏格拉底哲学家等前人的观点，认为我们在日常经验中所熟知的材料或实体并不单纯，而是很复杂。也就是说，月下世界的可感物体是复合物，可以还原为一些基本的“根”或本原，即所谓的“元素”。亚里士多德采用了恩培多克勒和柏拉图所列的土、水、气、火四元素，并认为这些元素以不同比例结合在一起，形成了一切常见实体。亚里士多德同意柏拉图的看法，认为四元素并非固定不变，而是可以相互转化。至于这种转化是如何可能的，可以由亚里士多德的形式与质料理论来解释。

亚里士多德指出，每一种元素都是由形式与质料结合而成的。既然质料可以接受一系列形式，那么元素就可以相互转化。有助于产生元素（elements）的形式与热、冷、干、湿这四种原初性质（即 288
“基本”[elemental]性质）有关。原初质料被赋予冷和干便产生了土，被赋予冷和湿便产生了水，如此等等。但这种情况并不是静态的，如果一块土元素中的干性由于某种动因的作用而屈服于湿性，

则这块土元素将停止存在，被一定量的水元素所取代。亚里士多德认为，这些转变永远在发生，所以元素永远在彼此转化。事实证明，这种变化可以解释我们所熟知的许多现象，我们如今把这些现象与化学和气象学相联系。①

在阿拉伯世界，阿维森纳（伊本·西纳，980—1037）和阿威罗伊（伊本·鲁世德，1126—1198）对质料-形式理论作了详细阐述，对西方产生了深远影响。这两位伊斯兰评注家认为，不可能把基本形式直接赋予原初质料而得到元素，而是需要一个中间步骤，先把三维性赋予原初质料。为此，他们提出了“有形形式”（corporeal form）的概念，必须先把它赋予原初质料以产生一个三维体。然后，当这个三维体（一种次级质料）获得四元素的形式时，元素就产生了。有形形式的观念后来传到了基督教世界，在那里颇具影响也广受争议。我们已经看到，罗伯特·格罗斯泰斯特接受了它，把有形形式等同于光。② 中世纪伊斯兰和基督教世界的亚里士多德经院评注者发现亚里士多德的质料-形式理论中还有更多需要应对的问题，但这些基本内容对我们来说已经足够了。③

① G. E. R. Lloyd, *Aristotle*, pp. 164—175; Anneliese Maier, “The Theory of the Elements and the Problem of Their Participation in Compounds.”

② 见本书第十一章。另见 Wolfson, *Crescas' Critique*, pp. 580—590; Arthur Hyman, “Aristotle's ‘First Matter’ and Avicenna's and Averroes' ‘Corporeal Form’”。关于有形形式的观念在中世纪基督教思想中的意义，见 D. E. Sharp, *Franciscan Philosophy at Oxford in the Thirteenth Century*, pp. 186—189。

③ 对希腊和中世纪物质观的讨论见 Ernan McMullin, ed., *The Concept of Matter in Greek and Medieval Philosophy*；以及 Leclerc, *Nature of Physical Existence*, chaps. 8—9。

结合(combination)与复合(mixture)

质料、形式和实体的理论可以适用的一类非常重要的现象是我们今天所谓的“化学结合”(chemical combination)现象。根据亚里士多德的说法,我们在现实世界中碰到的所有实体都是由四元素组成的复合物(compound),因此,这类“化学结合”现象的重要性是显然的。难怪亚里士多德会探究化学结合的本性以及原有成分在复合物中的地位。他区分了机械聚集(mechanical aggregate)与真正的混合(true blending)。机械聚集是指两种实体的微粒紧密排列在一起,但并未失去各自的特性;真正的混合则是指各 289
种成分混合成一种同质的复合物,在其中原有的本性已经消失。亚里士多德把后者称为“复合”(mixt)或“复合物”(mixture)(我将用拉丁词 *mixtio* 表示复合过程,用 *mixtum*[复数为 *mixta*]表示复合的产物,以保留亚里士多德所理解的专业含义)。他认为正是后一种结合适用于元素的复合。

根据亚里士多德的说法,在复合物中,诸成分的各自本性被渗透在复合物最小部分中的一种新的本性所取代。复合物的性质代表着诸成分性质的平均。例如,倘若把一个湿的元素和干的元素(比如水和土)结合在一起,由此产生的复合物的干或湿将介于干湿两极之间,干湿程度由这两种性质的相对多少来决定。虽然原有元素在复合物中实际上已不存在,但亚里士多德暗示,它们仍然维持着虚的存在或潜在的存在,从而能够产生某种持续影响。[①]

亚里士多德的讨论为其评注者提出了若干挑战。其中一项挑战是用质料和形式的语言和概念框架重新表述结合或复合的理论,因为亚里士多德的表述中并未出现那些术语。在此过程中,需要研究复合物新的本质形式是如何从其构成元素的形式中产生出来的。另一个极为重要的问题是确定原有元素的形式在何种意义上继续存在于复合物之中。既然我们承认当复合物被摧毁时,构成复合物的诸元素将重新出现,那么它们似乎显然以某种方式留存在复合物之中。关于这些问题的争论变得极为复杂,我们这里只能简要说几句。

每个人都同意,组成元素的本质形式被复合物的一种新的本质形式取代了。但这是如何发生的呢?这个问题在亚里士多德的评注者中引起了复杂的争论,但通常的解决方案是援引更高级的力量,如天界的力量或灵智,甚至是上帝本身,由其负责在恰当的时机把新的本质形式注入原初质料。另一个与复合物相关的问题是必须弄清楚,诸元素是如何以潜在的或虚的方式隐藏于复合物中并伺机显示自身的。这也成为中世纪晚期自然哲学家们激烈争论的焦点。[②]

---

① 关于亚里士多德的复合学说,见 Friedrich Solmsen,*Aristotle's System of the Physical World*,chap. 19;Waterlow,*Nature,Change,and Agency*,pp. 82—85;Emerton,*Scientific Reinterpretation of Form*,chap. 3。

② 关于中世纪的复合学说,见 E. J. Dijksterhuis,*The Mechanization of the World Picture*,pp. 200—204;Emerton,*Scientific Reinterpretation of Form*,pp. 77—85;最有用的是 Anneliese Maier,*An der Grenze von Scholastik und Naturwissenschaft*,2d ed.,pp. 3—140,其导言部分有英译文"Theory of the Elements"。

最后要讨论的一个问题与木头、石头、有机组织等有形实体的 290
物理可分性有关。分割过程是否有一个极限？最小部分的属性是什么？最小部分是像原子那样的东西吗？亚里士多德的评注者曾经提出过一种被称为“最小单元”（*minima*）或“自然最小单元”（*minima naturalia*）的理论。它承认，可分性从原则上讲是无止境的，无论你分割得多么小，都找不到不能继续分割下去的物理理由。但它又认为，每一个实体都有一个最小单元，低于这个最小单元它就不再是该实体了，因为该实体的形式无法在更小的单元中保持。

中世纪还有人试图将最小单元理论解释为原子论的一个变种。的确，原子论和最小单元理论都承认物质的微粒结构，但除此之外它们相差甚远。原子论者所说的微粒是不可分割的最小部分，而中世纪的最小单元却是可分的，尽管继续分割的话它们会失去自身的特性。所有原子的原料都是相同的，仅有大小和形状之别；而最小单元却因所属实体的不同而不同。在原子论者看来，宏观世界中的性质在微观世界里一般并无精确对应：例如，原子论者并不通过花微粒的红色来解释花的红色，而是把性质丰富的感觉经验世界还原为朴素的、缺乏性质的原子（原子仅由大小、形状、运动、可能还有重量来刻画）。而最小单元理论的拥护者则继承了亚里士多德的方案，给最小部分赋予了它们所属整体的性质：木头的最小单元仍然是木头。①

① 关于自然最小量，见 Dijksterhuis, *Mechanization*, pp. 205—209; Emerton, *Scientific Reinterpretation of Form*, pp. 85—93。

炼金术

在今天的公众看来，炼金术是冒充内行的人从事的一种神秘的荒唐勾当。的确，它有时会表现为一种无所不包的神秘哲学，与炼金术士的精神转变有关。中世纪晚期和文艺复兴时期尤其会把宗教含义强加于炼金术，那时炼金术开始为宗教服务。但是从古代一直到文艺复兴时期及以后，炼金术士所研究的一直是严肃的冶金术和化学技术。我们将只讨论炼金术中的物质理论和实验程序，其目的主要是使贱金属嬗变为贵金属。

291 关于炼金术的任何讨论背后都萦绕着一个问题：中世纪那些(有文化修养和教养)想必很有才智的人如何可能会认真看待把贱金属变成黄金这样的荒唐行为？这样的愚蠢行为难道不是把他们绝对排除在严肃科学的界限之外，从而超出了本书范围吗？不！恰恰相反。很难想象缺乏我们动植物生理学知识的人会怀疑嬗变的实在性。一株植物或一棵树会把水和泥土中的养分变成娇艳的花朵或多汁的果实。还有更不寻常的例子，一只小羊能把水和草变成羊毛和羊肉。与此相比，一种金属嬗变成另一种金属远没有那么难。也有理论为嬗变的可能性提供了支持。亚里士多德曾经宣称，所有物体都有基本的统一性，四元素是原初质料被赋予了冷、热、干、湿四种基本性质中的两种之后形成的产物。只要改变性质，一种元素就可以嬗变成另一种元素。改变元素在复合物中的比例，该复合物就可以嬗变成另一种实体。

历史学家广泛认为，炼金术有希腊起源，它可能发源于希腊化时期的埃及。希腊文本不断被译成阿拉伯文，形成了一种兴盛而多变的伊斯兰炼金术传统。[①] 阿拉伯炼金术著作的作者大都佚名，其中许多人托名于贾比尔·伊本·哈扬(Jabir ibn Hayyan，活跃于9—10世纪，在西方被称为盖伯[Geber])。除了盖伯(或贾比尔)的这些著作，穆罕默德·伊本·扎卡里亚·拉齐(约卒于公元925年)所著的《秘密的秘密》(*Book of the Secret of Secrets*)也很重要。大约从12世纪中叶开始，这些混杂的炼金术著作被译成了拉丁文，(到了13世纪中叶)开创了一种富有活力的拉丁炼金术传统。虽然人们广泛相信炼金术士能够把贱金属变成贵金属，但并不是每个人都持有这种信念；阿维森纳以后发展出了一种强大的批判传统，学者们就嬗变的可能性进行了大量争论。

根据源于盖伯著作的一种影响甚广的嬗变理论，所有金属都是硫和汞的复合物。[②] 硫和汞的复合过程被设想成在热的影响下，地球中自然发生的一种成熟或纯化过程。特定金属的出现

① 新近的中世纪炼金术史在很大程度上得益于 William Newman 的研究和出版物，他把中世纪炼金术理论的许多片段融合成一种协调的、令人信服的叙事。我想明确指出的是，由于他的作品几乎是我唯一的文献来源，我不得不用我的话为他的叙事提供一个微小版本——将一本书的观点归结为几段话。关于 Newman 就这一主题的著作，见本书参考书目。其他有用的文献见 Robert Halleux, *Les textes alchimiques*; Halleux, "Alchemy"; Manfred Ullmann, "Al-Kimiya"; Georges C. Anawati, "Arabic Alchemy"; E. J. Holmyard, *Alchemy*。

② 这里的硫和汞并非通常所指的矿物，而是纯粹的要素，能够提供各种性质来产生金属，有时被称为"哲学硫"和"哲学汞"。哲学硫经常被等同于主动的精神本原；哲学汞则被等同于被动的物质本原。关于硫汞理论的起源，见 E. J. Holmyard, *Alchemy*, pp. 75, 145—146。关于其中世纪应用，见 Pearl Kibre, "Albertus Magnus on Alchemy"。

有赖于影响成熟过程的各种因素，包括硫和汞的纯度和同质性，它们在复合物中的比例以及热度。炼金术士的目标就是缩短和
292 加速这个纯化过程——通过人工方式在短时间内产生在地球内部可能要上千年时间才能自然产生的东西。如果一切顺利，这个过程的目标和终点将是金；不完美或不足则会使其他某种金属产生出来。

根据盖伯著作中非常显著的另一种理论，实体既包含内在的（或隐秘的）性质又包含外在的（或明显的）性质。比如银外在是冷和干，内在却是热和湿。恰当的炼金术过程能使此前隐秘的热和湿这两种内在性质显现出来，从而把银（外在是冷和干）变成金（外在是热和湿）。然而根据另一种论述，炼金术士的任务是通过剥离其本质形式和偶然形式而把贱金属还原为原初质料，然后加入形式，将其重构为一种贵金属——所有这一切都遵循着恰当的炼金术秘诀。[①]

所有相互竞争的理论都同意，嬗变最终必须由"自然"模仿地球内部发生的事情来实现。炼金术士的责任是探明并创造恰当的环境，使自然能够起作用。这件事并不简单，炼金术手册的一个主要功能就是明确规定所需的"实验室"技术，包括煅烧、升华、熔合、蒸馏、溶解、凝结、沉淀和结晶等等（图 12.1）。[②]

① Newman, "Medieval Alchemy."

② Newman, "Medieval Alchemy." 关于炼金术的仪器和过程，亦参见 Holmyard, *Alchemy*, chap. 4。关于化学/炼金术仪器，见 R. G. W. Anderson, "The Archaeology of Chemistry"; Newman, "Alchemy, Assaying, and Experiment"。

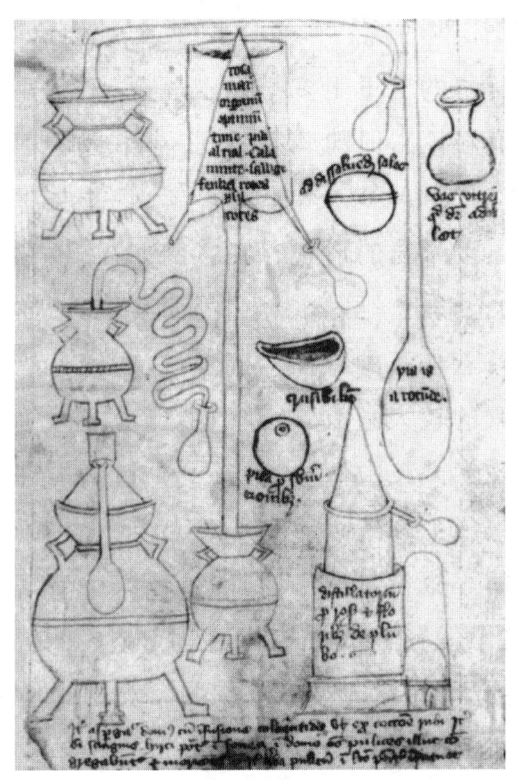

图 12.1　炼金术仪器，包括熔炉和蒸馏器。大英图书馆，MS Sloane 3548，fol. 25r（15 世纪）。

拉丁西方所有中世纪炼金术著作中最有影响的是《完满大全》（*Summa perfectionis*），作者是原本不为人知的方济各会修士塔兰托的保罗（Paul of Taranto），但该书却被归于盖伯——其作者显然试图借助盖伯的名声使自己流传后世。[①] 关于这本书，重要

① 把塔兰托的保罗等同于《完满大全》的作者（这是一个由来已久的谜团）是 William Newman，"The *Summa perfectionis* and Late Medieval Alchemy"的成果。另见 Newman，"Experimental Corpuscular Theory in Aristotelian Alchemy: From Geber to Sennert"；Newman，*Atoms and Alchemy*。

的(事实上是革命性的)是,作者采用了一种对元素的微粒解释。这公然违反了标准的亚里士多德元素理论(后者完全反对任何形式的原子论或微粒论),但却显示了被(也许是虚假地)归于亚里士多德的《气象学》(*Meteorologica*)的影响。[①] 根据保罗的说法,土、水、气、火四元素以微粒的形式存在。例如,土微粒彼此紧密地聚集,形成较大的土微粒。虽然结合很紧密,但原初的小微粒在较大微粒中仍然保持着自己的特性。接着,这些较大的土微粒以各种比例与其他元素的较大微粒紧密聚集,形成金属等物质材料。由于较小微粒在较大微粒中保持着自己的特性,也许需要它们来充
294 当因果解释的第二个层次。某一实体(比如一块金属)的属性既可以归因于原初的小微粒,也可以归因于较大的聚集。如果抛开一些细节,我们这里就有了一种类似于古代原子论的物质理论,不同之处在于,塔兰托的保罗的"原子"并不代表分割过程的结束,它们本身又是由更小的东西复合而成的。

这些内容非常有趣,但只有当我们考察塔兰托的保罗对其理论的辩护时,其重要性才变得明显起来。一个显著的例子便已足够。在为前面概述的两层因果关系理论作辩护时,保罗指出:

> [当通过煅烧将金属分解为其基本组分时,]倘若能够完全分解成简单元素,而不是分解成比初级简单物体[亚里士多德的四元素]更近的某些[居间]矿物或金属本原,则金属或诸如此类的物体[暴露于]火时将和其他任何由简单元素构成的

---

① 但是参见 Newman 的辩护 *Atoms and Alchemy*, pp. 67—68。

> 东西一样无法由元素恢复，金将无法由金恢复，就像石头或木头无法[由金恢复]一样，尤其是因为火是一种常见的动因，它对所有人和事物的表现都是类似的。但既然这些[金属和矿物]能够和以前一样恢复，所以它们显然只是分解成了自己的某些组分，而不是像上述那些[哲学家]错误断言的那样分解成简单元素或原初质料。

这只是可以进行研究的许多情况之一。重要的是，保罗采用的炼金术活动形式要求通过人为设计的化学实验来确证或反驳炼金术理论。①

故事还没有完。塔兰托的保罗的《完满大全》一直到17世纪都很有影响。维滕贝格大学医学教授丹尼尔·森纳特(Daniel Sennert，1572—1637)公开拥护《完满大全》的微粒论化学及其实验方法论。有证据表明，他的先例影响了罗伯特·波义耳(Robert Boyle)的科学实践。而波义耳无论在理论上还是方法上都是影响17世纪科学的一个领军人物。我想最后还是用纽曼(Newman，他提出了上述许多论点)本人的话作结："丹尼尔·森纳特的《论化学论者与亚里士多德主义者和盖伦主义者的一致与分歧》(*De chymicorum cum Aristotelicis et Galenicis consensu ad dissensu*) 295
实际上用极有说服力的实验来证明，微观层次的物质是微粒的，从而为罗伯特·波义耳及其同胞公然反亚里士多德主义的'机械论

① 引自Newman，*Atoms and Alchemy*，p. 41。Newman的其他许多出版物也提出了同样的观点。

哲学'铺平了道路。"在进一步评论森纳特的实验活动时，纽曼写道："森纳特的操作虽然看似平常，却为17世纪越来越实验化的微粒论提供了强大基础。"①作为中世纪典型的伪科学，炼金术(和占星术)也许为17世纪的"新"科学作出了很大贡献。

变化与运动

历史学家们经常把亚里士多德宇宙的静态特征与原子论哲学的动态性作对比。他们的想法并不难理解。在亚里士多德的月下区，当运动物体到达自然位置时，自然运动就停止了。当外力不再作用时，受迫运动就会停止。如果可以把所有物体都置于其自然位置并且除去外在推动者，亚里士多德的世界就会完全停止下来。而原子论者的世界则处于永恒的运动状态，各个原子不断地运动、碰撞，在一个永恒的大漩涡中仅仅暂时地聚集在一起。

然而，亚里士多德的宇宙之所以会给我们留下静态的印象，是因为我们只关注一种变化，即位置的变化或"位置运动"(local motion)。② 如果透过表面深入去看物体的本性而不是物体的位置，亚里士多德宇宙真正的动态性就会彰显出来。对亚里士多德而言，自然事物总是处于一种流变的状态，从潜能向现实的转变是事

---

① 引自 Newman, *Atoms and Alchemy*, pp. 23—24. 关于后来的炼金术，见 Newman, ibid.; Allen G. Debus, *Man and Nature in the Renaissance*, chap. 2; Debus, *The Chemical Philosophy: Paracelsian Science and Medicine in the Sixteenth and Seventeenth Centuries*。

② "local motion"中的"local"一词并无"附近"或"邻域"等通常的现代含义，而是来自其拉丁词根"locus"，意为"位置"。因此，"位置运动"就是位置的改变。——译者

物本性的一部分。这最明显地表现在生物界，生长和发育在那里是不可避免的，而亚里士多德的生物学研究有力地影响了他的整个自然哲学。亚里士多德认为本性是一切自然物变化的内在根源，这种定义或许有生物学的起源，但也适用于有机界和无机界。于是，亚里士多德自然哲学的核心研究对象就是以各种形式和现象表现出来的变化。亚里士多德在《物理学》(第三卷)中直截了当地说，如果不了解变化，就不了解自然[或本性]。① 如果说充满亚里士多德宇宙的物体作为整体似乎偏爱静止而不是运动，那么在表面之下，它们正在发生剧烈变化。

亚里士多德及其中世纪追随者确认了四种变化：(1)生灭；
(2)质变；(3)增大和减小；(4)位置运动。当个体事物(即实体)产 296
生或不复存在时，就会出现生灭。质变指性质的变化，如物体从冷变热。增大和减小指量的变化，即大小方面的变化，比如在稀释和浓缩过程中那样。位置运动指位置的变化，17 世纪的科学家将位置变化提升到了在亚里士多德物理学中并不具有的核心地位。

因此，当我们考察亚里士多德的位置运动理论时，我们只是在讨论其变化理论中的一个方面。亚里士多德及其评注者感兴趣的是一般意义上的变化，位置运动只是若干种变化之一，而且决不是最基本的。如果我们牢记这一事实，就会避免很多混乱。如果从现代动力学的立场来看，亚里士多德和中世纪运动理论的一些特征似乎显得古怪而特殊，但如果从它们试图回答的问题来看，这些

① *Physics*, Ⅲ. 1, 200b14—15. 对中世纪运动理论的新近考察见 Walter Roy Laird, "Change and Motion"。

特征就会显示出完全不同的样子。

这使我们必须面对一个重要而困难的方法论问题。处理中世纪运动理论的惯常做法是把近代动力学的概念框架追溯到中世纪，并通过它来考察中世纪的发展。这种做法的显著优点在于使我们始终有熟悉的思想基础，缺点是只关注与近代动力学的某个片断相似的那些中世纪发展。另一种做法是采用一种中世纪视角，这种做法的显著优点是能够忠实于我们试图理解的思想体系，但实际上几乎无法实现。中世纪运动理论的思想框架是一片概念丛林，只有那些坚忍不拔的行家里手才能穿越，而且这段从21世纪出发的旅途绝不可能朝发夕至。在这种情况下，大多数中世纪科学史家选择站在17世纪或21世纪的安全距离远远注视这片丛林，这总好过对它不闻不问。我本人的观点是必须达成某种实事求是的妥协，在古今之间努力找到一条中间路线。接下来我将沿几条较为安全的路线引领读者进入这片中世纪丛林，使其对这块土地的面貌有所认识。我们还要考察对后来产生重要影响的某些中世纪成就，努力帮助读者把握这些发展所处的中世纪框架。

297 运动的本性

古代或中世纪的自然哲学家在关注某个研究领域时，首先想知道的是有哪些（与研究相关的）事物存在。这个问题涉及宇宙中存在的东西。这个问题一旦解决，他便可以转而研究其他问题，比如存在者的本性是什么？它们有哪种类型的存在？存在者如何变化？如何相互作用？我们如何知道它们？如果研究对象是运动，则首先要弄清楚运动是否存在，如果存在，那么运动到底是什么？

亚里士多德对这个问题的处理模糊不清，他的评注者不得不对许多地方反复琢磨。在伊斯兰世界，阿维森纳和阿威罗伊这两位伟大的亚里士多德评注家都参与了争论。在西方，大阿尔伯特重新提出了这个问题。这里我们无法就这场太过技术性的争论进行深究，不过我们可以提到13世纪末出现的两种主要观点以及用来评判这两种观点的一些论证，以勾勒其大致轮廓。其中一种观点后来被称为"流动的形式"(*forma fluens*)，它认为，运动并不是一种能与运动物体分离或区分的东西，运动就是运动物体及其相继占据的位置。阿基里斯(Achilles)赛跑时，存在的只有阿基里斯和他相继占据的位置，除此之外没有其他任何东西。"运动"一词并不指一个存在的东西，而仅指阿基里斯占据相继位置这一过程。这种观点被阿威罗伊和大阿尔伯特所发展。另一观点被称为"形式的流动"(*fluxus formae*)，认为除了运动物体及其相继占据的位置，运动物体中还存在着某种内在的东西，我们可以称之为"运动"。①

通过考察关于这两种观点的两项著名论证，我们也许可以觉察到这场争论背后的根据。奥卡姆的威廉(约1285—1347)用严格的逻辑为"流动的形式"作辩护。在他看来，"运动"是一个抽象的虚构词项，它不对应于任何实际存在的东西。奥卡姆并非要否

① 关于运动的本性，见 John E. Murdoch and Edith D. Sylla, "The Science of Motion," pp. 213—222。另见 Anneliese Maier: *Zwischen Philosophie und Mechanik*, chaps. 1—3; *Die Vorläufer Galileis im 14. Jahrhundert*, 2d ed., chap. 1; 以及对后者的英译"The Nature of Motion"，载 *On the Threshold of Exact Science*。

认事物的运动,而仅仅是宣称,运动并不是一个东西。奥卡姆指出,为了说明这一点,可以考虑下面这句话:“一切运动皆由推动者产生。”天真的读者可能以为“运动”这个名词代表着某个实际存在
298 的东西(一个实体或一种性质),因为名词往往起这种作用。但我们可以用另一句话来代替上面这句话,它们表述了相同的运动内容,却蕴含着不同的运动本性:“每一个运动的东西皆由推动者推动。”这里,名词“运动”消失了,随之消失的还有运动是一个实在的东西这种涵义。但我们如何对这两句话以及它们所描述的世界进行选择呢?根据经济性!虽然两句话表达了相同的运动内容(只有被推动者推动,物体才会运动),但运动并非实存物的那个世界要更为经济,因为其中包含的事物较少。因此,运用著名的奥卡姆“剃刀”,我们应当把这个更为经济的世界看成真实的世界,除非有令人信服的理由证明相反观点。①

让·布里丹(约 1295—1358)基于一种完全不同的考虑而捍卫“形式的流动”观点。在关于亚里士多德《物理学》的评注中,布里丹根据神学教义回答了读者现在已经很熟悉的那个问题——位置运动是否有别于运动物体及其相继占据的位置。布里丹的神学出发点是,上帝如果愿意,可以通过其绝对能力使整个宇宙做旋转运动。布里丹知道这一点是凭借一个原则,即上帝能做任何不包含自相矛盾的事情;此外,1277 年大谴责中的一个条目(已经过去

① John E. Murdoch, “The Development of a Critical Temper: New Approaches and Modes of Analysis in Fourteenth-Century Philosophy, Science, and Theology,” pp. 60—61; Murdoch and Sylla, “Science of Motion,” pp. 216—217; Maier, “The Nature of Motion,” pp. 30—31.

了 50 多年，但仍然要严肃对待，至少在巴黎是如此）明确肯定上帝能做类似的事情，即让整个宇宙沿直线运动。但如果接受“流动的形式”观点，认为运动仅仅是运动物体及其相继占据的位置，那么立即会产生一个严重的问题。亚里士多德是通过包围物体来定义位置的。由于宇宙没有被任何东西所包围（因为任何包围者都要被视为宇宙的一部分），所以宇宙似乎没有位置。但如果宇宙没有位置，那么它显然不会改变位置。而如果宇宙不会改变位置，就不能说宇宙运动了。然而，这个结论与该论证的出发点不相容，即上帝能使整个宇宙做旋转运动，这是无可置疑的。布里丹认为，这个问题的解决方案是对运动采取更广的“形式的流动”观点。如果运动并不仅仅是运动物体及其相继占据的位置，而是运动物体的某种类似于性质的附加属性，那么宇宙即使没有位置也可以拥有运动这种属性，上述困难至少可以得到部分克服。该理论暗示，运动是一种性质或者某种能被当作性质来处理的东西。这种看法在 14 世纪下半叶的自然哲学家当中很常见。①

对运动的数学描述 299

今天，把数学用于运动无须辩护。在运动理论中占统治地位的理论力学，根据其定义来看就是数学的。任何了解现代物理学

① Murdoch and Sylla, “Science of Motion,” pp. 217—218; Maier, “The Nature of Motion,” pp. 33—38; Maier, *Zwischen Philosophie und Mechanik*, pp. 121—131.

的人都会认为，用数学来研究运动理论似乎是唯一的方式。但也许只有事后从一种现代眼光来看，这一结论才是显然的；在置身于亚里士多德主义传统中的许多人看来，它显得并不合理。我们不要忘了，亚里士多德及其中世纪追随者认为，[位置]运动只是四种变化中的一种，他们对运动的分析并不只针对位置运动，而是要运用于所有四种变化。我们还要认识到，大多数类型的变化并无明显的数学特征可言。当我们看到健康战胜疾病，美德取代邪恶，和平从战争中出现时，并没有什么数或几何量跃入我们的眼帘。实体的生灭和性质的变化并非明显的数学过程。经过数个世纪的英勇努力，学者们才发现了如何把数学应用于包括位置运动在内的少数几种变化。让我们考察一下这个过程在中世纪的早期阶段。

当然，自然的数学化在古代就有人提出，比如毕达哥拉斯学派、柏拉图和阿基米德等。早期成就主要体现在天文学、光学和平衡科学上（见第五章）。这些领域的成功不可避免地激励了有意将其他学科数学化的人。事实上，亚里士多德在《物理学》中已经开始对运动进行数学分析，可量化的距离和时间被用作运动的度量。亚里士多德提出，两个运动物体中运动较快者在相同时间里走过较长距离，或者走过相同的距离所需时间较短，而运动同样快的两个物体在相同时间里走过相同距离。① 比亚里士多德晚一代的数学家皮塔尼的奥托吕科斯（Autolycus of Pitane，活跃于公元前

① 关于亚里士多德的自然的数学化的更多内容，见 Edward Hussey，“Aristotle's Mathematical Physics：A Reconstruction”。

300 年)进一步把匀速运动定义为相同时间里走过相同距离的运动。需要注意的是,在这些古代讨论中,距离和时间被当作运动的关键量度,可被赋予数值,但“快度”(quickness)或速度(speed)从来没有取得那种地位,它仍然是一个模糊的、未经量化的概念。①

这种数学分析在中世纪欧洲的影响首先可见于布鲁塞尔的杰拉德(Gerard of Brussels)的工作。他是一位数学家,可能在 13 世 300
纪上半叶任教于巴黎大学。关于杰拉德简明的《论运动》(*Book on Motion*),对我们来说重要的是,它的内容仅限于我们今天所谓的“运动学”(kinematics),即对运动的数学描述,而不是关注原因的“动力学”(dynamics)。这是一项重要区分(类似于天文学中“工具论”和“实在论”的区分),它将成为我们接下来讨论中世纪运动理论时的一个组织原则。杰拉德对我们的重要性在于他预示了将在拉丁西方发展起来的运动学传统。②

这一传统在 14 世纪的一些逻辑学家和数学家那里繁荣起来,这些学者都与 1325 年至 1350 年间的牛津大学默顿学院有联系,包括后来被任命为坎特伯雷大主教的托马斯·布雷德沃丁(卒于 1349 年)、威廉·海特斯伯里(William Heytesbury,活跃于 1335 年)、邓布尔顿的约翰(John of Dumbleton,约卒于 1349 年)和理

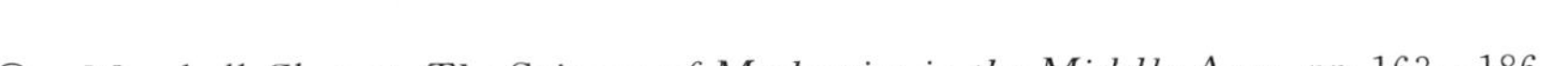

① Marshall Clagett, *The Science of Mechanics in the Middle Ages*, pp. 163—186.

② 任何包括“力”的概念的运动描述(比如牛顿第二定律 $F=ma$)都是“动力学”说法。关于杰拉德,见 ibid., pp. 184—197;Clagett,“The *Liber de motu* of Gerard of Brussels and the Origins of Kinematics in the West”;Murdoch and Sylla,“Science of Motion,” pp. 222—223;Wilbur R. Knorr,“John of Tynemouth alias John of London: Emerging Portrait of a Singular Medieval Mathematician,” pp. 312—322。

查德·斯万斯海德(Richard Swineshead,活跃于 1340—1355 年)等人。首先,默顿学者们明确了隐含在杰拉德《论运动》中的运动学与动力学的区分,指出运动既可以从原因来分析(动力学),也可以从结果来分析(运动学)。默顿学者进而发展出一套概念框架和专业术语从运动学角度来处理运动。这一概念框架包括“速度”和“瞬时速度”概念,两者都被当作可以赋予量的数学概念。① 默顿学者区分了均匀运动(恒定速度的运动)和非均匀(或加速)运动,还提出了一个匀加速运动定义,它与我们的现代定义相等同:如果运动速度在相等时间单位里增加相等的量,则该运动为匀加速运动。最后,默顿学者提出了各种运动学定理,下面我们会考察其中几个。②

在此之前,我们必须考虑这种运动学成就的哲学基础。古代的运动度量是距离和时间,如今出现速度这样一种新的运动度量,这是需要解释的。毕竟,速度是一个非常抽象的概念。运动的观察者并不一定会想到它,它只能由自然哲学家发明出来并加诸运动现象。这是如何产生的?答案可见于对性质及其强度(intensity)的哲学分析。基本想法是,性质或形式能以各种程度或强度存在:冷或热并非以单一程度存在,从极冷到极热的范围内有一系列
301 强度或程度。此外,形式或性质可以在这个范围内变化,用中世纪的专门术语来说就是,形式或性质可以发生增强(intensification)

① 但速度被处理成一个标量而非矢量。也就是说,它有大小,但与方向无关。

② Clagett, *Science of Mechanics*, chap. 4.

或减弱(remission)。① 当这种对性质及其增强减弱的一般讨论转向位置运动这一特殊情况时(运动被当作一种性质或与性质类似的某种东西),很快就产生了速度概念。运动这一性质的强度——即对运动程度的度量——便是“快度”(swiftness)或(中世纪拉丁术语为)“速度”(velocitas)。于是,运动这一性质的增强和减弱必定被归结为速度的变化。

对性质及其强度和增强的思考促使默顿学者进一步区分了性质的强度和性质的量。我们可以用一个例子来帮助理解这种区分:以热为例,显然一个热的物体可能比另一个物体更热。这时指的是性质的强度,即我们所谓的“温度”。② 但我们还有一种热量的观念,即热有多少。如果我们有两个相同温度的物体,其中一个是另一个的两倍大,则较大物体显然有两倍的热“量”。对于 14 世纪的数学家而言,必须对所有性质作类似的分析,它们都既拥有量(性质的多少)又拥有强度(性质的程度)。对于热,我们有温度(强度)和热量(量);对于重,我们有重量(量)和密度或比重(强度),如此等等。同样的分析可被成功地用于运动吗?的确可以,我们很

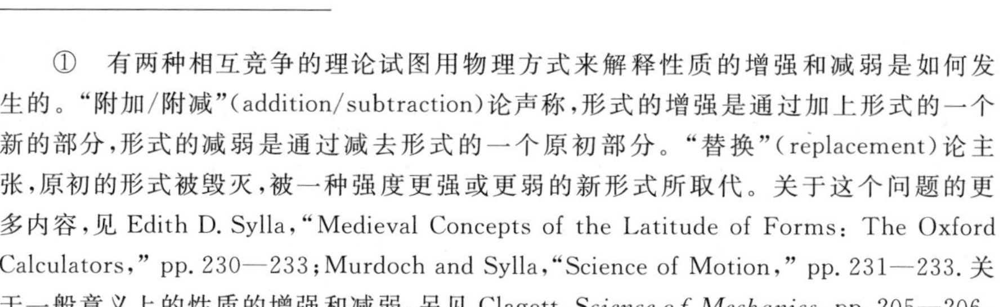

① 有两种相互竞争的理论试图用物理方式来解释性质的增强和减弱是如何发生的。“附加/附减”(addition/subtraction)论声称,形式的增强是通过加上形式的一个新的部分,形式的减弱是通过减去形式的一个原初部分。“替换”(replacement)论主张,原初的形式被毁灭,被一种强度更强或更弱的新形式所取代。关于这个问题的更多内容,见 Edith D. Sylla,“Medieval Concepts of the Latitude of Forms: The Oxford Calculators,” pp. 230—233;Murdoch and Sylla,“Science of Motion,” pp. 231—233. 关于一般意义上的性质的增强和减弱,另见 Clagett,*Science of Mechanics*,pp. 205—206,212—215;Murdoch and Sylla,“Science of Motion,” pp. 233—237。

② 这种观念至少可以追溯到盖伦;见 Clagett,*Giovanni Marliani and Late Medieval Physics*,pp. 34—36。

快就会看到。[①]

默顿学者在性质分析方面的成就很快便传到了欧洲的其他学术中心。在此过程中，几何表示的发展使这种分析得到了丰富和澄清。默顿学者原本只用语词对性质进行分析，就和我们前面的分析差不多。但学者们认识到了几何分析的优点，最终发展出了较为精细的几何表示系统。乔瓦尼·迪·卡萨利(Giovanni di Casali)是最早提出这种系统的学者之一，他是来自博洛尼亚的一名方济各会修士(也曾在剑桥待过一段时间)，其著作写于1351年左右。在14世纪50年代末，巴黎大学的尼古拉·奥雷姆提出了精细得多的几何分析系统。考察奥雷姆的方案会使我们像其中世纪读者一样深受启发。

302 第一步是用一条线段来表示性质的强度，这一步对于熟悉亚里士多德(他曾用线来表示时间)和欧几里得(他曾用线来表示数量)的中世纪学者来说并不困难。如果线段AB(图12.2)表示某性质的给定强度，则线段AC表示两倍的强度。这没有什么问题，但还不能使我们走很远。关键在于下一步，即用这样的线来表示基体(subject)上任何一点的性质的强度。取一根受热不均的杆AE(图12.3)，使热从一端到另一端均匀增加。在点A或杆的任意位置竖一根垂线，表示该点热的强度。如果(根据我们的假定)温度从A到E均匀升高，则图中的垂线将均匀加长。奥雷姆用一根水平线来代替杆(图12.4)，从而使系统变得更为抽象。由此创造了一个一般化的表示系统，其中水平线(即所谓的“基体线”或“广延”)表示某个基体，垂线则表示某种性质在我们选取的任一点所具有的强度。

① Clagett, *Science of Mechanics*, pp. 212—213.

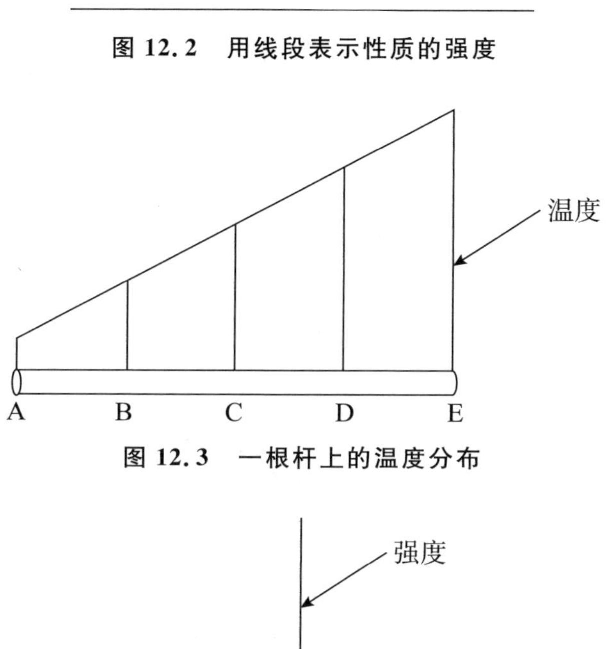

图 12.2　用线段表示性质的强度

图 12.3　一根杆上的温度分布

图 12.4　奥雷姆表示某种性质在基体上分布的系统

奥雷姆给出的几何表示形式显然是现代图解技巧的前身，其 303
中图形的形状（图 12.3）显示了性质沿基体的强度变化。但我们如何从一般性质转到特殊的运动性质呢？一种方式是考虑各个部分以不同速度运动的一个物体，绕固定一端旋转的杆便是一个很好的例子。在这个例子中，我们可以把杆水平地画出，在任一点竖一根垂线，表示该点的线速度，便得到了速度在基体上的分布，如图 12.5 所示。

但还有一种更困难的情形，因为它需要更抽象的处理。假定某物整个参与运动，其各个部分有相同的速度，但速度随时间变化。

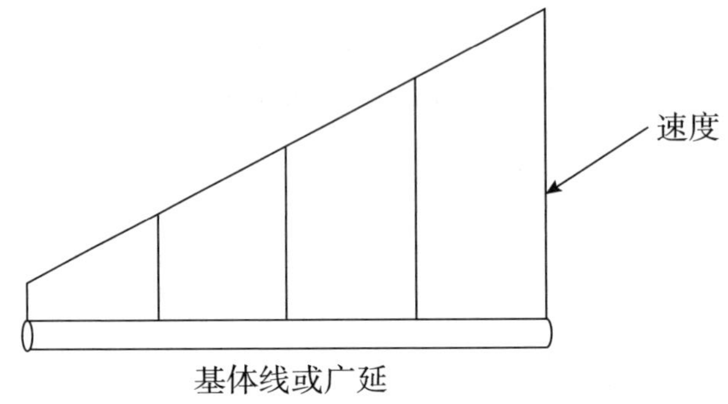

图 12.5　绕一端旋转的杆上的速度分布

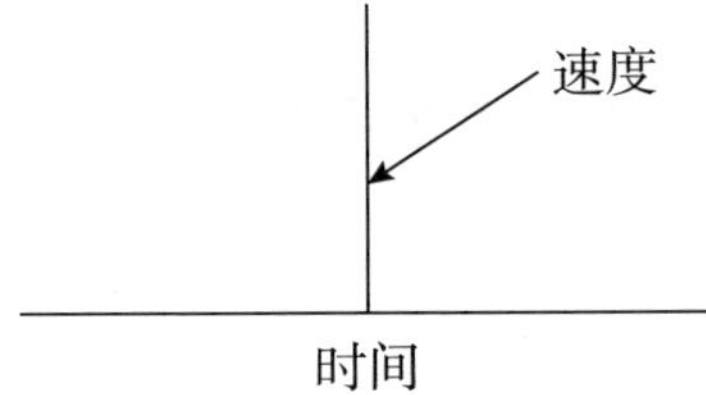

图 12.6　速度作为时间的函数

奥雷姆解释说，要想理解这种情况就需要看到，这里的基体线并非上述例子中某个有形基体的广延，而是位置运动的时间。时间变成了基体，由水平线表示。这便给出了一个原始的坐标系，速度可以作为时间的函数画出来（图 12.6）。奥雷姆进而讨论了速度随时间变化的各种构形（configurations）。均匀速度可以表示为一个所有垂线长度都相等的图形，即一个矩形。非均匀速度则需要垂线长短不一。非均匀运动可以分为均匀地非均匀（uniformly nonuniform）运动（即匀加速运动），表示为一个三角形；以及非均匀地非均匀（nonuniformly nonuniform）运动（即非匀加速运动），表示为各种其他图形，其形状取决于非均匀性的特定样式（图 12.7）。
304 最后，奥雷姆如何来处理前面提到的性质的另一种特征，即性质的

总量呢？他把运动的总量等同于走过的距离。他指出，这应由图形的面积来表示。

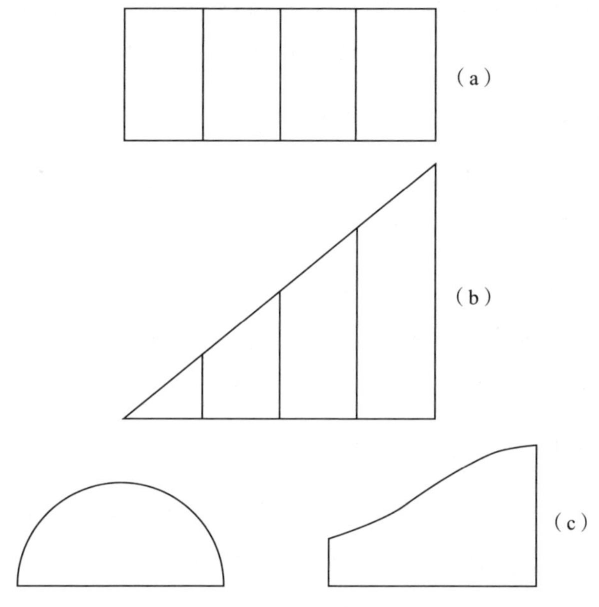

图 12.7　对各种运动的表示

(a)匀速运动

(b)均匀地非均匀运动(即匀加速运动)

(c)非均匀地非均匀运动(即非均匀的加速运动)

奥雷姆非常机智地用几何学来表示各种类型的运动。他和他的追随者并不满足于创造出几何工具，而是进而用图解的方式证明了适用于匀速运动或匀加速运动的运动学定理。最重要的情形是匀加速运动，见图 12.7(b)。14 世纪的学者之所以对这种情形有特殊兴趣，并非因为它被视为真实世界中的某种特殊运动，而是因为它提出了一项重要的数学挑战。让我们考察由此获得的适用于匀加速运动的两个重要定理。

第一个定理已被默顿学者表述过，但没有给出几何证明或图解。它现在被称为“默顿规则”(Merton rule)或“中速度定理”(mean-speed theorem)。该定理试图通过与匀速运动相比较来找到匀加速运动的度量。它声称，做匀加速运动的物体在给定时间内走过的距离，等于以该匀加速运动的中间(或平均)速度作匀速运动的物体在相同时间内走过的距离。用数的语言来表达就是，
305 做匀加速运动的物体在速度从 10 增加到 30 的过程中走过的距离，等于以速度 20 作匀速运动的物体在相同时间内走过的距离。现在，奥雷姆为该定理提供了一个简单而优雅的证明(图 12.8)。匀加速运动可由三角形 ACG 表示，运动的中速度由线段 BE 表示。于是，与此匀加速运动相对应的匀速运动由矩形 ACDF 表示(矩形的宽 BE 是匀加速运动的中速度)。默顿规则说，此加速运动所走过的距离等于此匀速运动所走过的距离。既然在奥雷姆的图解中，物体走过的距离由图形的面积来度量，所以只需表明三角形 ACG 的面积等于矩形 ACDF 的面积即可证明该定理。此结论显而易见。①

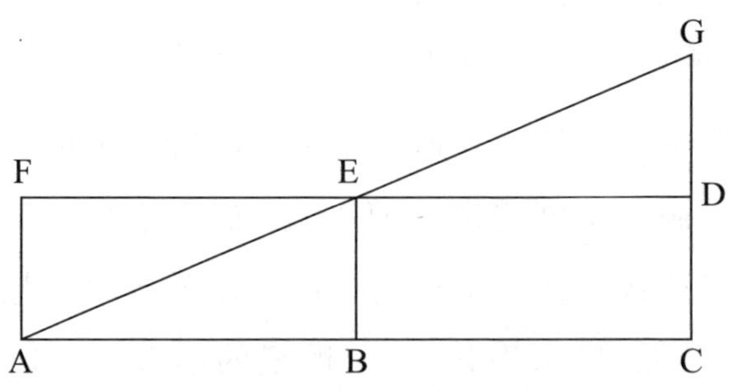

图 12.8　奥雷姆对默顿规则的几何证明

① Clagett, *Science of Mechanics*, pp. 212—213, 30.

和第一个定理一样，第二个定理也旨在通过比较走过的距离来阐明匀加速运动的数学特性。它把匀加速运动在前半段时间所走过的距离与后半段时间所走过的距离相比较，表明后者是前者的 3 倍。要想用几何方式证明这一定理，只需表明（图 12.8），物体在后半段时间 BC 所走过的距离（即四边形 BCGE 的面积）是物体在前半段时间 AB 所走过的距离（即三角形 ABE 面积）的 3 倍。此结论同样显而易见。①

最后要总结两点：第一，我们必须时刻提醒自己，中世纪的运动学是完全抽象的，很像现代数学。比如它会说，如果存在一个匀加速运动，那么就可以把默顿规则运用于它。从未有任何中世纪学者到现实世界中去确认是否有这种运动的例子。对于这种看似古怪的现象是否有令人满意的解释呢？的确有。鉴于中世纪的技术水平（特别是时间测量技术），显示某一运动是匀加速运动将非常困难。即使在 21 世纪也可以想象，凭借五金店中的任何工具，要想精确证明一个运动是匀加速运动有多么困难。但也许更重要的是，发展出这种运动学分析的中世纪学者是数学家和逻辑学家。306
与现代数学家和逻辑学家一样，他们不会想到把自己的工作地点从书房搬到工场去。

第二，由这种纯理智活动产生出了一个新的运动学概念框架和各种定理（如默顿规则），它们在伽利略于 17 世纪发展的运动学

① 关于对性质的几何表示，见 Marshall Clagett, ed. And trans., *Nicole Oresme and the Medieval Geometry of Qualities and Motions*, pp. 50—121; Clagett, *Science of Mechanics*, chap. 6; Murdoch and Sylla, "Science of Motion," pp. 237—241。关于默顿规则，见 Clagett, *Science of Mechanics*, chap. 5。

中显得非常突出，并且经由伽利略的工作进入了近代力学的主流。伽利略在《两门新科学》(*Two New Sciences*)中分析匀加速运动时所提出的命题1定理1便是默顿规则(或中速度定理)。认为伽利略对这些14世纪的先驱者一无所知是令人难以置信的。[1]

位置运动的动力学

前面我们已经详细讨论了中世纪的运动学，即试图用数学来描述运动，最后我想简要考察一下中世纪动力学对运动的因果分析。中世纪所有动力学思考的出发点是亚里士多德的一个基本原理：凡运动者皆由推动者推动。我们首先要弄清楚这一原理在中世纪意味着什么，然后看看学者们如何在几个特别困难的运动情形中尝试确认推动者，最后考察学者们是如何尝试对推动者的力与由此产生的运动物体速度之间的关系进行量化的。

读者们应该还记得，亚里士多德把运动分为两大类：自然运动和受迫运动。自然运动是物体朝向其自然位置的运动，它似乎源于一种内在原因或本原，即物体的本性。而沿任何其他方向的运动必定是受迫运动，它源于一个与物体持续接触的外力。粗看起来，这似乎很清楚，但是当中世纪学者试图确认自然运动的推动者，并且面对一个特别棘手的受迫运动情形时，问题就产生了。

亚里士多德在《物理学》中论述自然运动的推动者时游移不定。他先是暗示自然运动可能源于一种内在原因，即物体的本性，

① Galileo, *Two New Sciences*, trans. Stillman Drake, p. 165.

但后来又指出物体的本性并非全部，自然运动还需要有一个外在推动者的参与。亚里士多德的含糊不清为其中世纪追随者提出了一个明显问题，他们不得不去探究物体到底是否是由其自身的本性所推动。阿维森纳和阿威罗伊认为这种解释是不可接受的，因 307
为它没有充分区分被推动者（物体）和推动者（物体的本性）。他们发现“形式-质料”的区分似乎是一种恰当的解释，遂提出物体的形式是推动者，质料则是被推动者。在西方，托马斯·阿奎那拒绝接受这一解决方案，他提醒读者，形式与质料无法分离，不能被当作迥异的东西来处理。阿奎那主张（恢复了亚里士多德的一个提议），自然运动的推动者就是最初导致物体离开其自然位置的无论什么东西。此后物体无需推动者，只是依本性而为，即朝着它的自然位置运动。关于这个问题的争论贯穿于整个中世纪，没有哪一种观点取得明显胜利。①

一个令人感到棘手的受迫运动特例是抛射体的运动。问题在于抛射体与最初的抛射者（如抛石头的手）失去接触后，为什么还能继续运动下去？亚里士多德把原因归于介质，认为抛射者在投掷抛射体的同时也把产生运动的能力赋予了周围介质；这种能力一部分一部分地传递下去，使抛射体周围总有一部分介质能推动它运动。根据这种解释，显然需要有一个外力与抛射体持续接触。

对亚里士多德解释的第一个主要反驳出自 6 世纪亚历山大城

① 关于这个非常技术性的问题，见 Richard Sorabji, *Matter, Space, and Motion: Theories in Antiquity and Their Sequel*, chap. 13; James A. Weisheipl, *Nature and Motion in the Middle Ages*, chaps. 4—5。亚里士多德文本见亚里士多德的《物理学》，Ⅱ. 1, Ⅶ. 1, and Ⅷ. 4。

的新柏拉图主义者约翰·菲洛波诺斯(卒于公元575年以后)所写的亚里士多德《物理学》评注。在他看来,介质是运动的阻碍而不是推动者,他怀疑介质是否可以同时起两种作用。作为一个新柏拉图主义者和坚定的反亚里士多德主义者,菲洛波诺斯广泛批判了亚里士多德的自然哲学,包括"受迫运动需要外在的推动者"这样的观念。相反,他提出无论是自然运动还是受迫运动,所有运动都源于内在的推动者。因此,当一个物体被抛出时,抛射者给抛射体赋予了一个"无形的驱动力",这个内在的力使抛射体继续运动下去。① 如果这种回答似乎不大可能是真的,那么请考虑一下生命体的运动,它们显然是由内在的而非外在的力推动的。

虽然菲洛波诺斯提出的被赋予的驱动力有彻底反亚里士多德的根源,但它最终却被中世纪的亚里士多德主义传统所吸收。菲洛波诺斯的亚里士多德《物理学》评注的阿拉伯文译本影响很大,
308 对中世纪拉丁思想似乎也产生了间接影响,尽管传播的细节还有待完善。② 到了13世纪,罗吉尔·培根和托马斯·阿奎那讨论和拒斥了与菲洛波诺斯的观点类似的理论。在14世纪,方济各会神学家马尔基亚的弗朗西斯科(Franciscus de Marchia,活跃于1320

① 关于菲洛波诺斯,见 Clagett, *Science of Mechanics*, pp. 508—510。更多的最近研究见 Michael Wolff, "Philoponus and the Rise of Preclassical Dynamics"; Lang, *Aristotle's Physics and Its Medieval Varieties*, chap. 5; Sorabji, *Matter, Space, and Motion*, chap. 14,它们公正对待了菲洛波诺斯对亚里士多德动力学的攻击的彻底新柏拉图主义特征。

② 对该主题的最近研究见 Fritz Zimmermann, "Philoponus' Impetus Theory in the Arabic Tradition"; Sorabji, *Matter, Space, and Motion*, pp. 237—238。另见 Clagett, *Science of Mechanics*, pp. 510—517。

年)以及让·布里丹等人先后为被赋予的力的理论辩护。我们考察一下布里丹的理论版本,它往往被视为该理论最高级的形式。

布里丹用一个新的术语"冲力"(impetus)来表示这种内在的被赋予的驱动力,该术语直到伽利略时代仍然是标准术语。布里丹把冲力描述成一种内在的性质,其本性就是推动受其作用的物体运动。布里丹还区分了这种性质与它所产生的运动:"冲力是一种本性不变的东西,不同于抛射体所作的位置运动……冲力可能是一种自然存在的性质,倾向于推动受其作用的物体运动。"在为冲力理论辩护时,布里丹指出磁体也有类似情况,磁体能够赋予铁块一种性质,使之朝着磁体运动。和其他任何性质一样,冲力在遇到反抗或阻碍时也会受到破坏,但在其他情况下将保持其原有强度。布里丹宣称,冲力的强度可以通过速度和物质的量来度量,从而朝着冲力的量化迈出了第一步。他还拓宽了冲力理论的解释范围,使之超出了单纯的抛射体运动,认为天界的运动也可以得到合理解释,即上帝在创世瞬间把冲力注入了天球;由于天界没有阻力,所以冲力不会被破坏,天球将会永恒不变地运动下去(就像观测所表明的那样)。最后,布里丹用冲力解释了落体的加速,即在下落过程中,物体的重量在物体之中不断产生额外的冲力;随着冲力的增加,落体的速度也增加。①

① 关于冲力理论,见 Clagett, *Science of Mechanics*, pp. 521—525(引文出自 p. 524);Lang, *Aristotle's Physics and Its Medieval Varieties*, pp. 164—172; Anneliese Maier,"The Significance of the Theory of Impetus for Scholastic Natural Philosophy"。布里丹不知道,菲洛波诺斯曾经预示过他所提出的观点,即可以用冲力来解释天界运动;见 Sorabji, *Matter, Space, and Motion*, p. 237。

直到 17 世纪，冲力理论始终是对抛射体运动最重要的解释。此后，一种新的运动理论逐渐被接受，它否认无阻碍的持续运动需要有力的参与（无论是内在的还是外在的）。许多人试图把冲力理论看成沿着近代动力学方向迈出的重要一步。例如，人们经常关注布里丹的冲力（速度×物质的量）与近代的动量概念（速度×质量）之间的相似性。无疑，这两个概念有关联，但我们必须注意，布
309 里丹的冲力是抛射体连续运动的原因，而动量则是运动的量度，只要没有阻力，运动的持续并不需要原因。简而言之，布里丹仍然大致在一种亚里士多德概念框架中工作。这意味着他的世界（或世界观）与 17 世纪的自然哲学家大不相同，后者基于一种新的运动和惯性观念提出了一种新的力学。

动力学的量化

还有一个问题。是否可能把力、阻力与速度之间的动力学关系加以量化呢？许多中世纪学者认为可以。问题可以追溯到亚里士多德，他作了简要而初步的量化分析，为以下一些命题作了辩护：（落体）重量越大，运动就越快；（落体遇到的）阻力越大，运动就越慢；运动物体越小，在给定力的作用下，物体运动就越快。经过不懈的努力，历史学家从这些说法中成功地总结出了一种数学关系，认为亚里士多德的观点是，速度与力成正比，与阻力成反比。用现代方式来表示就是：

$$V \propto \frac{F}{R}$$

这个简约的关系式无疑有助于经济地传达亚里士多德动力学的实质内容，因此被后人屡屡提起。但它也可能误导读者，我们在使用时必须非常小心。一方面，亚里士多德并没有一种明确的、作为可量化的专业术语的速度概念。另一方面，这个关系式显然不能适用于所有 F 和 R 的值。考虑一个静止物体，受到一个力和一个大小相等、方向相反的阻力的作用。常识告诉我们(也会告诉亚里士多德)，这时不会有运动产生，但上述比例给出的速度却是 1 而不是 0。

亚里士多德的动力学思想显然会让我们想起运动在真空中发生的情况。如果落体的快慢取决于它所遇到的阻力，那么在真空中，由于根本不存在阻力，所以没有任何东西会阻碍物体的运动。于是，物体将以无限大的速度运动。但那样一来，物体从 A 点移
到 B 点将无需任何时间，因此物体可同时处于两点，这在物理上 310
是荒谬的。亚里士多德由此得出结论，真空不可能存在。

亚里士多德用他的运动理论来证明真空不可能存在，这招致了约翰·菲洛波诺斯的全面反驳。在回应亚里士多德反对真空存在的论证中的关键假设——即运动速度与介质的密度成反比(因此零密度意味着无限大的速度)——时，菲洛波诺斯指出，我们无法用实验来检验它，因为我们无法确定介质的相对密度。唯一的办法是思考运动的原因，而不是对运动的阻碍。取两个物体，其中一个的重量是另一个的两倍，让它们在同一介质中下落。可以合理地猜测，较重的物体下落给定距离所需的时间将是较轻物体所需时间的一半。现在，这碰巧是一个可以用实验检验的命题。菲洛波诺斯似乎的确做了这个实验，他写道：

> 我们的观点可以通过更有效的实际观察来确证，而不必诉诸任何种类的语词之争。如果让两个重量相差很大的物体从同一高度下落，你将会看到运动所需时间之比并不依赖于物体重量之比，时间差别很小。因此，如果重量差别并不很大，比如一个是另一个的两倍，则时间将不会有差别，或者根本察觉不到。①

这里，我们有了 6 世纪的一个对伽利略众人皆知的（但不大可能是真的）比萨斜塔实验的真正预示，并且它得出了类似结果。②

如果亚里士多德的理论是错误的，那么正确的理论是什么？菲洛波诺斯让读者以如下方式思考下落物体：物体下落的动力因是重量。在无阻力的真空中，决定物体运动的仅仅是物体的重量。因此，较重物体将比较轻物体更快地（即用较少的时间）走过同一段距离。当然，正如亚里士多德所预想的那样，它们都不会以无限大的速度运动。（菲洛波诺斯并没有说，物体在真空中的运动快慢将与物体的重量直接成正比，但他可能愿意假定这一点）。而在介质中，介质阻力使运动减慢了一些，这种减慢的最终结果
311 就是弥合了较重物体与较轻物体的快慢差别，从而产生了上述观察结果。

---

① Morris R. Cohen and I. E. Drabkin, *A Source Book in Greek Science*, p. 220. 另见 Clagett, *Science of Mechanics*, pp. 433—435, 546—547。

② 伽利略是否做过著名的比萨斜塔实验尚有学术争论。（他从未声称自己做过。）见 Lane Cooper, *Aristotle, Galileo, and the Tower of Pisa*。

在伊斯兰世界，阿维帕塞（Avempace，伊本·巴贾［Ibn Bajja］，卒于1138年）发展并捍卫了菲洛波诺斯的观点，而阿维帕塞又遭到了阿威罗伊的反驳。这场争论经由阿威罗伊传到了西方，14世纪的默顿学者布雷德沃丁对它进行了研究。但在布雷德沃丁那里，情况有所不同。所有前人都主要关注运动的本性和原因，而布雷德沃丁却决定用数学方式来考察这个问题，这意味着他必须从一开始就给出各种可能观点的数学表述。布雷德沃丁确认了三种这样的观点。他虽然用语词而不是数学符号来表达这些观点，但以下公式能恰当地反映他的意图。

1. 第一种理论（无疑是为了代表菲洛波诺斯和阿维帕塞的观点）：

$$V \propto F - R$$

2. 第二种理论（由阿威罗伊的一段话所暗示）：

$$V \propto \frac{F-R}{R}$$

3. 第三种理论（代表对亚里士多德观点的传统解释）：

$$V \propto \frac{F}{R}$$

布雷德沃丁对这三种理论一一作出了反驳，因为它们都会导出至少一个荒谬的或不可接受的推论。例如，第一种理论错在与亚里士多德所说的力和阻力各增加一倍时速度不变相矛盾。第二种理论如果正确，那么一切物体将以相同速度运动（要想弄清楚这种论证，我们需要成为一位14世纪的默顿数学家）。第三种理论的错误在于没能预示当阻力大于等于力时，速度将为零。①

布雷德沃丁提出了另一种“动力学定律”来取代这些不足信的理论。我们找不到一种简单的现代方法来表述布雷德沃丁的“定律”。如果遵循布雷德沃丁自己的论述，将使我们深陷中世纪的比的复合(compounding of ratios)理论，这不是我们这里能够讨论的。布雷德沃丁想到的数学关系最简单的现代表达方式也许是：根据他的“定律”，随着 F/R 作几何增加，速度作算术增加。也就
312 是说，要想得到两倍的速度，必须使 F/R 平方。要想得到三倍的速度，必须使 F/R 立方，依此类推。或者考虑以下数值的例子：

从第三种理论 $V\propto\frac{F}{R}$ 开始。物体提供的阻力(R)是 2，把力(F_1)4 和力(F_2)16 施加于物体。计算$\frac{F}{R}$的比。

$$\frac{F_1}{R}=4/2=2$$

$$\frac{F_2}{R}=16/2=8$$

那么速度 V_2 与 V_1 之比将是多少呢？不是 4(2 与 4 相乘得 8)，而是 3(2 的 3 次幂是 8)。②

---

① 严肃的中世纪数学物理学的一些内容可见 H. Lamar Crosby, Jr., ed. and trans., *Thomas of Bradwardine, His "Tractatus de Proportionibus": Its Significance for the Development of Mathematical Physics*, pp. 32—36，其中讨论了对这三种关系的反驳。

② Crosby, *Thomas of Bradwardine*, pp. 38—45. 对布雷德沃丁的“函数”及其先驱者的经典分析是 Maier, *Die Vorläufer Galileis*, pp. 81—110(部分英译文见 Maier's *On the Threshold of Exact Science*, pp. 61—75); Ernest A. Moody, "Galileo and Avempace: The Dynamics of the Leaning Tower Experiment"; Clagett, *Science of Mechanics*, chap. 7。

关于布雷德沃丁的成就，有四点需要指出。首先，它不像前面三种比例理论那样会得出否定的推论。其次，我们用现代方式所作的表述使布雷德沃丁的“定律”变得更为复杂。我们要知道，在布雷德沃丁所处的中世纪数学传统中，比的复合或增加是通过加法语言来谈论的。因此，我们所谓两个比的相乘用布雷德沃丁的术语来说就是两个比的相加；我们所谓 F/R 的平方用布雷德沃丁的术语来说就是 F/R 的两倍。因此，布雷德沃丁不必把 F/R 的几何增加与速度的算术增加联系起来（就像我们前面那样），而可以仅仅说，要想把速度“加倍”，就必须使 F 与 R 的比“加倍”。简而言之，布雷德沃丁并没有提出什么深奥的数学关系，而是（正如一位历史学家最近指出的）提出了“他所能找到的最不复杂的表述”。[①]

第三，事实证明，布雷德沃丁提出的“动力学定律”影响很大。14 世纪的理查德·斯万斯海德和奥雷姆出色地揭示了它的含意，直到 16 世纪，学者们仍在不断讨论这一定律。[②] 第四，无论对布雷德沃丁的成就作何种准确评价，都必须承认他的工作毫无疑问是数学的。诚然，他在反驳各种理论时诉诸于日常经验，但其首要目的显然是满足数学融贯性的标准。简而言之，布雷德沃丁既没

① A. G. Molla, “The Geometrical Background to the ‘Merton School,’” esp. pp. 116—121（引文出自 p. 120）；Murdoch and Sylla, “Science of Motion,” pp. 225—226；Edith D. Sylla, “Compounding Ratios: Bradwardine, Oresme, and the First Edition of Newton's *Principia*.”

② Murdoch and Sylla, “Science of Motion,” pp. 227—230；Clagett, *Marliani*, chap. 6；Clagett, *Science of Mechanics*, p. 443. 关于斯万斯海德的工作，见 John E. Murdoch and Edith D. Sylla, “Swineshead, Richard”。关于奥雷姆，见 Nicole Oresme, “*De proportionibus proportionum*” *and* “*Ad pauca respicientes*”。

有通过实验方法发现和捍卫他的“定律”，也看不出采用实验方法
313 会给他带来什么好处。中世纪学者的任务是提出一套适合分析运
动问题的概念框架和数学结构。这肯定是整个事业的第一阶段，
中世纪学者出色地完成了它。接下来的任务则是讯问自然，看她
是否会接受这一概念框架，这得由未来的学者完成了。

光　学

决定在这一章讨论光学(或拉丁基督教世界所谓的“透视学”[*perspectiva*])有些随意，因为光学是一门极为广泛的学科，它与许多学科都有联系，包括数学、物理学、宇宙论、神学、心理学、认识论、生物学和医学。但放在这里来谈也不错。[①]

亚里士多德、欧几里得和托勒密的著作主导了关于光与视觉的希腊思想，它们全都被译成阿拉伯文，形成了扎实的伊斯兰光学研究传统。希腊人研究光学现象的各种方法得到了认真对待、捍卫和拓展。但伊斯兰光学的主要成就在于将这些分离的、不相容的希腊光学传统成功地整合为一种全面的理论。

希腊光学思想大都局限在很窄的范围内，由一套较窄的标准

---

① 关于一般的中世纪光学，见 David C. Lindberg, *Theories of Vision from al-Kindi to Kepler*；Lindberg，“The Science of Optics”；Lindberg，“Optics，Western European”；Lindberg's *Studies in the History of Medieval Optics*；Lindberg and Katherine H. Tachau，“The Science of Light and Color：Seeing and Knowing”；Bruce S. Eastwood，*Astronomy and Optics from Pliny to Descartes*；A. Mark Smith，“Getting the Big Picture in Perspectivist Optics.” 关于希腊和伊斯兰背景，见本书第五章、第八章。

所引导。亚里士多德主要关注光的物理本性以及观察对象与观察者眼睛之间视觉接触的物理机制，对于光和视觉的几何学只是略作提及。在亚里士多德的光学理论中，无论是数学分析还是解剖学或生理学问题都没有占据重要位置。具体而言，他认为可见物体使透明介质产生了一种性质变化，介质把这种性质变化瞬间传至观察者的眼睛，便产生了视觉。这是一种“入射”论，之所以这么称呼是因为导致视觉的动因是从可见物体传到眼睛的。希腊原子论者也对视觉提出了物理解释，他们确认了一种不同的动因——引起视觉的是从物体外表面“剥离”的原子的一种很薄的“薄层”或“似像”(simulacrum)，而不是透明介质的性质变化。但他们也和亚里士多德一样认为，关于视觉的因果理论必定是一种“入射”论。

而欧几里得则几乎只关注数学的东西。其《光学》旨在基于视 314
锥发展出一套关于空间知觉的几何学理论，而对光与视觉的非数学方面极少关注。根据他的视觉理论，由眼睛发出的视线形成了一个圆锥，当圆锥内的视线被一个不透明物体截住时便产生了视觉。物体的可视大小、形状和位置取决于被截视线的样式和位置。由于该理论主张视线从眼睛发出，所以我们称其为“出射”论。

最后，希罗菲洛斯和盖伦等医生关注的是眼睛解剖学和视觉生理学。盖伦对数学问题和因果问题有深刻的理解，但他对视觉理论的贡献主要在于分析了眼睛的解剖结构，以及各种器官如何在视觉行为中参与形成了视觉通道。

正如我已经指出的，伊斯兰的贡献是把这些迥然不同的希腊理论结合在了一起。进行这种结合工作的代表人物是卓越的数学家和数理天文学家阿尔哈增[①](伊本·海塞姆,约965—约1040),尽管古代最后一位大光学家托勒密曾经指出了方向。如果不去考虑医学传统对解剖学和生理学的关切,而只关注视觉的数学和物理方面,我们对海塞姆成就的分析就会简单一些。

首先要注意,带有数学目的的古代视觉理论(如欧几里得和托勒密的理论)全都假定光是从眼睛发出的,而把物理合理性作为首要关切的理论(如果从亚里士多德和原子论者的著作来判断)则往往会假定光入射到眼中。[②] 如果读者对此关联还有疑虑的话,那么只需认真阅读亚里士多德的著作,发现他在试图对光学现象进行数学分析时(在他的彩虹理论中)采用了视觉的出射论,便可打消疑虑。[③]

于是,阿尔哈增的成就有两个方面。首先,他用一套令人信服的论证批判了出射论。例如,他提醒人们注意明亮物体可能伤害眼睛(注意,伤害的本性在于,人们是从外部遭受到它),而且当我们观察天空时,怎么可能从眼中发出一种物质,能够充满上至恒星的整个空间呢?在怀疑出射论是否是一种有用的视觉解释之后,

① "Alhacen"是正确的中世纪拼法,但自从Friedrich Risner在16世纪将其误拼成"Alhazen"之后就流传了下来。对这个名字完整的20世纪音译是Abu Ali al-Hasan ibn al-Hasan ibn al-Haytham;Alhacen(带软音"c")是中世纪对中间部分al-Hasan的拉丁音译:其《光学》的所有现存中世纪手稿拼写的名字中都有一个"c"。见David C. Lindberg,*Roger Bacon and the Origins of "Perspectiva" in the Middle Ages*,p. xxiii,n. 75。

② 可以说,视线的出射是数学视觉理论的必然特征,因为正是从眼睛发出的锥形视线发射定义了视锥,而视锥使得对视觉的数学分析得以可能。

③ Aristotle's *Meteorology*,Ⅲ. 4—5;Lindberg,*Theories of Vision*,p. 217,n. 39.

阿尔哈增挽救了出射论的主要有用特征，即视锥，并把它包含在自己新的入射论版本中。与视锥一道得到挽救的还有出射论的几何 315
解释力，就这样，出射论第一次与入射论所提供的令人满意的物理解释结合在了一起。这一步看起来似乎很简单，但只要想想几个障碍就会发现情况并非如此。[①]

首先，古代作者所提出的发光理论并不能胜任阿尔哈增的目标。在古代文献中，入射一般表现为一个整体过程，在此过程中，可见物体作为一个连贯的整体发光。光线并非（像现代光学理论所说的那样）从各个点独立地发出来，而是整个物体把一种连贯的图像或力量经由介质送入眼睛。在原子论者看来，这就像是从脸上剥下一张面具，作为一个连贯的整体穿过空间，在运动的过程中逐渐收缩，以进入观察者的眼睛。正如我们已经指出的，对亚里士多德而言，进入观察者的眼睛是视野中出现的介质的典型性质。[②]此时还没有办法把视锥置于这样一种对发光过程的构想中。然而，阿拉伯哲学家金迪（约卒于公元866年）曾在数个世纪以前提出过一种新的发光构想并且被阿尔哈增所采用（或独立发明）。金迪和阿尔哈增都把发光设想为一个不连贯的过程，在此过程中，明亮物体的各个点或微小部分并非作为一个连贯的整体发光，而是每一个点彼此独立地沿各个方向发光（图12.9）。

① 关于阿尔哈增的光学成就，见权威的翻译和评注 A. I. Sabra, ed. and trans., *The Optics of Ibn al-Haytham: Books I-III, On Direct Vision*。较短的论述见 Sabra, "Ibn al-Haytham"; Sabra, "Form in Ibn al-Haytham's Theory of Vision"; Lindberg, *Theories of Vision*, chap. 4。

② 本书第五章。

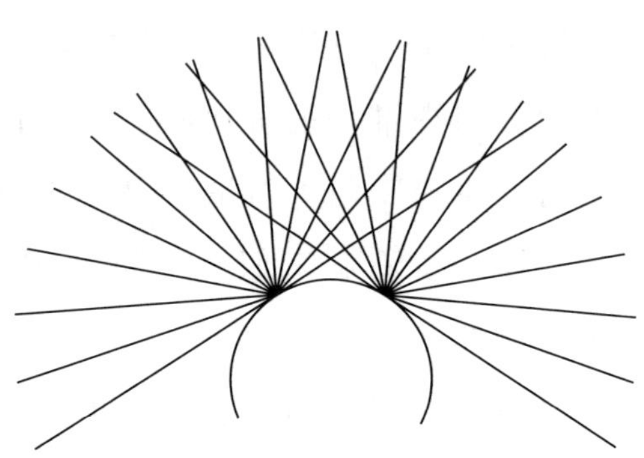

图 12.9　发光体上两点的不连贯发射

这是一项重要革新，但又给想为视觉的入射论辩护的人带来了新的问题。来自可见物体的不连贯的发光过程能够解释一切视
316 力正常的人所体验到的连贯视觉吗？假如可见物体的每一个点都沿各个方向发光，那么眼睛上的每一个点肯定都会接收到视野中每一个点所发出的光线（图 12.10），这将导致彻底混乱而不是清晰的视觉。关于我们的视觉经验，需要解释的是一种一一对应，即眼睛的敏感体（sensitive humor，盖伦及其追随者把它确认为晶状体）上的每一点都对应着视野中某个点所发出的光线；如果可能的话，眼中接收点的样式应当精确复制视野中发光点的样式，这样就解释了外部世界与我们所看到的世界之间的对应。

阿尔哈增对这个问题的解决方案是，虽然视野中每一个点的确会向眼中每一个点发射光线，但发射的这些光线并非都能强到产生视觉。他指出，在视野中每一个点发出的光线中，只有一条垂直射入眼睛（图 12.11），其余斜着入射的光线都发生了折射。折射使其余这些光线减弱到在视觉过程中只起偶然作用。眼睛的主要敏感器官晶状体只能注意垂直入射的光线，这些光线形成了一

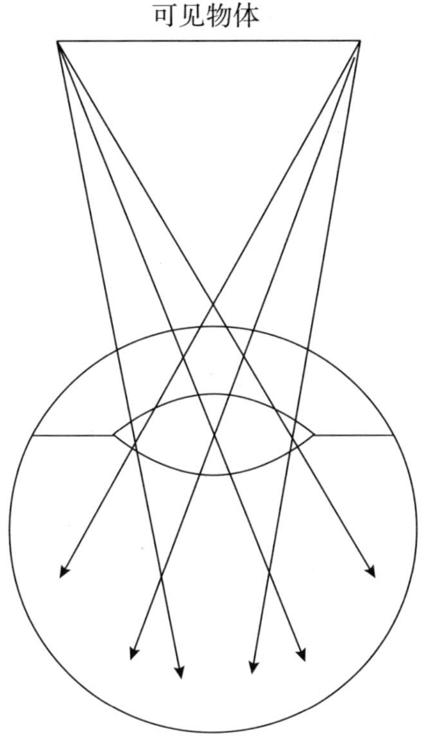

图 12.10　从可见物体两端发出的光线在眼睛内部的混合。为简化起见，不同界面上的折射所引起的光线弯曲未标出。

个视锥，锥底是视野，顶点则是眼睛的中心(图 12.11)。这样阿尔哈增就实现了他的目标：通过把出射论者所说的视锥成功地引入入射论，他把出射论与入射论的优点结合在一起，在同一种理论中把视觉研究的数学进路与物理进路统一在一起。此外(尽管我们 317
这里无法详细深究)，阿尔哈增还把盖伦传统中的解剖学和生理学思想包括进来(图 12.11 显示了他关于眼睛解剖的基本构想)，从而产生了一种统一的视觉理论，回应了所有三种类型的理论。

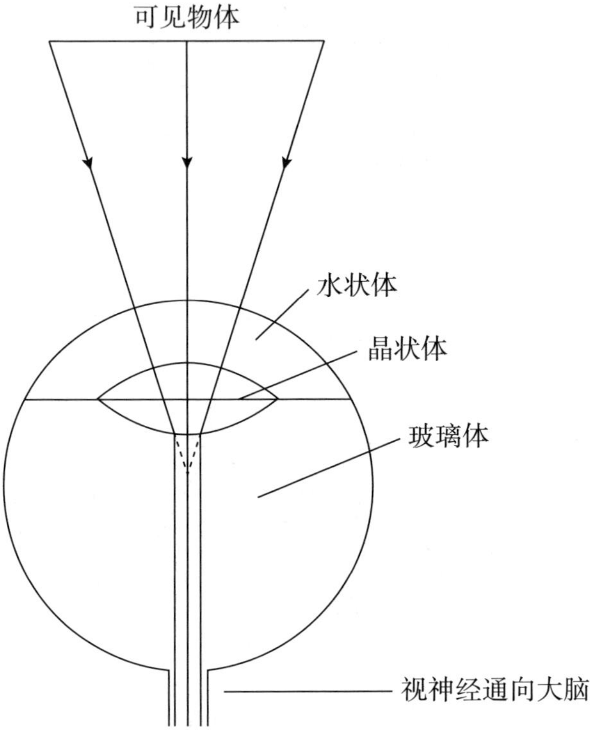

可见物体

水状体

晶状体

玻璃体

视神经通向大脑

图 12.11　阿尔哈增视觉入射论中的视锥和眼睛。从物体斜射入眼睛(并非发生折射)的光线未标出，因为它们只是偶然参与了视觉过程。

视觉理论也许是阿尔哈增光学的核心部分，但他的兴趣涵盖了所有光学现象。他分析了与光和颜色相关的发光的本性，区分了天然发光体和反光或二次发光的物体，思考了反射和折射的物理学，继承和拓展了对辐射光和颜色的数学分析，缜密地处理了反射和折射成像的问题。他还对视觉心理学作了颇具影响的严肃讨论。

到了 12 世纪末或 13 世纪初，阿尔哈增的《光学》被译成拉丁文，对西方的光学产生了巨大影响。但有影响的文献并非只有它。柏拉图的《蒂迈欧篇》早已为人所知，它不仅讨论了视觉，而且形成了扎实的新柏拉图主义光学思想传统。欧几里得、托勒密和金迪的光学著作在12世纪下半叶被译成了拉丁文，在获得阿尔哈增的《光学》之前，这些著作已经表明了用数学来处理光学的可能性。亚里士多德、阿维森纳和阿威罗伊的著作使人深深地感到，真正的问题是物理的和心理的，而不是数学的。各 318
种文献反映了盖伦传统的解剖学和生理学内容，其中也包括侯奈因·伊本·伊沙克的一本小书。和在许多其他领域一样，西方学者忽然发现有那么多出色的新知识涌现出来——但其中包含着相互冲突的思想和倾向。西方学者面临的问题是调和和协调，把这份令人困惑的思想遗产重新加工成一种协调而统一的自然哲学。①

最早在光学领域开展这项工作的是两位著名的牛津学者：格罗斯泰斯特在13世纪二三十年代以及罗吉尔·培根在13世纪60年代。格罗斯泰斯特（约1168—1253）在13世纪初的研究工作因为没有很好地了解上述光学文献而大打折扣，其光学著作的价值主要在于有启发性。罗吉尔·培根（约1220—约1292）受到格罗斯泰斯特的启发，同时又精通古希腊和中世纪伊斯兰的光学文献，正是他决定了光学的未来发展。

---

① 阿尔哈增《光学》前三卷的拉丁文本并附有英译和出色的注释和评注，见 A. Mark Smith, *Alhacen's Theory of Visual Perception*, 2 vols。关于西方对希腊和伊斯兰光学的接受，见（除了已经引用的文献）David C. Lindberg, "Alhazen's Theory of Vision and Its Reception in the West"; Lindberg, "Roger Bacon and the Origins of Perspectiva in the West"。

培根依照阿尔哈增光学理论的大致轮廓，几乎全盘接受了阿尔哈增关于视觉的入射论。阿尔哈增对光和视觉成功的数学分析给培根留下了极深的印象。培根在自己的著作中把数学方法显示出的光明前景有效地传达给了后人。但培根（和他那一代的许多人一样）确信，希腊和伊斯兰的所有权威看法基本一致，因此他致力于表明，所有（或几乎所有）论述过光和视觉的作者的意见是一致的。这意味着他不得不对亚里士多德、欧几里得、阿尔哈增和新柏拉图主义者等人提出的截然不同的光学思想进行调和。下面两个例子表明了他的做法。①

关于发光方向（是从眼睛发出还是射向眼睛，这是出射论者与入射论者的争论焦点），培根同意阿尔哈增和亚里士多德的看法，认为只有通过入射光线才能产生视觉。那么柏拉图、欧几里得和
442 托勒密所主张的出射光线情况如何呢？显然，出射光线不会产生视觉，但它们仍然可以存在，并且在视觉过程中起辅助作用，使介质可以随时接收可见物体发出的光线，把入射光线提升到足以对眼睛产生作用。关于发光的性质，培根接受了新柏拉图主义的宇宙观，把宇宙看成一个巨大的力网，其中每一个物体都会发射出一种力或它本身的“像”（likeness）来作用于邻近物体。他还设想这
320 种普遍的力造就了一切因果关系，并以此为基础发展出了一种（事

① 关于培根的光学，见 David C. Lindberg, ed. and trans., *Roger Bacon's Philosophy of Nature: A Critical Edition, with English Translation, Introduction, and Notes, of "De multiplicatione specierum" and "De speculis comburentibus"*; Lindberg, *Theories of Vision*, chap. 6; Lindberg, *Roger Bacon and the Origins of "Perspectiva" in the Middle Ages*。

实证明)很有影响的自然哲学。至于光和颜色,培根认为它们(以及光学作者讨论的其他可见动因)都是其来源的"像",从而是这种普遍的力的表现。①

13世纪下半叶,并非只有培根在讨论光学问题,但很大程度上正是由于他和两位同时代年轻人的影响,阿尔哈增的光学理论及其把物理学、数学和生理学结合在一起的研究进路才主导了西方思想(图12.12)。这两位年轻人是英格兰的方济各会修士约翰·佩卡姆(John Pecham,卒于1292年)和与教廷有关联的波兰学者威特罗(Witelo,卒于1281年以后)。在14世纪的自然哲学(尤其是认识论讨论)中每每出现的有关光与视觉的理论几乎总是源自阿尔哈增和培根的传统。当开普勒在1600年开始思考视觉理论(这一努力最终使他提出了视网膜成像理论)时,他着手处理的正是培根、佩卡姆、威特罗和阿尔哈增遗留下来的问题。②

---

① 关于培根的新柏拉图主义,见 David C. Lindberg,"Roger Bacon on Light, Vision, and the Universal Emanation of Force"; Lindberg,"The Genesis of Kepler's Theory of Light: Light Metaphysics from Plotinus to Kepler," pp. 12—23; Lindberg, *Roger Bacon's Philosophy of Nature*, pp. liii—lxxi。

② Lindberg and Tachau,"The Science of Light and Color: Seeing and Knowing"; Lindberg, *Theories of Vision*, chap. 9; Katherine H. Tachau, *Vision and Certitude in the Age of Ockham: Optics, Epistemology, and the Foundations of Semantics*, 1250—1345. Pecham's *Perspectiva communis* is available in David C. Lindberg, ed. and trans., *John Pecham and the Science of Optics*. 威特罗多卷本的 *Perspectiva* 的翻译正在进行。已经出版了三卷: *Witelonis Perspectivae liber primus and Witelonis Perspectivae liber secundus et liber tertius*, ed. and trans. Sabetai Unguru; *Witelonis Perspectivae liber quintus*, ed. and trans. A. Mark Smith。

319

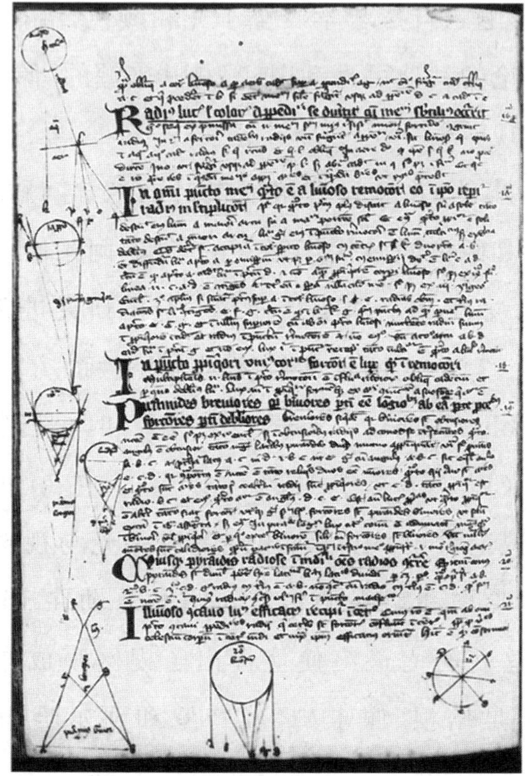

图 12.12　约翰·佩卡姆所著《普通透视学》(*Perspectiva communis*)中的一页,它大概是中世纪大学里最流行的光学教科书。库埃斯圣尼古拉医院图书馆,MS 212,fol. 240v(15 世纪初)——该手稿曾经落入库萨的尼古拉之手。左上角表示光的折射,其余图解表示各种发光样式。

第十三章　中世纪的医学和博物学

中世纪早期的医学传统 321

中世纪医学是(前面第六章考察的)古代医学传统的自然发展和延续。中世纪的行医者继承了希腊罗马的健康与疾病理论、诊断技术和医疗程序。但他们对这一古代遗产的掌握是不完整的,并且时断时续,中世纪伊斯兰世界和基督教世界所得到的那部分遗产不得不去适应新的文化环境,而这一文化环境又深刻地影响了它的发展和应用。[①]

---

① 本章的基本框架得益于 Nancy G. Siraisi, *Medieval and Early Renaissance Medicine: An Introduction to Knowledge and Practice*; Michael McVaugh, "Medicine, History of"。其他重要文献包括 McVaugh, *Medicine before the Plague: Practitioners and Their Patients in the Crown of Aragon* 1285—1345; Faye Getz, *Medicine in the English Middle Ages*; Danielle Jacquart and Claude Thomasset, *Sexuality and Medicine in the Middle Ages*; Katharine Park, "Medicine and Society in Medieval Europe, 500—1500"。一些医学文本的出色翻译(节选加注释,有时是 Michael McVaugh 译的)见 Edward Grant, ed., *A Source Book in Medieval Science*, pp. 700—808。医学机构见 Loren C. MacKinney, *Medical Illustrations in Medieval Manuscripts*; Peter M. Jones, *Medieval Medical Miniatures*; Marie-Jose Imbault-Huart, *La medicine au moyen âge à travers les manuscrits de la Bibliothèque Nationale*。

要想给出一幅关于西方中世纪早期医学的清晰图景相当困难。[1] 与罗马帝国解体相伴随的社会和经济混乱也许并未严重影响治疗的技艺方面——对伤口和常见病症的处理、接生、接骨、常见药物的制备和配给，等等。尤其是在农村和家庭中，有医术的人仍然和以前当地的治疗师一样从事着这门手艺。罗马帝国的陷落损害的是医学中的学术部分，尤其是理论和哲学部分。它在何种程度上意味着欧洲人口的健康受到损害，这一点我们还不清楚。但无论如何，学校的衰落和希腊学术条件的逐渐消失使西方日益失去了希腊医学传统的学术部分，从而导致精通古代医学学术传统的行医者人数迅速减少。

这并不是说西方与希腊医学知识完全隔绝。塞尔苏斯、老普林尼和塞维利亚的伊西多尔等人编写的早期拉丁百科全书包含了一些医学知识。[2] 而且到了 6 世纪中叶，有少数希腊医学著作被

322 译成了拉丁文。但希腊医学文献包含着从理论到实践的广泛医学兴趣，而翻译过来的著作却偏向于实践方面，包括盖伦和希波克拉底的几部著作，奥利巴修斯（Oribasius，活跃于 4 世纪左右）节选

① 关于中世纪早期的医学，特别参见 Vivian Nutton,“Early Medieval Medicine and Natural Science”; John M. Riddle,“Theory and Practice in Medieval Medicine”; Henry E. Sigerist,“The Latin Medical Literature of the Early Middle Ages”; Edward Kealey, *Medieval Medicus: A Social History of Anglo-Norman Medicine*; Linda E. Voigts,“Anglo-Saxon Plant Remedies and the Anglo-Saxons”; M. L. Cameron,“The Sources of Medical Knowledge in Anglo-Saxon England”; Siraisi, *Medieval and Early Renaissance Medicine*, pp. 5—13; and (old but still useful) Loren C. MacKinney, *Early Medieval Medicine, with Special Reference to France and Chartres*。

② 见 William D. Sharpe, ed. and trans., *Isidore of Seville: The Medical Writings*; *Celsus, De medicina, with an English Translation*。

的一些希腊医学文献，索拉努斯（Soranus，约 1 世纪）写的一部接生手册以及迪奥斯科里德斯（活跃于公元 50—70 年）的伟大药典《药物论》。

中世纪早期医学注重实用和治疗的倾向显见于迪奥斯科里德斯的《药物论》及其孕育的药学传统（图 13.1）。《药物论》描述了大约 900 种据说有药用价值的植物、动物和矿物，是希腊化医学的一项伟大而不朽的成就。该书于 6 世纪被译成拉丁文，但在中世纪早期只在有限范围内流传，可能是因为它涉及面太广以致无法应用，本书中描述的很多东西的确是中世纪早期的欧洲人没有见过

图 13.1　迪奥斯科里德斯《药物论》希腊文手稿中的一页。巴黎国家图书馆，MS Gr. 2179，fol. 5r（9 世纪）。

的。当时更为流行的是一部篇幅较短、配有插图的本草书，名为《治疗女性疾病的药草》(*Ex herbis femininis*)。该书以迪奥斯科里德斯的著作为基础，但只描述了71种可在欧洲找到的药用植物。此外，中世纪早期还出现了许多医药秘方集成。①

使用这些文本的行医者是些什么人呢？在意大利，罗马式的世俗医学尽管在量上有所衰减，但仍然持续着。在6世纪初东哥特人统治的意大利仍然可以找到公开收费的医生。据说在6世纪下半叶，希腊医生特拉勒斯的亚历山大(Alexander of Tralles)曾在罗马行医。各种证据表明，世俗医疗在宫廷(如5世纪末法兰克国王克洛维的宫廷)和意大利以外的主要城市(马赛和波尔多)也继续存在着。②

然而，最适宜的医疗环境似乎是宗教机构，特别是隐修院，在那里照顾患病成员是一项重要义务。我们的最早证据来自威瓦里姆隐修院的创始人卡西奥多鲁斯(约480—约575)，他指导修士们阅读希腊医学著作的拉丁文译本，包括希克波拉底、盖伦和迪奥斯科里德斯(可能读的是《治疗女性疾病的药草》)等人的著作。还有一些证据表明此时的医疗水平已经很高，例如卡西诺山、赖歇瑙(Reichenau)和圣加尔(St. Gall)等地的隐修院中心已在利用世俗

① 关于迪奥斯科里德斯，见 John M. Riddle, *Dioscorides on Pharmacy and Medicine*; Riddle, "Dioscorides"。关于《雌株药草》(这部著作并不限于治疗女性疾病的药品)，见后者 pp. 125—133。关于医方，亦参见 Voigts, "Anglo-Saxon Plant Remedies"; Sigerist, "Latin Medical Literature," pp. 136—141; MacKinney, *Early Medieval Medicine*, pp. 31—38。

② MacKinney, *Early Medieval Medicine*, pp. 47—49, 61—73.

医学文献。[1] 在整个中世纪，可能除了非常小的隐修院，大多数隐修院都有医学专家。虽然隐修院中的医疗活动主要针对隐修院群体中的成员，但毫无疑问，其他人有时也能接受治疗，如朝圣者、来 323
访者和隐修院周围的居民。

世俗医学文献以及与之相关的医疗活动在隐修院环境下的存 324
在引出了一个明显的问题：希腊罗马世俗医学传统是如何与基督教的治疗观念相互作用的？这里无法给出简单回答，但牢记以下几点将有助于我们理解这一复杂状况：第一，医学的自然主义传统（认为只有自然原因在起作用）与基督教的超自然主义传统（相信神迹治疗）之间的确有一种哲学张力；第二，大多数人（包括有教养的人）并没有哲学倾向，因此几乎没有人注意到这种张力；第三，除了拒斥某种医学传统，注意到这种张力的人有各种别的办法来缓解或消除这种张力。

这种张力的来源很明显。随着中世纪基督教的日趋成熟，布道和宗教文献常常教导说，生病是神的造访，旨在惩罚罪孽或激励灵性发展。无论是惩罚还是激励，治疗都被视为精神的，而不是肉体的。此外，中世纪的基督教还发展出一种流传很广的神迹治疗传统，它尤其与对圣徒和遗物的崇拜联系在一起。我们还有具体的证据表明，宗教领袖曾经斥责世俗医学根本无法治愈疾病。[2]

---

① 卡西奥多鲁斯 *Institutiones* 中的相关段落引自 MacKinney, *Early Medieval Medicine*, p. 51。关于更一般的隐修院医学，见 ibid., pp. 50—58。

② 特别参见 Darrel Amundsen and Gary B. Ferngren, "The Early Christian Tradition"; Amundsen, "The Medieval Catholic Tradition"; Amundsen, "Medicine and Faith in Early Christianity"; Siraisi, *Medieval and Early Renaissance Medicine*, pp. 7—9。

我们很容易把这些信念和态度夸大，认为基督教会是希腊罗马医学势不两立的敌人，坚信超自然的因果关系，只使用超自然的治疗手段。不幸的是，这种看法严重曲解了史实。虽然当时的人普遍认为疾病有神圣来源，但这并未把自然原因排除在外，因为自希波克拉底著作问世以来，中世纪的基督徒大都认为一个事件或疾病可以既是自然的，又是神圣的（见第六章）。在基督教背景下，相信上帝常常用自然的力量来实现神圣目的是完全合理的。例如，瘟疫既可以解释为罪孽所招致的神的惩罚，也可以解释为不利的行星相合或空气败坏所导致的结果。[①] 至于医疗活动和使用自然药物，所有基督教作者都认为，治疗灵魂比治疗肉体更重要，还有一些人公开反对使用任何世俗药物。明谷的贝尔纳（1090—1153）在12世纪写给一些修士的话中表达了已经存在了数个世纪的观点：

> 我很清楚你们生活在一个不健康的地区，许多人都生了
> 325 病……寻求肉体的治疗完全违背了你们的誓约，实际上也无
> 助于你们的健康。像穷人那样用些寻常的草药有时是可以容
> 忍的，这是我们的习俗，但购买特殊种类的药品，或者寻找医
> 生并吞下他们的江湖药，这并非虔诚修士之所为。[②]

---

① Amundsen, "Medieval Catholic Tradition," p. 79; Grant, *Source Book*, pp. 773—774.

② 引自 Siraisi, *Medieval and Early Renaissance Medicine*, p. 14, from *Bernard of Clairvaux*, *Letters*, no. 388, trans. Bruno Scott James (Chicago: Regnery, 1953), pp. 458—459。

但是大多数基督教领袖都非常善意地看待希腊罗马医学传统，认为这是神的馈赠和恩典，运用它不仅合法，甚至是义务。凯撒里亚的巴西尔(Basil of Caesarea，约 330—379)写道："如果需要，我们必须注意使用这些医术，不是要它为我们的身体状况完全负责，而是为了彰显神的荣耀。"这些话道出了许多教父的心声。即使是对希腊罗马学问抱有敌意的德尔图良(约 155—约 230)，也显示出对希腊罗马医学价值的认识。出现在圣徒生平中的对传统医学的诋毁之辞显然是为了论战之用，即通过表明圣徒有超出世俗治疗师的治疗能力来证明和彰显圣徒的力量。我们不能认为这些诋毁之辞代表了作者(更不用说中世纪社会的其他成员了)对于世俗医学的看法，因为这些作者中有许多人在其他语境甚至是同一语境下显示出对于传统医疗的极度尊重。教父们想要斥责的并非运用世俗医学，而是过分重视世俗医学，未能认识到或承认其神圣来源。[①]

在为教会辩护、反驳有人对教会拒斥医学传统的指控时，我们必须避免走向相反的极端。毫无疑问，中世纪早期的基督徒相信治疗的神迹，他们既可以利用宗教治疗，也可以利用世俗医学，有时同时使用，有时则循序使用(图 13.2)。公元 4、5 世纪，圣徒崇拜成为欧洲文化的一个主要特征。圣龛建在圣徒墓地或遗物

① Amundsen, "Medicine and Faith in Early Christianity," pp. 333—349(巴西尔的引文见 p. 338)。关于德尔图良，见 *De corona*, 8, and *Ad nationes*, 11. 5, in Alexander Roberts and James Donaldson, eds., *The Ante-Nicene Fathers*, rev. by A. Cleveland Coxe (Grand Rapids: Eerdmans, 1986), 3: 97, 134。另见 Siraisi, *Medieval and Early Renaissance Medicine*, p. 9。

图 13.2 用神迹治疗腿。巴黎国家图书馆，MS Fr. 2829，fol. 87r(15 世纪末)。对该插图的讨论见 Marie-José Imbault-Huart，*La médecine au moyen age à travers les manuscrits de la Bibliothéque Nationale*，p. 182。

(也许是一根骨头)周围，成为极具吸引力的朝圣之所。这些地方之所以有巨大的吸引力，一个原因是据说那里曾经有过神迹治疗。我们可以举一个例子：比德(卒于公元 735 年)在其《英格兰人教会史》中记述了许多神迹治疗故事，比如林迪斯芳岛(Lindisfarne，位
326 于英格兰东北海岸之外)的一位修士瘫痪了，他被带到卡斯伯特(Cuthbert)墓前：

> 他拜倒在圣人遗体前，诚挚地祈祷主能在其帮助下对他施以仁慈：祷告时，他感觉(他后来总是这样说)仿佛有一只大手触碰了他头上的疼痛之处，然后又触压了他身上因疾病而感到疼痛的所有部位；渐渐地，疼痛消退了，健康重新回到他

的全身。①

类似的传说在中世纪数不胜数。

如果教会既不是希腊罗马医学传统的敌人，也不是它的坚定支持者，那么我们如何来刻画它的态度和影响呢？一种常见的办法是对两方面的因素——教会提供的反对和支持——权衡一番，声称教会总归是一种力量，作用好坏视具体情况而定。但这一结论过于简单化。避免区分反对和支持，而把教会视为一种利用和 327
改变世俗医学传统并与之相互作用的强大文化力量，将使我们更接近事实真相。教士们从未简单地拒斥或接受世俗医学，而是利用它，使之适应新的环境，从而渐渐（在某些方面是激进地）改变世俗医学的特征。甚至可以说，在基督教世界存在着世俗医疗传统和宗教医疗传统的融合。在新的背景下，希腊罗马医学将不得不适应神的全能、神意和神迹等基督教观念。在隐修院所提供的全新的体制环境中，世俗医学不仅得到了培育，安全度过了欧洲历史上的一段危险期，而且还被用来为基督教的博爱理想服务（它的一个重要成果便是医院的发展和传播）。最后，世俗医学在大学里的体制化使其恢复了与各种哲学分支的接触，其地位荣升为一门科学。

① Bede, *Ecclesiastical History of the English People*, IV. 31, in Bede, *Baedae opera historica*, trans. J. E. King, 2:191—193 (with changes). 关于圣徒崇拜，见 Peter Brown, *The Cult of Saints: Its Rise and Function in Latin Christianity*；以及 Amundsen, "Medieval Catholic Tradition," pp. 79—82。关于神迹治疗，见 Ronald C. Finucane, *Miracles and Pilgrims: Popular Beliefs in Medieval England*, esp. chaps. 4—5。

在离开中世纪早期之前，还有一个非常重要的发展值得我们注意。希腊医学著作向阿拉伯文的逐译始于 8 世纪，在整个 10 世纪一直持续。当翻译工作结束时，大多数重要的希腊医学著作都被译成了阿拉伯文，包括迪奥斯科里德斯的《药物论》、希波克拉底派的许多著作以及盖伦的几乎全部著作。伊斯兰和西方在接触

图 13.3　阿布·卡西姆·扎哈拉维(Abulcasis)《论外科手术和器械》(*On Surgery and Instruments*)中的阿拉伯外科手术器械。牛津大学博德利图书馆，MS Huntington 156，fol. 85v。

希腊医学文献方面的巨大差别可以通过盖伦著作来说明：11世纪之前只有两三部盖伦著作被译成了拉丁文，而侯奈因·伊本·伊沙克(803—873)则在巴格达列出了他所知道的129部盖伦著作，并自称已将其中40部译成了阿拉伯文。

在这些希腊医学文献的基础上建立起了一种精良的伊斯兰医学传统(见第八章)。这种医学传统有几个特征需要简单提及。首先，伊斯兰医学通盘掌握了希腊医学文献，并且吸收了希腊医学的诸多目标和大部分内容。第二，对于医学思想来说，最重要的是盖伦的解剖学和生理学以及盖伦关于健康、疾病(包括流行性疾病)、诊断和治疗的理论。盖伦影响的一个重要方面是揭示出了医学与哲学的联系，这种联系成了许多伊斯兰医学思想的典型特征。第三，盖伦的医学理论并未严格限制伊斯兰的医学思想和医疗活动，而是一种理论框架，需要不断拓展、完善并与其他医学和哲学体系进行整合。医学在伊斯兰世界是一项动态而 328
非静态的事业。第四，不仅希腊医学著作的译本广为流传，而且伊斯兰医生也随之写出了大量本地医学著作。这些原创的阿拉伯文献当然种类各异，但尤为引人注目的是一系列全面的百科全书著作，它们考察了医学理论和医疗活动的相当一部分内容甚至全部内容。有三部这样的百科全书著作将对日后的西方医学产生深远影响(见第八章)，它们是拉齐(约卒于930年)的《曼苏尔》(*Almansor*)、阿里·阿拔斯(Haly Abbas或Ali ibn Abbas al-Majusi，卒于994年)的《医术全书》(*Pantegni*)以及阿维森纳(980—1037)的《医典》。这些著作以及其他许多翻译过来的著作影响和重新引

导了后来中世纪的西方医学。①

329 西方医学的转变

在 11、12 世纪，一些因素开始影响欧洲医学传统，使其特征发生了转变。伴随着人口的激增，这一时期的政治和经济复兴导致了影响深远的社会变革，包括城市化和教育机会的大大增加。新的城市学校拓宽了课程范围，在隐修院环境中曾被认为无足轻重甚至完全未被讲授的一些学科开始得到强调。与此同时，隐修院改革运动试图减弱隐修院对世俗文化的参与（见第九章）。这些运动的合流使得医学教育的场所从隐修院转到了城市学校，与此相应的是职业化和世俗化倾向。同时，城市精英们越来越需要技艺精湛的行医者，这有助于医疗活动成为一种有利可图的（有时声望很高的）职业。

城市医疗活动复兴的最早例子可见于 10 世纪意大利南部的萨勒诺。到了 10 世纪末，萨勒诺因聚集了许多技艺精湛的行医者（包括教士和妇女）而闻名。正式的学校似乎还不存在，存在的仅仅是一个医疗活动中心（该中心变得越来越著名），人们可以在这里通过做学徒来掌握治疗术。从 10 世纪到 11 世纪，在萨勒诺繁

---

① 关于伊斯兰医学，见 Emily Savage-Smith，"Medicine in Medieval Islam"；Michael W. Dols，*Medieval Islamic Medicine：Ibn Ridwan's Treatise "On the Prevention of Bodily Ills in Egypt"*；Manfred Ullmann，Islamic Medicine；Franz Rosenthal，"The Physician in Medieval Muslim Society"；articles by Max Meyerhof，collected in his *Studies in Medieval Arabic Medicine：Theory and Practice*；*Siraisi*，*Medieval and Early Renaissance Medicine*，pp. 11—13。一部较早但仍然有用的参考文献是 Lucien Leclerc，*Histoire de la médecine arabe*。

荣起来的并非医学学问，而是治疗术。在11世纪，萨勒诺的一些行医者开始撰写实用的医学著作。到了12世纪初，在萨勒诺撰写的文献范围开始拓宽，变得更加理论化，这反映了阿拉伯医学文本的哲学导向通过其拉丁文译本流入。这些新文本中有很多是教科书，它们（似乎）与萨勒诺有组织的医学教育有关。[①]

12世纪影响萨勒诺医学活动的译自阿拉伯文的著作很快就改变了整个欧洲的医学教育和医疗活动。最早的翻译似乎是非洲人康斯坦丁（活跃于1065—1085年）做的，他是意大利南部卡西诺山隐修院的一名本笃会修士，与萨勒诺关系密切（图13.4）。康斯坦丁对阿拉伯语的了解无疑与他出身北非有关，他翻译了希波克拉底和盖伦的著作、阿里·阿拔斯的《医术全书》、侯奈因·伊本·伊沙克的医学著作等。在此后的150年里，意大利南部、西班牙等地的翻译家继承了他的工作，渐渐把许多希腊-阿拉伯医学著作从阿拉伯文译成了拉丁文。在托莱多，克雷莫纳的杰拉德（约1114—1187）翻译了9部盖伦的论著、拉齐的《曼苏尔》和阿维森纳伟大的《医典》。这些新的文本极大地拓宽和深化了西方医学知识，与中世纪早期相比，它们赋予西方医学一种强得多的哲学导向，并最终影响了新成立的大学中医学教育的形式和内容。[②] 330

① 关于萨勒诺的经典研究是 Paul Oskar Kristeller，"The School of Salerno: Its Development and Its Contribution to the History of Learning"。另见 McVaugh，"Medicine，" pp. 247—249；Morris Harold Saffron，*Maurus of Salerno*：*Twelfth-Century "Optimus Physicus" with His "Commentary on the Prognostics of Hippocrates"*。

② Danielle Jacquart，"The Influence of Arabic Medicine in the Medieval West"；Michael McVaugh，"Constantine the African"；McVaugh，"Medicine，" pp. 248—249；另见本书第九章。

图 13.4　非洲人康斯坦丁在进行尿液分析。牛津大学博德利图书馆，MS Rawlinson C. 328，fol. 3r（15 世纪）。评论见 Loren C. MacKinney，*Medical Illustrations in Medieval Manuscripts*，pp. 12—13。

行医者

今天，我们一般认为医学是一门学术职业，只有受过长期学校教育并且获得相应从业资格的人才能从事这个行当。但如果把这
331 套想法加于中世纪，我们肯定会被严重误导。一个有用得多的现代类比是木工手艺，从基本家庭维修到建筑行业的专业手艺，再到土木工程学和建筑学，木工手艺有一个连续的谱系。最简单的木

工手艺属于常识领域(几乎所有人都知道,或者都想了解一些基本的家庭维修知识);一个(比如)把周末修复古董作为业余爱好的人可能有许多知识和技能;建筑行业的木匠多是通过做学徒来了解这门行业的专业人士;最后,土木工程师和建筑师把理论知识用于这门学科。

中世纪医疗活动的情形也是类似。几乎人人都懂得一些简单的家庭医学知识。如果需要更多的专业技术,每一个社群都能找到据说擅长处理某些小病的人,我们从这里便开始登上了医学专业化和专门化的阶梯。大多数村庄都有接生婆、接骨者、懂得药草和药草治疗的人。在城市可以找到各种"江湖医生",他们可能擅长处理伤口、治疗牙病以及做某些手术(如切开疖子、治疗疝气或去除肾结石)。在更高的职业化水平上则有药剂师、受过专门训练的外科医生、从学徒做起的技艺精湛的专业行医者,最后是受过大学教育的医生。这绝不是一个静态或严格线性的等级结构,也不是说在任何地方情况都一样。而且由于在许多层面都有世俗行医者和宗教行医者(比如教士们总是把传统医疗活动与宗教职责联系在一起),所以情况就更加复杂。此外,划界也很难清晰,因为对行医者的管理和授权本应作明确分类,但在中世纪的体制化进程很慢,所以从未变得普遍有效。尽管如此,上述分类方案还是大致反映了中世纪医学的一般特征。①

① Katharine Park,"Medical Practice";Park,*Doctors and Medicine in Early Renaissance Florence*,pp. 58—76;Siraisi,*Medieval and Early Renaissance Medicine*,pp. 17—21;Kealey,*Medieval Medicus*,chap. 2.

332 

图 13.5　子宫中的胎儿。哥本哈根丹麦皇家图书馆，MS Gl. kgl. Saml. 1653 4°，fol. 18r（12 世纪）。

关于中世纪欧洲的行医人数，我们只有非常粗略的数据。不过，由这些零星的数据还是可以了解一些东西。1338 年，佛罗伦萨（医生的人口比例无疑要比一般欧洲城市高很多）的 12 万人口中大约有 60 位各种类型的特许行医者（包括外科医生和未受正规
333 教育的“江湖医生”）。20 年后，黑死病流行使人口锐减，佛罗伦萨的 42000 人当中有 56 位特许行医者，这个比例表明每 1 万人当中就有 12 到 13 位医生，它在 14 世纪接下来的时间里一直保持着。① 而在农村地区肯定很难接触到训练有素的医生。中世纪的行医者还包括很多妇女，她们不仅积极参与妇产科的医疗，还参与了其他一些医学专业领域。其中最著名的是 12 世纪萨勒诺的特罗塔（Trota）或特罗图拉（Trotula），她可能没有写过通常被归于她的那

① Park, *Doctors and Medicine*, pp. 54—58.

图 13.6　12 世纪萨勒诺的行医者特罗图拉(Trotula)。伦敦韦尔科姆研究所图书馆,MS 544,p.65（12 世纪）。

本妇科著作,但似乎写过一本关于实用医药和医疗建议的一般性读物。在欧洲的某些地区,犹太行医者也很多。①

① 关于女性治疗师,见 Monica H. Green, ed. and trans., *The Trotula: A Medieval Compendium of Women's Medicine*; Green, *Women's Healthcare in the Medieval West: Texts and Contexts*; Green, "Women's Medical Practice and Medical Care in Medieval Europe"; John Benton, "Trotula, Women's Problems, and the Professionalization of Medicine in the Middle Ages"; Siraisi, *Medieval and Early Renaissance Medicine*, pp. 27, 34, 45—46; Edward J. Kealey, "England's Earliest Women Doctors"。关于犹太行医者,见 Elliot N. Dorff, "The Jewish Tradition"; Luis García Ballester, Lola Ferre, and Edward Feliu, "Jewish Appreciation of Fourteenth-Century Scholastic Medicine"。

大学中的医学

我们了解最多的行医者是那些在中世纪欧洲正规医学学校学习或教课的人。这些医生受过教育，所以留下了流传至今的著述，我们可以从中了解他们的身份、研究内容和医学专长。[①]

正规的医学研究似乎最早出现在10、11世纪的大教堂学校——不是为了培养职业医生，而是作为普通教育的一个方面。例如在沙特尔，医学研究出现在990年左右，而在11世纪，医学教育在其他地方的类似学校中也出现了。[②] 然而，新翻译的希腊-阿拉伯传统的医学著作在12世纪的萨勒诺才第一次被吸收，正是在萨勒诺，医学开始作为一种学术职业而出现。这些发展背后的驱动力不仅是理智上的好奇心或医学上的利他主义（无疑这两者都存在），而且还有对地位和事业飞黄腾达的渴望。医生处于上述行医者等级的顶端，因此是很有文化的人。他们认识到，通过模仿其他学术职业（比如法律），要求行医者获得正规资格，就有可能提高自己的地位。为此他们把医学从技艺或手艺提升为科学。萨勒诺的医学发展很有影响，到了13世纪，医学院在蒙彼利埃、巴黎和博洛尼亚的大学变得很突出。而在帕多瓦、费拉拉、牛津等地的大学

① 关于大学中的医学，见 Siraisi，*Medieval and Early Renaissance Medicine*，chap. 3；McVaugh，"Medicine，" pp. 249—252；Vern L. Bullough，*The Development of Medicine as a Profession：The Contribution of the Medieval University to Modern Medicine*，esp. chap. 3；Faye M. Getz，"The Faculty of Medicine before 1500"。

② McVaugh，"Medicine，" p. 247.

也创建了重要程度稍逊的医学院。

医学在中世纪大学的体制化对于医学理论和医疗活动的发展极为重要。首先，它确保医学研究得以延续，并使受过教育的医生这一重要群体从中世纪一直持续至今。其次，在大学（而不是其他 334
某个可能的研究机构）确立医学研究在医学与其他知识分支之间建立了联系，对医学发展产生了深远影响。尤其是，艺学院的学位逐渐成为医学研究通常要求的（如果不是普遍的话）先决条件；这意味着医科学生将会掌握逻辑和哲学工具，把医学（无论是好是坏）变成一种严格的经院事业。它也使医学接触到了亚里士多德的自然哲学（将为医学提供一些重要原理）和占星术（及其姊妹学

图 13.7　医学教学，出自阿维森纳《医典》的一个抄本。巴黎国家图书馆，MS Lat. 14023，fol. 769v（14 世纪）。

科天文学)理论,后者将成为医生诊断和治疗的必备知识。让我们简要考察一下医学课程。

先是在萨勒诺,后来在其他医学院,教学曾经围绕着一部由若
335 干篇短论编成的文集《医术集》(*Articella*)来进行,其中包括侯奈因·伊本·伊沙克(在西方被称为约翰尼修斯[Johannitius])写的一篇医学导论、希波克拉底著作中的几篇短文以及论述尿液分析和诊脉的作品。到了14、15世纪,该文集又补充了盖伦、拉齐、阿里·阿拔斯、阿维森纳等人的作品。由于医学理论需要符合更广的自然哲学原理,所以医学课程有了明显的哲学导向。人们采用的是典型的经院式教学方法,即对权威文本进行评注和就有争议的问题进行论辩。但这并不意味着(就像有时声称的那样)大学医学纯粹是一种围绕教科书展开的理论活动。事实上,许多大学医学教授都会从事兼职的私人医疗活动,医科学生也常常需要掌握一些临床经验。①

最后,学医的学生有多少呢?我们的确有零星的相关数据。在15世纪初的15年里,博洛尼亚大学医学院(欧洲最重要的医学院之一)总共授予了65个医学学位和1个外科学位。在15世纪稍后的36年里,同在意大利北部的都灵大学总共授予了13个医

① 关于课程,见 Siraisi, *Medieval and Early Renaissance Medicine*, pp. 65—77; Siraisi, *Taddeo Alderotti and His Pupils: Two Generations of Italian Medical Learning*, chaps. 4—5; Siraisi, *Avicenna in Renaissance Italy: The "Canon" and Medical Teaching in Italian Universities after 1500*, chap. 3; Getz, "Faculty of Medicine"; McVaugh, "Medicine," pp. 248—252。要想了解《医术集》的内容,参见对其基本内容的带有注解的翻译,即侯奈因·伊本·伊沙克(约翰尼修斯)的 *Isagoge*, 载 Grant, *Source Book*, pp. 705—715。

学博士学位。在最初创立的 60 年里（从 1477 年开始），图宾根大学授予医学学位的比率大约是每两年 1 个。当然，医科学生的数目远高于获得学位的人数，因为大多数学生并未完成学业。有人提出，学生人数与获得学位的人数之比可能为 10：1。由这些数字我们可以得知，受过大学训练的医生，尤其是获得博士学位的医生是非常罕见的，他们是城市的精英成员。一般来说，只有富人和有权势的人才是他们的服务对象。①

疾病、诊断、预后和治疗

中世纪行医者的医学理论、诊断方法和治疗手段依行医者的受教育水平、专长和职业环境的不同而不同。当然，我们了解的大多是学院派医生的观点和程序，但有理由相信，他们的信念和做法向下渗透，影响了其他类型的治疗师。例如有大量证据表明，为了让有读写能力但不懂拉丁文的行医者受益，拉丁文医学论著被翻译或节译成了各种本国语。② 与此同时，民间医学和民间疗法明 336
显倾向于向上渗透，对职业医学甚至是（在某种程度上）学院派医学产生影响。因此，我们大体上可以认为，以下医学信念和做法曾以不同程度出现于中世纪的许多治疗活动中。

中世纪疾病理论有一种基本观念，即每个人都有典型的体质

---

① 这里给出的数据源自 Siraisi, *Medieval and Early Renaissance Medicine*, pp. 63—64。牛津的定量数据见 Getz, "Faculty of Medicine"。

② Faye M. Getz, "Charity, Translation, and the Language of Medical Learning in Medieval England"; Getz, *Healing and Society in Medieval England*.

或性情，取决于四元素以及人体内与之对应的四种性质（冷、热、干、湿）的平衡。一般认为，每个人的体质都是独特的，对某个人正常的平衡对另一个人则是异常的。与体质理论密切相关的是源于盖伦和希波克拉底的一种想法，即人体包含四种有重要生理意义的基本体液——血液、黏液、黑胆汁和黄胆汁，正是通过这四种体液，四种性质才能保持适当的平衡。健康被认为与适当的平衡有关，生病与失衡有关。例如，发烧起因于心脏发出的异常的热。最后，健康与疾病被认为受到一些所谓“非自然”条件的影响，如呼吸的空气、饮食、睡眠与清醒、活动与休息、（营养的）保持与排出以及精神状态，等等。①

如果疾病起因于对人的正常体质的偏离，那么治疗必须以恢复这种平衡为目标。有许多技巧可以达到这一目的。首先是饮食；由于体液是被消化食物的最终产物，所以恰当的饮食对于保持健康至关重要。药物根据其主导性质进行分类，医生可以开药帮助恢复平衡。如果需要更加大胆的治疗，则可能通过泻药、“催呕”、放血等疗法把多余的体液排出去。为了确定采用何种治疗方式，医生需要研究病人的生活方式或生活规律（饮食、锻炼、睡眠、性活动和沐浴等事项），以查明病人是哪种特定体质和需要何种生活规律。事实上，要想达到最佳效果，医生应当在一段时间内密切关注病人的活动，而这只有在一名（可能很有学识的）医生受雇于

① Siraisi, *Medieval and Early Renaissance Medicine*, pp. 101—106; Danielle Jacquart, “Anatomy, Physiology, and Medical Theory”; Grant, *Source Book*, pp. 705—709; L. J. Rather, “The ‘Six Things Non-natural’: A Note on the Origins and Fate of a Doctrine and a Phrase.”

一位富人时才是实际可行的。在对病人雇主作出一段时间的观察后，这位有学识的医生（理论上）将能够提出保持或恢复健康的建议。于是，精通学术医学（以及在某种程度上不那么学术的医疗活 337
动）的理想人物是一名医学顾问，其首要职责是从事我们所谓的预防医学，但在预防失效时能够进行适当的药物治疗。[①]

图 13.8　一家药剂店。伦敦大英图书馆，MS Sloane 1977，fol. 49v（14 世纪）。

① 关于对疾病的治疗，见 Siraisi，*Medieval and Early Renaissance Medicine*，chap. 5；Jacquart，“Anatomy，Physiology，and Medical Theory”；Grant，*Source Book*，pp. 775—791。

最常见的治疗措施是药物治疗，因此，大多数中世纪医生必须具备确认和制备药物的能力以及对药性的认识。药物可能是单方药，也可能是复方药，最常见的成分是药草，但有时也用动物或矿物质入药。许多药物都是偏方，经过数代人的成功使用才获得认可。例如，当地治疗师经过长期经验摸索出某些植物可做泻药或止痛药。中世纪的某些药物无疑是有效的，但大多数只是无害而已，少数还可能很危险。有些药物会让人非常恶心，比如相信猪粪能够有效地治疗流鼻血。在这种情形下，药物可能比疾病更让人难以接受。①

338 如果说中世纪的药物治疗存在着大量经验（往往是民间的）成分，那么它也明显带有源于希腊和阿拉伯医学传统的理论成分。迪奥斯科里德斯的《药物论》（修订增补本）在西方有所流传；12 世纪出现了一些更具影响的新的医方集；最后，盖伦、阿维森纳等人著作的新译本为系统整理药学知识提供了理论支持。基本的理论假设（无疑来自盖伦）是，自然物都有药性，与它们的冷、热、干、湿四种基本性质相联系。阿维森纳给这一理论补充了一种观念，即药物可能还拥有一种独立于其基本性质的“特定形式”，难以用四种基本性质来解释的治疗效果可以用这种“特定形式”来解释。因此，正是通过这种“特定形式”，解毒药（这种用毒蛇肉等成分制成的药物古已有之）才获得了 12 世纪的《尼古拉解毒药集》（*Antidotarium Nicolai*）赋予它的明显治疗特性：

① 关于药物治疗，见 Siraisi, *Medieval and Early Renaissance Medicine*, pp. 141—149（用猪粪治疗流鼻血见 p. 148）；Jones, *Medieval Medical Miniatures*, chap. 4。

> 解毒药……对于整个人体所受的大多数严重痛苦都有疗效，如癫痫、强直性昏厥、中风、头痛、腹痛、偏头痛、声音嘶哑、胸部的压迫感、支气管炎、哮喘、吐血、黄疸、水肿、肺炎、绞痛、肠疾、肾炎、结石和霍乱；它能诱导月经，打掉死胎；治疗麻风病、天花、间歇性受寒和其他慢性病；对于治疗各种中毒、被蛇或其他爬行动物咬伤尤为有效……；它能清除各种感官缺陷[?]，增强心脏、大脑和肝脏的功能，使全身保持清洁。①

理论关注的另一个领域是确定复方药的药性如何依赖于各个成分的性质。伊斯兰和欧洲的学者对这个问题作了详细的理论探讨(包括数学分析)。事实上，前面讲过的形式与性质的增强与减弱学说之所以能够得到发展，部分原因正在于它可被用于药学理论。②

在结束对中世纪的疾病和治疗的讨论之前，我们还要讨论两项突出的诊断技术——尿液分析和诊脉。这两项技术古已有之，包括盖伦在内的古代作者都提到了它。《医术集》中的两篇分别讨论脉搏和尿液的短文以及阿维森纳《医典》中的更长讨论产生了进 339
一步影响，从而确保了尿液分析和诊脉在后来的中世纪诊断技术中处于核心地位。据说尿液分析可以揭示肝脏的状况，而脉搏能够反

① Translated by Michael McVaugh in Grant, *Source Book*, p. 788. This list of curative properties is followed by the recipe for theriac. 关于解毒药，另见 McVaugh, "Theriac at Montpellier"。

② 例如见 Michael McVaugh, "Arnald of Villanova and Bradwardine's Law"; McVaugh, "Quantified Medical Theory and Practice at Fourteenth-Century Montpellier." 以及 McVaugh's introduction to *Arnald de Villanova*, *Opera medica omnia*, vol. 2: *Aphorismi de gradibus*。

映心脏的状况。尿液的主要特征是颜色、浓度、气味和清澈度。例如,13 世纪初的医学作者科贝伊的吉莱斯(Giles of Corbeil)认为,“如果尿液浓稠、发白、浑浊或呈蓝白色,则表明患有水肿、绞痛、结石、头痛、多痰、器官发炎或腹泻”①。用图表显示不同颜色的尿液与各种疾病的关系是中世纪医学著作的一个常见特征(图 13.9)。

340

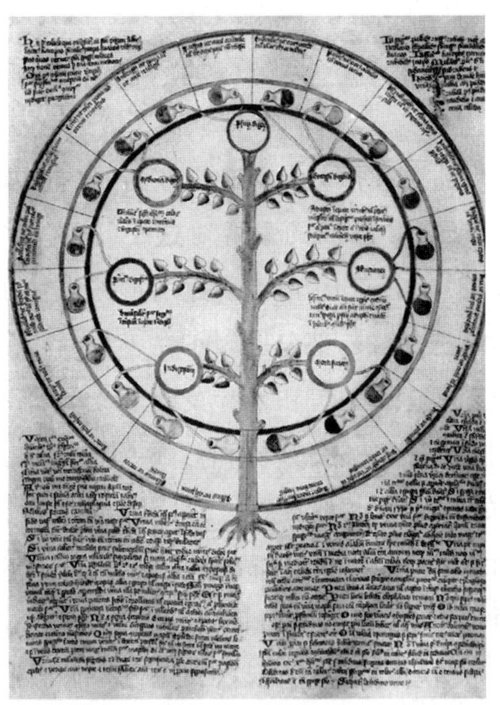

图 13.9 尿液颜色图表,它将尿液颜色的变化与消化的不同阶段关联起来。伦敦韦尔科姆研究所图书馆,MS 49,fol. 42r(15 世纪)。进一步的讨论见 Nancy G. Siraisi,*Medieval and Early Renaissance Medicine*,p. 126。

---

① Translated by Michael McVaugh, in Grant, *Source Book*, p. 749. 关于尿液分析,见 MacKinney, *Medical Illustrations*, pp. 9—14; Jones, *Medieval Medical Miniatures*, pp. 58—60。

在诊脉时，医生试图确定脉搏的强弱、持续时间、规律性和幅度等（图13.10）。他们区分了各种脉，提出了各种分类方案。13世纪的一部佚名著作给出了以下方案：

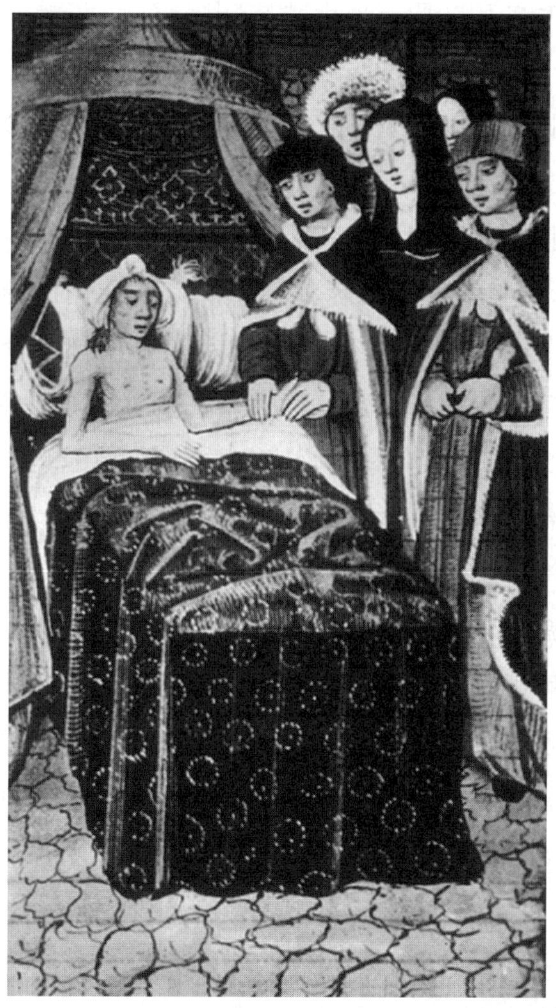

图13.10　诊脉。格拉斯哥大学图书馆，MS Hunter 9, fol. 76r（15世纪）。对该图的进一步讨论见 Loren C. MacKinney, *Medical Illustrations from Medieval Manuscripts*, pp. 16—17。

> 医生依照若干方式对各种脉进行分类，特别是根据以下五个方面来考虑：(1)动脉的跳动；(2)动脉的状况；(3)舒张期和收缩期；(4)脉搏的增强或减弱；(5)跳动的规则和不规则。由这些考虑可以区分出十种脉。①

衰弱的脉象可以用来预言死亡时间，因此对于诊断和预后都很有用。

迄今为止，我们回避了医学理论和医疗活动中一个普遍存在的要素，它影响了中世纪治疗师的思想以及使用的治疗手段。这就是医学占星术，它相信疾病的原因和治疗中都蕴含着行星的影响。有充分理由相信行星的这样一种影响。希波克拉底等医学权威的几篇论文似乎肯定了天体的影响，后来在中世纪，一部医学占星术著作以希波克拉底的名义流传开来。但更重要的是，只要掌握了自然哲学基础，就知道天体会对人体及其环境产生影响，完全没有理由怀疑天体会对健康与患病过程产生影响(图 13.11)。②

天体的影响始于受孕，它能影响胎儿的性情或体质。人出生
341 后会直接或通过周围的空气而接受连续的天体力量流，后者影响了人的性情、健康和疾病。事实上，人们常用占星术的影响来解释主要流行病，比如 1347—1351 年的黑死病。巴黎大学医学院试

---

① Translated by Michael McVaugh in Grant, *Source Book*, p. 746. 关于脉搏，另见 MacKinney, *Medical Illustrations*, pp. 15—19。

② 关于医学占星术，见 Siraisi, *Taddeo Alderotti*, pp. 140—145; Siraisi, *Medieval and Early Renaissance Medicine*, pp. 68, 111—112, 123, 128—129, 134—136, 149—152; Jones, *Medieval Medical Miniatures*, pp. 69—74。

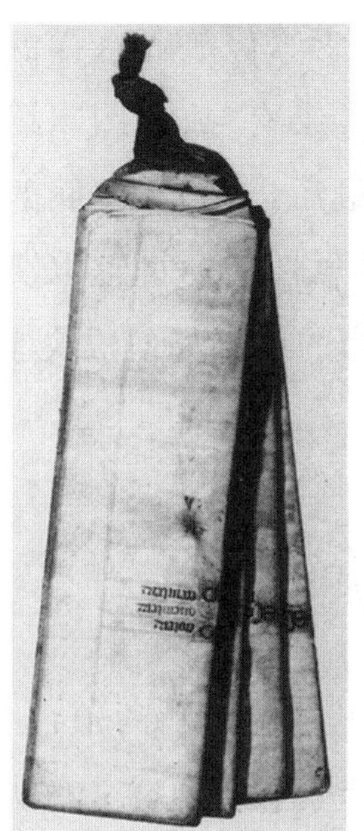
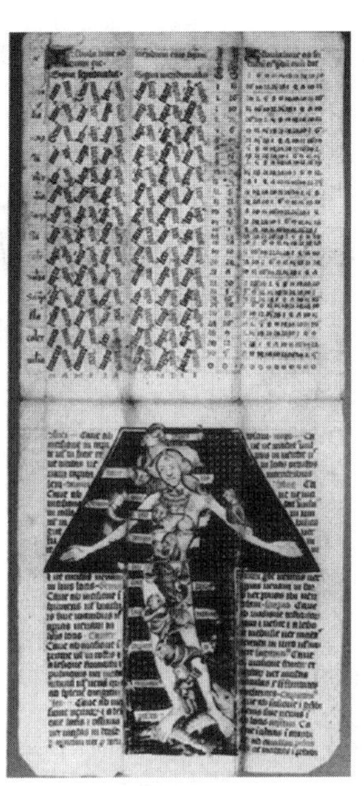

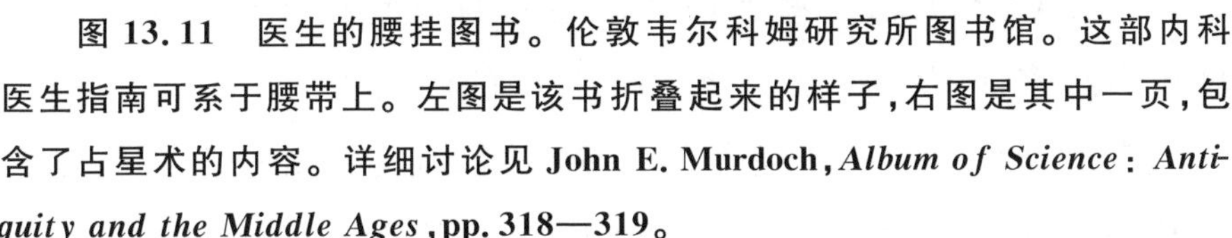

图 13.11　医生的腰挂图书。伦敦韦尔科姆研究所图书馆。这部内科医生指南可系于腰带上。左图是该书折叠起来的样子，右图是其中一页，包含了占星术的内容。详细讨论见 John E. Murdoch, *Album of Science: Antiquity and the Middle Ages*, pp. 318—319。

图对这种特殊瘟疫作出解释，他们的结论是，这场黑死病缘于木星、土星和火星在 1345 年的相合所导致的空气腐败。[①]

如果疾病迟迟不去，医生就需要考虑行星的位形来制定有效的治疗方案。制药和用药必须恰当安排时间，以符合有利的行星

① 关于黑死病，见 McVaugh, "Medicine," p. 253; Siraisi, *Medieval and Early Renaissance Medicine*, pp. 128—129; Grant, *Source Book*, pp. 773—774; Daniel Williman, ed., *The Black Death: The Impact of the Fourteenth-Century Plague*, pp. 9—22; David Herlihy, *The Black Death and the Transformation of the West*; Philip Ziegler, *The Black Death*。

位形，药物剂量取决于占星学的因素。像放血这样的手术程序也
342 必须择吉时而行。手术论著中常常绘有“放血图”，用来指导医生在恰当的时间从特定位置放血。最后，希波克拉底的“关键时日”理论被与占星术联系起来，它认为急性病的过程以决定性时刻或转折点为标志，人们认为，病情发作的结果如何取决于决定性时刻在占星术上是否有利。

343 解剖学和外科

中世纪的治疗师无疑都倾向于采用温和的治疗手段，比如控制饮食和开药。但有些疾病和医疗紧急情况需要更为激烈的医疗手段。在欧洲，总有一些行医者愿意对身体施行外科手术。外科医生多种多样，从擅长某一类手术程序的江湖游医，一直到受过大学教育的受雇于国王或教皇的外科医生，其专长和受教育程度各不相同。外科通常会被视为一种手艺，外科医生的地位要低于受过大学教育的内科医生；然而，外科医生的确使外科在欧洲南部大学（例如蒙彼利埃和博洛尼亚大学）成功地体制化，从而获得了学术地位。通过12、13世纪的翻译工作，西方获得了大量阿拉伯外科文献，由此产生了一种欧洲的外科写作传统。最有影响的欧洲论著是《罗吉尔·弗鲁加德外科学》（*Surgery of Roger Frugard*，12世纪），它以短节的形式广为流传，还有三任教皇的内外科医生居伊·德·肖利亚克（Guy de Chauliac，约1290—约1370）的《大外科》（*Chirurgia magna*）。居伊的著作不仅在拉丁世界广为流传，而且被译为英语、法语、普罗旺斯语、意大利语、荷兰语和希伯

来语。①

大多数外科手术并非特别大胆，比如接骨，关节复位，处理溃疡或疮口，清洗和缝合伤口以及切开疖子。放血和烧灼（用烧红的铁烧灼身体的各个部位，形成溃疡以排放体内不想要的液体）也是常见程序。② 切除外痔可能也很平常。但中世纪有些外科医生施行了更有冒险精神的手术，比如切除白内障，医生用锐利的器械穿透角膜，迫使晶状体脱离眼球，落到眼睛底部（图 13.12）。其他手术还有清除膀胱结石和矫正疝气（图 13.13）。以下文本描述了清除膀胱结石的过程：

> 如果膀胱里有结石，查明它的做法如下：让一个强壮的人坐在长凳上，脚放在凳子上；病人坐在他的腿上，用绷带把病人的腿绑在他的脖子上，或者固定在助手的肩上。医生站在病人前面，把右手的两指插入病人的肛门，左手握成拳压迫病人的阴部。医生的手指从上面进入膀胱，在整个膀胱内 345
> 摸索。如果他发现一个坚硬的小丸，那就是膀胱里的结石了……若要取出结石，先让病人清淡饮食，并且在术前禁食两天。到第三天……找到结石的位置，把它挤到膀胱颈部；

① Siraisi, *Medieval and Early Renaissance Medicine*, chap. 6; MacKinney, *Medical Illustrations*, chap. 8. 关于罗吉尔·弗鲁加德，见 Siraisi, *Medieval and Early Renaissance Medicine*, pp. 162—166; MacKinney, *Medical Illustrations*, passim (under the name “Rogerius”)。关于居伊·德·肖利亚克，见 Vern L. Bullough, “Chauliac, Guy de”。

② Linda E. Voigts and Michael R. McVaugh, *A Latin Technical Phlebotomy and Its Middle English Translation*; *MacKinney*, Medical Illustrations, pp. 55—61.

这里是膀胱的入口，用工具在肛门以上两指处把膀胱纵向切开，取出结石。①

344

图 13.12　切除白内障（上）和切除鼻息肉手术（下）。牛津大学博德利图书馆，MS Ashmole 1462，fol. 10r（12 世纪）。对该图的讨论见 Loren C. MacKinney，*Medical Illustrations from Medieval Manuscripts*，pp. 70—71。

① MacKinney，*Medical Illustrations*，pp. 80—81.

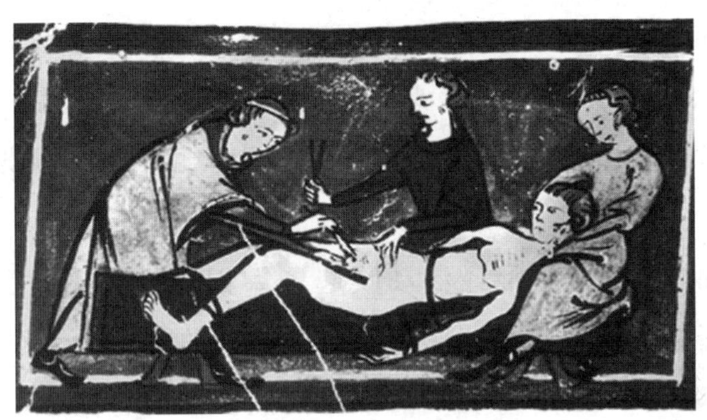

图 13.13　阴囊疝手术。注意病人既被绳所缚，又被按住。蒙彼利埃大学校际图书馆医学分馆，MS H. 89, fol. 23r（14 世纪）。对该图的讨论见 Loren C. MacKinney, *Medical Illustrations from Medieval Manuscripts*, pp. 78—80。

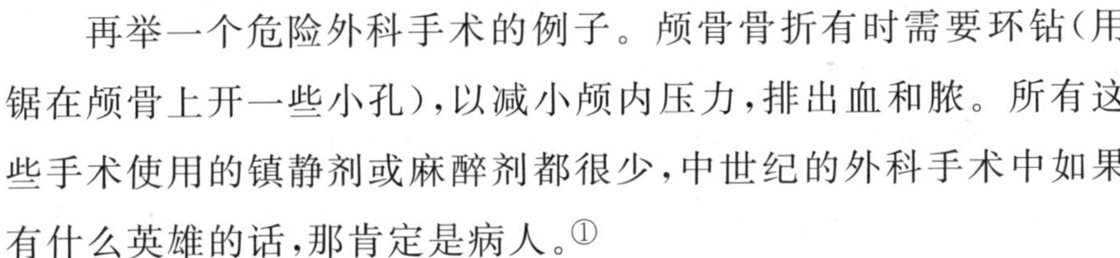

再举一个危险外科手术的例子。颅骨骨折有时需要环钻（用锯在颅骨上开一些小孔），以减小颅内压力，排出血和脓。所有这些手术使用的镇静剂或麻醉剂都很少，中世纪的外科手术中如果有什么英雄的话，那肯定是病人。[①]

中世纪的外科医生或内科医生了解多少人体解剖学知识？解剖学教育和临床解剖学研究在中世纪行医者的教育中占据什么地位？虽然盖伦强调解剖学知识对于成功处理疾病的重要性，但和古代一样，解剖学知识与临床医疗的关联在中世纪仍然很弱。大多数中世纪行医者无疑认为自己凭借很少的解剖学知识也能干得很好，因为为病人提供建议、规定饮食和开出草药处方很少用到详

---

①　能使病人入睡的麻醉剂是有的，但我们不清楚对它的应用有多广；见 Linda E. Voigts and Robert P. Hudson, "'A drynke that men callen dwale to make a man to slepe whyle men kerven him': A Surgical Anesthetic from Late Medieval England"。

细的人体结构知识。外科医生对解剖学知识的要求无疑要高一些,但仍然很有限。他们所要求的解剖学知识是通过屠宰牲口之类的日常经验所获得的常识知识,其余知识可以在学徒期间或外科实践中凭经验获得。

然而,12 世纪的翻译活动唤起了人们对解剖学问题新的兴趣。翻译盖伦的解剖学著作和以此为基础的阿拉伯著作(包括阿维森纳、阿里·阿拔斯、拉齐和后来阿威罗伊的著作)给西方带来了大量解剖学文献。这些文献之所以需要关注,并非因为它们有望对医疗活动产生立竿见影的巨大作用,而是因为它们所属的医学理论体系被有学识的医生看成自己的思想财富。对解剖学知识的新兴趣最先以实际解剖的形式出现在 12 世纪的萨勒诺,当时的解剖对象是猪,它在解剖学意义上被认为与人体类似。

人体解剖似乎始于某些意大利大学,尤其是 13 世纪末的博洛尼亚大学。对当时情况的描绘模糊不清,但其目的起初似乎是法
346 律上的——为了查明死因,法学院需要验尸。后来人体解剖逐步传播开来,被用于医学教学(但我们对传播过程一无所知)。到了 1316 年,曾在博洛尼亚大学任教的蒙迪诺·代·卢齐(Mondino dei Luzzi,约卒于 1326 年)已对人体解剖相当熟练,他写了一本解剖学手册——《解剖学》(*Anatomia*),在此后两个世纪里,这本书一直是人体解剖的权威指南。①

---

① Vern L. Bullough,"Mondino de' Luzzi";Bullough,*Development of Medicine as a Profession*,pp. 61—65;Siraisi,*Medieval and Early Renaissance Medicine*,pp. 86—97;Jacquart,"Anatomy,Physiology,and Medical Theory."

到了 14 世纪，解剖学成为帕多瓦大学、博洛尼亚大学等几所大学医学教育的常规部分。居伊·德·肖利亚克在《大外科》中描述了他在博洛尼亚大学的老师尼古劳斯·贝尔特鲁修斯(Nicolaus Bertrucius)的人体解剖程序：

> 他把尸体放在桌子上，针对它讲了四节课。第一节课讲了营养器官[胃和肠]，因为它们腐烂得最快，第二节课讲了精神器官[心脏、肺、气管]，第三节课讲了灵魂部分[头颅、大脑、眼睛和耳朵]，第四节课讲了四肢。接下来是对[盖伦的]《论 347
> 解剖》(*Sects*)的评注，每一个器官都要了解九个方面：位置、实物、结构、数量、形状、连接处的关联、作用、用途以及影响它们的疾病……我们也对在阳光下晒干、在土里腐烂或者浸在流水或沸水中的尸体进行解剖。这至少能够显示骨骼、软骨、关节、大神经、腱和韧带。①

这样的解剖对象一般是罪犯的尸体，行刑日期可能会根据医学院的需要来确定。罪犯的尸体并不常有，一年解剖一次也许是最常见的模式。需要知道的是，医科学生是观察者而不是主刀者，解剖的目的是讲解盖伦的文本，不是研究而是教学。②

① 引自 Bullough, *Development of Medicine as a Profession*, p. 64。

② 关于文艺复兴时期对待人体解剖的社会态度（这些态度在中世纪晚期也有反响），见 Katharine Park, "The Criminal and the Saintly Body: Autopsy and Dissection in Renaissance Italy"。

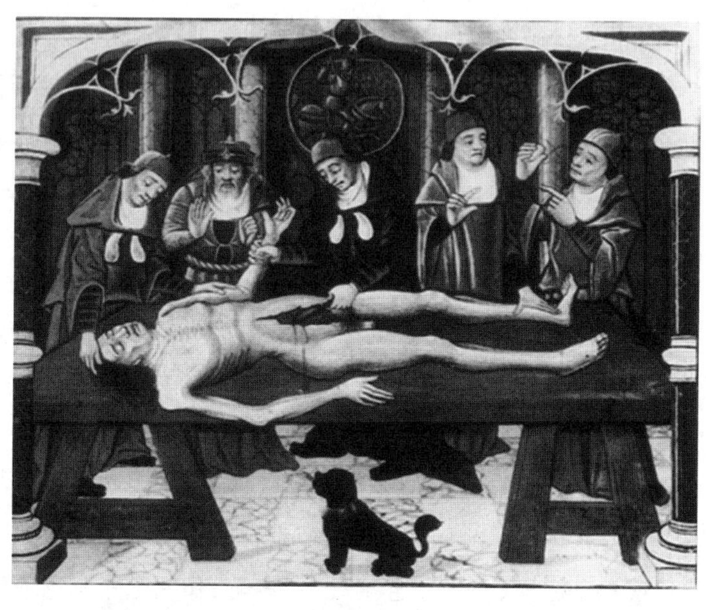

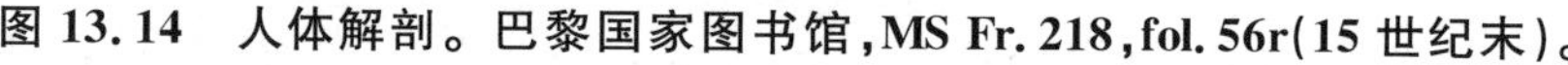

图 13.14　人体解剖。巴黎国家图书馆,MS Fr. 218,fol. 56r(15 世纪末)。

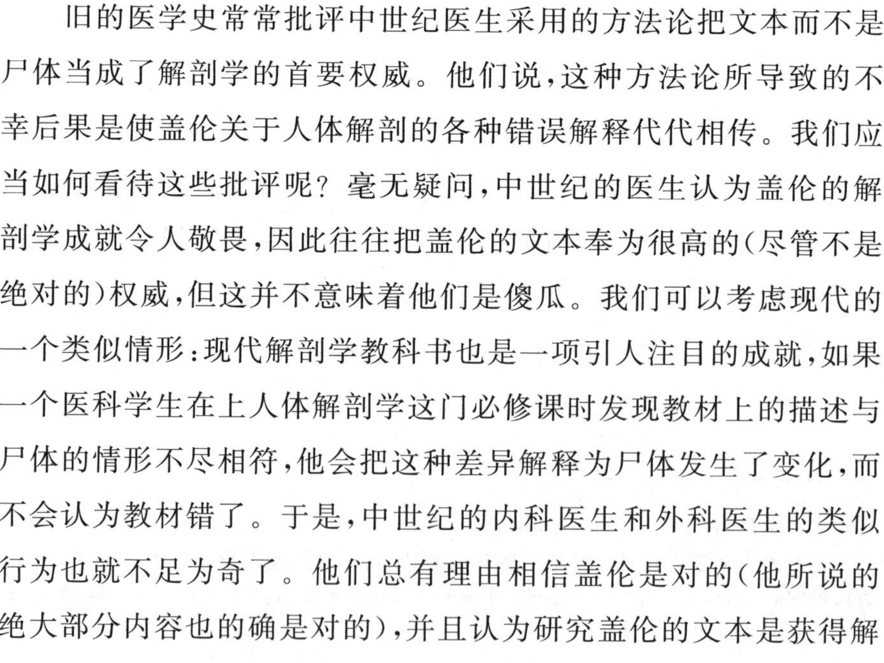

旧的医学史常常批评中世纪医生采用的方法论把文本而不是尸体当成了解剖学的首要权威。他们说,这种方法论所导致的不幸后果是使盖伦关于人体解剖的各种错误解释代代相传。我们应当如何看待这些批评呢？毫无疑问,中世纪的医生认为盖伦的解剖学成就令人敬畏,因此往往把盖伦的文本奉为很高的(尽管不是绝对的)权威,但这并不意味着他们是傻瓜。我们可以考虑现代的一个类似情形:现代解剖学教科书也是一项引人注目的成就,如果一个医科学生在上人体解剖学这门必修课时发现教材上的描述与尸体的情形不尽相符,他会把这种差异解释为尸体发生了变化,而不会认为教材错了。于是,中世纪的内科医生和外科医生的类似行为也就不足为奇了。他们总有理由相信盖伦是对的(他所说的绝大部分内容也的确是对的),并且认为研究盖伦的文本是获得解剖学知识最为可靠和有效的(当然也是最正当的)途径。

虽然解剖在医学教育中是次要的,但我们已经看到,一种解剖传统的确在13世纪末和14世纪初发展起来。在随后的200年里,该传统变得日益壮大和精良,同时保持着与解剖学知识的文本传统的持续对话。到了15世纪,印刷术使教材成本下降,也使准确地复制解剖图成为可能。天才艺术家的不断加盟使解剖图的质量有了进一步提高。到了16世纪,这些因素与盖伦希腊文本的重 348
新获得共同造就了安德列亚斯·维萨留斯(Andreas Vesalius,1514—1564)等人惊人的解剖学成就。

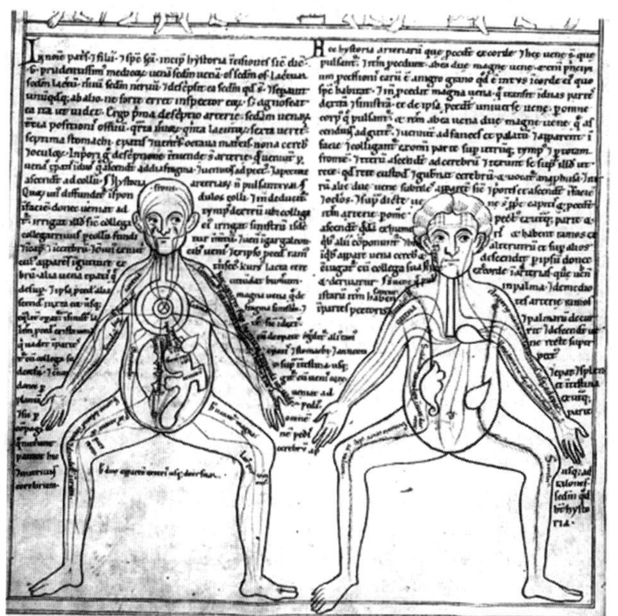

图13.15　人体解剖图,显示了盖伦关于静脉(左图)和动脉(右图)的构想。慕尼黑巴伐利亚州图书馆,CLM 13002,fol. 2v(12世纪)。评注和更多的解剖图见Siraisi,*Medieval and Early Renaissance Medicine*,pp. 92—95。

医院的发展

在结合体制背景对中世纪医学进行讨论的最后，我将简要论述最著名的中世纪医学成就——医院的发明。追溯医院起源的一
349 个困难在于确定这个词的意思。如果把“医院”(hospital)理解为任何被称为“救济院”(hospice)或“收容所”(hospital)的地方，我们就会把许多为贫民、朝圣者和病人提供食物和栖身之所，但几乎不提供专业医疗护理的机构都归入“医院”。而如果把它理解为致力于照料病人，包括提供熟练医疗护理的机构，我们就使用了一个严格得多的标准。我们感兴趣的并不是前一种意义上的医院，它们在整个中世纪欧洲很常见（往往由隐修院或世俗教友团体来维护），而是要关注后一种机构。①

那么，作为医疗机构的医院来自何处呢？它的起源似乎可以追溯到拜占庭帝国，大约在 4 世纪，基督教的博爱理想引导人们在那里建立了提供专门医疗护理的医院。在这些最早的医院中，君士坦丁堡的桑普松医院(Sampson hospital，名称取自 4 世纪一位圣徒)是我们能够完全确定的。例如在 7 世纪初，一位腹股沟感染的教会职员便是在这里接受了手术治疗并得以康复。其他拜占庭医院也是按照同样的思路组织起来的：12 世纪，同在君士坦丁堡

---

① 关于较窄意义上的医院的起源，特别参见 Timothy S. Miller, *The Birth of the Hospital in the Byzantine Empire*; Miller, “The Knights of Saint John and the Hospitals of the Latin West”; Michael W. Dols, “The Origins of the Islamic Hospital: Myth and Reality”; Kealey, *Medieval Medicus*, chaps. 4—5。

的潘托克雷特医院(Pantokrator hospital)可以容纳 50 位病人(38 位男性,12 位女性)。为了满足病人在医疗等方面的要求,医院雇了包括内科医生和外科医生在内的 47 个人。①

这种拜占庭医院模式传到了伊斯兰世界和西方,在那里与当地的健康护理传统相互作用,并促进了后者的形成。在伊斯兰世界,9 世纪初出现了类似的机构,这可能是因为在哈里发哈伦·拉西德在位期间(786—809)位高权重的巴尔马克家族的影响。当然,拜占庭模式向西方的传播肯定有许多途径,其中之一似乎是 1099 年征服耶路撒冷的一个副产品,此时正值第一次十字军东征期间。耶路撒冷陷落后不久,在耶路撒冷的圣约翰医院做杂役的修士(即后来所谓“教会军事团体中的护理人员”[hospitallers])又依照拜占庭模式将医院重新组织起来。它位置显要,规模又大,渐渐在全欧洲出了名。据一个世纪后的参观者报告说,它可以收容 1000 位病人甚至更多。后来,这些护理人员又在意大利和法国南部建立了一些医院。通过颁布各种法令来管理这些医院(比如要求雇 4 位医生来照顾病人),耶路撒冷模式渐渐为西方所熟悉,影响了对病人和穷人的慈善医疗观念,推动医院发展成为一个专业化的医疗机构。②

当然,这只是一个非常粗略的图像,不确定之处还有很多。无 350
论传播和接受的详情如何,作为医疗机构的医院模式的确在 12、

① Miller,“Knights of Saint John,” pp. 723—725.

② 关于这个复杂的主题很难说已有定论。我采用的是 Dols,“Origins of the Islamic Hospital,” pp. 382—384;Miller,“Knights of Saint John,” pp. 717—723,726—733 的看法。关于巴尔马克家族,见本书第八章。

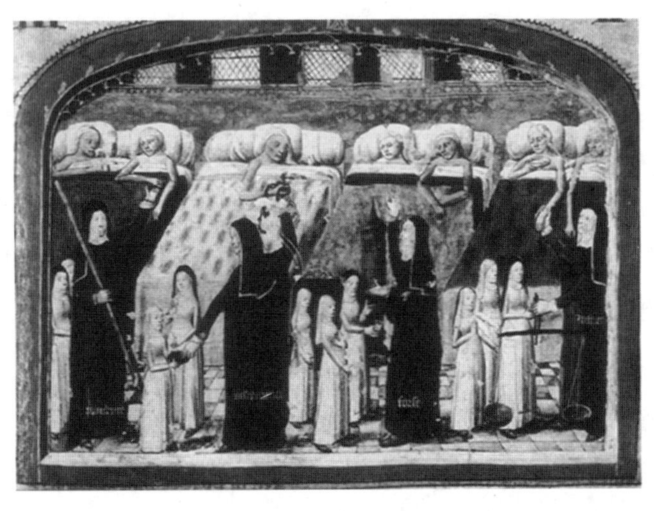

图 13.16　一所中世纪的医院。出自 Jean Henry, *Le livre de vie active des religieuses de l' Hotel-Dieu*(15 世纪末)。巴黎公共设施形象中心。对该图的讨论见 Marie-José Imbault-Huart, *La médecine au moyen age*, p. 168。

13 世纪的西方迅速传播开来,以至于在整个欧洲的城镇都能找到医院。这些医院大小不一,大的有几百个床位,小的只能容纳几个病人。其赞助者可能是宗教机构,也可能是世俗机构。光顾者主要来自下层社会,虽然也有例外。医院通常配有领取年薪的专职医生。病人的需要得到了充分考虑,比如清洁和饮食。用床柱上的绳子把草垫悬起来便成了一张床,这种设计可以支撑住两三位病人的重量。1288 年描述米兰医疗设施的一段文字提供了丰富的信息:

> 在城市,包括郊区在内……共有 10 所医治病人的医院……其中最主要的是 1145 年由杰福瑞・德・布塞罗
> 351 (Geoffrey de Bussero)建立的布罗洛医院(Hospital of the Brolo),设施相当完备。尤其是在疾病肆虐之时,这所医院收

> 容了500多位卧床病人以及更多尚未躺倒的患者。所有病人的饮食均由医院承担。此外还有至少350名婴儿，他们出生后有护士陪伴，受医院照料。医院对一切穷人（除了麻风病患者，另一所医院会接纳他们）来者不拒，慷慨周到地提供食宿，帮助他们恢复健康。所有需要外科治疗的穷人也会受到悉心照料，这项工作由3名指定的外科医生负责。①

这段话虽然肯定展示的是医院最好的一面，但还是显示了一所中世纪医院可能追求的护理水平。

博物学

在中世纪，医学无疑是生物学知识的主要贮藏所，但并不是唯一的。亚里士多德自然哲学包含了大量动物学和植物学知识。几乎每一部百科全书都会有讨论动植物的章节。本草书和动物寓言集分别专门研究植物和动物王国。中世纪的人还拥有关于当地动植物的详尽一手知识。在本章的最后，我们要对中世纪的植物学和动物学知识作一简要考察。

中世纪的植物学知识与医学密切相关，因为植物主要用于制作草药（这里我们不去考虑构成欧洲饮食的那部分植物）。要使药草在医学上确实有效，就需要有手册对各种药草及其治疗用途进

① 关于西方的医院，见 Katharine Park，"Medical Practice"。引文出自 C. H. Talbot，*Medicine in Medieval England*，pp. 177—178。

行描述。于是，中世纪出现了大量本草书，其中大多数是出于实用目的编写的。其典范是迪奥斯科里德斯《药物论》的修订拉丁文译本，它以字母顺序对药物进行排列以方便使用。本草书中的条目通常会包括某种植物的名称、明显特征、产地、有重要医学用途的部分及其疗效，以及如何制备和使用。按照字母顺序编排药草表明，实用目的（能够根据名称来查找药物）胜过了按照生物种类等考虑进行的分类。①

但是除了这些实用的本草书，还有更具理论性和哲学性的文
352 献，它们把植物的生命置于自然哲学的背景之下。这些文献大多以某种方式源于《论植物》(*On Plants*)一书，这部著作被归于亚里士多德，中世纪学者也相信这一点，但实际上可能是大马士革的尼古拉（Nicholas of Damascus，前 1 世纪）所作。它有几部评注（已知的大约有十余种），其中最让人惊叹的是大阿尔伯特（约 1200—1280）的《论植物》(*On Vegetables*)。阿尔伯特对被归于亚里士多
353 德的《论植物》作了释义，还试图把理性秩序引入植物的自然哲学，书后按照字母顺序列出了药草及其用途。这部著作表明，大阿尔伯特观察和描述植物现象的技巧极为高超，其同时代人无法望其项背。②

---

① 对中世纪植物学知识的出色介绍，特别是药草，见 Jerry Stannard, "Medieval Herbals and Their Development"; Stannard, "Natural History," pp. 443—449; Karen Reeds and Tomomi Kinukawa, "Natural History."

② 关于大阿尔伯特的植物学知识，见 Karen Reeds, "Albert on the Natural Philosophy of Plant Life"; Jerry Stannard, "Albertus Magnus and Medieval Herbalism"。关于大阿尔伯特的生物学研究，见本书第十章。

图 13.17　伪阿普列乌斯(Pseudo-Apuleius)《药草集》(*Herbal*)中的一页,描绘了茅草、剑兰和迷迭香。牛津大学博德利图书馆,MS Ashmole 1431,fol. 21r(12 世纪)。描述见 Joan Evans, ed., *The Flowering of the Middle Ages*, pp. 190,352。

我们也许会以为动物学文献的情况与植物学文献类似,然而,动物学知识在医学领域几乎没有应用,在其他领域也鲜有实用价值。因此,在动物学领域并没有一个与实用植物学知识的贮藏所——本药书——相对应的储备库。和植物学的情况一样,存在着一种基本的亚里士多德文本传统,因为亚里士多德写了一系列重要的动物学著作,它们(连同阿维森纳颇具影响的评注)被译成拉丁文,引起了极大关注——与其说是因为其中包含了详细的动物学知识，不如说因其与自然哲学中更一般的问题有关。这里，大阿尔伯特同样是最重要的人物之一，他在大部头的《论动物》(*On Animals*，现代英译本超过 1800 页)和其他一些著作中提出了一个描述性和理论性的宏大动物学体系。特别让人感兴趣的是他对营养和胚胎学的讨论。例如，他对怀孕和胚胎发育的讨论不仅依赖于亚里士多德的受孕理论，而且在很大程度上依赖于他本人对动物生殖行为的观察。虽然中世纪动物学史至今尚未写出，但在大阿尔伯特这里，我们无疑看到其中的哲学方面已经接近了顶点。①

除了亚里士多德主义传统中的动物学著作，还有其他各种讨论动物的文献。其中两类受到了极大关注，一类是关于鹰猎术的实用论著，其中最著名的皇帝腓特烈二世(Frederick II，约 13 世纪中叶)在西西里写的《禽猎术》(*On the Art of Hunting with Birds*)。这篇鸟类名著中最著名的观察是，腓特烈二世用实验确定了，秃鹰是通过视觉而不是嗅觉来觅食的——腓特烈把秃鹰的眼睛蒙住，发现它再也无法找到食物，由此确定了这一结论。②

① 关于中世纪的动物学，见 Stannard，"Natural History，" pp. 432—443。关于大阿尔伯特的贡献，见 Joan Cadden，"Albertus Magnus' Universal Physiology: The Example of Nutrition"；Luke Demaitre and Anthony A. Travill，"Human Embryology and Development in the Works of Albertus Magnus"；Robin S. Oggins，"Albertus Magnus on Falcons and Hawks." The full text of *De animalibus* has been translated by Kenneth F. Kitchell，Jr.，and Irven Michael Resnick，*Albertus Magnus On Animals: A Medieval "Summa Zoologica*，" 2 vols. Selections from Albert's *De animalibus* appear in Albert the Great，*Man and the Beasts*，"*De animalibus*，" books 22—26，trans. James J. Scanlan。

② Charles Homer Haskins，"Science at the Court of the Emperor Frederick II"；Haskins，"The De arte venandi cum avibus of Frederick II."

如果说腓特烈的鹰猎术论著似乎明显是实用的和现代的，并无我们与中世纪相关联的那些幻想或形而上学内容，那么我们关于中世纪动物文献的最后一个例子则走向了另一个极端。中世纪的动物寓言常被作为例子，表明中世纪的人没有能力客观地观察世界和直接获得动物学知识。中世纪的动物寓言全都可以追溯到一部名为《自然学家》(*Physiologus*)的佚名著作，这本书发源于亚历山大城，最初用希腊语写成(公元200年左右)，后被译成拉丁文 354
以及所有重要的欧洲方言。《自然学家》和受其影响的中世纪著作收集了有关动物的知识和传统，根据动物名称编排了简短的条目或章节——《自然学家》里大约有40个条目，后来的一些动物寓言集里则有100多个条目。①

动物寓言集中的条目通常始于对动物的名称进行词源解释。例如，"秃鹫之所以叫vulture，据说是因为它飞得慢[*a volatu tardo*]"。动物若有显著的物理特征，接下来就会介绍，然后说明其异乎寻常或有趣的习性，描述那些令人钦佩或遗憾的特性。我们从这部12世纪的动物寓言集中得知，刺猬浑身是刺，蜷成一团以御外敌；狐狸是一种"狡诈而机敏的动物"，会为捕猎而装死；鹤群会像军事编队一样走来走去；被称为"蛇怪"(basilisk)的蛇能以目光的力量杀死对方；猞猁的尿会变成宝石；狮子仁慈而勇敢，其眉毛和鬃毛暗示了这种性情。最后，许多(并非全部)条目还会根据动

① 关于中世纪的动物寓言集和《自然学家》，见 introduction to Michael J. Curley, trans., *Physiologus*, pp. ix—xxxviii; Stannard, "Natural History," pp. 430—443; C. S. Lewis, *The Discarded Image*, pp. 146—152; Willene B. Clark and Meradith T. McMunn, eds., *Beasts and Birds of the Middle Ages*。

物描述引出一种寓意或神学观点。刺猬是谨慎的榜样，鹤是礼貌和负责的典范。狐狸代表一种魔鬼，通过欺骗引诱俗人。雄狮把生命注入死去三天的幼崽，代表圣父使基督复活。[①]

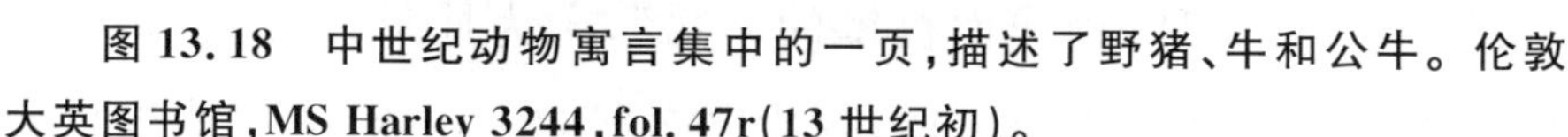

图 13.18　中世纪动物寓言集中的一页，描述了野猪、牛和公牛。伦敦大英图书馆，MS Harley 3244，fol. 47r（13 世纪初）。

我们应当如何来评价这样一种事实、幻想和寓言的古怪混合呢？动物寓言集读起来肯定与现代的动物学手册很不一样，因此编写动物寓言集的人有时会被描述为不称职或不成功的动物学

① 本段所有例子均出自 T. H. White，trans.，*The Bestiary*：*A Book of Beasts*；引文出自 pp. 108—110，52。

家。其背后的假定是，这些编者正在试图（或本应试图）写一本现代动物学手册，但不知如何下手，他们最严重的缺陷在于明显无法区分事实和幻想。当然，坚持说中世纪的人与我们有相同的兴趣和侧重点是荒谬的。从前面谈到的本草书或鹰猎术著作来看，中世纪学者显然有能力写出很像动物学手册的著作。因此，他们没有把动物寓言集写成动物学手册肯定是出于不同的目的。

那么，动物寓言集的目的究竟是什么呢？它收集的是关于动 355
物的知识和神话，富含象征和联想，旨在教育和娱乐。无论是编者还是读者，肯定都不会想到要去探究这些故事是否具有亚里士多德自然哲学被期待具有的那种真实性。动物寓言集的成功在于把读者成功地带入了一个传统神话、隐喻和明喻的世界。[①] 我们自己也有类似的神话。比如关于土拨鼠预告冬天的持续时间这一传说，每年 2 月，报纸、电台和电视台都会郑重其事地报道此事（至少在我所处的地区是这样）。人人都相信此预告为真吗？可能不会。但追问这个问题就表明对土拨鼠传说的目的产生了误解，它并非是要“科学地”传播某种气象学真理，而是传统集体仪式的一部分，能带来社会和心理上的益处。

大多数人都非常擅于在我们自己的文化中辨别不同类型的文
学和艺术作品。我们立刻就能知道一个科学命题与苏斯博士写的 356
一则故事或土拨鼠吉米为我们提供的天气预报之间有何区别，科学命题必须满足各种严格的认识论检验以被称为真正“科学的”，

① 见 William B. Ashworth, Jr. , “Natural History and the Emblematic World View,” pp. 304—306 关于 16 世纪动物学文献（也与中世纪背景相关）的精彩讨论。

而后者的作用完全不同，因此必须用不同的标准来衡量。在研究中世纪的人及其成就、包括他们创造的各种类型的文学和艺术时，我们需要有同样的辨别力。正如我们已经看到的（第十一章），中世纪世界地图的目的一般与现代世界地图完全不同，我们也绝不能认为所有涉及自然现象的中世纪著作都有现代科学教科书所具有的那种哲学或科学目的，而是要知道，它们可能意在让各种层次的读者感到愉悦和获取知识。如果能够这样来识别中世纪的文化作品，学会依照其目的来评价成就，我们就能更充分地认识中世纪的特征、成就和魅力。

第十四章　古代和中世纪的科学遗产

连续性问题 357

在这本书中，我试图重建古代和中世纪历史主角的生活、信念和活动，这种努力所引出的问题肯定要比它所能回答的问题更多。在本书的最后，我想着手处理大多数读者无疑已经想到的一系列问题，我对它们也有极大兴趣。所有这些古代和中世纪科学活动是什么性质的？它果真是“科学”吗？从长远来看它取得了哪些成就？对西方科学的进程或形态是否产生了持久而深刻的影响？抑或只是一个走不通的无关紧要的死胡同？或者以最常见的形式来问，中世纪科学与近代早期科学之间是连续的还是断裂的？这就是著名的“连续性问题”，这个问题引发了中世纪学家与近代早期科学史家之间的持久争论。我希望对这个问题作出小心翼翼的处理——谨慎地考察古代和中世纪的一些杰出科学成就（伊斯兰教和基督教的），以便理解古代和中世纪究竟在何种程度上影响了17世纪的欧洲科学。①

---

①　对连续性争论的广泛讨论，见 David C. Lindberg，“Conceptions of the Scientific Revolution from Bacon to Butterfield”；Bruce S. Eastwood，“On the Continuity of Western Science from the Middle Ages”；Edward Grant，*The Foundations of Modern Science in the Middle Ages*，pp. 168—206。

但首先需要驳斥数百年来诋毁中世纪科学的人所持有的那种根深蒂固的观点，他们把中世纪看成一个在科学上长期无知和迷信的时期。这种观点得到了大量学术支持（但产生了严重误导），在大众媒体上，“中世纪”已经成为可悲事物的代名词。这种负面观点的一个早期倡导者是弗朗西斯·培根（Francis Bacon，1561—1626），他在《新工具》（*New Organon*，1620）中写道，古代与他那个时代之间是科学的“荒芜”时期，“无须提到那些阿拉伯人和经院
358 学者，他们与其说推动了科学发展，不如说是以大量论著压制了科学”。一个世纪后，伏尔泰（Voltaire，1694—1778）提高了反中世纪的级别，把中世纪刻画为“普遍衰退和堕落”，说中世纪的人“既狡猾又简单，……既野蛮又诡诈”。①

到了19世纪下半叶，研究文艺复兴时期的著名瑞士历史学家雅各布·布克哈特（Jacob Burckhardt，1818—1897）进一步明确和广泛传播了培根和伏尔泰的观点。他在《意大利文艺复兴时期的文明》（*The Civilization of the Renaissance in Italy*，1860）一书中写道：“中世纪……没有致力于归纳和自由研究。”在其最有影响力的宣言中，安德鲁·迪克森·怀特（Andrew Dickson White）把中世纪科学的所谓无知和徒劳作为武器，对在他看来干预科学发展的基督教的罪恶作了影响极大的抨击（1896年）：“基督教的建立影响了物理科学的正常发展逾1500年……在它所创造的气氛

① Francis Bacon, *New Organon*, 4: 77; François Marie Arouet de Voltaire, *Works*, trans. T. Smollett, T. Francklin, et al., 39 vols. (London: J. Newbery et al. 1761—1774), 1:82.

中，物理科学的萌芽难以生长，在自然中寻求真理的所有努力都被视为徒劳的。”最后，为了表明这些观点仍然很有市场，我引述查尔斯·弗里曼(Charles Freeman)在《西方心灵的封闭：信仰的兴起与理性的衰落》(*The Closing of the Western Mind*: *The Rise of Faith and the Fall of Reason*，2003)中的话，他指出，5 世纪的基督教“不仅压制了理性思想，而且用‘神秘、魔法和权威’取代了它”。鉴于这种学术支持，难怪中世纪的无知和堕落已经深入人心，谎言重复千遍即成真理。①

20 世纪初，法国物理学家和哲学家皮埃尔·迪昂(1861—1916)进行了反击，对中世纪提供了支持。他在研究静力学的起源时发现了 14 世纪牛津和巴黎数学家的著作，并认为这些著作为近代科学奠定了基础，它们预示了伽利略及其同时代人的一些最重要的成就。② 迪昂的学说引发了在整个 20 世纪时常爆发的连续性论战。对迪昂的早期支持来自颇具影响的中世纪学家查尔斯·霍默·哈斯金斯(Charles Homer Haskins，1870—1937)和林恩·桑代克(Lynn Thorndike，1882—1965)写于 20 世纪二三十年代的著作。③

① Jacob Burckhardt，*The Civilization of the Renaissance in Italy*，pp. 371；Andrew Dickson White，*History of the Warfare of Science with Theology in Christendom*，1：375；Charles Freeman，*The Closing of the Western Mind*：*The Rise of Faith and the Fall of Reason*，p. xviii.

② Pierre Duhem，*Etudes sur Léonard de Vinci*；Duhem，*Le système du monde*；Duhem，*Les origines de la statique*. 关于迪昂，另见 R. N. D. Martin，“The Genesis of a Mediaeval Historian”；Stanley Jaki，*Uneasy Genius*：*The Life and Work of Pierre Duhem*。

③ Charles Homer Haskins，*Studies in the History of Mediaeval Science*；Haskins，*The Renaissance of the Twelfth Century*；Lynn Thorndike，*A History of Magic and Experimental Science*；Thorndike，*Science and Thought in the Fifteenth Century*.

在第二次世界大战后的数十年里，对中世纪科学的历史研究急剧扩展，关于中世纪科学成就的重要性和意义涌现出了许多新观点，
359 中世纪科学的地位也得以提高。战后的一位领袖人物马歇尔·克拉盖特(Marshall Clagett，1916—2005)主要因编辑和翻译中世纪的科学和数学文本而著称。另一位是安内莉泽·迈尔(Anneliese Maier，1905—1971)，她写出了一系列卓越的研究，通过实例证明了如何才能更加细致地阅读原始文献，并且更注重其哲学语境。迈尔既质疑了迪昂更极端的说法，同时也更加微妙和谨慎地分析了中世纪自然哲学，她从概念和方法上重新肯定了中世纪对于形成近代科学的重要性。①

这场争论一直持续到现在，不过在我看来激烈程度已经减弱。一方面，任何有学识的科学史家都不会支持弗朗西斯·培根、伏尔泰、布克哈特和怀特等人极端负面的看法。阿利斯泰尔·克隆比(Alistair Crombie，1915—1996)和亚历山大·柯瓦雷(Alexandre Koyré，1892—1964)在 20 世纪五六十年代进行了交锋——克隆比声称："[13、14 世纪的]许多哲学家提出了关于实验科学的系统理论……它所导致的方法论革命正是近代科学的起源。"柯瓦雷则否认抽象的方法论对于近代科学起源的重要性，他怀疑中世纪的

① 关于克拉盖特，见本书参考书目以及 Edward Grant and John E. Murdoch, eds., *Mathematics and Its Applications to Science and Natural Philosophy in the Middle Ages*, pp. 325—328 附录中列出的出版清单。关于迈尔，见 Anneliese Maier, "The Achievements of Late Scholastic Natural Philosophy"; Steven D. Sargent, introduction to Maier, *On the Threshold of Exact Science*, pp. 11—16; John E. Murdoch and Edith D. Sylla, "Anneliese Maier and the History of Medieval Science"。

方法论者是否对 17 世纪的方法论真的有所预示。① 现如今，到了 21 世纪初，双方都作出了让步，尽管偶尔会发生争吵，但似乎达成了相对和平。近代早期学家不会再质疑中世纪是否作出了重要的科学成就，中世纪学家现在也不会支持中世纪科学与近代早期科学之间的绝对连续性。②

革命性地位的候选者

鉴于上述背景，我们应当承认 17 世纪发生了一场科学革命吗？如果回答是肯定的，它与古代和中世纪科学的古典传统是什么关系？近代早期科学的一些研究者基于语义学理由怀疑 17 世纪的科学革命是否可能，因为无论是对于“科学”还是对于“革命”，我们都没有普遍接受的定义。但大多数有趣的词都是如此。对于“中世纪”、“文艺复兴”、“宗教改革”、“罗马帝国灭亡”、“艺术”、“音乐”、“宗教”、“哲学”等，我们并没有普遍接受的定义。所有这些抽 360

① A. C. Crombie, *Augustine to Galileo: The History of Science A. D. 400—1650*, p. 273. 该书经过了多次修订，包括 1959 年改名为 *Medieval and Early Modern Science*。另见 Crombie, *Robert Grosseteste and the Origins of Experimental Science 1100—1700*, especially pp. 9—10。对克隆比成就的评价见 Eastwood, “On the Continuity of Western Science”。关于柯瓦雷，见“The Origins of Modern Science: A New Interpretation” and “Galileo and Plato,” in Koyré's *Metaphysics and Measurement: Essays in the Scientific Revolution*. 争论中的另一种声音见 A. Rupert Hall, “On the Historical Singularity of the Scientific Revolution of the Seventeenth Century”。

② 但 Edward Grant 在 *The Foundations of Modern Science in the Middle Ages* 等各种著作中接近了这一观点。关于严格的炼金术和实验领域，另见 William R. Newman, *Atoms and Alchemy: Chymistry and the Experimental Origins of the Scientific Revolution*。

象词项的含义都是有争议的，它们因语言共同体而异，因同一语言共同体中不同的人而异。为了彼此交流，我们需要这些标签，它们不可避免是模糊的。因此在我看来，对“科学革命”这一标签吹毛求疵是浪费时间。我们应当在反对（如果我们能就那个词的含义达成一致的话）的时候——即讨论科学信念和科学活动这类事物时——提出反对，而不是纠缠于如何给它们命名。

因此，不要吹毛求疵，而要提出建设性意见：在我的用法中，“革命”代表根本变化，没有时间上的限制。后一条件是我对一些人的回应，他们认为，需要一个世纪来完成的革命不可能是真正的革命，革命必定很快。我对这种观点不以为然；我的字典可以作证，它把“革命”仅仅定义为“激进而普遍的变化”。无论你把这种变化叫作什么，我们看到 17 世纪欧洲科学中有什么东西可以被看成“激进而普遍的变化”吗？它不仅根本，而且有足够的广度、深度和影响力来获得革命性地位？①

在我看来，有两个候选者目前得到了近代早期科学史家的大力支持。第一个候选者是所谓“弥合”物理学与数学的古老分裂，以及在 16、17 世纪创造出了我们所谓的“数学科学”这一新学科（或学科集合）。支持这一观点的人认为，亚里士多德基于学科理由区分了数学和物理学（或自然哲学），暗中禁止跨越把它们分隔开来的学科界限。此外，据称古代和中世纪学者大都（或几乎全

---

① 关于科学革命这一主题，见 Thomas S. Kuhn, *The Structure of Scientific Revolutions*; Paul Thagard, *Conceptual Revolutions*; and I. Bernard Cohen, *Revolution in Science*。关于“革命”一词的可能含义，见 I. Bernard Cohen, *Revolution in Science*, chap. 18。

部)接受了这一禁令,导致物理科学与数学科学直到近代早期还保持着分离(因此大多毫无结果)。中世纪学者可以做物理学,可以做数学,但学科界限禁止他们把一门学科的内容和技巧运用于另一门学科的主题。简而言之,数学模型与对物理现实的探索之间隔着一道不可逾越的鸿沟。因此,当哥白尼、伽利略和其他近代早期学者把两者统一起来,从而创造出真正的数学物理学,使科学(或至少是物理科学)走上了现代道路时,可以说导致了一场科学革命。

这种观点主要归功于皮埃尔·迪昂在20世纪初的著作的影响,后来罗伯特·韦斯特曼(Robert S. Westman)在1980年发表
的一篇很有影响的文章中复兴了它。韦斯特曼认为存在着具有严 361
格界限的学科共同体,从而导致哥白尼之前的数理天文学家或任何其他类型的数学科学家都不可能处理物理实在问题。然后,韦斯特曼用这个模型来解释(我认为这种解释是不可靠的)安德烈亚斯·奥西安德尔(Andreas Osiander)给哥白尼的《天球运行论》写的序言。①

这种解释的唯一问题是历史记录,因为历史记录严重质疑了这篇序言的诚实性。亚里士多德虽然在《后分析篇》、《物理学》、《形而上学》和《论天》等各种著作中多次明确区分了数学和物理学,还讨论了学科界限和从属关系原则,但他始终拒绝禁止跨越物

① Pierre Duhem, *To Save the Phenomena: An Essay on the Idea of Physical Theory from Plato to Galileo*; Robert S. Westman, "The Astronomer's Role in the Sixteenth Century: A Preliminary Study." 另见 G. E. R. Lloyd, "Saving the Appearances"。

理学与数学之间的界限。他在物理学中这样写道：

> 接下来要考虑的是数学家与自然学者[物理学家]有何差异。因为自然物包含着面和体，线和点，而这些都是数学的主题。此外，天文学是自然科学的一个分支，还是与之不同呢？自然学者据说应当知道太阳或月亮的本性，但不用知道它们的任何基本特征，这似乎是荒谬的，特别是当自然研究者的确在讨论它们的形状以及地球和世界是否是球形之时。①

事实上，亚里士多德毫不犹豫地反复把数学应用于物理世界——最明显的是他对运动的分析，其中数学比例起了主要作用，还有重量或力量等可量化的东西被当成了固有属性，因此属于被研究事物的本性。② 至于中世纪，历史记录再次表明，天文学、光学、动力学（运动理论）和重量理论都是同时植根于物理学和数学的成功学科的例子——哥白尼、伽利略、开普勒等许多近代早期科学家采用和拓展的正是这些传统。③

---

① Aristotle, *Physics*, Ⅱ. 2, 19b23—31, in Aristotle, *Complete Works*, vol. 1, p. 332. 另见 Wallace, *Causality and Scientific Explanation*, 1:16—21。要想更完整地理解天文学与物理学的关系在亚里士多德及其评注者那里的复杂性，见 Thomas Heath, *Mathematics in Aristotle*, pp. 11—12, 98—100, 211—214。

② 见 Edward Hussey, "Aristotle's Mathematical Physics: A Reconstruction"。关于托勒密论物理学与数学的融合，见 Olaf Pedersen, *A Survey of the Almagest*, pp. 26—46; and Ptolemy's *Almagest*, ed. and trans. G. J. Toomer, passim。另见 Edward Grant, *A Source Book in Medieval Science* 索引中的"托勒密"词条。

③ 另见本书第十三章。

一个有说服力的典型案例是中世纪的透视学（*perspectiva*，我们的几何光学）。数十年来，我一直在研究古代和中世纪光学史上的主要人物，除了欧几里得和一两个次要人物，没有任何证据支持我们正在探究的这则神话。① 我无法知道有哪些光学学者一般地思考过跨越学科界限，但我的确知道，他们经常毫无顾忌地跨越数 362
学与物理学之间的界限——都试图发现光、颜色、反射、折射和视觉等物理实在，并把它们置于一种数学框架之内。数学物理学肯定不是16、17世纪的发明。

近代早期革命性地位的第二个候选者是方法论上的，即伽利略、威廉·吉尔伯特、波义耳等16、17世纪的科学家发明和运用了"实验方法"（根据这一论点的拥护者的说法）。这一理论的捍卫者认为，陈腐的经院论辩以及古代和中世纪自然哲学的三段论证明走到了尽头，取而代之的是在受控条件下亲自进行观察和操作的实验科学。

在看例子之前，我希望读者们能在两件事情上达成一致。首先，我们需要认识到将方法论理论与方法论实践分离开来的鸿沟。亚里士多德在抽象的方法论著作中关于科学方法的论述往往不同于他的追随者（以及亚里士多德本人）在科学研究中实际做的事情；一般来说，这一结论也可适用于就科学方法进行阐述的科学家。无论如何，我们这里所关注的将只是方法论的实践。其次，我

① 见 Lindberg，*Catalogue of Medieval and Renaissance Optical Manuscripts*，其中为600多部中世纪和文艺复兴光学手稿编了目。另见 Lindberg，*Theories of Vision from Al-Kindi to Kepler*，passim。我相信对天文学也能给出同样令人信服的例证；我选择透视学是因为它是我的老本行。

们需要定义“实验”这个词。就目前而言，我倾向于通过其主要认识论功能对它作狭窄定义：试图通过特意（如有必要则在受控条件下）作出的观察来确证或否证关于物质世界的本性或行为的理论主张，或者收集数据以对那些预言了未来情况的理论主张进行检验。①

如果认为这些问题已经解决，我们就可以去寻找古代和中世纪的科学实验了。其实并不难找。托勒密（及其天文学数据来源）是行星观测的主要例子，他运用各种天文仪器来确证或否证他（和前人）的几何模型是否适用于行星。在光学中，托勒密也把仪器有效地用于精心设计的实验，旨在收集定量数据，关于光的折射的成功数学理论必须对这些数据进行预言。② 在中世纪的伊斯兰世界，伊本·海塞姆（约 965—约 1039）用实验来确证或否证光学理

363 论的正确性。③ 另一个很好的例子是，卡迈勒丁在 14 世纪用光线

① 更广泛的“实验”定义也是站得住脚的，但我这里不想进入这场辩论，而只是说，我看不出有什么令人信服的理由要满足那个经常被科学家和一般公众所提出的要求，即一个“实验”要想有资格被称为“实验”，就必须使用人工手段——通常是某种类型的器具。例如，重物和轻物以相同速度下落这一理论是通过用机械钟为物体下落测定时间来确证，还是通过仅仅注意到一齐释放的大石头和小石头同时落地来确证，这有什么要紧？我们真的要坚持认为，要想确证阿尔哈增的双眼视觉理论，就必须制造一个仪器，将两个垂直的钉子置于我们眼前显示视差现象，而不是单纯利用两个方便安置的树桩吗？决定性的标准肯定不应该是器具的存在，而应是观察的认识论目的，即确证或否证理论主张。关于古代科学中的实验，见 G. E. R. Lloyd，“Experiment in Early Greek Philosophy and Medicine”。

② 关于托勒密的天文学方法，见 Olaf Pedersen，*A Survey of the Almagest*；and Grant，*Source Book in Medieval Science* 索引中的“托勒密”词条。关于托勒密的折射实验，见 A. Mark Smith，*Ptolemy's Theory of Visual Perception*，pp. 229—239。

③ 关于伊本·海塞姆的光学实验，见 A. I. Sabra，ed.，*The Optics of Ibn al-Haytham*，*Books I—III*，vol. 2 索引中的“实验、实验检验”词条。另见 Sabra，“Ibn al-Haytham's Revolutionary Project in Optics：The Achievement and the Obstacle”。

通过盛满水的玻璃球的实验创建了一种彩虹理论——大约在同一时间，多明我会修士弗赖贝格的狄奥多里克在中世纪的基督教世界也做了同样的事情。① 我们也有理由推断，马拉盖、撒马尔罕和伊斯坦布尔的天文台进行的研究也以有组织的天文观测为基础，旨在提供数据以确证或否证天文学理论。②

实验工作在欧洲中世纪继续下去了吗？当然！和古代一样，数学科学中的实验最多，托勒密对数学科学的影响力依然强劲。一个引人注目的实验出现在公元6世纪，亚历山大城的柏拉图主义者约翰·菲洛波诺斯同时释放了两个重量不同的物体以反驳亚里士多德有关下落速度与物体重量成正比的理论。根据菲洛波诺斯的说法，“如果让两个重量相差很大的物体从同一高度下落，你将会看到……［下落］时间差别很小。因此，如果重量差别并不很大，比如一个是另一个的两倍，则时间将不会有差别，或者根本察觉不到”。③

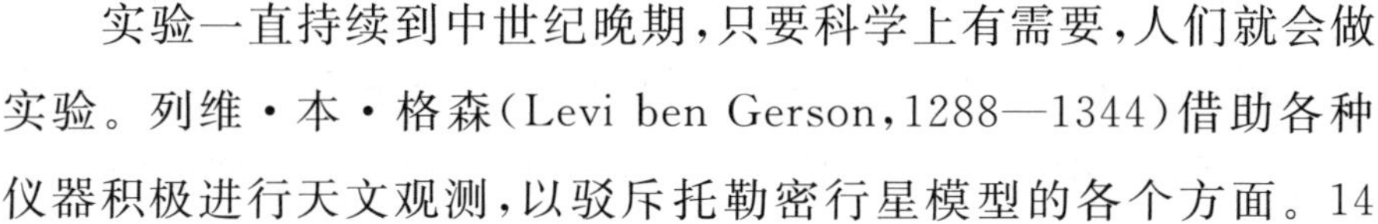

实验一直持续到中世纪晚期，只要科学上有需要，人们就会做实验。列维·本·格森（Levi ben Gerson，1288—1344）借助各种仪器积极进行天文观测，以驳斥托勒密行星模型的各个方面。14

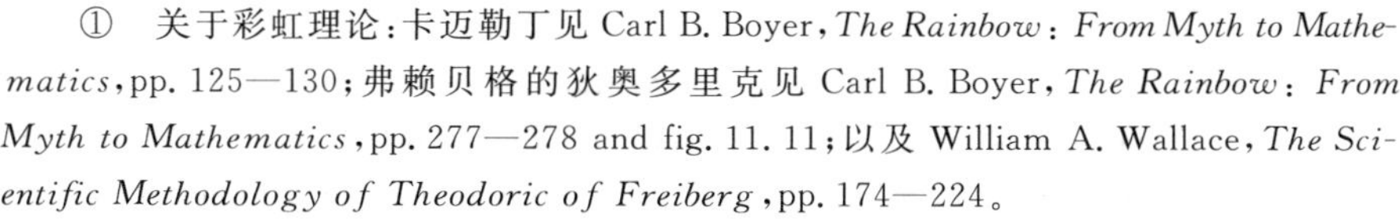

① 关于彩虹理论：卡迈勒丁见 Carl B. Boyer, *The Rainbow: From Myth to Mathematics*, pp. 125—130；弗赖贝格的狄奥多里克见 Carl B. Boyer, *The Rainbow: From Myth to Mathematics*, pp. 277—278 and fig. 11. 11；以及 William A. Wallace, *The Scientific Methodology of Theodoric of Freiberg*, pp. 174—224。

② Aydin Sayili, *The Observatory in Islam and Its Place in the General History of the Observatory*, pp. 187—222, 259—289；另见本书第八章。

③ Morris R. Cohen and I. E. Drabkin, eds., *A Source Book in Greek Science*, pp. 217—220; also above, chap. 12.

世纪上半叶在巴黎索邦神学院授课的约翰内斯·德·缪里斯(Johannes de Muris)通过观测来检验和修正关于行星运动和位置的现有天文学数据。例如,他的日食观测表明《阿方索星表》中的某些预测不足为信。[①]

罗吉尔·培根(约1220—约1292)配不上通常加在他身上的"实验科学"创始人的声誉。不过,他的确是经验方法论的一个颇具影响的宣传者,曾经倡导在所有科学中收集经验证据。他认为,实验科学的首要特权就是用经验来验证由其他科学中的论证所得出的结论;从各种出版物可以清楚地看出,他的确实践了他所宣扬的东西。特别是他的《大著作》(*Opus maius*)中的两部分:一部分题为《实验科学》(*Scientia experimentalis*),培根在其中呼吁从事实验科学;另一部分题为《透视学》(*Perspectiva*),在那里他(尽可能)实践了他一直宣扬的东西。[②]

364 马里古的异乡人彼得(Peter Peregrinus of Maricourt)大约与培根同时代,他拿磁铁做了实验,以了解它们的特性和行为——这些发现预示了常被视为实验科学创始人之一的威廉·吉尔伯特在17世纪的许多发现。[③] 谁能否认13世纪的方济各会修士塔兰托的保罗的实验科学家地位呢?他开创了一种炼金术传统,其方法

---

① Julio Samsó,"Levi ben Gerson";Emmanuel Poulle,"John of Murs."

② 关于培根对科学实验的贡献,见 David Lindberg, *Roger Bacon and the Origins of "Perspectiva" in the Middle Ages*, pp. lii—lxvi; on Bacon's predecessors, see ibid., pp. xxxvii—xli; Jeremiah Hackett,"Roger Bacon on 'Scientia Experimentalis,'" in Hackett, *Roger Bacon on the Sciences*, pp. 277—315。

③ "The Letter of Peter Peregrinus on the Magnet," in Grant, *A Source Book in Medieval Science*, pp. 368—376.

论特征便是在实验室操纵物质，以尝试发现嬗变的途径。[①] 我枯燥冗长地述说这些古代和中世纪实验也许是小题大做，但我的目的始终是无可辩驳地声称，在古代和中世纪通常的科学活动中，实验并非罕见的例外，而是非常丰富，只要人们认为做实验能够确证或否证一种科学主张，他们就会去做。

如果这一切都是真的，那么我们应当把什么功劳归于通常被誉为实验科学创始人（或创始人之一）的弗朗西斯·培根（1561—1626）呢？[②] 这一位培根（并非罗吉尔·培根的后裔）在充斥着"经验论"和"实验"字眼的著作中主张用实验来讯问自然。然而，他和17世纪的培根主义传统带给我们的并不是一种新的实验方法，而是一种新的实验修辞，以及对实验在科学研究计划中的可能性的充分发掘。

科学革命

那么，我们应当把这场难以捉摸的16、17世纪科学革命置于何处呢？我认为，柯瓦雷指出了恰当的位置，他曾在20世纪五六十年代与强调实验科学是革命动因的克隆比进行争论。柯瓦雷指出，16、17世纪革命性创新的根本来源是形而上学的和宇宙论的，而不是方法论的。

---

① William Newman, *Atoms and Alchemy: Chymistry and the Experimental Origins of the Scientific Revolution*.

② 流行的观点见 Marie Boas Hall, *The Scientific Renaissance*, 1450—1630, pp. 248—260。

亚里士多德形而上学与柏拉图形而上学的关系漫长而复杂，偶尔还会出现一些摩擦，但在后来的中世纪，亚里士多德关于本性、质料、形式、实体、潜能与现实、四种性质和四因的目的论形而上学未经严重挑战便盛行起来。① 一种与之竞争的形而上学，即伊壁鸠鲁的原子论，主要是通过罗马诗人卢克莱修(约卒于公元前55年)的长篇哲理诗《物性论》而为人所知，它可见于9世纪初的卡洛林王朝宫廷，但直到15世纪初才重新流行起来。第欧根尼·拉尔修(Diogenes Laertius)写于3世纪的《古代哲学家的生平和
365 学说》(*Lives and Teachings of the Ancient Philosophers*，有一卷讲伊壁鸠鲁)和西塞罗(前106—前43)的各种著作加强了《物性论》中的原子论，它宣扬一个由无生命的、不可分割的原子所构成的机械论宇宙，这些原子在无限的虚空中随机运动。② 到了17世纪，(后来所谓的)"机械论哲学"占据了主导地位，意大利的伽利略、法国的笛卡儿和皮埃尔·伽桑狄、英国的罗伯特·波义耳和牛顿以及其他许多人运用和发展了这种哲学。中世纪形而上学和宇宙论的有机论宇宙被原子论者那个无生命的机器所击溃。③

---

① 见本书第二、三章。

② 见本书第四章。关于中世纪和文艺复兴时期对卢克莱修的了解，见 David Ganz，"The Leiden Manuscripts and Their Carolingian Readers，" pp. 92，95；David J. Furley，"Lucretius"。

③ 对17世纪机械论哲学的简洁讨论见 Margaret J. Osler，"Mechanical Philosophy"；John Henry，"Atomism"；及其更新的参考书目。另见 Richard S. Westfall，"The Scientific Revolution of the Seventeenth Century: The Construction of a New World View"。

这导致了一种激进的观念转变，它改变了此前近2000年的自然哲学的基础。以下是一些后果。新的形而上学提供了一个由不停做位置运动和随机碰撞的无生命物质所组成的机械论世界，以取代亚里士多德自然哲学中那个有目的和有组织的有机论世界。它剥夺了对于亚里士多德自然哲学来说如此重要的可感性质，把它们贬低为第二性质，甚至把它们归于感官的幻觉。新的形而上学也不再用形式与质料进行解释，而是用不可见微粒的大小、形状和运动来解释——把位置运动提升为最优先的变化类别，把所有因果性都归结为动力因和质料因的作用。至于在自然之中发现目的的亚里士多德目的论，这种新的机械论哲学的捍卫者则用造物主从外部强加于自然的目的取而代之。

机械论哲学的形而上学贯穿于17世纪的诸科学学科，它改变了思考一切主题的方式。我并不认为我们可以像A. 鲁珀特·霍尔(A. Rupert Hall)那样极端地认为，科学革命是一次“不能分解为片段”的整体文化转变，“是完整的环环相扣的一系列新发现”。①这肯定是过分夸大了：17世纪的“科学革命”并不是一个单一的、无所不包的事件。关联无疑存在着，但想必大家都同意，不同学科有不同的历史，发展速度各异，它们研究不同的问题，实践不同的方法，对外部环境的反应也不同。如果我们仅仅关注大的形而上学图景，而忽略学科层次上的发展，我们便可能忽视17世纪科学的许多重要事实。如果我们的目标是丰富

① A. Rupert Hall, “On the Historical Singularity of the Scientific Revolution,” pp. 210—211.

366 和扩展对于中世纪和17世纪科学变化的理解，我们就不能只盯着形而上学家的研究，而必须分别关注每一门学科的实验室或工作场所。

因篇幅所限，我们这里无法作更详细的探讨。但在本书最后，我要回到连续性问题。在许多人心目中，革命是与摒弃过去、切断联系、抛弃旧事物、带来新事物——简而言之，与完全的非连续性——或多或少耦合在一起的。我们不难在17世纪找到似乎遵循这种模式的案例。但如果看看个别学科，我们就会发现，许多学科中的革命性成果都建立在中世纪的基础之上，源于古典传统所提供的资源。革命并不要求与过去彻底决裂。

我们可以用6个例子来说明这一点。当然还可以举出更多的例子。(1)在哥白尼的日心行星体系模型中，个别行星模型的数学结构和几乎所有数据都来自托勒密及其天文学传统。哥白尼的贡献是有效地利用这些资源，(伴随着开普勒的补充)最终建立起一个成功的日心模型，[①]但它的各个部件和大部分样式仍然是古代的。(2)开普勒提出视网膜成像的新理论(对于视觉理论具有全新的革命性意义)并非摒弃了占主导地位的中世纪视觉理论，而是接受和严格运用了它的所有规定性说法——一个成功的视觉理论要求进入眼睛的所有光线必须参与视野的成像。[②] (3)伽利略的动力学和运动学实质上利用了14世纪在牛津大学和巴黎大学的发

---

① 这个故事已经讲述多次。读者不妨以 Thomas S. Kuhn, *The Copernican Revolution* 开始。

② David C. Lindberg, *Theories of Vision from al-Kindi to Kepler*, pp. 193 ff.

展。伽利略早期动力学的核心想法是，抛射体运动是一种冲力(*impeto*)的结果，它显然是 14 世纪和以后几个世纪的冲力(*impetus*)在 16 世纪的近亲。《两门新科学》(*Two New Sciences*)中关于匀加速运动的成熟的运动学的前两个命题便采用 14 世纪的图示技巧再次得出和证明了默顿规则(中速度定理)。[1] (4)尼古拉·奥雷姆(约 1320—1382)也许是中世纪晚期最伟大的数学家，他设计了 17 世纪笛卡儿坐标系的前身——前面提到的图示技巧。[2] (5)直到 17 世纪，盖伦的医学理论和医疗实践一直主导着西方医学。[3] (6)最后，即使是我所谓的科学革命的核心——机械论哲学，也是对公元前 3 世纪伊壁鸠鲁原子论的重现，伊壁鸠鲁的原子论在古典传统中流传下来，并且被适当地基督教化。

这些例子并不是要贬低科学革命或其创造者和实践者的成就，而只是想提醒读者保持一种谨慎和现实主义的态度。任何科 367

学家在真正开始时都不可能没有任何期待、理论知识或方法论承诺。即使是 21 世纪的科学家(哪怕是学术新星)也不会大脑空空如也地走进实验室，而是心中充满了知识和期待。17 世纪的科学领袖也是如此。科学革命创造者的卓越之处不仅表现在摒弃过去和创造新的理论，而且也反映在能够重新有效地利用继承下来的科学思想、理论、假设、方法、仪器和数据，并把它们付诸新的理论

[1] Galileo, *Two New Sciences*, pp. 165—170. 另见本书第十二章。

[2] 见本书第十二章；另见 Marshall Clagett, “Oresme, Nicole”。

[3] 见 Lawrence I. Conrad et al., *The Western Medical Tradition*, 800 *B. C. to A. D.* 1800, index under “Galen”。另见 Nancy Siraisi, *Medieval and Renaissance Medicine*。

用途。科学革命发生在一种思想色彩浓厚的人文环境中，它有着丰富的思想史基础，而连续性正是来自这些基础。①

① 读者们也许想知道机构、文化、社会和经济因素、宗教在科学革命中的作用到底如何——所有这些有趣话题都需要用单独一本书甚至几本书来讨论。我在本书中已就本书的时间范围讨论了科学与宗教的关系（我在其他地方发表过对于该主题的看法）。17 世纪科学与宗教的关系极其复杂，引起了诸多争议。（新近的看法见 Peter Harrison 的出版物。）研究该主题的几乎所有学者都会坚持的一个极其重要的主题是，虽然 17 世纪科学在许多方面都受到了基督教教义的影响，但科学革命的存在并不依赖于基督教的影响，受影响的仅仅是科学革命的状况和特征的一些方面。关于这一主题的大量文献请参阅"Guide to Further Reading" in David C. Lindberg and Ronald L. Numbers, eds., *When Science and Christianity Meet*；以及 Lindberg and Numbers, *God and Nature*; and Gary B. Ferngren, *Science and Religion: A Historical Introduction*。

参 考 书 目

Aaboe, Asger. "On Babylonian Planetary Theories." *Centaurus*, 5 (1958): 209–77.

Abū Maʿshar. *The Abbreviation of "The Introduction to Astrology": Together with the Medieval Latin Translation of Adelard of Bath*, ed. Charles Burnett, Keiji Yamamoto, and Michio Yano. Leiden: Brill, 1994.

Ackrill, J. L. *Aristotle the Philosopher*. Oxford: Clarendon Press, 1981.

Adams, Marilyn McCord. *William Ockham*, 2 vols. Notre Dame, Ind.: University of Notre Dame Press, 1987.

Adelard of Bath. *Conversations with His Nephew: On the Same and the Different, Questions on Natural Science, and On Birds*, ed. and trans. Charles Burnett. Cambridge: Cambridge University Press, 1998.

Albert the Great. *Man and the Beasts, "De animalibus (books 22–26),"* trans. James J. Scanlan. Binghamton: Medieval and Renaissance Texts and Studies, Center for Medieval and Early Renaissance Studies, 1987.

______. *Opera omnia*, ed. Augustus Borgnet, 38 vols. Paris: Vives, 1890–99.

______. See also Kitchell, Kenneth F., Jr., and Resnick, Irven Michael.

Amundsen, Darrel W. "Medicine and Faith in Early Christianity." *Bulletin of the History of Medicine*, 56 (1982): 326–50.

______. *Medicine, Society, and Faith in the Ancient and Medieval Worlds*. Baltimore: Johns Hopkins University Press, 1996.

______. "Medieval Canon Law on Medical and Surgical Practice by the Clergy." *Bulletin of the History of Medicine*, 52 (1978): 22–44.

______. "The Medieval Catholic Tradition." In Numbers, Ronald L., and Amundsen, Darrel W., eds., *Caring and Curing: Health and Medicine in the Western Religious Traditions*, pp. 65–107. New York: Macmillan, 1986.

Amundsen, Darrel W., and Ferngren, Gary B. "The Early Christian Tradition." In Numbers, Ronald L., and Amundsen, Darrel W., eds., *Caring and Curing: Health and Medicine in the Western Religious Traditions*, pp. 40–64. New York: Macmillan, 1986.

Anawati, Georges C. "Arabic Alchemy." *Encyclopedia of the History of Arabic Science*, 3:853–85.

———. "Ḥunayn ibn Isḥāq." *Dictionary of Scientific Biography*, 15:230–34.

Anawati, Georges C., and Iskandar, Albert Z. "Ibn Sīnā." *Dictionary of Scientific Biography*, 15:494–501.

Anderson, R. G. W. "The Archaeology of Chemistry." In Holmes, Frederic L., and Levere, Trevor H., eds., *Instruments and Experimentation in the History of Chemistry*, pp. 5–34. Cambridge, Mass.: MIT Press, 2000.

Apollonius of Perga. *Conica*. See Fried and Unguru.

Archimedes. *Archimedes in the Middle Ages*, ed. and trans. Marshall Clagett, 5 vols. Madison: University of Wisconsin Press, 1964; Philadelphia: American Philosophical Society, 1976–84.

———. *The Works of Archimedes: Edited in Modern Notation, with Introductory Chapters*, ed. Thomas L. Heath, 2d ed. Cambridge: Cambridge University Press, 1912.

Aristotle. *Complete Works*, ed. Jonathan Barnes, 2 vols. Princeton: Princeton University Press, 1984.

———. *Metaphysics*, trans. Hugh Tredennick, 2 vols. London: Heinemann, 1935.

———. *Physics*, trans. P. H. Wicksteed and F. M. Cornford. 2 vols. London: Heinemann, 1929.

———. See also Nussbaum, Martha Craven.

Armstrong, A. H., ed. *The Cambridge History of Later Greek and Early Medieval Philosophy*. Cambridge: Cambridge University Press, 1970.

Armstrong, A. H., and Markus, R. A. *Christian Faith and Greek Philosophy*. London: Darton, Longman, & Todd, 1960.

Arnald de Villanova. See McVaugh, Michael.

Arnaldez, Roger, and Iskandar, Albert Z. "Ibn Rushd." *Dictionary of Scientific Biography*, 12:1–9.

Arts libéraux et philosophie au moyen âge: Actes du quatrième congrès international de philosophie médiévale, Université de Montréal, 27 August–2 September 1967. Montréal: Institut d'études médiévales, 1969.

Ashley, Benedict M. "St. Albert and the Nature of Natural Science." In Weisheipl, James A., ed., *Albertus Magnus and the Sciences: Commemorative Essays 1980*, pp. 73–102. Toronto: Pontifical Institute of Mediaeval Studies, 1980.

Ashworth, E. J. "Logic." In Lindberg, David C., and Shank, Michael H., eds., *The Cambridge History of Science*, vol. 2: *The Middle Ages*. Cambridge: Cambridge University Press, forthcoming.

Ashworth, William B., Jr. "Natural History and the Emblematic World View." In Lindberg, David C., and Westman, Robert S., eds., *Reappraisals of the Scientific Revolution*, pp. 303–32. Cambridge: Cambridge University Press, 1990.

Asmis, Elizabeth. *Epicurus' Scientific Method*. Ithaca: Cornell University Press, 1984.

Augustine. *The City of God*, trans. William H. Green. London: Heinemann, 1963.

Bacon, Francis. *New Organon*, in *Works*, trans. James Spedding, Robert Ellis, and Douglas Heath, new ed., 15 vols. New York: Hurd & Houghton, 1870–72.

Bacon, Roger. See Bridges, John H; see also Lindberg, David C.

Bailey, Cyril. *The Greek Atomists and Epicurus*. Oxford: Clarendon Press, 1928.

Baldwin, John W. *Masters, Princes, and Merchants: The Social Views of Peter the Chanter and His Circle*, 2 vols. Princeton: Princeton University Press, 1970.

———. *The Scholastic Culture of the Middle Ages*. Lexington, Mass.: D. C. Heath, 1971.

Ballester. See García Ballester.

Balme, D. M. "The Place of Biology in Aristotle's Philosophy." In Gotthelf, Allan, and Lennox, James G., eds., *Philosophical Issues in Aristotle's Biology*, pp. 9–20. Cambridge: Cambridge University Press, 1987.

Barker, John W. "Byzantine Empire: History (1204–1453)." *Dictionary of the Middle Ages*, 2:498–505.

Barnes, Jonathan. *Aristotle*. Oxford: Oxford University Press, 1982.

———. "Aristotle's Theory of Demonstration." In Barnes, Jonathan; Schofield, Malcolm; and Sorabji, Richard, eds., *Articles on Aristotle*, I: *Science*, pp. 65–87. London: Duckworth, 1975.

———. *Early Greek Philosophy*. Harmondsworth: Penguin, 1987.

———. *The Presocratic Philosophers*, 2 vols. London: Routledge & Kegan Paul, 1979.

Barnes, Jonathan; Brunschwig, Jacques; Burnyeat, Myles; and Schofield, Malcolm, eds. *Science and Speculation: Studies in Hellenistic Theory and Practice*. Cambridge: Cambridge University Press, 1982.

Barnes, Jonathan; Schofield, Malcolm; and Sorabji, Richard, eds. *Articles on Aristotle*, I: *Science*. London: Duckworth, 1975.

Barrow, Robin. *Greek and Roman Education*. London: Macmillan, 1967.

Basalla, George, ed. *The Rise of Modern Science: Internal or External Factors?* Lexington, Mass.: D. C. Heath, 1968.

Beaujouan, Guy. "Motives and Opportunities for Science in the Medieval Universities." In Crombie, A. C., ed., *Scientific Change*, pp. 219–36. London: Heinemann, 1963.

———. "The Transformation of the Quadrivium." In Benson, Robert L., and Constable, Giles, eds., *Renaissance and Renewal in the Twelfth Century*, pp. 463–87. Cambridge, Mass.: Harvard University Press, 1982.

Bede. *Baedae opera historica*, trans. J. E. King, 2 vols. London: Heinemann, 1930.

Beller, Eliyahu. "Ancient Jewish Mathematical Astronomy." *Archive for History of Exact Sciences*, 38 (1988): 51–66.

Benjamin, Francis S., and Toomer, G. J., eds. and trans. *Campanus of Novara and Medieval Planetary Theory: "Theorica planetarum."* Madison: University of Wisconsin Press, 1971.

Benson, Robert L., and Constable, Giles, eds. *Renaissance and Renewal in the Twelfth*

Century. Cambridge, Mass.: Harvard University Press, 1982.

Benton, John. "Trotula, Women's Problems, and the Professionalization of Medicine in the Middle Ages." *Bulletin of the History of Medicine*, 59 (1985): 30–53.

Berggren, J. L. "History of Greek Mathematics: A Survey of Recent Research." *Historia Mathematica*, 11 (1984): 394–410.

______. "Islamic Mathematics." In Lindberg, David C., and Shank, Michael H., eds., *The Cambridge History of Science*, vol. 2: *The Middle Ages*. Cambridge: Cambridge University Press, forthcoming.

Berman, Harold J. *Law and Revolution: The Formation of the Western Legal Tradition*. Cambridge, Mass.: Harvard University Press, 1983.

Biggs, Robert. "Medicine in Ancient Mesopotamia." *History of Science*, 8 (1969): 94–105.

Birkenmajer, Aleksander. "Le rôle joué par les médecins et les naturalistes dans la réception d'Aristote au XIIe et XIIIe siècles." In Birkenmajer *Etudes d'histoire des sciences et de philosophie du moyen âge*, pp. 73–87. Studia Copernicana, no. 1. Wrocław: Ossolineum, 1970.

Al-Biṭrūjī. *On the Principles of Astronomy*, ed. and trans. Bernard R. Goldstein, 2 vols. New Haven: Yale University Press, 1971.

Blair, Peter Hunter. *The World of Bede*. Cambridge: Cambridge University Press, 1970.

Boethius of Dacia. *On the Supreme Good, On the Eternity of the World, On Dreams*, trans. John F. Wippel. Mediaeval Sources in Translation, no. 30. Toronto: Pontifical Institute of Mediaeval Studies, 1987.

Bonner, Stanley F. *Education in Ancient Rome: From the Elder Cato to the Younger Pliny*. Berkeley and Los Angeles: University of California Press, 1977.

Bowersock, G. W. *Hellenism in Late Antiquity*. Ann Arbor: University of Michigan Press, 1996.

Boyer, Carl B. *A History of Mathematics*. New York: John Wiley, 1968.

______. *The Rainbow: From Myth to Mathematics*. New York: Yoseloff, 1959.

Bradwardine, Thomas. See Crosby, H. Lamar, Jr.

Brain, Peter. *Galen on Bloodletting: A Study of the Origins, Development, and Validity of His Opinions, with a Translation of the Three Works*. Cambridge: Cambridge University Press, 1986.

Brand, Charles M. "Byzantine Empire: History (1025–1204)." *Dictionary of the Middle Ages*, 2:491–98.

Brandon, S. G. F. *Creation Legends of the Ancient Near East*. London: Hodder and Stoughton, 1963.

Breasted, James Henry. *Development of Religion and Thought in Ancient Egypt*. New York: Scribner's, 1912.

______. *The Edwin Smith Surgical Papyrus*, 2 vols. University of Chicago, Oriental Institute Publications, 3–4. Chicago: University of Chicago Press, 1930.

Brehaut, Ernest. *An Encyclopedist of the Dark Ages: Isidore of Seville*. New York: Columbia University Press, 1912.

Bridges, John H., ed. *Opus majus of Roger Bacon*, 3 vols. London: Williams and Norgate, 1900.

Brown, Joseph E. "The Science of Weights." In Lindberg, David C., ed., *Science in the Middle Ages*, pp. 179–205. Chicago: University of Chicago Press, 1978.

Brown, Peter. *Augustine of Hippo: A Biography*. Berkeley and Los Angeles: University of California Press, 1969.

———. *The Cult of Saints: Its Rise and Function in Latin Christianity*. Chicago: University of Chicago Press, 1981.

Brundell, Barry. *Pierre Gassendi: From Aristotelianism to a New Natural Philosophy*. Dordrecht: Reidel, 1987.

Brunschwig, Jacques, and Lloyd, Geoffrey E. R., eds. *The Greek Pursuit of Knowledge*. Cambridge, Mass.: Harvard University Press, 2003.

———. *A Guide to Greek Thought: Major Figures and Trends*. Cambridge, Mass.: Harvard University Press, 2003.

Bullough, Vern L. "Chauliac, Guy de." *Dictionary of Scientific Biography*, 3:218–19.

———. *The Development of Medicine as a Profession: The Contribution of the Medieval University to Modern Medicine*. Basel: Karger, 1966.

———. "Mondino de' Luzzi." *Dictionary of Scientific Biography*, 9:467–69.

Bulmer-Thomas, Ivor. "Isidorus of Miletus." *Dictionary of Scientific Biography*, 7:28–30.

Burckhardt, Jacob. *The Civilization of the Renaissance in Italy*, trans. S. G. C. Middlemore. New York: Modern Library, 1954.

Burnett, Charles S. F., ed. *Adelard of Bath: An English Scientist and Arabist of the Early Twelfth Century*. Warburg Institute Surveys and Texts, no. 14. London: Warburg Institute, 1987.

———. "Scientific Speculations." In Dronke, Peter, ed., *A History of Twelfth-Century Western Philosophy*, pp. 155–66. Cambridge: Cambridge University Press, 1988.

———. "Translation and Translators, Western European." *Dictionary of the Middle Ages*, 12:136–42.

———. "Translation and Transmission of Greek and Islamic Science to Latin Christendom." In Lindberg, David C., and Shank, Michael H., eds., *The Cambridge History of Science*, vol. 2: *The Middle Ages*. Cambridge: Cambridge University Press, forthcoming.

———. "The Transmission of Arabic Astronomy via Antioch and Pisa in the Second Quarter of the Twelfth Century." In Hogendijk, Jan, and Sabra, Abdelhamid I., eds. *The Enterprise of Science in Islam: New Perspectives*, pp. 23–51. Cambridge, Mass.: MIT Press, 2003.

______. "The Twelfth-Century Renaissance." In Lindberg, David C., and Shank, Michael H., eds., *The Cambridge History of Science*, vol. 2: *The Middle Ages*. Cambridge: Cambridge University Press, forthcoming.

______. "What Is the Experimentarius of Bernardus Silvestris? A Preliminary Survey of the Material." *Archives d'histoire doctrinale et littéraire du moyen âge*, 44 (1977): 79–125.

Butterfield, Herbert. *The Origins of Modern Science 1300–1800*. London: G. Bell, 1949.

Bynum, Caroline Walker. "Did the Twelfth Century Discover the Individual?" *Journal of Ecclesiastical History*, 31 (1980): 1–17.

Cadden, Joan. "Albertus Magnus' Universal Physiology: The Example of Nutrition." In Weisheipl, James A., ed., *Albertus Magnus and the Sciences: Commemorative Essays 1980*, pp. 321–29. Toronto: Pontifical Institute of Mediaeval Studies, 1980.

______. *Meanings of Sex Differences in the Middle Ages: Medicine, Science, and Culture*. Cambridge: Cambridge University Press, 1993.

______. "The Organization of Knowledge: Disciplines and Practices." In Lindberg, David C., and Shank, Michael H., eds., *The Cambridge History of Science*, vol. 2: *The Middle Ages*. Cambridge: Cambridge University Press, forthcoming.

______. "Science and Rhetoric in the Middle Ages: The Natural Philosophy of William of Conches." *Journal of the History of Ideas*, 56 (1995): 1–24.

Cahill, Thomas. *How the Irish Saved Civilization*. New York: Doubleday, 1995.

______. *Sailing the Wine-Dark Sea: Why the Greeks Matter*. New York: Random House/Doubleday, 2003.

Callus, D. A. "Introduction of Aristotelian Learning to Oxford." *Proceedings of the British Academy*, 29 (1943): 229–81.

______, ed. *Robert Grosseteste, Scholar and Bishop: Essays in Commemoration of the Seventh Centenary of His Death*. Oxford: Clarendon Press, 1955.

Cambridge History of Science, 8 vols., ed. David C. Lindberg and Ronald L. Numbers. Cambridge: Cambridge University Press, 2003–.

Cameron, M. L. "The Sources of Medical Knowledge in Anglo-Saxon England." *Anglo-Saxon England*, 11 (1983): 135–52.

Campbell, Tony. "Portolan Charts from the Late Thirteenth Century to 1500." In Harley, J. B., and Woodward, David, eds., *The History of Cartography*, 1:317–463. Chicago: University of Chicago Press, 1987.

Caroti, Stefano. "Nicole Oresme's Polemic against Astrology in His 'Quodlibeta.'" In Curry, Patrick, ed., *Astrology, Science, and Society: Historical Essays*, pp. 75–93. Woodbridge, Suffolk: Boydell, 1987.

Carré, Meyrick H. *Realists and Nominalists*. Oxford: Clarendon Press, 1946.

Catto, J. I., ed. *The Early Oxford Schools*. Vol. 1 of Aston, T. H., general ed., *The History*

of the University of Oxford. Oxford: Clarendon Press, 1984.
Celsus, Aulus Cornelius. *De medicina, with an English Translation*, trans. W. G. Spencer, 3 vols. London: Heinemann, 1935–38.
Chadwick, Henry. *Early Christian Thought and the Classical Tradition: Studies in Justin, Clement, and Origen*. New York: Oxford University Press, 1966.
———. *The Early Church*. Harmondsworth: Penguin, 1967.
Charette, François. "The Locales of Islamic Astronomical Instrumentation." *History of Science*, 46 (2006): 123–38.
Chenu, M.-D. *Nature, Man, and Society in the Twelfth Century: Essays on New Theological Perspectives in the Latin West*, trans. Jerome Taylor and Lester K. Little. Chicago: University of Chicago Press, 1968.
———. *Toward Understanding St. Thomas*, ed. and trans. A.-M. Landry and D. Hughes. Chicago: Henry Regnery, 1964.
Cherniss, Harold. *The Riddle of the Early Academy*. Berkeley and Los Angeles: University of California Press, 1945.
Cicero. *De republica*, trans. Clinton Walker Keyes. London: Heinemann, 1928.
Cisne, John L. "How Science Survived: Medieval Manuscripts' 'Demography' and Classic Texts' Extinction." *Science*, 307 (25 Feb. 2005): 1305–7.
Clagett, Marshall. *Ancient Egyptian Science: A Source Book*, 3 vols. Philadelphia: American Philosophical Society, 1989–.
———, ed. *Critical Problems in the History of Science*. Madison: University of Wisconsin Press, 1962.
———. *Giovanni Marliani and Late Medieval Physics*. New York: Columbia University Press, 1941.
———. *Greek Science in Antiquity*. London: Abelard-Schuman, 1957.
———. "The *Liber de motu* of Gerard of Brussels and the Origins of Kinematics in the West." *Osiris*, 12 (1956): 73–175.
———, ed. and trans. *Nicole Oresme and the Medieval Geometry of Qualities and Motions*. Madison: University of Wisconsin Press, 1968.
———. "Oresme, Nicole." *Dictionary of Scientific Biography*, 10:223–30.
———. *The Science of Mechanics in the Middle Ages*. Madison: University of Wisconsin Press, 1959.
———. "Some Novel Trends in the Science of the Fourteenth Century." In Singleton, Charles S., ed., *Art, Science, and History in the Renaissance*, pp. 275–303. Baltimore: Johns Hopkins University Press, 1968.
———. *Studies in Medieval Physics and Mathematics*. London: Variorum, 1979.
Clark, Willene B., and McMunn, Meradith T., eds. *Beasts and Birds of the Middle Ages: The Bestiary and Its Legacy*. Philadelphia: University of Pennsylvania Press, 1989.
Clarke, M. L. *Higher Education in the Ancient World*. London: Routledge & Kegan

Paul, 1971.
Cobban, Alan B. *The Medieval English Universities: Oxford and Cambridge to c. 1500.* Aldershot: Scolar Press, 1988.
______. *The Medieval Universities: Their Development and Organization*. London: Methuen, 1975.
Cochrane, Charles N. *Christianity and Classical Culture: A Study of Thought and Action from Augustus to Augustine*. Oxford: Clarendon Press, 1940.
Cohen, Morris R., and Drabkin, I. E., eds. *A Source Book in Greek Science*. Cambridge, Mass.: Harvard University Press, 1958.
Cohen, H. Floris. *The Scientific Revolution: A Historiographical Inquiry*. Chicago: University of Chicago Press, 1994.
Cohen, I. Bernard. *Revolution in Science*. Cambridge, Mass.: Belknap Press, 1985.
Colish, Marcia L. *The Stoic Tradition from Antiquity to the Early Middle Ages*, 2 vols. Leiden: Brill, 1985.
Collingwood, R G. *The Idea of Nature*. Oxford: Clarendon Press, 1945.
Conrad, Lawrence I.; Neve, Michael; Nutton, Vivian; Porter, Roy; and Wear, Andrew. *The Western Medical Tradition: 800 BC to AD 1800*. Cambridge: Cambridge University Press, 1995.
Contreni, John J. *The Cathedral School of Laon from 850 to 930: Its Manuscripts and Masters*. Münchener Beiträge zur Mediävistik und Renaissance-Forschung, vol. 29. Munich: Arbeo-Gesellschaft, 1978.

______. "Schools, Cathedral." *Dictionary of the Middle Ages*, 11:59–63.
Cooper, Lane. *Aristotle, Galileo, and the Tower of Pisa*. Ithaca: Cornell University Press, 1935.
Coopland, G. W. *Nicole Oresme and the Astrologers: A Study of His Livre de divinacions*. Cambridge, Mass.: Harvard University Press, 1952.
Copenhaver, Brian P. "Natural Magic, Hermetism, and Occultism in Early Modern Science." In Lindberg, David C., and Westman, Robert S., eds., *Reappraisals of the Scientific Revolution*, pp. 261–301. Cambridge: Cambridge University Press, 1990.
Courtenay, William J. *Capacity and Volition: A History of the Distinction of Absolute and Ordained Power*. Quodlibet: Ricerche e strumenti di filosofia medievale, no. 8. Bergamo: Pierluigi Lubrina, 1990.
______. *Covenant and Causality in Medieval Thought*. London: Variorum, 1984.
______. "The Critique on Natural Causality in the Mutakallimun and Nominalism." *Harvard Theological Review*, 66 (1973): 77–94. Reprinted in Courtenay, *Covenant and Causality in Medieval Thought*, chap. 5.
______. "The Dialectic of Divine Omnipotence." In Courtenay, *Covenant and Causality in Medieval Thought*, chap. 4.
______. "Nature and the Natural in Twelfth-Century Thought." In Courtenay, *Cov-*

enant and Causality in Medieval Thought, chap. 3.

———. "Ockham, William of." *Dictionary of the Middle Ages*, 9:209–14.

———. *Parisian Scholars in the Early Fourteenth Century: A Social Portrait*. Cambridge: Cambridge University Press, 1999.

———. *Schools and Scholars in Fourteenth-Century England*. Princeton: Princeton University Press, 1987.

———. *Teaching Careers at the University of Paris in the Thirteenth and Fourteenth Centuries*. Texts and Studies in the History of Mediaeval Education, no. 18. Notre Dame, Ind.: United States Subcommission for the History of Universities, University of Notre Dame, 1988.

Courtenay, William J., and Tachau, Katherine H. "Ockham, Ockhamists, and the English-German Nation at Paris, 1339–1341." *History of Universities*, 2 (1982): 53–96.

Crombie, A. C. *Augustine to Galileo: The History of Science A.D. 400–1650*. London: Falcon, 1952. Reissued as *Medieval and Early Modern Science*, 2 vols. Garden City: Doubleday Anchor, 1959.

———. *Robert Grosseteste and the Origins of Experimental Science, 1100–1700*. Oxford: Clarendon Press, 1953.

———. *Science, Optics, and Music in Medieval and Early Modern Thought*. London: Hambledon, 1990.

Crosby, Alfred W. *The Measure of Reality: Quantification and Western Society, 1250–1600*. Cambridge: Cambridge University Press, 1997.

Crosby, H. Lamar, Jr., ed. and trans. *Thomas of Bradwardine, His "Tractatus de Proportionibus": Its Significance for the Development of Mathematical Physics*. Madison: University of Wisconsin Press, 1961.

Crowe, Michael J. *Theories of the World from Antiquity to the Copernican Revolution*. New York: Dover, 1990.

Crowley, Theodore. *Roger Bacon: The Problem of the Soul in His Philosophical Commentaries*. Dublin: James Duffy; Louvain: Editions de l'Institut Supérieur de Philosophie, 1950.

Cumont, Franz. *Astrology and Religion among the Greeks and Romans*. New York: Putnam's Sons, 1912.

Curley, Michael J., trans. *Physiologus*. Austin: University of Texas Press, 1979.

Curry, Patrick, ed. *Astrology, Science, and Society: Historical Essays*. Woodbridge, Suffolk: Boydell, 1987.

Dales, Richard C. *The Intellectual Life of Western Europe in the Middle Ages*. Washington, D.C.: University Press of America, 1980.

———. "Marius 'On the Elements' and the Twelfth-Century Science of Matter." *Viator*, 3 (1972): 191–218.

———. *Medieval Discussions of the Eternity of the World*. Leiden: Brill, 1990.

———. "Time and Eternity in the Thirteenth Century." *Journal of the History of Ideas*, 49 (1988): 27–45.

d'Alverny, Marie-Thérèse. "Translations and Translators." In Benson, Robert L., and Constable, Giles, eds., *Renaissance and Renewal in the Twelfth Century*, pp. 421–62. Cambridge, Mass.: Harvard University Press, 1982.

Daston, Lorraine, and Park, Katharine. *Wonders and the Order of Nature, 1150–1750*. Cambridge, Mass.: Zone Books, 1998.

Dear, Peter. *Discipline and Experience: The Mathematical Way in the Scientific Revolution*. Chicago: University of Chicago Press, 1995.

———. "Jesuit Mathematical Science and the Reconstitution of Experience in the Early 17th Century." *Studies in History and Philosophy of Science*, 18 (1987): 133–75.

———. *Revolutionizing the Sciences: European Knowledge and Its Ambitions*. Princeton: Princeton University Press, 2001.

Debarnot, Marie-Thérèse. "Trigonometry." *Encyclopedia of the History of Arabic Science*, 2:495–538.

Debus, Allen G. *The Chemical Philosophy: Paracelsian Science and Medicine in the Sixteenth and Seventeenth Centuries*, 2 vols. New York: Science History Publications, 1977.

———. *Man and Nature in the Renaissance*. Cambridge: Cambridge University Press, 1978.

De Lacy, Phillip. "Galen's Platonism." *American Journal of Philology*, 93 (1972): 27–39.

Demaitre, Luke E., and Travill, Anthony A. "Human Embryology and Development in the Works of Albertus Magnus." In Weisheipl, James A., ed., *Albertus Magnus and the Sciences: Commemorative Essays 1980*, pp. 405–40. Toronto: Pontifical Institute of Mediaeval Studies, 1980.

Denifle, Henricus, and Chatelain, Aemilio. *Chartularium Universitatis Parisiensis*, 4 vols. Paris: Delalain, 1889–97.

de Santillana, Giorgio. *The Origins of Scientific Thought: From Anaximander to Proclus, 600 B.C. to A.D. 500*. Chicago: University of Chicago Press, 1961.

de Vaux, Carra. "Astronomy and Mathematics." In Arnold, Thomas, and Guillaume, Alfred, eds., *The Legacy of Islam*, pp. 376–97. London: Oxford University Press, 1931.

Dicks, D. R. *Early Greek Astronomy to Aristotle*. Ithaca: Cornell University Press, 1970.

———. "Eratosthenes." *Dictionary of Scientific Biography*, 4:388–93.

Dictionary of Scientific Biography, 16 vols. New York: Scribner's, 1970–80.

Dijksterhuis, E. J. *Archimedes*, trans. C. Dikshoorn. Copenhagen: Munksgaard, 1956.

______. *The Mechanization of the World Picture*, trans. C. Dikshoorn. Oxford: Clarendon Press, 1961.

Dilke, O. A. W. "Cartography in the Byzantine Empire." In Harley, J. B., and Woodward, David, eds., *The History of Cartography*, 2:258–75. Chicago: University of Chicago Press, 1992.

______. "The Culmination of Greek Cartography in Ptolemy." In Harley, J. B., and Woodward, David, eds., *The History of Cartography*, 1:177–200. Chicago: University of Chicago Press, 1987.

Diogenes Laertius. *Lives of Eminent Philosophers*, trans. R D. Hicks, 2 vols. London: Heinemann, 1925.

Dodge, Bayard. *Muslim Education in Medieval Times*. Washington, D.C.: Middle East Institute, 1962.

Dols, Michael W., trans. *Medieval Islamic Medicine: Ibn Ridwān's Treatise "On the Prevention of Bodily Ills in Egypt,"* with an Arabic text edited by Adil S. Gamal. Berkeley and Los Angeles: University of California Press, 1984.

______. "The Origins of the Islamic Hospital: Myth and Reality." *Bulletin of the History of Medicine*, 61 (1987): 367–90.

Dorff, Elliot N. "The Jewish Tradition." In Numbers, Ronald L., and Amundsen, Darrel W., eds., *Caring and Curing: Health and Medicine in the Western Religious Traditions*, pp. 5–39. New York: Macmillan, 1986.

Dorn, Harold. *The Geography of Science*. Baltimore: Johns Hopkins University Press, 1991.

Drake, Stillman. "The Uniform Motion Equivalent of a Uniformly Accelerated Motion from Rest." *Isis*, 63 (1972): 28–38.

Dreyer, J. L. E. *History of the Planetary Systems from Thales to Kepler*. Cambridge: Cambridge University Press, 1906. Reissued as *A History of Astronomy from Thales to Kepler*, ed. W. H. Stahl. New York: Dover, 1953.

Dronke, Peter, ed. *A History of Twelfth-Century Western Philosophy*. Cambridge: Cambridge University Press, 1988.

______. "Thierry of Chartres." In Dronke, Peter, ed., *A History of Twelfth-Century Western Philosophy*, pp. 358–85.

Duhem, Pierre. *Etudes sur Léonard de Vinci*, 3 vols. Paris: Hermann, 1906–13.

______, ed. *Un fragment inédit de l'Opus tertium de Roger Bacon, précédé d'une étude sur ce fragment*. Quaracchi: Collegium S. Bonaventurae, 1909.

______. *Medieval Cosmology: Theories of Infinity, Place, Time, Void, and the Plurality of Worlds*, ed. and trans. Roger Ariew. Chicago: University of Chicago Press, 1985.

______. *Les orgines de la statique*, 2 vols. Paris: Hermann, 1905–6.

______. *Le système du monde*, 10 vols. Paris: Hermann, 1913–59.

———. *To Save the Phenomena: An Essay on the Idea of Physical Theory from Plato to Galileo*, trans. Edmund Doland and Chaninah Maschler. Chicago: University of Chicago Press, 1969.

Düring, Ingemar. "The Impact of Aristotle's Scientific Ideas in the Middle Ages." *Archiv für Geschichte der Philosophie,* 50 (1968): 115–33.

Easton, Stewart C. *Roger Bacon and His Search for a Universal Science*. Oxford: Basil Blackwell, 1952.

Eastwood, Bruce S. "Astronomical Images and Planetary Theory in Carolingian Studies of Martianus Capella." *Journal for the History of Astronomy*, 31 (2000): 1–28.

———. *Astronomy and Optics from Pliny to Descartes*. London: Variorum, 1989.

———. "The Astronomy of Macrobius in Carolingian Europe: Dungal's Letter of 811 to Charles the Great." *Early Medieval Europe*, 3 (1994): 117–34.

———. "Chalcidius's Commentary on Plato's *Timaeus* in Latin Astronomy of the Ninth to Eleventh Centuries." In Nauta, L., and Vanderjagt, A., eds., *Between Demonstration and Imagination: Essays in the History of Science and Philosophy*, pp. 171–209. Leiden: Brill, 1999.

———. "Cosmology, Astronomy, and Mathematics." In Lindberg, David C., and Shank, Michael H., eds., *The Cambridge History of Science*, vol. 2: *The Middle Ages*. Cambridge: Cambridge University Press, forthcoming.

———. "Invention and Reform in Latin Planetary Astronomy." In Herren, Michael W.; McDonough, C. J.; and Arthur, Ross G., eds., *Latin Culture in the Eleventh Century*, pp. 264–97. Turnhout, Belgium: Brepols, 2002.

———. "Johannes Scottus Eriugena, Sun-Centered Planets, and Carolingian Astronomy." *Journal for the History of Astronomy*, 32 (2001): 281–324.

———. "Kepler as Historian of Science: Precursors of Copernican Heliocentrism According to De revolutionibus, I, 10." *Proceedings of the American Philosophical Society*, 126 (1982): 367–94.

———. "On the Continuity of Western Science from the Middle Ages: A.C. Crombie's 'Augustine to Galileo.'" *Isis*, 83 (1992): 84–99.

———. *Ordering the Heavens: Roman Astronomy and Cosmology in the Carolingian Renaissance*. Leiden: Brill, in press.

———. "Plinian Astronomical Diagrams in the Early Middle Ages." In Grant, Edward, and Murdoch, John E., eds., *Mathematics and Its Applications to Science and Natural Philosophy in the Middle Ages: Essays in Honor of Marshall Clagett*, pp. 141–72. Cambridge: Cambridge University Press, 1987.

———. "Plinian Astronomy in the Middle Ages and Renaissance." In French, Roger, and Greenaway, Frank, eds., *Science in the Early Roman Empire: Pliny the Elder, His Sources and Influence*, pp. 197–251. Totawa, New Jersey: Barnes & Noble, 1986.

———. *The Revival of Planetary Astronomy in Carolingian and Post-Carolingian*

Europe. Ashgate: Variorum, 2002.

Eastwood, Bruce, and Grasshoff, Gerd. *Planetary Diagrams for Roman Astronomy in Medieval Europe, ca. 800–1500.* Transactions of the American Philosophical Society, vol. 94, pt. 3. Philadelphia: American Philosophical Society, 2004.

Ebbell, B. *The Papyrus Ebers, the Greatest Egyptian Medical Document*. Copenhagen: Munksgaard, 1939.

Edel, Abraham. *Aristotle and His Philosophy*. Chapel Hill: University of North Carolina Press, 1982.

Edelstein, Emma J., and Edelstein, Ludwig. *Asclepius: A Collection and Interpretation of the Testimonies*, 2 vols. Baltimore: Johns Hopkins University Press, 1945.

Ede, Andrew, and Cormack, Lesley B. *A History of Science in Society: From Philosophy to Utility*. Peterborough, Ontario: Broadview Press, 2004.

Edelstein, Ludwig. *Ancient Medicine: Selected Papers of Ludwig Edelstein*, ed. Owsei Temkin and C. Lilian Temkin. Baltimore: Johns Hopkins University Press, 1967.

______. "The Distinctive Hellenism of Greek Medicine." *Bulletin of the History of Medicine*, 40 (1966): 197–255. Reprinted in Edelstein, *Ancient Medicine*, pp. 367–97. Baltimore: Johns Hopkins University Press, 1967.

______. "Empiricism and Skepticism in the Teaching of the Greek Empiricist School." In Edelstein, *Ancient Medicine: Selected Papers of Ludwig Edelstein*, pp. 195–203. Baltimore: Johns Hopkins University Press, 1967.

______. "Greek Medicine and Its Relation to Religion and Magic." *Bulletin of the Institute of the History of Medicine*, 5 (1937): 201–46.

______. "The Methodists." In Edelstein, *Ancient Medicine*, pp. 173–91. Baltimore: Johns Hopkins University Press, 1967.

______. "The Relation of Ancient Philosophy to Medicine." *Bulletin of the History of Medicine*, 26 (1952): 299–316. Reprinted in Edelstein, *Ancient Medicine*, pp. 349–66. Baltimore: Johns Hopkins University Press, 1967.

Edson, Evelyn. *Mapping Time and Space: How Medieval Mapmakers Viewed Their World*. London: British Library, 1997.

Edson, Evelyn, and Savage-Smith, Emilie. *Medieval Views of the Cosmos*. Oxford: Bodleian Library, 2004.

Elford, Dorothy. "William of Conches." In Dronke, Peter, ed., *A History of Twelfth-Century Western Philosophy*, pp. 308–27. Cambridge: Cambridge University Press, 1988.

Emerton, Norma E. *The Scientific Reinterpretation of Form*. Ithaca: Cornell University Press, 1984.

Encyclopedia of the History of Arabic Science. See Rashed, Roshdi.

Endress, Gerhard. "Mathematics and Philosophy in Medieval Islam." In Hogendijk,

Jan, and Sabra, Abdelhamid I., eds., *The Enterprise of Science in Islam: New Perspectives*, pp. 121–176. Cambridge, Mass.: MIT Press, 2003.

Epp, Ronald H., ed. *Recovering the Stoics*. Supplement to the *Southern Journal of Philosophy*, vol. 23 (1985).

Euclid. *The Elements*, trans. Thomas Heath, 3 vols. Cambridge: Cambridge University Press, 1908.

Evans, Gillian R. *Anselm and a New Generation*. Oxford: Clarendon Press, 1980.

———. "The Influence of Quadrivium Studies in the Eleventh- and Twelfth-Century Schools." *Journal of Medieval History*, 1 (1975): 151–64.

———. *Old Arts and New Theology: The Beginnings of Theology as an Academic Discpline*. Oxford: Clarendon Press, 1980.

———. *The Thought of Gregory the Great*. Cambridge: Cambridge University Press, 1986.

Evans, James. *The History and Practice of Ancient Astronomy*. Oxford: Oxford University Press, 1998.

Evans, Joan, ed. *The Flowering of the Middle Ages*. London: Thames and Hudson, 1966.

Fakhry, Majid. *A History of Islamic Philosophy*. New York: Columbia University Press, 1970.

Farrington, Benjamin. *Greek Science*, rev. ed. Harmondsworth: Penguin, 1961.

Fazlioğlu, İhsan. "The Mathematical/Astronomical School of Samarqand as a Background for Ottoman Philosophy and Science." *Journal for the History of Arabic Science*, vol. 14 (2007): forthcoming.

Feingold, Mordechai. *The Mathematicians' Apprenticeship: Science, Universities, and Society in England, 1560–1640*. Cambridge: Cambridge University Press, 1984.

Ferguson, Wallace K. *The Renaissance in Historical Thought*. Boston: Houghton Mifflin, 1948.

Ferngren, Gary B., ed. *Science and Religion: A Historical Introduction*. Baltimore: Johns Hopkins University Press, 2002.

Ferruolo, Stephen C. *The Origins of the University: The Schools of Paris and Their Critics, 1100–1215*. Stanford: Stanford University Press, 1985.

Fichtenau, Heinrich. *The Carolingian Empire*, trans. Peter Munz. Oxford: Basil Blackwell, 1957.

La filosofia della natura nel medioevo: Atti del Terzo Congresso Internazionale di Filosofia Medioevale, 31 August–5 September 1964. Milan: Società Editrice Vita e Pensiero, 1966.

Finley, M. I. The *World of Odysseus*, rev. ed. New York: Viking Press, 1965.

Finucane, Ronald C. *Miracles and Pilgrims: Popular Beliefs in Medieval England*. Totowa, N.J.: Rowman and Littlefield, 1977.

Flint, Valerie I. J. *The Rise of Magic in Early Medieval Europe*. Princeton: Princeton University Press, 1991.

Fontaine, Jacques. *Isidore de Séville et la culture classique dans l'Espagne wisigothique*, 2d ed., 3 vols. Paris: Etudes Augustiniennes, 1983.

Francesco of Capuano. *Sphera mundi . . . cum commentariis*. Venice: Giunta, 1518.

Frankfort, H., and Frankfort, H. A. "Myth and Reality." In Frankfort, H.; Frankfort, H. A.; Wilson, John A.; and Jacobsen, Thorkild, *Before Philosophy: The Intellectual Adventure of Ancient Man*, pp. 11–36. Baltimore: Penguin, 1951.

Frankfort, H.; Frankfort, H. A.; Wilson, John A.; and Jacobsen, Thorkild. *Before Philosophy: The Intellectual Adventure of Ancient Man*. Baltimore: Penguin, 1951.

Fraser, P. M. *Ptolemaic Alexandria*, 3 vols. Oxford: Clarendon Press, 1972.

Frede, Michael. "The Method of the So-Called Methodical School of Medicine." In Barnes, Jonathan; Brunschwig, Jacques; Burnyeat, Myles; and Schofield, Malcolm, eds., *Science and Speculation: Studies in Hellenistic Theory and Practice*, pp. 1–23. Cambridge: Cambridge University Press, 1982.

Freeman, Charles. *The Closing of the Western Mind: The Rise of Faith and the Fall of Reason*. New York: Knopf, 2003.

French, Roger. *Ancient Natural History*. London: Routledge, 1994.

French, Roger, and Greenaway, Frank, eds. *Science in the Early Roman Empire: Pliny the Elder, His Sources and Influence*. Totawa, N.J.: Barnes & Noble, 1986.

Frend, W. H. C. *The Early Church*. Philadelphia: Fortress Press, 1982.

Freudenthal, Gad. *Science in the Medieval Hebrew and Arabic Traditions*. Aldershot, England: Variorum, 2005.

Fried, Michael N, and Unguru, Sabetai. *Apollonius of Perga's "Conica": Text, Context, Subtext*. Leiden: Brill, 2001.

Funkenstein, Amos. *Theology and the Scientific Imagination from the Middle Ages to the Seventeenth Century*. Princeton: Princeton University Press, 1986.

Furley, David J. *Cosmic Problems: Essays on Greek and Roman Philosophy of Nature*. Cambridge: Cambridge University Press, 1989.

______. *The Greek Cosmologists*, vol. 1: *The Formation of the Atomic Theory and Its Earliest Critics*. Cambridge: Cambridge University Press, 1987.

______. "Lucretius." *Dictionary of Scientific Biography*, 8:536–39.

______. *Two Studies in the Greek Atomists*. Princeton: Princeton University Press, 1967.

Gabriel, Astrik L. "Universities." *Dictionary of the Middle Ages*, 12:282–300.

Galen. *On Respiration and the Arteries*, ed. and trans. David J. Furley and J. S. Wilkie. Princeton: Princeton University Press, 1984.

______. *On the Natural Faculties*, trans. A. J. Brock. London: Heinemann, 1963.

______. *On the Usefulness of the Parts of the Body*, ed. and trans. Margaret T. May, 2

vols. Ithaca: Cornell University Press, 1968.

———. *Three Treatises on the Nature of Science*, ed. and trans. Richard Walzer and Michael Frede. Indianapolis: Hackett, 1985.

Galileo. *Two New Sciences*, trans. Stillman Drake. Madison: University of Wisconsin Press, 1974.

Ganz, David. "The Leiden Manuscripts and Their Carolingian Readers." In *Medieval Manuscripts of the Latin Classics: Production and Use* (Proceedings of the Seminar in the History of the Book to 1500, 1993). Leiden, 1996.

García Ballester, Luis. "Galen as a Medical Practitioner: Problems in Diagnosis." In Nutton, Vivian, ed., *Galen: Problems and Prospects*, pp. 13–46. London: Wellcome Institute for the History of Medicine, 1981.

García Ballester, Luis; Ferre, Lola; and Feliu, Edward. "Jewish Appreciation of Fourteenth-Century Scholastic Medicine." *Osiris*, n.s. 6 (1990): 85–117.

Garsoïan, Nina G. "Nisibis." *Dictionary of the Middle Ages*, 9:141–42.

Garwood, Christine. *Flat Earth: The History of an Infamous Idea*. London: Macmillan, 2007.

Gascoigne, John. "A Reappraisal of the Role of the Universities in the Scientific Revolution." In Lindberg, David C., and Westman, Robert S., eds., *Reappraisals of the Scientific Revolution*, pp. 207–60. Cambridge: Cambridge University Press, 1990.

Gersh, Stephen. *Middle Platonism and Neoplatonism: The Latin Tradition*, 2 vols. Notre Dame, Ind.: University of Notre Dame Press, 1986.

Getz, Faye M. "Charity, Translation, and the Language of Medical Learning in Medieval England." *Bulletin of the History of Medicine*, 64 (1990): 1–17.

———. "The Faculty of Medicine before 1500." In Catto, J. I., and Evans, Ralph, eds., vol. 2 of *The History of the University of Oxford*, pp 373–405. Oxford: Clarendon Press, 1992.

———. *Healing and Society in Medieval England*. Madison: University of Wisconsin Press, 1991.

———. *Medicine in the English Middle Ages*. Princeton: Princeton University Press, 1998.

———. "Western Medieval Medicine." *Trends in History*, 4, nos. 2–3 (1988): 37–54.

Ghalioungui, Paul. *The House of Life, Per Ankh: Magic and Medical Science in Ancient Egypt*, 2d ed. Amsterdam: B. M. Israel, 1973.

———. *The Physicians of Pharaonic Egypt*. Cairo: Al-Ahram Center for Scientific Translations, 1983.

Gillings, R J. "The Mathematics of Ancient Egypt." *Dictionary of Scientific Biography*, 15:681–705.

Gilson, Etienne. *The Christian Philosophy of St. Thomas Aquinas*, trans. L. K. Shook. New York: Random House, 1956.

Gimpel, Jean. *The Medieval Machine: The Industrial Revolution of the Middle Ages.* New York: Holt, Rinehart and Winston, 1976.

Gingerich, Owen. "Islamic Astronomy." *Scientific American*, 254, no. 4 (April 1986): 74–83.

Gohlman, William E., ed. and trans. *The Life of Ibn Sina: A Critical Edition and Annotated Translation* (Albany: State University of New York Press, 1974).

Goldstein, Bernard R. *The Arabic Version of Ptolemy's "Planetary Hypotheses."* Transactions of the American Philosophical Society, n.s., vol. 57, pt. 4. Philadelphia: American Philosophical Society, 1967.

_______. *Al-Biṭrūjī On the Principles of Astronomy*, 2 vols. New Haven: Yale University Press, 1971.

_______. *The Astronomy of Levi ben Gerson (1288–1344).* New York: Springer, 1985.

_______. "John of Murs." *Dictionary of Scientific Biography*, 7:128–33.

_______. "Theory and Observation in Ancient and Medieval Astronomy." *Isis*, 63 (1972): 39–47.

_______. *Theory amd Observation in Ancient and Medieval Astronomy.* London: Variorum Reprints, 1985.

Goldstein, Bernard R., and Bowen, Alan C. "A New View of Early Greek Astronomy." *Isis*, 74 (1983): 330–40.

Goldstein, Bernard R., and Swerdlow, Noel. "Planetary Distances and Sizes in an Anonymous Arabic Treatise Preserved in Bodleian MS Marsh 621." *Centaurus*, 15 (1970): 135–70.

Goldziher, Ignaz. "The Attitude of Orthodox Islam toward the 'Ancient Sciences.'" Trans. from German original (1915). In Swartz, Merlin L., ed., *Studies on Islam*, pp. 185–215. Oxford: Oxford University Press, 1981.

_______. "Catholic Tendencies and Particularism in Islam." Trans. from German original (1914). In Swartz, Merlin L., ed., *Studies on Islam*, pp. 123–39. Oxford: Oxford University Press, 1981.

Goody, Jack. *The Domestication of the Savage Mind.* Cambridge: Cambridge University Press, 1977.

Goody, Jack, and Watt, Ian. "The Consequences of Literacy." *Comparative Studies in Society and History*, 5 (1962–63): 304–45.

Gottfried, Robert S. *Doctors and Medicine in Medieval England 1340–1530.* Princeton: Princeton University Press, 1986.

Gotthelf, Allan, and Lennox, James G., eds. *Philosophical Issues in Aristotle's Biology.* Cambridge: Cambridge University Press, 1987.

Gottschalk, H. B. "Strato of Lampsacus." *Dictionary of Scientific Biography*, 13:91–95.

Grant, Edward. "Aristotelianism and the Longevity of the Medieval World View." *History of Science*, 16 (1978): 93–106.

———. Celestial Matter: A Medieval and Galilean Cosmological Problem." *Journal of Medieval and Renaissance Studies*, 13 (1983): 157–86.

———. "Celestial Orbs in the Latin Middle Ages." *Isis*, 78 (1987): 153–73.

———. "The Condemnation of 1277, God's Absolute Power, and Physical Thought in the Late Middle Ages." *Viator*, 10 (1979): 211–44.

———. "Cosmology." In Lindberg, David C., ed., *Science in the Middle Ages*, pp. 265–302. Chicago: University of Chicago Press, 1978.

———. "Cosmology." In Lindberg, David C., and Shank, Michael H., eds., *The Cambridge History of Science*, vol. 2: *The Middle Ages*. Cambridge: Cambridge University Press, forthcoming.

———. *The Foundations of Modern Science in the Middle Ages: Their Religious, Institutional, and Intellectual Contexts*. Cambridge: Cambridge University Press, 1996.

———. *God and Reason in the Middle Ages*. Cambridge: Cambridge University Press, 2001.

———. "Late Medieval Thought, Copernicus, and the Scientific Revolution." *Journal of the History of Ideas*, 23 (1962): 197–220.

———. "Medieval and Renaissance Scholastic Conceptions of the Influence of the Celestial Region on the Terrestrial." *Journal of Medieval and Renaissance Studies*, 17 (1987): 1–23.

———. "Medieval and Seventeenth-Century Conceptions of an Infinite Void Space beyond the Cosmos." *Isis*, 60 (1969): 39–60.

———. "The Medieval Doctrine of Place: Some Fundamental Problems and Solutions." In Maierù, A., and Paravicini Bagliani, A., eds., *Studi sul XIV secolo in memoria di Anneliese Maier*, pp. 57–79. Storia e Letteratura, Raccolta di studi e testi, no. 151. Rome: Edizioni di Storia e Letteratura, 1981.

———. *Much Ado about Nothing: Theories of Space and Vacuum from the Middle Ages to the Scientific Revolution*. Cambridge: Cambridge University Press, 1981.

———, ed. and trans. *Nicole Oresme and the Kinematics of Circular Motion: Tractatus de commensurabilitate vel incommensurabilitate motuum celi*. Madison: University of Wisconsin Press, 1971.

———. *Physical Science in the Middle Ages*. New York: Wiley, 1971.

———. *Planets, Stars, and Orbs: The Medieval Cosmos, 1200–1687*. Cambridge: Cambridge University Press, 1994.

———. *Science and Religion, 400 B.C.–A.D. 1550: From Aristotle to Copernicus*. Westport, Conn.: Greenwood, 2004.

———. "Science and the Medieval University." In Kittelson, James M., and Transue, Pamela J., eds., *Rebirth, Reform, and Resilience: Universities in Transition 1300–1700*, pp. 68–102. Columbus: Ohio State University Press, 1984.

———. "Science and Theology in the Middle Ages." In Lindberg, David C., and

Numbers, Ronald L., eds., *God and Nature: Historical Essays on the Encounter between Christianity and Science*, pp. 49–75. Berkeley and Los Angeles: University of California Press, 1986.

———, ed. *A Source Book in Medieval Science*. Cambridge, Mass.: Harvard University Press, 1974.

———. *Studies in Medieval Science and Natural Philosophy*. London: Variorum, 1981.

Grant, Edward, and Murdoch, John E., eds. *Mathematics and Its Applications to Science and Natural Philosophy in the Middle Ages: Essays in Honor of Marshall Clagett*. Cambridge: Cambridge University Press, 1987.

Grant, Robert M. *Miracle and Natural Law in Graeco-Roman and Early Christian Thought*. Amsterdam: North-Holland, 1952.

Graves, Robert. *The Greek Myths*. 2 vols. Harmondsworth: Penguin, 1955.

Grayeff, Felix. *Aristotle and His School*. London: Duckworth, 1974.

Green, Monica H., ed. and trans. *The Trotula: A Medieval Compendium of Women's Medicine*. Philadelphia: University of Pennsylvania Press, 2001.

———. *Women's Healthcare in the Medieval West: Texts and Contexts*. Aldershot: Ashgate, 2000.

———. "Women's Medical Practice and Medical Care in Medieval Europe." *Signs*, 14 (1989): 434–73.

Green, Peter. *Alexander of Macedon, 356–323 B.C.: A Historical Biography*. Berkeley and Los Angeles: University of California Press, 1991.

Greene, Mott. *Natural Knowledge in Preclassical Antiquity*. Baltimore: Johns Hopkins University Press, 1992.

Gregory, T. E. "Byzantine Empire: History (330–1025)." *Dictionary of the Middle Ages*, 2:481–91.

Gregory, Tullio. *Anima mundi: La filosofia di Guglielmo di Conches e la scuola di Chartres*. Florence: G. C. Sansoni, 1955.

———. "La nouvelle idée de nature et de savoir scientifique au XIIe siècle." In Murdoch, John E., and Sylla, Edith D., eds., *The Cultural Context of Medieval Learning*, pp. 193–212. Boston Studies in the Philosophy of Science, 26. Dordrecht: Reidel, 1975.

———. "The Platonic Inheritance." In Dronke, Peter, ed., *A History of Twelfth-Century Western Philosophy*, pp. 54–80. Cambridge: Cambridge University Press, 1988.

Grendler, Paul F. *Schooling in Renaissance Italy: Literacy and Learning, 1300–1600*. Baltimore: Johns Hopkins University Press, 1989.

Grene, Marjorie. *A Portrait of Aristotle*. Chicago: University of Chicago Press, 1963.

Griffin, Jasper. *Homer*. Oxford: Oxford University Press, 1980.

Gunther, R. T. *Early Science in Oxford*, vol. 2. Oxford: Oxford University Press, 1923.

Gutas, Dimitri. *Avicenna and the Aristotelian Tradition: Introduction to Reading*

Avicenna's Philosophical Works. Leiden: Brill, 1988.

______. *Greek Thought, Arabic Culture: The Graeco-Arabic Translation Movement in Baghdad and Early ʿAbbāsid Society (2nd–4th/8th–10th centuries)*. London: Routledge, 1998.

Hackett, Jeremiah, ed. *Roger Bacon and the Sciences: Commemorative Essays*. Leiden: Brill, 1997.

Hackett, M. B. "The University as a Corporate Body." In Catto, J. I., ed., *The Early Oxford Schools*, vol. 1 of *The History of the University of Oxford*, general ed. T. H. Aston, pp. 37–95. Oxford: Clarendon Press, 1984.

Hadot, Ilsetraut, ed. *Simplicius: sa vie, son oeuvre, sa survie*. In *Actes du Colloque international de Paris*, 28 Sept.–1 Oct. 1985. Berlin: Walter de Gruyter, 1987.

Hahm, David E. *The Origins of Stoic Cosmology*. Columbus: Ohio State University Press, 1977.

Hall, A. Rupert. "Merton Revisited; or, Science and Society in the Seventeenth Century." *History of Science*, 2 (1963): 1–16.

______. "On the Historical Singularity of the Scientific Revolution of the Seventeenth Century." In Elliott, J. H., and Koenigsberger, H. G., eds., *The Diversity of History: Essays in Honour of Sir Herbert Butterfield*, pp. 199–221. London: Routledge & Kegan Paul, 1970.

______. *The Revolution in Science 1500–1750*. London: Longman, 1983.

______. *The Scientific Revolution 1500–1800*. London: Longmans, Green, 1954.

Hall, Marie Boas. *The Scientific Renaissance*. New York: Harper, 1962.

Halleux, Robert. "Alchemy." *Dictionary of the Middle Ages*, 1:134–40.

______. *Les textes alchimiques*. Typologie des sources du moyen âge occidental, no. 32. Turnhout: Brepols, 1979.

Hamarneh, Sami. "Al-Majūsī." *Dictionary of Scientific Biography*, 9:40–42.

______. "Al-Zahrāwī." *Dictionary of Scientific Biography*, 14:584–85.

Hamilton, Edith. *Mythology*. Boston: Little, Brown, 1942.

Hansen, Bert. *Nicole Oresme and the Marvels of Nature: A Study of His "De causis mirabilium" with Critical Edition, Translation, and Commentary*. Toronto: Pontifical Institute of Mediaeval Studies, 1985.

Haq, S. Nomanul. "Greek Alchemy or Shīʿī Metaphysics? A Preliminary Statement concerning Jābir ibn Hayyān's Zāhir and Bātin." *Bulletin of the Royal Institute for Inter-faith Studies* 4, no. 2 (Autumn/Winter 2002): 19–32.

Hare, R. M. *Plato*. Oxford: Oxford University Press, 1982.

Hargreave, David. "Reconstructing the Planetary Motions of the Eudoxean System." *Scripta Mathematica*, 28 (1970): 335–45.

Häring, Nikolaus. "Chartres and Paris Revisited." In O'Donnell, J. Reginald, ed., *Essays in Honour of Anton Charles Pegis*, pp. 268–329. Toronto: Pontifical Institute

of Mediaeval Studies, 1974.

———. "The Creation and Creator of the World According to Thierry of Chartres and Clarenbaldus of Arras." *Archives d'histoire doctrinale et littéraire du moyen âge*, 22 (1955): 137–216.

Harley, J. B., and Woodward, David, eds. *The History of Cartography*, vol. 1: *Cartography in Prehistoric, Ancient, and Medieval Europe and the Mediterranean*. Chicago: University of Chicago Press, 1987.

Harris, John R. "Medicine." In Harris, John R., ed., *The Legacy of Egypt*, 2d ed., pp. 112–37. Oxford: Clarendon Press, 1971.

Harris, William V. *Ancient Literacy*. Cambridge, Mass.: Harvard University Press, 1989.

Harrison, Peter. *The Fall of Man and the Foundations of Science*. Cambridge: Cambridge University Press, forthcoming.

———. *The Bible, Protestantism, and the Rise of Natural Science*. Cambridge: Cambridge University Press, 1998.

———. "Curiosity, Forbidden Knowledge, and the Reformation of Natural Philosophy in Early-Modern England." *Isis*, 92 (2001): 265–90.

———. "Original Sin and the Problem of Knowledge in Early Modern Europe." *Journal of the History of Ideas*, 63 (2002): 239–59.

———. "Voluntarism and Early Modern Science." *History of Science*, 40 (2002): 63–89.

Hartner, Willy. "Al-Battānī." *Dictionary of Scientific Biography*, 1:507–16.

Haskins, Charles Homer. "The De arte venandi cum avibus of Frederick II." *English Historical Review*, 36 (1921): 334–55. Reprinted in Haskins, *Studies in the History of Mediaeval Science*, pp. 299–326.

———. *The Renaissance of the Twelfth Century*. Cambridge, Mass.: Harvard University Press, 1927.

———. *The Rise of Universities*. Providence: Brown University Press, 1923.

———. "Science at the Court of the Emperor Frederick II." *American Historical Review*, 27 (1922): 669–94. Reprinted in Haskins, *Studies in the History of Mediaeval Science*, pp. 242–71.

———. *Studies in the History of Mediaeval Science*. Cambridge, Mass.: Harvard University Press, 1924.

Heath, Thomas L. *Aristarchus of Samos, The Ancient Copernicus: A History of Greek Astronomy to Aristarchus*. Oxford: Clarendon Press, 1913.

———. *A History of Greek Mathematics*, 2 vols. Oxford: Clarendon Press, 1921.

———. *Mathematics in Aristotle*. Oxford: Clarendon Press, 1949.

Helton, Tinsley, ed. *The Renaissance: A Reconsideration of the Theories and Interpretations of the Age*. Madison: University of Wisconsin Press, 1961.

Henry, John. "Atomism." In Hessenbruch, Arne, ed., *Reader's Guide to the History of*

Science, pp. 56–59. London: Fitzroy Dearborn, 2000.

Herlihy, David. *The Black Death and the Transformation of the West*, ed. Samuel K. Cohn, Jr. Cambridge, Mass.: Harvard University Press, 1997.

———. "Demography." *Dictionary of the Middle Ages*, 4:136–48.

Hesiod. *The Poems of Hesiod*, trans. R. M. Frazer. Norman: University of Oklahoma Press, 1983.

———. *Theogony and Works and Days*, trans., with introduction and notes, by M. L. West. Oxford: Oxford University Press, 1988.

Hildebrandt, M. M. *The External School in Carolingian Society*. Leiden: Brill, 1991.

Hill, Donald R. *A History of Engineering in Classical and Medieval Times*. London: Croom Helm, 1984.

———. *Islamic Science and Engineering*. Edinburgh: Edinburgh University Press, 1993.

Hillenbrand, Robert. "Cordoba." In *Dictionary of the Middle Ages*, 3:597–601.

Hillgarth, J. N. "Isidore of Seville, St." *Dictionary of the Middle Ages*, 6:563–66.

Hippocrates, with an English Translation, trans. W. H. S. Jones, E. T. Withington, and Paul Potter, 6 vols. London: Heinemann, 1923–88.

Hissette, Roland. *Enquête sur les 219 articles condamnés à Paris le 7 mars 1277*. Philosophes médiévaux, no. 22. Louvain: Publications universitaires, 1977.

Hitti, Philip K. *History of the Arabs: From the Earliest Times to the Present Day*. London: Macmillan, 1937.

Hogendijk, Jan P., and Sabra, Abdelhamid I., eds. *The Enterprise of Science in Islam: New Perspectives*. Cambridge, Mass.: MIT Press, 2003.

Holmes, Frederic L., and Levere, Trevor H., eds. *Experiments and Experimentation in the History of Chemistry*. Cambridge, Mass.: MIT Press, 2000.

Holmyard, E. J. *Alchemy*. Harmondsworth: Penguin, 1957.

Hopkins, Jasper. *A Companion to the Study of St. Anselm*. Minneapolis: University of Minnesota Press, 1972.

Hoskin, Michael, and Molland, A. G. "Swineshead on Falling Bodies: An Example of Fourteenth-Century Physics." *British Journal for the History of Science*, 3 (1966): 150–82.

Hourani, Albert. *A History of the Arab Peoples*. Cambridge, Mass.: Harvard University Press, 1991.

Høyrup, Jens. *In Measure, Number, and Weight: Studies in Mathematics and Culture*. Albany: State University of New York Press, 1994.

Huff, Toby E. *The Rise of Early Modern Science: Islam, China, and the West*. Cambridge: Cambridge University Press, 1993.

Hugh of St. Victor. *The Didascalicon of Hugh of St. Victor: A Medieval Guide to the Arts*,

ed. and trans. Jerome Taylor. New York: Columbia University Press, 1961.
Hugonnard-Roche, Henri. "The Influence of Arabic Astronomy in the Medieval West." *Encyclopedia of the History of Arabic Science*, 1:284–305.
Hussey. Edward. "Aristotle's Mathematical Physics: A Reconstruction." In Judson, Lindsay, ed., *Aristotle's Physics: A Collection of Essays*, chap. 9: 213–42. Oxford: Clarendon Press, 1991.
Huxley, G. L. "Anthemius of Tralles." *Dictionary of Scientific Biography*, 1:169–70.
Hyman, Arthur. "Aristotle's 'First Matter' and Avicenna's and Averroes' 'Corporeal Form.'" In *Harry Austryn Wolfson Jubilee Volume*, 1:385–406. Jerusalem: American Academy for Jewish Research, 1965.
Imbault-Huart, Marie-José. *La médecine au moyen âge à travers les manuscrits de la Bibliothèque Nationale*. Paris: Editions de la Porte Verte, 1983.
Iqbal, Muzaffar. *Islam and Science*. Burlington, Vt.: Ashgate, 2002.
Irving, Washington. *A History of the Life and Voyages of Christopher Columbus*, 4 vols. Paris: A. and W. Galignani, 1828.
Isidore of Seville. See Sharpe, William D.
Iskandar, Albert Z. "Ḥunayn the Translator; Ḥunayn the Physician." *Dictionary of Scientific Biography*, 15:234–39.
———. "Ibn al-Nafīs." *Dictionary of Scientific Biography*, 9:602–6.
Jackson, Ralph. *Doctors and Diseases in the Roman Empire*. Norman: University of Oklahoma Press, 1988.
Jacob, Margaret C. *The Cultural Meaning of the Scientific Revolution*. New York: Knopf, 1988.
Jacobsen, Thorkild. "Mesopotamia: The Cosmos as State." In Frankfort, H.; Frankfort, H. A.; Wilson, John A.; and Jacobsen, Thorkild, *Before Philosophy: The Intellectual Adventure of Ancient Man*, pp. 137–99. Baltimore: Penguin, 1951.
Jacquart, Danielle. "Anatomy, Physiology, and Medical Theory." In Lindberg, David C., and Shank, Michael H., eds., *The Cambridge History of Science*, vol. 2: *The Middle Ages*. Cambridge: Cambridge University Press, forthcoming.
———. "The Influence of Arabic Medicine in the Medieval West." 3:963–84.
Jacquart, Danielle, and Thomasset, Claude. *Sexuality and Medicine in the Middle Ages*, trans. Matthew Adamson. Princeton: Princeton University Press, 1988.
Jaeger, Werner. *Paideia: The Ideals of Greek Culture*, 3 vols., trans. Gilbert Highet. Oxford: Oxford University Press, 1939.
Jaki, Stanley. *Uneasy Genius: The Life and Work of Pierre Duhem*. The Hague: Nijhoff, 1984.
Johnson, D. W. "Monophysitism." *Dictionary of the Middle Ages*, 8:476–79.
———. "Nestorianism." *Dictionary of the Middle Ages*, 9:104–8.
Jolivet, Jean. "The Arabic Inheritance." In Dronke, Peter, ed., *A History of Twelfth-*

Century Western Philosophy, pp. 113–48. Cambridge: Cambridge University Press, 1988.

Jones, Alexander. "The Adaptation of Babylonian Methods in Greek Numerical Astronomy." *Isis*, 82 (1991): 441–53. Reprinted in Shank, Michael H., ed, *The Scientific Enterprise in Antiquity and the Middle Ages*, pp. 96–109. Chicago: University of Chicago Press, 2000.

Jones, Charles W. "Bede." *Dictionary of the Middle Ages*, 2:153–56.

Jones, Peter M. *Medieval Medical Miniatures*. London: British Library in association with the Wellcome Institute for the History of Medicine, 1984.

Judson, Lindsay, ed. *Aristotle's Physics: A Collection of Essays*. Oxford: Clarendon Press, 1991.

Kahn, Charles H. *Anaximander and the Origins of Greek Cosmology*. New York: Columbia University Press, 1960.

Kaiser, Christopher. *Creation and the History of Science*. Grand Rapids: Eerdmans, 1991.

Kargon, Robert Hugh. *Atomism in England from Hariot to Newton*. Oxford: Clarendon Press, 1966.

Kari-Niazov, T. N. "Ulugh Beg." *Dictionary of Scientific Biography*, 13:535–37.

Kealey, Edward J. "England's Earliest Women Doctors." *Journal of the History of Medicine*, 40 (1985): 473–77.

______. *Medieval Medicus: A Social History of Anglo-Norman Medicine*. Baltimore: Johns Hopkins University Press, 1981.

Kennedy, E. S. "The Arabic Heritage in the Exact Sciences." *Al-Abhath: A Quarterly Journal for Arab Studies*, 23 (1970): 327–44.

______. "The Exact Sciences." In Frye, R. N., ed., *The Cambridge History of Iran*, vol. 4: *The Period from the Arab Invasion to the Saljuqs*, pp. 378–95. Cambridge: Cambridge University Press, 1975.

______. "The History of Trigonometry: An Overview." In Kennedy, E. S., et al., *Studies in the Islamic Exact Sciences*, pp. 3–29.

Kennedy, E. S., and David Pingree. *The Astrological History of Māshā'allāh*. Cambridge, Mass.: Harvard University Press, 1971.

Kennedy, E. S., with colleagues and former students. *Studies in the Islamic Exact Sciences*. Beirut: American University of Beirut, 1983.

Kheirandish, Elaheh. "The Mathematical Sciences in Islam." In Lindberg, David C., and Shank, Michael H., eds., *The Cambridge History of Science*, vol. 2: *The Middle Ages*. Cambridge: Cambridge University Press, forthcoming.

Kibre, Pearl. "Albertus Magnus on Alchemy." In Weisheipl, James A., ed., *Albertus Magnus and the Sciences: Commemorative Essays 1980*, pp. 187–202. Toronto: Pontifical Institute of Mediaeval Studies, 1980.

———. "'Astronomia' or 'Astrologia Ypocratis.'" In Hilfstein, Erna; Czartoryski, Paweł; and Grande, Frank D., eds., *Science and History: Studies in Honor of Edward Rosen*, pp. 133–56. Studia Copernicana, no. 16. Wrocław: Ossolineum, 1978.

———. "The Quadrivium in the Thirteenth Century Universities (with Special Reference to Paris)." In *Arts libéraux et philosophie au moyen âge: Actes du quatrième congrès international de philosophie médiévale*, Université de Montréal, 27 August–2 September 1967, pp. 175–91. Montréal: Institut d'études médiévales, 1969.

———. *Scholarly Privileges in the Middle Ages*. Cambridge, Mass.: Mediaeval Academy of America, 1962.

———. *Studies in Medieval Science: Alchemy, Astrology, Mathematics, and Medicine*. London: Hambledon Press, 1984.

Kibre, Pearl, and Siraisi, Nancy G. "The Institutional Setting: The Universities." In Lindberg, David C., ed., *Science in the Middle Ages*, pp. 120–44. Chicago: University of Chicago Press, 1978.

Kieckhefer, Richard. *Magic in the Middle Ages*. Cambridge: Cambridge University Press, 1990.

King, David A. *Islamic Astronomical Instruments*. London: Variorum, 1987.

———. *Islamic Mathematical Astronomy*. London: Variorum, 1986.

Kirk, G. S., and Raven, J. E. *The Presocratic Philosophers: A Critical History with a Selection of Texts*. Cambridge: Cambridge University Press, 1960.

Kitchell, Kenneth F., Jr., and Resnick, Irven Michael, trans. *Albertus Magnus On Animals: A Medieval "Summa Zoologica,"* 2 vols. Baltimore: Johns Hopkins University Press, 1999.

Knorr, Wilbur. "Archimedes and the Pseudo-Euclidean Catoptrics: Early Stages in the Ancient Geometric Theory of Mirrors." *Archives internationales d'histoire des sciences*, 35 (1985): 28–105.

———. *The Evolution of the Euclidean Elements: A Study of the Theory of Incommensurable Magnitudes and Its Significance for Early Greek Geometry*. Dordrecht: D. Reidel, 1975.

———. "John of Tynemouth alias John of London: Emerging Portrait of a Singular Medieval Mathematician." *British Journal for the History of Science*, 23 (1990): 293–330.

Knowles, David. *The Evolution of Medieval Thought*. New York: Vintage, 1964.

Kogan, Barry S. *Averroes and the Metaphysics of Causation*. Albany: State University of New York Press, 1985.

Kovach, Francis J., and Shahan, Robert W., eds. *Albert the Great: Commemorative Essays*. Norman: University of Oklahoma Press, 1980.

Koyré, Alexandre. *The Astronomical Revolution: Copernicus, Kepler, Borelli*, trans. R. E. W. Maddison. Paris: Hermann, 1973.

______. *From the Closed World to the Infinite Universe*. Baltimore: Johns Hopkins University Press, 1957.

______. *Galileo Studies*, trans. John Mepham. Atlantic Highlands, N.J.: Humanities Press, 1978.

______. *Metaphysics and Measurement: Essays in the Scientific Revolution*. London: Chapman & Hall, 1968.

______. *Newtonian Studies*. London: Chapman & Hall, 1965.

______. "The Origins of Modern Science: A New Interpretation." *Diogenes*, 16 (Winter 1956): 1–22.

Kramer, Edna E. "Hypatia." *Dictionary of Scientific Biography*, 6:615–16.

Kren, Claudia. *Alchemy in Europe: A Guide to Research*. New York: Garland, 1990.

______. "Astronomy." In Wagner, David L., ed., *The Seven Liberal Arts in the Middle Ages*, pp. 218–47. Bloomington: Indiana University Press, 1983.

______. "Bernard of Verdun." *Dictionary of Scientific Biography*, 2:23–24.

______. "Homocentric Astronomy in the Latin West: The De reprobatione ecentricorum et epiciclorum of Henry of Hesse." *Isis*, 59 (1968): 269–81.

______. *Medieval Science and Technology: A Selected, Annotated Bibliography*. New York: Garland, 1985.

Kretzmann, Norman, ed. *Infinity and Continuity in Ancient and Medieval Thought*. Ithaca: Cornell University Press, 1982.

Kretzmann, Norman; Kenny, Anthony; and Pinborg, Jan, eds. *The Cambridge History of Later Medieval Philosophy*. Cambridge: Cambridge University Press, 1982.

Kristeller, Paul Oskar. "The School of Salerno: Its Development and Its Contribution to the History of Learning." *Bulletin of the History of Medicine*, 17 (1945): 138–94.

Kudlien, Fridolf. "Early Greek Primitive Medicine." *Clio Medica*, 3 (1968): 305–36.

Kudlien, Fridolf, and Durling, Richard J., eds. *Galen's Method of Healing*. Leiden: Brill, 1991.

Kuhn, Thomas S. *The Copernican Revolution: Planetary Astronomy in the Development of Western Thought*. Cambridge, Mass.: Harvard University Press, 1957.

______. "Mathematical versus Experimental Traditions in the Development of Physical Science." *Journal of Interdisciplinary History*, 7 (1976): 1–31. Reprinted in Kuhn, *The Essential Tension: Selected Studies in Scientific Tradition and Change*, pp. 31–65. Chicago: University of Chicago Press, 1977.

______. *The Structure of Scientific Revolutions*. Chicago: University of Chicago Press, 1962.

Kunitzsch, Paul. *Stars and Numbers: Astronomy and Mathematics in the Medieval Arab and Western Worlds*. Aldershot: Ashgate, 2004.

Laird, Walter Roy. "Change and Motion." In Lindberg, David C., and Shank, Mi-

chael H., eds., *The Cambridge History of Science*, vol. 2: *The Middle Ages*. Cambridge: Cambridge University Press, forthcoming.

Laistner, M. L. W. *Christianity and Pagan Culture in the Later Roman Empire*. Ithaca: Cornell University Press, 1951.

———. *Thought and Letters in Western Europe, A.D. 500–900*, new ed. London: Methuen, 1957.

Lang, Helen S. *Aristotle's Physics and Its Medieval Varieties*. Albany: State University of New York Press, 1992.

Langermann, Y. Tzvi. *The Jews and the Sciences in the Middle Ages*. London: Variorum, 1999.

———. "Science in the Jewish Communities." In Lindberg, David C., and Shank, Michael H., eds., *The Cambridge History of Science*, vol. 2: *The Middle Ages*. Cambridge: Cambridge University Press, forthcoming.

Lassner, Jacob. *The Shaping of ʿAbbāsid Rule*. Princeton: Princeton University Press, 1980.

Lattin, Harriet Pratt, ed. and trans. *The Letters of Gerbert with His Papal Privileges as Sylvester II*. New York: Columbia University Press, 1961.

Lear, Jonathan. *Aristotle: The Desire to Understand*. Cambridge: Cambridge University Press, 1988.

Leclerc, Ivor. *The Nature of Physical Existence*. London: George Allen & Unwin, 1972.

Leclerc, Lucien. *Histoire de la médecine arabe*, 2 vols. Paris: Ernest Leroux, 1876.

Leclercq, Jean, O.S.B. *The Love of Learning and the Desire for God: A Study of Monastic Culture*, trans. Catherine Misrahi. New York: Fordham University Press, 1961.

———. "The Renewal of Theology." In Benson, Robert L., and Constable, Giles, eds., *Renaissance and Renewal in the Twelfth Century*, pp. 68–87. Cambridge, Mass.: Harvard University Press, 1982.

Lejeune, Albert. *Euclide et Ptolémée: Deux stades de l'optique géométrique grecque*. Louvain: Bibliothèque de l'Université, 1948.

———. *Recherches sur la catoptrique grecque*. Brussels: Palais des Académies, 1957.

Lemay, Richard. *Abū Maʿshar and Latin Aristotelianism in the Twelfth Century: The Recovery of Aristotle's Natural Philosophy through Arabic Astrology*. Beirut: American University of Beirut, 1962.

———. "Gerard of Cremona." *Dictionary of Scientific Biography*, 15:173–92.

———. "The True Place of Astrology in Medieval Science and Philosophy." In Curry, Patrick, ed., *Astrology, Science, and Society: Historical Essays*, pp. 57–73. Woodbridge, Suffolk: Boydell, 1987.

Lerner, Ralph, and Mahdi, Muhsin, eds. *Medieval Political Philosophy: A Sourcebook*. New York: Free Press of Glencoe, 1963.

Lettinck, P. *Aristotle's* Physics *and Its Reception in the Arabic World: With an Edition of the Unpublished Parts of Ibn Bājja's Commentary on the Physics*. Leiden: Brill, 1994.

Levy-Bruhl, Lucien. *How Natives Think*, trans. Lilian A. Clare. London: George Allen & Unwin, 1926.

Lewis, Bernard, ed. *Islam and the Arab World: Faith, People, Culture*. New York: Knopf, 1976.

Lewis, C. S. *The Discarded Image: An Introduction to Medieval and Renaissance Literature*. Cambridge: Cambridge University Press, 1964.

Lewis, Christopher. *The Merton Tradition and Kinematics in Late Sixteenth and Early Seventeenth Century Italy*. Padua: Antenore, 1980.

Liebeschutz, H. "Boethius and the Legacy of Antiquity." In Armstrong, A. H., ed., *The Cambridge History of Later Greek and Early Medieval Philosophy*, pp. 538–64. Cambridge: Cambridge University Press, 1970.

Lindberg, David C. "Alhazen's Theory of Vision and Its Reception in the West." *Isis*, 58 (1967): 321–41.

———. *A Catalogue of Medieval and Renaissance Optical Manuscripts*. Subsidia Mediaevalia, IV. Toronto: Pontifical Institute of Mediaeval Studies, 1975.

———. "Conceptions of the Scientific Revolution from Bacon to Butterfield: A Preliminary Sketch." In Lindberg, David C., and Westman, Robert S., eds., *Reappraisals of the Scientific Revolution*, pp. 1–26.

———. "Continuity and Discontinuity in the History of Optics: Kepler and the Medieval Tradition." *History and Technology*, 4 (1987): 423–40.

———. "Early Christian Attitudes toward Nature." In Ferngren, Gary B., ed., *The History of Science and Religion in the Western Tradition*, pp. 243–47. Garland: New York, 2000. Reprinted in Ferngren, Gary B., ed., *Science and Religion: A Historical Introduction*, pp. 47–56. Baltimore: Johns Hopkins University Press, 2002.

———. "The Genesis of Kepler's Theory of Light: Light Metaphysics from Plotinus to Kepler." *Osiris*, n.s. 2 (1986): 5–42.

———, ed. and trans. *John Pecham and the Science of Optics: Perspectiva communis*," with an introduction and critical notes. Madison: University of Wisconsin Press, 1970.

———. "Laying the Foundations of Geometrical Optics: Maurolico, Kepler, and the Medieval Tradition." In Lindberg, David C., and Cantor, Geoffrey, *The Discourse of Light from the Middle Ages to the Enlightenment*, pp. 1–65. Los Angeles: William Andrews Clark Memorial Library, 1985.

———. "The Medieval Church Encounters the Classical Tradition: Saint Augustine, Roger Bacon, and the Handmaiden Metaphor," in Lindberg, David C., and Numbers, Ronald L., eds., *When Science and Christianity Meet*, pp. 7–32. Chicago: University of Chicago Press, 2003.

———. "Medieval Science and Its Religious Context." In Thackray, Arnold, ed., *Con-*

structing Knowledge in the History of Science. Osiris, n.s. 10 (1995): 61–79.
______. "Medieval Science and Religion." In Ferngren, Gary B., ed., *The History of Science and Religion in the Western Tradition*, pp. 59–67. Garland: New York, 2000. Reprinted in Ferngren, Gary B., ed. *Science and Religion: A Historical Introduction*, pp. 57–72. Baltimore: Johns Hopkins University Press, 2002.
______. "On the Applicability of Mathematics to Nature: Roger Bacon and His Predecessors." *British Journal for the History of Science*, 15 (1982): 3–25.
______. "Optics, Western European." *Dictionary of the Middle Ages*, 9:247–53.
______. "A Reconsideration of Roger Bacon's Theory of Pinhole Images." *Archive for History of Exact Sciences*, 6 (1970): 214–23.
______. *Roger Bacon and the Origins of "Perspectiva" in the Middle Ages: A Critical Edition and English Translation of Bacon's "Perspectiva," with Introduction and Notes.* Oxford: Clarendon Press, 1996.
______. "Roger Bacon and the Origins of Perspectiva in the West." In Grant, Edward, and Murdoch, John E., eds., *Mathematics and Its Applications to Science and Natural Philosophy in the Middle Ages: Essays in Honor of Marshall Clagett*, pp. 249–68. Cambridge: Cambridge University Press, 1987.
______. "Roger Bacon on Light, Vision, and the Universal Emanation of Force." In Hackett, Jeremiah, ed., *Roger Bacon and the Sciences: Commemorative Essays*, pp. 243–75. Leiden: Brill, 1997.
______, ed. and trans. *Roger Bacon's Philosophy of Nature: A Critical Edition, with English Translation, Introduction, and Notes, of "De multiplicatione specierum" and "De speculis comburentibus."* Oxford: Clarendon Press, 1983.
______. "Science and the Early Church." In Lindberg, David C., and Numbers, Ronald L., eds., *God and Nature: Historical Essays on the Encounter between Christianity and Science*, pp. 19–48.
______. "Science and the Medieval Church." In Lindberg, David C., and Shank, Michael H., eds., *The Cambridge History of Science*, vol. 2: *The Middle Ages*. Cambridge: Cambridge University Press, forthcoming.
______. "Science as Handmaiden: Roger Bacon and the Patristic Tradition." *Isis*, 78 (1987): 518–36.
______, ed. *Science in the Middle Ages*. Chicago: University of Chicago Press, 1978.
______. "The Science of Optics." In Lindberg, ed., *Science in the Middle Ages*, pp. 338–68.
______. *Studies in the History of Medieval Optics*. London: Variorum, 1983.
______. *Theories of Vision from al-Kindi to Kepler*. Chicago: University of Chicago Press, 1976.
______. "The Theory of Pinhole Images from Antiquity to the Thirteenth Century." *Archive for History of Exact Sciences*, 5 (1968): 154–76.

———. "The Theory of Pinhole Images in the Fourteenth Century." *Archive for History of Exact Sciences*, 6 (1970): 299–325.

———. "The Transmission of Greek and Arabic Learning to the West." In Lindberg, David C., ed., *Science in the Middle Ages*, pp. 52–90.

Lindberg, David C., and Numbers, Ronald L., eds. *God and Nature: Historical Essays on the Encounter between Christianity and Science*. Berkeley and Los Angeles: University of California Press, 1986.

———, eds. *When Science and Christianity Meet*. Chicago: University of Chicago Press, 2003.

Lindberg, David C., and Shank, Michael H., eds., *The Cambridge History of Science*, vol. 2: *Medieval Science* (forthcoming).

Lindberg, David C., and Tachau, Katherine H. "The Science of Light and Color: Seeing and Knowing." In Lindberg, David C., and Shank, Michael H., eds., *The Cambridge History of Science*, vol. 2: *The Middle Ages*. Cambridge: Cambridge University Press, forthcoming.

Lindberg, David C., and Westman, Robert S., eds. *Reappraisals of the Scientific Revolution*. Cambridge: Cambridge University Press, 1990.

Lipton, Joshua D. *The Rational Evaluation of Astrology in the Period of Arabo-Latin Translation, ca. 1126–1187 A.D.* Ph.D. dissertation, University of California-Los Angeles.

Little, A. G., ed. *Roger Bacon Essays*. Oxford: Clarendon Press, 1914.

Livesey, Steven J. *Theology and Science in the Fourteenth Century: Three Questions on the Unity and Subalternation of the Sciences from John of Reading's Commentary on the Sentences*. Studien und Texte zur Geistesgeschichte des Mittelalters, vol. 25. Leiden: Brill, 1989.

Lloyd, G. E. R. *Adversaries and Authorities: Investigations into Ancient Greek and Chinese Science*. Cambridge: Cambridge University Press, 1996.

———. *Aristotelian Explorations*. Cambridge: Cambridge University Press, 1996.

———. *Aristotle: The Growth and Structure of His Thought*. Cambridge: Cambridge University Press, 1968.

———. *Demystifying Mentalities*. Cambridge: Cambridge University Press, 1990.

———. "Experiment in Early Greek Philosophy and Medicine." In Lloyd, *Methods and Problems in Greek Science*, chap. 4. Cambridge: Cambridge University Press, 1991.

———. *Early Greek Science: Thales to Aristotle*. London: Chatto & Windus, 1970.

———. *Greek Science after Aristotle*. London: Chatto & Windus, 1973.

———, ed. *Hippocratic Writings*. Harmondsworth: Penguin, 1978.

———. *Magic, Reason, and Experience: Studies in the Origins and Development of Greek Science*. Cambridge: Cambridge University Press, 1979.

______. *Methods and Problems in Greek Science: Selected Papers*. Cambridge: Cambridge University Press, 1991.

______. *The Revolutions of Wisdom: Studies in the Claims and Practice of Ancient Greek Science*. Berkeley and Los Angeles: University of California Press, 1987.

______. "Saving the Appearances." *Classical Quarterly*, 28 (1978): 202–22.

______. *Science, Folklore, and Ideology: Studies in the Life Sciences in Ancient Greece*. Cambridge: Cambridge University Press, 1983.

Lloyd, G. E. R., and Sivin, Nathan, *The Way and the Word: Science and Medicine in Early China and Greece*. New Haven: Yale University Press, 2002.

Locher, A. "The Structure of Pliny the Elder's Natural History." In French, Roger, and Greenaway, Frank, eds., *Science in the Early Roman Empire*, pp. 20–29. Totawa, N.J.: Barnes & Noble, 1986.

Long, A. A. "Astrology: Arguments Pro and Contra." In Barnes, Jonathan; Brunschwig, Jacques; Burnyeat, Myles; and Schofield, Malcolm, eds., *Science and Speculation: Studies in Hellenistic Theory and Practice*, pp. 165–92. Cambridge: Cambridge University Press, 1982.

______. *Hellenistic Philosophy: Stoics, Epicureans, Sceptics*, 2d ed. London: Duckworth, 1974.

______. "The Stoics on World-Conflagration and Everlasting Recurrence." In Epp, Ronald H., ed., *Recovering the Stoics*, pp. 13–37. Supplement to *The Southern Journal of Philosophy*, vol. 23 (1985).

Long, A. A., and Sedley, D. N. *The Hellenistic Philosophers*, 2 vols. Cambridge: Cambridge University Press, 1987.

Long, Pamela O. *Openness, Secrecy, Authorship: Technical Arts and the Culture of Knowledge from Antiquity to the Renaissance*. Baltimore: Johns Hopkins University Press, 2001.

Longrigg, James. "Anatomy in Alexandria in the Third Century B.C." *British Journal for the History of Science*, 21 (1988): 455–88.

______. "Erasistratus." *Dictionary of Scientific Biography*, 4:382–86.

______. "Presocratic Philosophy and Hippocratic Medicine." *History of Science*, 27 (1989): 1–39.

______. "Superlative Achievement and Comparative Neglect: Alexandrian Medical Science and Modern Historical Research." *History of Science*, 19 (1981): 155–200.

Lucretius. *De rerum natura*, trans. W. H. D. Rouse and M. F. Smith, rev. 2d ed. London: Heinemann, 1982.

Luscombe, David E. *Peter Abelard*. London: Historical Association, 1979.

______. "Peter Abelard." In Dronke, Peter, ed., *A History of Twelfth-Century Western Philosophy*, pp. 279–307. Cambridge: Cambridge University Press, 1988.

Lüthy, Christoph; Murdoch, John E.; and Newman, William R., eds., *Late Medieval and Early Modern Corpuscular Matter Theories*. Leiden: Brill, 2001.

Lutz, Cora E. *Schoolmasters of the Tenth Century*. Hamden, Conn.: Archon, 1977.

Lynch, John Patrick. *Aristotle's School: A Study of a Greek Educational Institution*. Berkeley and Los Angeles: University of California Press, 1972.

Lytle, Guy Fitch. "The Careers of Oxford Students in the Later Middle Ages." In Kittelson, James M., and Transue, Pamela J., eds., *Rebirth, Reform, and Resilience: Universities in Transition 1300–1700*, pp. 213–53. Columbus: Ohio State University Press, 1984.

———. "Patronage Patterns and Oxford Colleges, c. 1300–c. 1530." In Stone, Lawrence, ed., *The University in Society*, 1:111–49. Princeton: Princeton University Press, 1974.

Machamer, Peter. *The Cambridge Companion to Galileo*. Cambridge: Cambridge University Press, 1998.

MacKinney, Loren C. *Early Medieval Medicine, with Special Reference to France and Chartres*. Baltimore: Johns Hopkins University Press, 1937.

———. *Medical Illustrations in Medieval Manuscripts*. London: Wellcome Historical Medical Library, 1965.

Macrobius. *Commentary on the Dream of Scipio*, trans. with introduction and notes by William H. Stahl. New York: Columbia University Press, 1952.

Mahoney, Michael S. "Another Look at Greek Geometrical Analysis." *Archive for History of Exact Sciences*, 5 (1968): 318–48.

———. "Mathematics." In Lindberg, David C., ed., *Science in the Middle Ages*, pp. 145–78. Chicago: University of Chicago Press, 1978.

Maier, Anneliese. "The Achievements of Late Scholastic Natural Philosophy." In Maier, *On the Threshold of Exact Science*, pp. 143–70. Philadelphia: University of Pennsylvania Press, 1982.

———. *An der Grenze von Scholastik und Naturwissenschaft*, 2d ed. Rome: Edizioni di Storia e Letteratura, 1952.

———. *Ausgehendes Mittelalter: Gesammelte Aufsätze zur Geistesgeschichte des 14. Jahrhunderts*, 3 vols. Rome: Edizioni di Storia e Letteratura, 1964–77.

———. *Metaphysische Hintergründe der spätscholastischen Naturphilosophie*. Rome: Edizioni di Storia e Letteratura, 1955.

———. "The Nature of Motion." In Maier, *On the Threshold of Exact Science*, pp. 21–39. Philadelphia: University of Pennsylvania Press, 1982.

———. *On the Threshold of Exact Science: Selected Writings of Anneliese Maier on Late Medieval Natural Philosophy*, trans. Steven D. Sargent. Philadelphia: University of Pennsylvania Press, 1982.

———. "The Significance of the Theory of Impetus for Scholastic Natural Philosophy." In Maier, *On the Threshold of Exact Science*, pp. 76–102. Philadelphia: University of Pennsylvania Press, 1982.

______. "The Theory of the Elements and the Problem of Their Participation in Compounds." In Maier, *On the Threshold of Exact Science*, pp. 124–42. Philadelphia: University of Pennsylvania Press, 1982.

______. *Die Vorläufer Galileis im 14. Jahrhundert*, 2d ed. Rome: Edizioni di Storia e Letteratura, 1966.

______. *Zwischen Philosophie und Mechanik*. Rome: Edizioni di Storia e Letteratura, 1958.

Maierù, A., and Paravicini Bagliani, A., eds. *Studi sul XIV secolo in memoria di Anneliese Maier*. Storia e Letteratura, Raccolta di studi e testi, no. 151. Rome: Edizioni di Storia e Letteratura, 1981.

Majno, Guido. *The Healing Hand: Man and Wound in the Ancient World*. Cambridge, Mass.: Harvard University Press, 1975.

Makdisi, George. *The Rise of Colleges: Institutions of Learning in Islam and the West*. Edinburgh: Edinburgh University Press, 1981.

Malinowski, Bronislaw. *Myth in Primitive Psychology*. New York: W. W. Norton, 1926.

Marenbon, John. *Early Medieval Philosophy (480–1150): An Introduction*. London: Routledge & Kegan Paul, 1983.

______. *From the Circle of Alcuin to the School of Auxerre: Logic, Theology, and Philosophy in the Early Middle Ages*. Cambridge: Cambridge University Press, 1981.

Marrou, H. I. *A History of Education in Antiquity*, trans. George Lamb. New York: Sheed and Ward, 1956.

Martin, R. N. D. "The Genesis of a Mediaeval Historian: Pierre Duhem and the Origins of Statics." *Annals of Science*, 33 (1976): 119–29.

McCluskey, Stephen C. *Astronomies and Cultures in Early Medieval Europe*. Cambridge: Cambridge University Press, 1998.

______. "Gregory of Tours, Monastic Timekeeping, and Early Christian Attitudes to Astronomy." *Isis*, 81 (1990): 9–22.

______. "Natural Knowledge in the Early Middle Ages." In Lindberg, David C., and Shank, Michael H., eds., *The Cambridge History of Science*, vol. 2: *The Middle Ages*. Cambridge: Cambridge University Press, forthcoming.

McColley, Grant. "The Theory of the Diurnal Rotation of the Earth." *Isis*, 26 (1937): 392–402.

McDiarmid, J. B. "Theophrastus." *Dictionary of Scientific Biography*, 13:328–34.

McEvoy, James. *The Philosophy of Robert Grosseteste*. Oxford: Clarendon Press, 1982.

McInerny, Ralph. *St. Thomas Aquinas*. Notre Dame, Ind.: University of Notre Dame Press, 1982.

McKitterick, Rosamond. "The Carolingian Renaissance." In Story, Joanna, ed., *Char-*

lemagne: Empire and Society, pp. 151–66. Manchester, England: Manchester University Press, 2005.

———. *The Carolingians and the Written Word*. Cambridge: Cambridge University Press, 1989.

McMullin, Ernan, ed. *The Concept of Matter in Greek and Medieval Philosophy*. Notre Dame, Ind.: University of Notre Dame Press, 1963.

———. "Conceptions of Science in the Scientific Revolution." In Lindberg, David C., and Westman, Robert S., eds., *Reappraisals of the Scientific Revolution*, pp. 27–86. Cambridge: Cambridge University Press, 1990.

———. "Empiricism and the Scientific Revolution." In Singleton, Charles, ed., *Art, Science, and History in the Renaissance*, pp. 331–69. Baltimore: Johns Hopkins University Press, 1967.

———. "Galileo on Science and Scripture." In Machamer, Peter, ed., *Cambridge Companion to Galileo*, pp. 271–347. Cambridge: Cambridge University Press, 1998.

———. "Medieval and Modern Science: Continuity or Discontinuity?" *International Philosophical Quarterly*, 5 (1965): 103–29.

McVaugh, Michael. "Arnald of Villanova and Bradwardine's Law." *Isis*, 58 (1967): 56–64.

———, ed. *Arnald de Villanova, Opera medica omnia*, vol. 2: *Aphorismi de gradibus*. Granada: Seminarium historiae medicae Granatensis, 1975.

———. "Constantine the African." *Dictionary of Scientific Biography*, 3:393–95.

———. "The Experimenta of Arnald of Villanova." *Journal of Medieval and Renaissance Studies*, 1 (1971): 107–18.

———. *Medicine before the Plague: Practitioners and Their Patients in the Crown of Aragon, 1285–1345*. Cambridge: Cambridge University Press, 1993.

———. "Medicine, History of." *Dictionary of the Middle Ages*, 8:247–54.

———. "The Nature and Limits of Medical Certitude." *Osiris*, n.s. 6 (1990): 62–84.

———. "Quantified Medical Theory and Practice at Fourteenth-Century Montpellier." *Bulletin of the History of Medicine*, 43 (1969): 397–413.

———. "Theriac at Montpellier." *Sudhoffs Archiv*, 56 (1972): 113–44.

Melling, David J. *Understanding Plato*. Oxford: Oxford University Press, 1987.

Menocal, María Rosa. *Ornament of the World: How Muslims, Jews, and Christians Created a Culture of Tolerance in Medieval Spain*. Boston: Little, Brown and Co., 2002.

Merton, Robert K. *Science, Technology, and Society in Seventeenth Century England*. Originally published in *Osiris*, 4 (1938): 360–632. Reissued, with a new introduction, New York: Harper and Row, 1970.

Meyerhof, Max. "Science and Medicine." In Arnold, Thomas, and Guillaume, Alfred, eds., *The Legacy of Islam*, pp. 311–55. London: Oxford University Press, 1931.

______. *Studies in Medieval Arabic Medicine: Theory and Practice*, ed. Penelope Johnstone. London: Variorum, 1984.

Micheau, Françoise. "The Scientific Institutions in the Medieval Near East." *Encyclopedia of the History of Arabic Science*, 3:985–1007.

Migne, J.-P., ed. *Patrologia latina*, 221 vols. in 223. Paris: J.-P. Migne, 1844–91.

Millas-Vallicrosa, J. M. "Translations of Oriental Scientific Works." In Métraux, Guy S., and Crouzet, François, eds., *The Evolution of Science*, pp. 128–67. New York: Mentor, 1963.

Miller, Timothy S. *The Birth of the Hospital in the Byzantine Empire*. Baltimore: Johns Hopkins University Press, 1985.

______. "The Knights of Saint John and the Hospitals of the Latin West." *Speculum*, 53 (1978): 709–33.

Minio-Paluello, Lorenzo. "Boethius, Anicius Manlius Severinus." *Dictionary of Scientific Biography*, 2:228–36.

______. "Michael Scot." *Dictionary of Scientific Biography*, 9:361–65.

______. "Moerbeke, William of." *Dictionary of Scientific Biography*, 9:434–40.

Mohr, Richard D. *The Platonic Cosmology*. Leiden: Brill, 1985.

Molland, A. G. "Aristotelian Holism and Medieval Mathematical Physics." In Caroti, Stefano, ed., *Studies in Medieval Natural Philosophy*, pp. 227–35. Florence: Olschki, 1989.

______. "Continuity and Measure in Medieval Natural Philosophy." *Miscellanea Mediaevalia*, 16 (1983): 132–44.

______. "An Examination of Bradwardine's Geometry." *Archive for History of Exact Sciences*, 19 (1978): 113–75.

______. "The Geometrical Background to the 'Merton School.'" *British Journal for the History of Science*, 4 (1968–69): 108–25.

______. "Mathematics." In Lindberg, David C., and Shank, Michael H., eds., *The Cambridge History of Science*, vol. 2: *The Middle Ages*. Cambridge: Cambridge University Press, forthcoming.

______. "Nicole Oresme and Scientific Progress." *Miscellanea Mediaevalia*, 9 (1974): 206–20.

Montgomery, Scott L. *Science in Translation: Movements of Knowledge through Cultures and Time*. Chicago: University of Chicago Press, 2000.

Moody, Ernest A. "Galileo and Avempace: The Dynamics of the Leaning Tower Experiment." *Journal of the History of Ideas*, 12 (1951): 163–93, 375–422.

______. *Studies in Medieval Philosophy, Science, and Logic: Collected Papers 1933–1969*. Berkeley and Los Angeles: University of California Press, 1975.

Moody, Ernest A., and Clagett, Marshall, eds. and trans. *The Medieval Science of Weights*. Madison: University of Wisconsin Press, 1960.

Morelon, Régis. "Eastern Arabic Astronomy between the Eighth and Eleventh Centuries." *Encyclopedia of the History of Arabic Science*, 1:20–57.

______. "General Survey of Arabic Astronomy." *Encyclopedia of the History of Arabic Science*, 1:1–19.

Morris, Colin. *The Discovery of the Individual, 1050–1200*. New York: Harper and Row, 1972.

Murdoch, John E. *Album of Science: Antiquity and the Middle Ages*. New York: Scribner's, 1984.

______. "The Development of a Critical Temper: New Approaches and Modes of Analysis in Fourteenth-Century Philosophy, Science, and Theology." *Medieval and Renaissance Studies*, 7 (1978): 51–79.

______. "From Social into Intellectual Factors: An Aspect of the Unitary Character of Late Medieval Learning." In Murdoch, John E., and Sylla, Edith D., eds., *The Cultural Context of Medieval Learning*, pp. 271–348. Boston Studies in the Philosophy of Science, no. 26. Dordrecht: D. Reidel, 1975.

______. "Mathesis in philosophiam scholasticam introducta: The Rise and Development of the Application of Mathematics in Fourteenth Century Philosophy and Theology." In *Arts libéraux et philosophie au moyen âge: Actes du quatrième congrès international de philosophie médiévale*, Université de Montréal, 27 August–2 September 1967, pp. 215–54. Montréal: Institut d'études médiévales, 1969.

______. "Philosophy and the Enterprise of Science in the Later Middle Ages." In Elkana, Yehuda, ed., *The Interaction between Science and Philosophy*, pp. 51–74. Atlantic Highlands, N.J.: Humanities Press, 1974.

Murdoch, John E., and Sylla, Edith D. "Anneliese Maier and the History of Medieval Science." In Maierù, A., and Paravicini Bagliani, A., eds., *Studi sul XIV secolo in memoria di Anneliese Maier*, pp. 7–13. Storia e letteratura: Raccolta di studi e testi, no. 151. Rome: Edizioni Storia e Letteratura, 1981.

______, eds. *The Cultural Context of Medieval Learning*. Boston Studies in the Philosophy of Science, no. 26. Dordrecht: D. Reidel, 1975.

______. "The Science of Motion." In Lindberg, David C., ed., *Science in the Middle Ages*, pp. 206–64. Chicago: University of Chicago Press, 1978.

______. "Swineshead, Richard." *Dictionary of Scientific Biography*, 13:184–213.

Murray, Alexander. *Reason and Society in the Middle Ages*. Oxford: Clarendon Press, 1978.

Nakosteen, Mehdi. *History of Islamic Origins of Western Education, A.D. 800–1359, with an Introduction to Medieval Muslim Education*. Boulder: University of Colorado Press, 1964.

Nasr, Seyyed Hossein. *An Introduction to Islamic Cosmological Doctrines*. Cambridge, Mass.: Belknap Press, 1964.

———. *Science and Civilization in Islam*. Cambridge, Mass.: Harvard University Press, 1968.

Neugebauer, Otto. "Apollonius' Planetary Theory." *Communications on Pure and Applied Mathematics*, 8 (1955): 641–48.

———. *Astronomy and History: Selected Essays*. New York: Springer, 1983.

———. *The Exact Sciences in Antiquity*. Princeton: Princeton University Press, 1952.

———. *A History of Ancient Mathematical Astronomy*, 3 pts. New York: Springer, 1975.

———. "On the Allegedly Heliocentric Theory of Venus by Heraclides Ponticus." *American Journal of Philology*, 93 (1972): 600–601.

———. "On the 'Hippopede' of Eudoxus." *Scripta Mathematica*, 19 (1953): 225–29.

Neugebauer, Otto, and Sachs, A., eds. *Mathematical Cuneiform Texts*. American Oriental Series, vol. 29. New Haven: American Oriental Society, 1945.

Newman, William R. "Alchemy, Assaying, and Experiment." In Holmes, Frederic L., and Levere, Trevor H., eds., *Instruments and Experimentation in the History of Chemistry*, pp. 35–54. Cambridge, Mass.: MIT Press, 2000.

———. *Atoms and Alchemy: Chymistry and the Experimental Origins of the Scientific Revolution*. Chicago: University of Chicago Press, 2006.

———. "Experimental Corpuscular Theory in Aristotelian Alchemy: From Geber to Sennert." In Lüthy, Christoph; Murdoch, John E.; and Newman, William R., eds., *Late Medieval and Early Modern Corpuscular Matter Theories*, pp. 291–329. Leiden: Brill, 2001.

———. "The Genesis of the *Summa perfectionis*." *Archives internationales d'histoire des sciences*, 35 (1985): 240–302.

———. "Medieval Alchemy." In Lindberg, David C., and Shank, Michael H., eds., *The Cambridge History of Science*, vol. 2: *The Middle Ages*. Cambridge: Cambridge University Press, forthcoming.

———. *Promethean Ambitions: Alchemy and the Quest to Perfect Nature*. Chicago: University of Chicago Press, 2004.

———. "The *Summa perfectionis* and Late Medieval Alchemy: A Study of Chemical Traditions, Techniques, and Theories in Thirteenth Century Italy," 4 vols. Ph.D. dissertation, Harvard University, 1986.

———. *The "Summa perfectionis" of Pseudo-Geber: A Critical Edition, Translation, and Study*. Leiden: Brill, 1991.

———. "Technology and Chemical Debate in the Late Middle Ages." *Isis*, 80 (1989): 423–45.

North, J. D. "The Alphonsine Tables in England." In North, *Stars, Minds, and Fate*, pp. 327–59. London: Hambledon, 1989.

———. "The Astrolabe." *Scientific American*, 230, no. 1 (January 1974): 96–106.

______. "Astrology." In *Oxford Dictionary of the Middle Ages*, ed. Robert Bjork, Oxford University Press, forthcoming.

______. "Astrology and the Fortunes of Churches." *Centaurus*, 24 (1980): 181–211.

______. "Astronomy and Astrology." In Lindberg, David C., and Shank, Michael H., eds., *The Cambridge History of Science*, vol. 2: *The Middle Ages*. Cambridge: Cambridge University Press, forthcoming.

______. "Celestial Influence: The Major Premiss of Astrology." In Zambelli, P., ed., *Astrologi hallucinati*, pp. 45–100. Berlin: Walter de Gruyter, 1986.

______. *Chaucer's Universe*. Oxford: Clarendon Press, 1988.

______. *Horoscopes and History*. Warburg Institute Surveys and Texts, XIII. London: Warburg Institute, 1986.

______. *The Norton History of Astronomy and Cosmology*. New York: W. W. Norton, 1994.

______, ed. and trans. *Richard of Wallingford: An Edition of His Writings with Introductions, English Translation, and Commentary*, 3 vols. Oxford: Clarendon Press, 1976.

______. *Stars, Minds, and Fate: Essays in Ancient and Medieval Cosmology*. London: Hambledon, 1989.

______. *The Universal Frame: Historical Essays in Astronomy, Natural Philosophy, and Scientific Method*. London: Hambledon, 1989.

Numbers, Ronald L., and Amundsen, Darrel W., eds. *Caring and Curing: Health and Medicine in the Western Religious Traditions*. New York: Macmillan, 1986.

Nussbaum, Martha Craven. *Aristotle's "De motu animalium": Text with Translation, Commentary, and Interpretive Essays*. Princeton: Princeton University Press, 1978.

Nutton, Vivian. "The Chronology of Galen's Early Career." *Classical Quarterly*, 23 (1973): 158–71.

______. "Early Medieval Medicine and Natural Science." In Lindberg, David C., and Shank, Michael H., eds., *The Cambridge History of Science*, vol. 2: *The Middle Ages*. Cambridge: Cambridge University Press, forthcoming.

______. *From Democedes to Harvey: Studies in the History of Medicine*. London: Variorum, 1988.

______. "Galen in the Eyes of His Contemporaries." *Bulletin of the History of Medicine*, 58 (1984): 315–24.

Oakley, Francis. *Omnipotence, Covenant, and Order: An Excursion in the History of Ideas from Abelard to Leibniz*. Ithaca: Cornell University Press, 1984.

Obrist, Barbara. *La cosmologie médiévale: Textes et images, vol. 1: Les fondements antiques*. Florence: Edizioni del Galluzzo, 2004.

O'Donnell, James J. *Cassiodorus*. Berkeley and Los Angeles: University of California Press, 1979.

Oggins, Robin S. "Albertus Magnus on Falcons and Hawks." In Weisheipl, James A., ed., *Albertus Magnus and the Sciences: Commemorative Essays 1980*, pp. 441–62. Toronto: Pontifical Institute of Mediaeval Studies, 1980.

O'Leary, De Lacy. *How Greek Science Passed to the Arabs*. London: Routledge & Kegan Paul, 1949.

Olson, Richard. *Science Deified and Science Defied: The Historical Significance of Science in Western Culture from the Bronze Age to the Beginnings of the Modern Era, ca. 3500 B.C. to ca. A.D. 1640*. Berkeley and Los Angeles: University of California Press, 1982.

O'Meara, Dominic J. *Pythagoras Revived: Mathematics and Philosophy in Late Antiquity*. Oxford: Clarendon Press, 1989.

O'Meara, John J. *Eriugena*. Oxford: Clarendon Press, 1988.

Oresme, Nicole. *"De proportionibus proportionum" and "Ad pauca respicientes,"* ed. and trans. Edward Grant. Madison: University of Wisconsin Press, 1966.

______. *Le livre du ciel et du monde*, ed. and trans. A. D. Menut and A. J. Denomy. Madison: University of Wisconsin Press, 1968.

Orme, Nicholas. *English Schools of the Middle Ages*. London: Methuen, 1973.

Osler, Margaret J. "Mechanical Philosophy." In Ferngren, Gary B., ed., *Science and Religion: A Historical Introduction*, pp. 143–152. Baltimore: Johns Hopkins University Press, 2002.

______, ed. *Rethinking the Scientific Revolution*. Cambridge: Cambridge University Press, 2000.

Overfield, James H. "University Studies and the Clergy in Pre-Reformation Germany." In Kittelson, James M., and Transue, Pamela J., eds., *Rebirth, Reform, and Resilience: Universities in Transition 1300–1700*, pp. 254–92. Columbus: Ohio State University Press, 1984.

Ovitt, George. "Technology." In Lindberg, David C., and Shank, Michael H., eds., *The Cambridge History of Science*, vol. 2: *The Middle Ages*. Cambridge: Cambridge University Press, forthcoming.

Owen, G. E. L. *Logic, Science, and Dialectic: Collected Papers in Greek Philosophy*, ed. Martha Nussbaum. Ithaca: Cornell University Press, 1986.

Parent, J. M. *La doctrine de la création dans l'école de Chartres*. Paris: J. Vrin, 1938.

Park, Katharine. "Albert's Influence on Medieval Psychology." In Weisheipl, James A., ed., *Albertus Magnus and the Sciences: Commemorative Essays 1980*, pp. 501–35. Toronto: Pontifical Institute of Mediaeval Studies, 1980.

______. *Doctors and Medicine in Early Renaissance Florence*. Princeton: Princeton University Press, 1985.

______. "Medical Practice." In Lindberg, David C., and Shank, Michael H., eds., *The Cambridge History of Science*, vol. 2: *The Middle Ages*. Cambridge: Cambridge

University Press, forthcoming.

______. "Medicine and Society in Medieval Europe, 500–1500." In Wear, Andrew, ed., *Medicine in Society: Historical Essays*, pp. 59–90. Cambridge: Cambridge University Press, 1992.

______. "The Criminal and the Saintly Body: Autopsy and Dissection in Renaissance Italy." *Renaissance Quarterly*, 47 (1994): 1–33.

Parker, Richard. "Egyptian Astronomy, Astrology, and Calendrical Reckoning." *Dictionary of Scientific Biography*, 15:706–27.

Pecham, John. See Lindberg, David C.

Pedersen, Olaf. "Astrology." *Dictionary of the Middle Ages*, 1:604–10.

______. "Astronomy." In Lindberg, David C., ed., *Science in the Middle Ages*, pp. 303–36. Chicago: University of Chicago Press, 1978.

______. "The Corpus Astronomicum and the Traditions of Mediaeval Latin Astronomy: A Tentative Interpretation." In *Astronomy of Copernicus and Its Background*, pp. 57–96. Wrocław: Ossolineum, 1975.

______. "The Development of Natural Philosophy 1250–1350." *Classica et Medievalia*, 14 (1953): 86–155.

______. "Some Astronomical Topics in Pliny." In French, Roger, and Greenaway, Frank, eds., *Science in the Early Roman Empire: Pliny the Elder, His Sources and Influence*, 162–96. Totawa, N.J.: Barnes & Noble, 1986.

______. *A Survey of the Almagest*. Acta Historica Scientiarum Naturalium et Medicinalium, vol. 30. Odense: Odense University Press, 1974.

Pedersen, Olaf, and Pihl, Mogens. *Early Physics and Astronomy: A Historical Introduction*. New York: Science History Publications, 1974.

Pegis, Anton C. *St. Thomas and the Problem of the Soul in the Thirteenth Century*. Toronto: Pontifical Institute of Mediaeval Studies, 1934.

Pellegrin, Pierre. *Aristotle's Classification of Animals: Biology and the Conceptual Unity of the Aristotelian Corpus*, trans. Anthony Preus. Berkeley and Los Angeles: University of California Press, 1986.

Peters, F. E. *Allah's Commonwealth: A History of Islam in the Near East, 600–1100 AD*. New York: Simon and Schuster, 1973.

______. *Aristotle and the Arabs: The Aristotelian Tradition in Islam*. New York: New York University Press, 1968.

______. *The Harvest of Hellenism: A History of the Near East from Alexander the Great to the Triumph of Christianity*. New York: Simon and Schuster, 1970.

Phillips, E. D. *Greek Medicine*. London: Thames and Hudson, 1973.

Philoponus, John. *Against Aristotle on the Eternity of the World*, trans. Christian Wildberg. Ithaca: Cornell University Press, 1987.

Pines, Shlomo. "Al-Rāzī." *Dictionary of Scientific Biography*, 11:323–26.

Pingree, David. "Abū Maʿshar al-Balkhī." *Dictionary of Scientific Biography*, 1:32–39.

______. "Hellenophilia versus the History of Science." *Isis*, 83 (1992): 554–63.

______. "Māshāʾallāh." *Dictionary of Scientific Biography*, 9:159–62.

The Planispheric Astrolabe. Greenwich: National Maritime Museum, 1976.

Plato. *Phaedo, The Dialogues of Plato*, trans. B. Jowett, vol. 1, pp. 363–477. Boston: Jefferson Press, n.d.

______. *Plato, with an English Translation*, 10 vols. London: Loeb, 1914–29.

______. *Plato's Cosmology: The "Timaeus" of Plato*, trans. with commentary by Francis M. Cornford. London: Routledge & Kegan Paul, 1957.

______. *Plato's Theory of Knowledge: The "Theaetetus" and the "Sophist" of Plato*, trans. with commentary by Francis M. Cornford. London: Routledge & Kegan Paul, 1935.

______. *The "Republic" of Plato*, trans. Francis M. Cornford. Oxford: Oxford University Press, 1941.

Pliny the Elder. *Natural History*, trans. H. Rackham, W. H. S. Jones, and D. E. Eicholz, 10 vols. London: Heinemann, 1938–62.

Pliny the Younger. *Letters*, with an English translation by William Melmoth, revised by W. M. L. Hutchinson, 2 vols. London: Heinemann, 1961.

Pormann, P. E., and Savage-Smith, Emilie. *Medieval Islamic Medicine*. Edinburgh: University of Edinburgh Press, forthcoming 2007.

Poulle, Emmanuel. "John of Murs." *Dictionary of Scientific Biography*, 7:128–33.

Powell, Barry. *Homer and the Origin of the Greek Alphabet*. Cambridge: Cambridge University Press, 1991.

Preus, Anthony. *Science and Philosophy in Aristotle's Biological Works*. Hildesheim: Georg Olms, 1975.

Ptolemy, Claudius. *L'Optique de Claude Ptolémée*, ed. and trans. Albert Lejeune. Leiden: Brill, 1989.

______. *Ptolemy's Almagest*, ed. and trans. G. J. Toomer. New York: Springer, 1984.

______. *Tetrabiblos*, ed. and trans. F. E. Robbins. London: Heinemann, 1948.

______. See also Smith, A. Mark.

Quinn, John Francis. *The Historical Constitution of St. Bonaventure's Philosophy*. Toronto: Pontifical Institute of Mediaeval Studies, 1973.

Ragep, F. Jamil. "Copernicus and His Islamic Predecessors: Some Historical Remarks." *Filozofski vestnik* 15 (2004): 125–42.

______. "Islamic Culture and the Natural Sciences." In Lindberg, David C., and Shank, Michael H., eds., *The Cambridge History of Science*, vol. 2: *The Middle Ages*. Cambridge: Cambridge University Press, forthcoming.

______. "Ṭūsī and Copernicus: The Earth's Motion in Context." *Science in Context* 14 (2001): 145–63.

Rahman, Fazlur. *Islam*, 2d ed. Chicago: University of Chicago Press, 1979.
Randall, John Herman, Jr. *The School of Padua and the Emergence of Modern Science*. Padua: Antenore, 1961.
Rashdall, Hastings. *The Universities of Europe in the Middle Ages*, ed. F. M. Powicke and A. B. Emden, 3 vols. Oxford: Clarendon Press, 1936.
Rashed, Roshdi. "Algebra." *Encyclopedia of the History of Arabic Science*, 2:349–75.
______, ed. *Encyclopedia of the History of Arabic Science*, 3 vols. London: Routledge, 1996.
______. "Geometrical Optics." *Encyclopedia of the History of Arabic Science*, 2:643–71.
______. "Kamāl al-Dīn." *Dictionary of Scientific Biography*, 7:212–19.
______. *Les mathématiques infinitésimales du IXe au XIe siècle*, 4: *Ibn al-Haytham, méthodes géométriques, transformations ponctuelles et philosophie des mathématiques*. London: Al-Furqān Islamic Heritage Foundation, 2002.
______. *Oeuvres philosophiques et scientifiques d'al-Kindī*, vol. 1: *L'optique et la catoptrique*. Leiden: Brill, 1997.
Rather, L. J. "The 'Six Things Non-Natural': A Note on the Origins and Fate of a Doctrine and a Phrase." *Clio Medica*, 3 (1968): 337–47.
Rawson, Elizabeth. *Intellectual Life in the Late Roman Republic*. Baltimore: Johns Hopkins University Press, 1985.
Reeds, Karen. "Albert on the Natural Philosophy of Plant Life." In Weisheipl, James A., ed., *Albertus Magnus and the Sciences: Commemorative Essays 1980*, pp. 341–54. Toronto: Pontifical Institute of Mediaeval Studies, 1980.
______. *Botany in Medieval and Renaissance Universities*. New York: Garland, 1991.
Reeds, Karen, and Kinukawa, Tomomi. "Natural History." In Lindberg, David C., and Shank, Michael H., eds., *The Cambridge History of Science*, vol. 2: *The Middle Ages*. Cambridge: Cambridge University Press, forthcoming.
Reymond, Arnold. *History of the Sciences in Greco-Roman Antiquity*, trans. Ruth Gheury de Bray. London: Methuen, 1927.
Reynolds, Terry S. *Stronger than a Hundred Men: A History of the Vertical Water Wheel*. Baltimore: Johns Hopkins University Press, 1983.
Richard of Wallingford. See North, J. D.
Riché, Pierre. *Education and Culture in the Barbarian West, Sixth through Eighth Centuries*, trans. John J. Contreni. Columbia: University of South Carolina Press, 1976.
Richter-Bernburg, Lutz. "Al-Majūsī." *Encyclopedia Iranica*, 1:837–38.
Riddle, John M. "Dioscorides." In Cranz, F. Edward, and Kristeller, Paul 0., eds., *Catalogus translationum et commentariorum: Mediaeval and Renaissance Latin Translations and Commentaries. Annotated Lists and Guides*, vol. 6, pp. 1–143. Washington, D.C.: Catholic University of America Press, 1980.
______. *Dioscorides on Pharmacy and Medicine*. Austin: University of Texas Press, 1985.
______. "Theory and Practice in Medieval Medicine." *Viator*, 5 (1974): 157–70.

Roberts, Alexander, and Donaldson, James, eds. *The Ante-Nicene Fathers*, rev. by A. Cleveland Coxe. 10 vols. Grand Rapids: Eerdmans, 1986.

Rochberg, Francesca. *The Heavenly Writing: Divination, Horoscopy, and Astronomy in Mesopotamian Culture*. Cambridge: Cambridge University Press, 2004.

______. "Mesopotamian Cosmology." In Heatherington, Norriss S., ed., *Cosmology: Historical, Literary, Philosophical, Religious, and Scientific Perspectives*, pp. 37–52. New York: Garland, 1993.

Rosen, Edward. "Regiomontanus, Johannes." *Dictionary of Scientific Biography*, 11:348–52.

______. "Renaissance Science as Seen by Burckhardt and His Successors." In Helton, Tinsley, ed., *The Renaissance: A Reconsideration of the Theories and Interpretations of the Age*, pp. 77–103. Madison: University of Wisconsin Press, 1961.

Rosenfeld, Boris A., and Grigorian, A. T. "Thābit ibn Qurra." *Dictionary of Scientific Biography*, 13:288–95.

Rosenfeld, Boris A., and Youschkevitch, Adolf. "Geometry." *Encyclopedia of the History of Arabic Science*, 2:447–94.

Rosenthal, Franz. *The Classical Heritage in Islam*, trans. Emile and Jenny Marmorstein. London: Routledge and Kegan Paul, 1975.

______. "The Physician in Medieval Muslim Society." *Bulletin of the History of Medicine*, 52 (1978): 475–91.

Ross, W. D. *Aristotle: A Complete Exposition of His Works and Thought*, 5th ed. Cleveland: Meridian, 1959.

Rothschuh, Karl E. *History of Physiology*, trans. Guenter B. Risse. Huntington, N.Y.: Krieger, 1973.

Russell, Bertrand. *A History of Western Philosophy*, 2d ed. London: George Allen & Unwin, 1961.

Russell, Jeffrey B. *Inventing the Flat Earth: Columbus and Modern Historians*. Westport, Conn.: Praeger, 1991.

Sabra, Abdelhamid I. "The Andalusian Revolt against Ptolemaic Astronomy: Averroes and al-Biṭrūjī." In Mendelsohn, Everett, ed., *Transformation and Tradition in the Sciences: Essays in Honor of I. Bernard Cohen*, pp. 133–53. Cambridge: Cambridge University Press, 1984.

______. "The Appropriation and Subsequent Naturalization of Greek Science in Medieval Islam: A Preliminary Statement." *History of Science*, 25 (1987): 223–43.

______. "An Eleventh-Century Refutation of Ptolemy's Planetary Theory." In Hilfstein, Erna; Czartoryski, Paweł; and Grande, Frank D., eds., *Science and History: Studies in Honor of Edward Rosen*, pp. 117–31. Studia Copernicana, no. 16. Wrocław: Ossolineum, 1978.

______. "Al-Farghānī." *Dictionary of Scientific Biography*, 4:541–45.

______. "Form in Ibn al-Haytham's Theory of Vision." *Zeitschrift für Geschichte der arabisch-islamischen Wissenschaften*, 5 (1989): 115–40.

______. "Ibn al-Haytham." *Dictionary of Scientific Biography*, 6:189–210.

______. "Ibn al-Haytham's Revolutionary Project in Optics: The Achievement and the Obstacle." In Hogendijk, Jan P., and Sabra, Abdelhamid I., eds., *The Enterprise of Science in Islam: New Perspectives*, pp. 85–118. Cambridge, Mass.: MIT Press, 2003.

______, ed. and trans. *The Optics of Ibn al-Haytham: Books I–III, On Direct Vision*, 2 vols. London: Warburg Institute, 1989.

______. "Science, Islamic." *Dictionary of the Middle Ages*, 11:81–88.

______. "The Scientific Enterprise." In Lewis, Bernard, ed., *Islam and the Arab World*, pp. 181–92. New York: Knopf, 1976.

Sa'di, Lufti M. "A Bio-Bibliographical Study of Hunayn ibn Is-haq al-Ibadi (Johannitius)." *Bulletin of the Institute of the History of Medicine*, 2 (1934): 409–46.

Saffron, Morris Harold. *Maurus of Salerno: Twelfth-century "Optimus Physicus" with His "Commentary on the Prognostics of Hippocrates."* Transactions of the American Philosophical Society, vol. 62, pt. 1. Philadelphia: American Philosophical Society, 1972.

Saidan, Ahmad S. "Numeration and Arithmetic." *Encyclopedia of the History of Arabic Science*, 2:331–48.

Saliba, George. "Arabic Planetary Theories after the Eleventh Century A.D." *Encyclopedia of the History of Arabic Science*, 3:58–127.

______. "Astrology/Astronomy, Islamic." *Dictionary of the Middle Ages*, 1:616–24.

______. "The Development of Astronomy in Medieval Islamic Society." *Arab Studies Quarterly*, 4 (1982): 211–25.

______. *A History of Arabic Astronomy: Planetary Theories during the Golden Age of Islam*. New York: New York University Press, 1994.

Sambursky, S. *The Physical World of Late Antiquity*. London: Routledge & Kegan Paul, 1962.

______. *The Physical World of the Greeks*, trans. Merton Dagut. London: Routledge & Kegan Paul, 1956.

______. *Physics of the Stoics*. London: Routledge & Kegan Paul, 1959.

Samsó, Julio. "Levi ben Gerson." *Dictionary of Scientific Biography*, 8:279–82.

Sandbach, F. H. *The Stoics*. London: Chatto & Windus, 1975.

Sarton, George. *Galen of Pergamon*. Lawrence: University of Kansas Press, 1954.

______. *Introduction to the History of Science*, 2 vols. Washington, D.C.: Williams and Wilkins, 1927–48.

Savage-Smith, Emilie. "Medicine." *Encyclopedia of the History of Arabic Science*, 3:903–62.

______. "Medicine in Medieval Islam." In Lindberg, David C., and Shank, Michael H., eds., *The Cambridge History of Science*, vol. 2: *The Middle Ages*. Cambridge:

Cambridge University Press, forthcoming.

Sayili, Aydin. *The Observatory in Islam and Its Place in the General History of the Observatory*. Publications of the Turkish Historical Society, series 7, no. 38. Ankara: Türk Tarih Kurumu Basimevi, 1960.

Scarborough, John, ed. *Folklore and Folk Medicines*. Madison, Wis.: American Institute of the History of Pharmacy, 1987.

______. "Galen Redivivus: An Essay Review." *Journal of the History of Medicine*, 43 (1988): 313–21.

______. *Roman Medicine*. Ithaca: Cornell University Press, 1969.

Schmitt, Charles B. *The Aristotelian Tradition and Renaissance Universities*. London: Variorum, 1984.

______. *Aristotle and the Renaissance*. Cambridge, Mass.: Harvard University Press, 1983.

______. *Reappraisals in Renaissance Thought*. London: Variorum, 1989.

______. *Studies in Renaissance Philosophy and Science*. London: Variorum, 1981.

Schulman, N. M. "Husband, Father, Bishop? Grosseteste in Paris." *Speculum*, 72 (1997): 330–46.

Seneca, Lucius Annaeus. *Physical Science in the Time of Nero: Being a Translation of the "Quaestiones naturales" of Seneca*, trans. John Clarke, notes by Archibald Giekie. London: Macmillan, 1910.

Serene, Eileen. "Demonstrative Science." In Kretzmann, Norman; Kenny, Anthony; and Pinborg, Jan, eds., *The Cambridge History of Later Medieval Philosophy*, pp. 496–517. Cambridge: Cambridge University Press, 1982.

Shank, Michael H. "Regiomontanus on Ptolemy, Physical Orbs, and Astronomical Fictionalism: Goldsteinian Themes in the 'Defense of Theon against George of Trebizond'." *Perspectives on Science*, 10, no. 2 (2002): 179–207.

______. "Rings in a Fluid Heaven: The Equatorium-Driven Physical Astronomy of Guido de Marchia (fl. 1292–1310)." *Centaurus*, 45 (2003): 175–203.

______. "Science in the Fifteenth Century." In Lindberg, David C., and Shank, Michael H., eds., *The Cambridge History of Science*, vol. 2: *The Middle Ages*. Cambridge: Cambridge University Press, forthcoming.

______, ed. *The Scientific Enterprise in Antiquity and the Middle Ages*. Chicago: University of Chicago Press, 2000.

______. "The Social and Institutional Background of Medieval Latin Science." In Lindberg, David C., and Shank, Michael H., eds., *The Cambridge History of Science*, vol. 2: *The Middle Ages*. Cambridge: Cambridge University Press, forthcoming.

______. *"Unless You Believe, You Shall Not Understand": Logic, University, and Society in Late Medieval Vienna*. Princeton: Princeton University Press, 1988.

Shapin, Steven. *The Scientific Revolution*. Chicago: University of Chicago Press, 1996.

Shapin, Steven, and Schaffer, Simon. *Leviathan and the Air-Pump: Hobbes, Boyle, and the Experimental Life*. Princeton: Princeton University Press, 1985.

Sharp, D. E. *Franciscan Philosophy at Oxford in the Thirteenth Century*. Oxford: Clarendon Press, 1930.

Sharpe, William D., ed. and trans. *Isidore of Seville: The Medical Writings*. Transactions of the American Philosophical Society, vol. 54, pt. 2. Philadelphia: American Philosophical Society, 1964.

Sigerist, Henry E. *A History of Medicine*, 2 vols. Oxford: Oxford University Press, 1951–61.

———. "The Latin Medical Literature of the Early Middle Ages." *Journal of the History of Medicine*, 13 (1958): 127–46.

Singer, Charles. *A Short History of Anatomy and Physiology from the Greeks to Harvey*. New York: Dover, 1957.

Singleton, Charles S., ed. *Art, Science, and History in the Renaissance*. Baltimore: Johns Hopkins University Press, 1968.

Siraisi, Nancy G. *Arts and Sciences at Padua: The Studium of Padua before 1350*. Toronto: Pontifical Institute of Mediaeval Studies, 1973.

———. *Avicenna in Renaissance Italy: The "Canon" and Medical Teaching in Italian Universities after 1500*. Princeton: Princeton University Press, 1987.

———. "Introduction." In Williman, Daniel, ed., *The Black Death: The Impact of the Fourteenth-Century Plague*, pp. 9–22. Binghamton: Center for Medieval and Early Renaissance Studies, 1982.

———. *Medieval and Early Renaissance Medicine: An Introduction to Knowledge and Practice*. Chicago: University of Chicago Press, 1990.

———. *Taddeo Alderotti and His Pupils: Two Generations of Italian Medical Learning*. Princeton: Princeton University Press, 1981.

Smalley, Beryl. *The Study of the Bible in the Middle Ages*. Oxford: Basil Blackwell, 1952.

Smith, A. Mark, ed. and trans. *Alhacen's Theory of Visual Perception: A Critical Edition, with English Translation and Commentary, of the First Three Books of Alhacen's De aspectibus, the Medieval Latin Version of Ibn al-Haytham's Kitāb al-Manāzir*, 2 vols. Transactions of the American Philosophical Society, vol. 91, pts. 4–5. Philadelphia: American Philosophical Society, 2001.

———. "Getting the Big Picture in Perspectivist Optics." *Isis*, 72 (1981): 568–89.

———. "Ptolemy's Search for a Law of Refraction: A Case-Study in the Classical Methodology of 'Saving the Appearances' and Its Limitations." *Archive for History of Exact Sciences*, 26 (1982): 221–40.

———, trans. *Ptolemy's Theory of Visual Perception: An English Translation of the "Optics" with Introduction and Commentary*. Transactions of the American Philosophical

Society, vol. 86, pt. 2. Philadelphia: American Philosophical Society, 1996.

______. "Saving the Appearances of the Appearances: The Foundations of Classical Geometrical Optics." *Archive for History of Exact Sciences*, 24 (1981): 73–100.

Smith, Wesley D. *The Hippocratic Tradition*. Ithaca: Cornell University Press, 1979.

Solmsen, Friedrich. *Aristotle's System of the Physical World: A Comparison with His Predecessors*. Ithaca: Cornell University Press, 1960.

______. *Hesiod and Aeschylus*. Ithaca: Cornell University Press, 1949.

______. *Plato's Theology*. Ithaca: Cornell University Press, 1942.

Sorabji, Richard, ed. *Aristotle Transformed: The Ancient Commentators and Their Influence*. Ithaca: Cornell University Press, 1990.

______, *Matter, Space, and Motion: Theories in Antiquity and Their Sequel*. Ithaca: Cornell University Press, 1988.

______, ed. *Philoponus and the Rejection of Aristotelian Science*. London: Duckworth, 1987.

______. *Necessity, Cause, and Blame: Perspectives on Aristotle's Theory*. Ithaca: Cornell University Press, 1980.

Southern, Richard W. "From Schools to University." In Catto, J. I., ed., *The Early Oxford Schools*, vol. 1 of *The History of the University of Oxford*, general ed. T. H. Aston, pp. 1–36. Oxford: Clarendon Press, 1984.

______. *Medieval Humanism and Other Studies*. New York: Harper Torchbooks, 1970.

______. *Robert Grosseteste: The Growth of an English Mind in Medieval Europe*. Oxford: Clarendon Press, 1986.

______. *Saint Anselm: A Portrait in a Landscape*. Cambridge: Cambridge University Press, 1990.

______. "The Schools of Paris and the School of Chartres." In Benson, Robert L., and Constable, Giles, eds., *Renaissance and Renewal in the Twelfth Century*, pp. 113–37. Cambridge, Mass.: Harvard University Press, 1982.

Stahl, William H. "Aristarchus of Samos." *Dictionary of Scientific Biography*, 1:246.

______. *Roman Science: Origins, Development and Influence to the Later Middle Ages*. Madison: University of Wisconsin Press, 1962.

Stahl, William H.; Johnson, Richard; and Burge, E. L. *Martianus Capella and the Seven Liberal Arts*, 2 vols. New York: Columbia University Press, 1971–77.

Stannard, Jerry. "Albertus Magnus and Medieval Herbalism." In Weisheipl, James A., ed., *Albertus Magnus and the Sciences: Commemorative Essays 1980*, pp. 355–77. Toronto: Pontifical Institute of Mediaeval Studies, 1980.

______. "Medieval Herbals and Their Development." *Clio Medica*, 9 (1974): 23–33.

______. "Natural History." In Lindberg, David C., ed., *Science in the Middle Ages*, pp. 429–60. Chicago: University of Chicago Press, 1978.

Stark, Rodney. *For the Glory of God: How Monotheism Led to Reformations, Science, Witch-Hunts, and the End of Slavery*. Princeton: Princeton University Press, 2003.

Steneck, Nicholas H. *Science and Creation in the Middle Ages: Henry of Langenstein (d. 1397) on Genesis*. Notre Dame, Ind.: University of Notre Dame Press, 1976.

Stevens, Wesley M. *Bede's Scientific Achievement*. Jarrow upon Tyne: Parish of Jarrow, 1986.

Stock, Brian. *The Implications of Literacy: Written Language and Models of Interpretation in the Eleventh and Twelfth Centuries*. Princeton: Princeton University Press, 1983.

———. *Myth and Science in the Twelfth Century: A Study of Bernard Silvester*. Princeton: Princeton University Press, 1972.

———. "Science, Technology, and Economic Progress." In Lindberg, David C., ed., *Science in the Middle Ages*, pp. 1–51. Chicago: University of Chicago Press, 1978.

Struik, D. J. "Gerbert." *Dictionary of Scientific Biography*, 5:364–66.

Swartz, Merlin L., ed. and trans. *Studies on Islam*. Oxford: Oxford University Press, 1981.

Swerdlow, Noel M. *The Babylonian Theory of the Planets*. Princeton: Princeton University Press, 1998.

———, ed. *Ancient Astronomy and Celestial Divination*. Cambridge, Mass.: MIT Press, 1999.

Swerdlow, Noel M., and Neugebauer, Otto. *Mathematical Astronomy in Copernicus's De Revolutionibus*, 2 pts. New York: Springer, 1984.

Sylla, Edith Dudley. "Compounding Ratios: Bradwardine, Oresme, and the First Edition of Newton's *Principia*." In Mendelsohn, Everett, ed., *Transformation and Tradition in the Sciences: Essays in Honor of I. Bernard Cohen*, pp. 11–43. Cambridge: Cambridge University Press, 1984.

———. "Galileo and the Oxford Calculatores: Analytical Languages and the Mean Speed Theorem for Accelerated Motion." In Wallace, William A., ed., *Reinterpreting Galileo*, pp. 53–108. Washington, D.C.: Catholic University of America Press, 1986.

———. "Medieval Concepts of the Latitude of Forms: The Oxford Calculators." *Archives d'histoire doctrinale et littéraire du moyen âge*, 40 (1973): 225–83.

———. "Medieval Quantifications of Qualities: The 'Merton School.'" *Archive for History of Exact Sciences*, 8 (1971): 9–39.

———. "Science for Undergraduates in Medieval Universities." In Long, Pamela O., ed., *Science and Technology in Medieval Society*, pp. 171–86. Annals of the New York Academy of Sciences, vol. 441. New York: New York Academy of Sciences, 1985.

Sylla, Edith Dudley, and McVaugh, Michael, eds. *Texts and Contexts in Ancient and*

Medieval Science: Studies on the Occasion of John E. Murdoch's Seventieth Birthday. Leiden: Brill, 1997.

Symonds, John Addington. *Renaissance in Italy*, 2 parts. New York: Henry Holt, 1888.

Tachau, Katherine H. *Vision and Certitude in the Age of Ockham: Optics, Epistemology, and the Foundations of Semantics, 1250–1345*. Leiden: Brill, 1988.

Talbot, Charles H. *Medicine in Medieval England*. London: Oldbourne, 1967.

Taylor, F. Sherwood. *The Alchemists*. New York: Henry Schuman, 1949.

Temkin, Owsei. *The Double Face of Janus and Other Essays in the History of Medicine*. Baltimore: Johns Hopkins University Press, 1977.

______. *Galenism: Rise and Decline of a Medical Philosophy*. Ithaca: Cornell University Press, 1973.

______. "Greek Medicine as Science and Craft." *Isis*, 44 (1953): 213–25.

______. *Hippocrates in a World of Pagans and Christians*. Baltimore: Johns Hopkins University Press, 1991.

______. "On Galen's Pneumatology." *Gesnerus*, 8 (1951): 180–89.

Tester, Jim. *A History of Western Astrology*. Woodbridge, Suffolk: Boydell, 1987.

Thagard, Paul. *Conceptual Revolutions*. Princeton: Princeton University Press, 1992.

Thijssen, J. M. M. H. "What Really Happened on 7 March 1277?" In Sylla, Edith, and McVaugh, Michael, eds., *Texts and Contexts in Ancient and Medieval Science: Studies on the Occasion of John E. Murdoch's Seventieth Birthday*, pp. 84–114. Leiden: Brill, 1997.

Thomas Aquinas. *Faith, Reason, and Theology: Questions I–IV of His Commentary on the De Trinitate of Boethius*, trans. Armand Maurer. Toronto: Pontifical Institute of Mediaeval Studies, 1987.

______. *Summa Theologiae* (Blackfriars ed.), vol. 10: *Cosmogony*, ed. and trans. William A. Wallace. New York: McGraw-Hill, 1967.

Thomas Aquinas, Siger of Brabant, and Bonaventure. *On the Eternity of The World*, trans. Cyril Vollert, Lottie H. Kendzierski, and Paul M. Byrne. Mediaeval Philosophical Texts in Translation, no. 16. Milwaukee: Marquette University Press, 1964.

Thorndike, Lynn. *A History of Magic and Experimental Science*, 8 vols. New York: Columbia University Press, 1923–58.

______. *Michael Scot*. London: Nelson, 1965.

______. *Science and Thought in the Fifteenth Century*. New York: Columbia University Press, 1929.

______, ed. and trans. *The Sphere of Sacrobosco and Its Commentators*. Chicago: University of Chicago Press, 1949.

______. *University Records and Life in the Middle Ages*. New York: Columbia University Press, 1944.

Tihon, Anne. "Byzantine Science." In Lindberg, David C., and Shank, Michael H., eds., *The Cambridge History of Science*, vol. 2: *The Middle Ages*. Cambridge: Cambridge University Press, forthcoming.

Toomer, G. J. "Heraclides Ponticus." *Dictionary of Scientific Biography*, 15:202- 5.

———. "Hipparchus." *Dictionary of Scientific Biography*, 15:205–24.

———. "Mathematics and Astronomy." In Harris, John R., ed., *The Legacy of Egypt*, 2d ed., pp. 27–54. Oxford: Clarendon Press, 1971.

———. "Ptolemy." *Dictionary of Scientific Biography*, 11:186–206.

———. "A Survey of the Toledan Tables." *Osiris*, 15 (1968): 1–174.

———. "Theon of Alexandria." *Dictionary of Scientific Biography*, 13:321–24.

Toulmin, Stephen, and Goodfield, June. *The Fabric of the Heavens: The Development of Astronomy and Dynamics*. Chicago: University of Chicago Press, 1999.

Turner, Howard R. *Science in Medieval Islam: An Illustrated Introduction*. Austin: University of Texas Press, 1995.

Ullmann, Manfred. "Al-Kīmiyāʾ." *The Encyclopaedia of Islam*, new ed., vol. 5, fasc. 79–80, pp. 110–15.

———. *Islamic Medicine*, trans. Jean Watt. Edinburgh: Edinburgh University Press, 1978.

Unguru, Sabetai. "History of Ancient Mathematics: Some Reflections on the State of the Art." *Isis*, 70 (1979): 555–65.

———. "On the Need to Rewrite the History of Greek Mathematics." *Archive for History of Exact Sciences*, 15 (1975): 67–114.

van der Waerden, B. L. "Mathematics and Astronomy in Mesopotamia." *Dictionary of Scientific Biography*, 15:667–80.

———. *Science Awakening: Egyptian, Babylonian, and Greek Mathematics*, trans. Arnold Dresden. New York: John Wiley, 1963.

van der Waerden, B. L., and Huber, Peter. *Science Awakening II: The Birth of Astronomy*. Leyden: Noordhoff, 1974.

Van Helden, Albert. *The Invention of the Telescope*. Transactions of the American Philosophical Society, vol. 67, pt. 4. Philadelphia: American Philosophical Society, 1977.

———. *Measuring the Universe: Cosmic Dimensions from Aristarchus to Halley*. Chicago: University of Chicago Press, 1985.

Vansina, Jan. *The Children of Woot: A History of the Kuba Peoples*. Madison: University of Wisconsin Press, 1978.

———. *Oral Tradition as History*. Madison: University of Wisconsin Press, 1985.

Van Steenberghen, Fernand. *Aristotle in the West*, trans. Leonard Johnston. Louvain: Nauwelaerts, 1955.

———. *Les oeuvres et la doctrine de Siger de Brabant*. Paris: Palais des Académies, 1938.

———. *The Philosophical Movement in the Thirteenth Century*. London: Nelson, 1955.

———. *Thomas Aquinas and Radical Aristotelianism*. Washington, D.C.: Catholic University of America Press, 1980.

Verbeke, G. "Simplicius." *Dictionary of Scientific Biography*, 12:440–43.

———. "Themistius." *Dictionary of Scientific Biography*, 13:307–9.

Veyne, Paul. *Did the Greeks Believe in Their Myths?*, trans. Paula Wissing. Chicago: University of Chicago Press, 1988.

Vickers, Brian, ed. *Occult and Scientific Mentalities in the Renaissance*. Cambridge: Cambridge University Press, 1984.

Vlastos, Gregory. *Plato's Universe*. Seattle: University of Washington Press, 1975.

Voigts, Linda E. "Anglo-Saxon Plant Remedies and the Anglo-Saxons." *Isis*, 70 (1979): 250–68.

Voigts, Linda E., and Hudson, Robert P. "'A drynke that men callen dwale to make a man to slepe whyle men kerven hem': A Surgical Anesthetic from Late Medieval England." In Campbell, Sheila; Hall, Bert; and Klausner, David, eds., *Health, Disease, and Healing in Medieval Culture*. New York: St. Martin's Press, 1992.

Voigts, Linda E., and McVaugh, Michael R. *A Latin Technical Phlebotomy and Its Middle English Translation*. Transactions of the American Philosophical Society, vol. 74, pt. 2. Philadelphia: American Philosophical Society, 1984.

Voltaire, François Marie Arouet de. *Works*, trans. T. Smollett, T. Francklin, et al., 39 vols. London: J. Newbery et al. 1761–74.

von Grunebaum, G. E. *Classical Islam: A History 600 A.D.–1258 A.D.*, trans. Katherine Watson. Chicago: Aldine, 1970.

———. *Medieval Islam: A Study in Cultural Orientation*, 2d ed. Chicago: University of Chicago Press, 1953.

———. "Muslim World View and Muslim Science." In von Grunebaum, *Islam: Essays in the Nature and Growth of a Cultural Tradition*, 2d ed., pp. 111–26. London: Routledge & Kegan Paul, 1961.

von Staden, Heinrich. "Hairesis and Heresy: The Case of the haireseis iatrikai." In Meyer, Ben F., and Sanders, E. P., eds., *Jewish and Christian Self-Definition*, vol. 3: *Self-Definition in the Graeco-Roman World*, pp. 76–100, 199–206. London: SCM Press, 1982.

———. *Herophilus: The Art of Medicine in Early Alexandria*. Cambridge: Cambridge University Press, 1989.

Vööbus, Arthur. *History of the School of Nisibis*. Corpus Scriptorum Christianorum Orientalium, vol. 266. Louvain: Secrétariat du Corpus SCO, 1965.

Wagner, David L., ed. *The Seven Liberal Arts in the Middle Ages*. Bloomington: Indiana

University Press, 1983.

Wallace, Willam A. "Aristotle in the Middle Ages." *Dictionary of the Middle Ages*, 1:456–69.

______. *Causality and Scientific Explanation*, 2 vols. Ann Arbor: University of Michigan Press, 1972–74.

______. *Galileo and His Sources: The Heritage of the Collegio Romano in Galileo's Science*. Princeton: Princeton University Press, 1984.

______. "The Philosophical Setting of Medieval Science." In Lindberg, David C., ed., *Science in the Middle Ages*, pp. 91–119. Chicago: University of Chicago Press, 1978.

______. *Prelude to Galileo: Essays on Medieval and Sixteenth-Century Sources of Galileo's Thought*. Boston Studies in the Philosophy of Science, vol. 62. Dordrecht: Reidel, 1981.

______, ed. *Reinterpreting Galileo*. Studies in Philosophy and the History of Science, no. 15. Washington, D.C.: Catholic University of America Press, 1986.

______. *The Scientific Methodology of Theodoric of Freiberg*. Fribourg: Fribourg University Press, 1959.

______. "Thomism and Its Opponents." *Dictionary of the Middle Ages*, 12:38–45.

Wallis, Faith. *Bede: The Reckoning of Time*, trans., with intro. and commentary. Liverpool: Liverpool University Press, 1999.

Walzer, Richard. "Arabic Transmission of Greek Thought to Medieval Europe." *Bulletin of the John Rylands Library*, 29 (1945–46): 160–83.

Waterlow, Sarah. *Nature, Change, and Agency in Aristotle's "Physics": A Philosophical Study*. Oxford: Clarendon Press, 1982.

Watt, W. Montgomery. *Islamic Philosophy and Theology*, 2d ed. Edinburgh: Edinburgh University Press, 1985.

Wedel, Theodore Otto. *The Mediaeval Attitude toward Astrology, Particularly in England*. New Haven: Yale University Press, 1920.

Weinberg, Julius. *A Short History of Medieval Philosophy*. Princeton: Princeton University Press, 1964.

Weisheipl, James A., ed. *Albertus Magnus and the Sciences: Commemorative Essays 1980*. Toronto: Pontifical Institute of Mediaeval Studies, 1980.

______. "The Celestial Movers in Medieval Physics." *Thomist*, 24 (1961): 286–326.

______. "Classification of the Sciences in Medieval Thought." *Mediaeval Studies*, 27 (1965): 54–90.

______. "The Concept of Nature." *New Scholasticism*, 28 (1954): 377–408.

______. "Curriculum of the Faculty of Arts at Oxford in the Fourteenth Century." *Mediaeval Studies*, 26 (1964): 143–85.

______. *The Development of Physical Theory in the Middle Ages*. New York: Sheed and Ward, 1959.

———. "Developments in the Arts Curriculum at Oxford in the Early Fourteenth Century." *Mediaeval Studies*, 28 (1966): 151–75.

———. *Friar Thomas d'Aquino: His Life, Thought, and Works*. Garden City: Doubleday, 1974.

———. "The Life and Works of St. Albert the Great." In Weisheipl, James A., ed., *Albertus Magnus and the Sciences: Commemorative Essays 1980*, pp. 13–51. Toronto: Pontifical Institute of Mediaeval Studies, 1980.

———. *Nature and Motion in the Middle Ages*, ed. William E. Carroll. Washington, D.C.: Catholic University of America Press, 1985.

———. "The Nature, Scope, and Classification of the Sciences." In Lindberg, David C., ed., *Science in the Middle Ages*, pp. 461–82. Chicago: University of Chicago Press, 1978.

———. "The Principle *Omne quod movetur ab alio movetur* in Medieval Physics." *Isis*, 56 (1965): 26–45. Reprinted in Weisheipl, *Nature and Motion in the Middle Ages*, pp. 75–97.

———. "Science in the Thirteenth Century." In Catto, J. I., ed., *The Early Oxford Schools*, vol. 1 of *The History of the University of Oxford*, general ed. T. H. Aston, pp. 435–69. Oxford: Clarendon Press, 1984.

Welch, Alford T. "Koran." *Dictionary of the Middle Ages*, 7:293–98.

Westerink. L. G. "Philosophy and Theology, Byzantine." *Dictionary of the Middle Ages*, 9:560–67.

Westfall, Richard S. *The Construction of Modern Science: Mechanisms and Mechanics*. New York: John Wiley, 1971.

———. "The Scientific Revolution of the Seventeenth Century: The Construction of a New World View." In Torrance, John, ed., *The Concept of Nature: The Herbert Spencer Lectures*, pp. 63–93. Oxford: Clarendon Press, 1992.

Westman, Robert S. "The Astronomer's Role in the Sixteenth Century: A Preliminary Study." *History of Science*, 18 (1980): 105–47.

Wetherbee, Winthrop, trans. *The Cosmographia of Bernardus Silvestris*, with introduction and notes by Wetherbee. New York: Columbia University Press, 1973.

———. "Philosophy, Cosmology, and the Twelfth-Century Renaissance." In Dronke, Peter, ed., *A History of Twelfth-Century Western Philosophy*, pp. 21–53. Cambridge: Cambridge University Press, 1988.

White, Andrew Dickson. *History of the Warfare of Science with Theology in Christendom*. 2 vols. New York: Appleton, 1896.

White, Lynn, Jr. *Medieval Technology and Social Change*. Oxford: Oxford University Press, 1962.

White, T. H., trans. *The Bestiary: A Book of Beasts*. New York: G. P. Putnam's Sons, 1954.

Whitney, Elspeth. *Paradise Restored: The Mechanical Arts from Antiquity through the Thirteenth Century*. Transactions of the American Philosophical Society, vol. 80, pt. 1. Philadelphia: American Philosophical Society, 1990.

Whitting, Philip, ed. *Byzantium: An Introduction*. New York: Harper & Row, 1973.

William of Conches. *A Dialogue on Natural Philosophy (Dragmaticon Philosophiae)*, trans. Italo Ronca and Matthew Curr. Notre Dame, Ind.: University of Notre Dame Press, 1997.

———. *Philosophia mundi*, book 1, ed. Gregor Maurach. Pretoria: University of South Africa, 1974.

Williams, Steven J. "*The Secret of Secrets*": *The Scholarly Career of a Pseudo-Aristotelian Text in the Latin Middle Ages*. Ann Arbor: University of Michigan Press, 2003.

Williman, Daniel, ed. *The Black Death: The Impact of the Fourteenth-Century Plague*. Binghamton: Center for Medieval and Early Renaissance Studies, 1982.

Wilson, Curtis. William Heytesbury: *Medieval Logic and the Rise of Mathematical Physics*. Madison: University of Wisconsin Press, 1960.

Wilson, John A. "The Nature of the Universe." In Frankfort, H.; Frankfort, H. A.; Wilson, John A.; and Jacobsen, Thorkild. *Before Philosophy: The Intellectual Adventure of Ancient Man*, pp. 39–70. Baltimore: Penguin, 1951.

Wilson, N. G. *Scholars of Byzantium*. Baltimore: Johns Hopkins University Press, 1983.

Winstedt, E. O., ed. *The Christian Topography of Cosmas Indicopleustes*. Cambridge: Cambridge University Press, 1909.

Wippel, John F. "The Condemnations of 1270 and 1277 at Paris." *Journal of Medieval and Renaissance Studies*, 7 (1977): 169–201.

Witelo. *Witelonis Perspectivae liber primus: Book I of Witelo's Perspectiva: An English Translation with Introduction and Commentary and Latin Edition of the Mathematical Book of Witelo's "Perspectiva,"* ed. and trans. Sabetai Unguru. Studia Copernicana, no. 15. Wrocław: Ossolineum, 1977.

———. *Witelonis Perspectivae liber tertius: Books II and III of Witelo's Perspectiva: An English Translation with Introduction, Notes, and Commentaries*, ed. and trans. Sabetai Unguru. Wrocław: Ossolineum, 1991.

———. *Witelonis Perspectivae liber quintus: Book V of Witelo's Perspectiva: An English Translation with Introduction and Commentary and Latin Edition of the First Catoptrical Book of Witelo's Perspectiva*, ed. and trans. A. Mark Smith. Studia Copernicana, no. 23. Wrocław: Ossolineum, 1983.

Wolff, Michael. "Philoponus and the Rise of Preclassical Dynamics." In Sorabji, Richard, ed., *Philoponus and the Rejection of Aristotelian Science*, pp. 84–120. London: Duckworth, 1987.

Wolfson, Harry Austryn. *Crescas' Critique of Aristotle: Problems of Aristotle's "Physics" in*

Jewish and Arabic Philosophy. Cambridge, Mass.: Harvard University Press, 1929.

Woodward, David. "Geography." In Lindberg, David C., and Shank, Michael H., eds., *The Cambridge History of Science*, vol. 2: *The Middle Ages*. Cambridge: Cambridge University Press, forthcoming.

______. "Medieval Mappaemundi." In Harley, J. B., and Woodward, David, eds., *The History of Cartography*, vol. 1: *Cartography in Prehistoric, Ancient, and Medieval Europe and the Mediterranean*, pp. 286–370. Chicago: University of Chicago Press, 1987.

Wright, John Kirtland. *The Geographical Lore of the Time of the Crusades: A Study in the History of Medieval Science and Tradition in Western Europe*. New York: American Geographical Society, 1925.

Yates, Frances A. *Giordano Bruno and the Hermetic Tradition*. London: Routledge & Kegan Paul, 1964.

______. "The Hermetic Tradition in Renaissance Science." In Singleton, Charles S., ed., *Art, Science, and History in the Renaissance*, pp. 255–74. Baltimore: Johns Hopkins University Press, 1968.

Young, M. J. L.; Latham, J. D.; and Serjeant, R. B., eds. *Religion, Learning, and Science in the ʿAbbāsid Period.* Cambridge: Cambridge University Press, 1990.

Ziegler, Philip. *The Black Death*. New York: Harper and Row, 1969.

Zimmermann, Fritz. "Philoponus' Impetus Theory in the Arabic Tradition." In Sorabji, Richard, ed., *Philoponus and the Rejection of Aristotelian Science*, pp. 121–29. London: Duckworth, 1987.

Zinner, Ernst. "Die Tafeln von Toledo." *Osiris*, 1 (1936): 747–74.

Zuccato, Marco. "Gerbert of Aurillac and a Tenth-Century Jewish Channel for the Transmission of Arabic Science to the West." *Speculum*, 80 (2005): 742–63.

Zupko, Jack. *John Buridan: Portrait of a Fourteenth-Century Arts Master*. Notre Dame, Ind.: University of Notre Dame Press, 2003.

索　　引

（所标页码为英文原书页码，即本书边码）

B

C

D

E

F

G

H

I

J

K

L

M

N

Q

R

T

U

V

译　后　记

戴维·林德伯格(David C. Lindberg 1935—2015),美国著名科学史家,威斯康星大学科学史系教授,主要研究领域为中世纪和近代早期科学史以及宗教与科学的关系。曾任科学史学会主席,1999 年获得科学史研究的最高奖萨顿奖章。其代表作有:《从金迪到开普勒的视觉理论》(*Theories of Vision from al-Kindi to Kepler*,1976),《罗吉尔·培根的自然哲学》(*Roger Bacon's Philosophy of Nature*,1983),《罗吉尔·培根与透视法在中世纪的起源》(*Roger Bacon and the Origins of Perspectiva in the Middle Ages*,1996),《西方科学的起源》(*The Beginnings of Western Science*,1st edition,1992,2nd edition,2007);编著或合编有《中世纪的科学》(*Science in the Middle Ages*,1978),《上帝与自然》(*God and Nature*,1986),《重新评价科学革命》(*Reappraisals of the Scientific Revolution*,1990),《当科学与基督教相遇时》(*When Science and Christianity Meet*,2003),等等。与南博斯(Ronald Numbers)担任尚未出齐的 8 卷本《剑桥科学史》(*Cambridge History of Science*)的总主编。

《西方科学的起源》是论述近代以前西方科学的权威教材,也是一部非常优秀的科学史读物。它结合欧洲科学传统的哲学、宗

教和体制背景,用一本书的篇幅深入浅出地介绍了从古希腊到中世纪晚期各个方面的科学成就,竭力避免从今天的科学观点出发来理解古代成就。1992 年本书第一版问世后好评如潮。2007 年,作者对该书做了重要修订,几乎每一页都有增补和调整,特别是扩充了关于拜占庭科学、美索不达米亚天文学、中世纪的炼金术和占星术等方面的内容,关于伊斯兰科学的一章和讨论中世纪对 16 世纪、17 世纪科学发展贡献的最后一章则完全重写。中译本即根据新版译出。

本书的翻译并不轻松。原书第一版曾有一个中译本,[①]2001 年出版后对西方早期科学史的教学和普及发挥了重要作用。但当时译者众多,翻译质量参差不齐,风格也不够统一。虽然相比同类著作,译文的总体质量不错,但其中也出现了不少不应有的误译,有些错误还比较严重。加之旧译目前已经很难买到,我根据英文第二版将其重新译出,部分内容参考了旧译本。刘任翔师弟认真阅读了译文初稿,提出了很好的改进意见。这里一并致以衷心的谢意!译文中必定还有这样那样的错误和可改进之处,望读者多加指正!

张卜天

① 戴维·林德伯格:《西方科学的起源》,王珺、刘晓峰、周文峰、王细荣译,中国对外翻译出版公司,2001 年。

图书在版编目(CIP)数据

西方科学的起源:公元1450年之前宗教、哲学、体制背景下的欧洲科学传统:第二版/(美)戴维·林德伯格著;张卜天译.—北京:商务印书馆,2024
(汉译世界学术名著丛书:120年纪念版:珍藏本:增订本)
ISBN 978-7-100-23799-4

Ⅰ.①西… Ⅱ.①戴…②张… Ⅲ.①自然科学史—西方国家—中世纪 Ⅳ.①N095

中国国家版本馆CIP数据核字(2024)第078061号

汉译世界学术名著丛书
(120年纪念版·珍藏本·增订本)
西方科学的起源
公元1450年之前宗教、哲学、体制背景下的欧洲科学传统
(第二版)
〔美〕戴维·林德伯格 著
张卜天 译

商务印书馆出版
(北京王府井大街36号 邮政编码100710)
商务印书馆发行
北京通州皇家印刷厂印刷
ISBN 978-7-100-23799-4

2024年5月第1版 开本710×1000 1/16
2024年5月北京第1次印刷 印张39
定价:206.00元